Natalya Zalipyatskikh

Didaktik der technischen Fachkommunikation

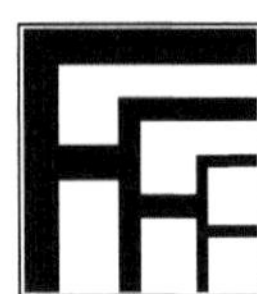

Forum für Fachsprachen-Forschung
Hartwig Kalverkämper (Hg.)
in Zusammenarbeit mit Klaus-Dieter Baumann
Band 134

Natalya Zalipyatskikh

Didaktik der technischen Fachkommunikation

Methodologien, Konzepte, Evaluationen

Gedruckt mit Unterstützung des Deutschen Akademischen Austauschdienstes.

ISBN 978-3-7329-0344-3
ISBN (E-Book) 978-3-7329-9697-1
ISSN 0939-8945

Herstellung durch Frank & Timme GmbH,
Wittelsbacherstraße 27a, 10707 Berlin.
Printed in Germany.
Gedruckt auf säurefreiem, alterungsbeständigem Papier.

Zugl. Dissertation Universität Bielefeld, 2017

www.frank-timme.de

Für Valentin V.

Danksagung

Diese Studie hat eine lange Entstehungsgeschichte, und ich schulde vielen Menschen Dank, die mir dabei halfen und mich auf meinem Forschungsweg begleiteten.

Zu besonderem Dank bin ich meinen Professoren verpflichtet. Mein Dank gilt Professor Dr. Uwe Koreik, der meine Promotion an der Universität Bielefeld möglich machte. Ich danke ihm auch für die Freiheit, die er mir von Anfang an für die Selbstfindung und Realisierung der wissenschaftlichen Ideen gab.

Herzlich danke ich meinem zweiten Gutachter Professor Dr. Klaus-Dieter Baumann. Ohne seine wertvolle und fundamentale Unterstützung in der fachkommunikativen Problematik sowie ohne meine Teilnahme an seinen Forschungsseminaren in der Universität Leipzig wäre diese Arbeit nicht entstanden. Auch er gab mir große Freiheit und Motivation und stand mir warmherzig mit Rat und Tat in jeder Phase meiner Arbeit zur Seite.

Ebenso geht mein Dank an Professorin Dr. Claudia Riemer, die mich in methodologischen Fragen außerordentlich sachkundig und intensiv unterstützte. Sevilen Demirkaya bin ich dafür dankbar, dass sie mir die faszinierende Welt der Grounded Theory eröffnet hat und dass sie immer bereit war, die Tiefen der Grounded Theory mit mir zu ergründen.

Herzlich danke ich Professor Dr. Udo Ohm sowie meinen Kolleginnen und Kollegen aus dem Doktorandenkolloquium an der Universität Bielefeld, die mit ihren Fragen und Vorschlägen oft neue für mein Projekt wichtige Blickwinkel öffneten und mich auch in Alltagsfragen mit Rat und Tat unterstützten.

An dieser Stelle bedanke ich mich bei Herrn Professor Dr. Hartwig Kalverkämper für seine wohlwollende Unterstützung und die Aufnahme des Bandes in die Reihe *Forum für Fachsprachen-Forschung*.

Eine herausragende Stellung nehmen meine Freunde ein, die mir auf unterschiedliche Art und Weise unter die Arme griffen und ohne deren Hilfe ich meinen wissenschaftlichen Weg nicht hätte verwirklichen können. Besonders erwähnen möchte ich Anne Gladitz, Dr. Nazan Gültekin-Karakoç und Dr. Maria Steinmetz, deren Rolle bei meiner persönlichen sowie intellektuellen Entwicklung so groß ist, dass ich hier keine Möglichkeit habe, sie auszuführen. Daria Ankudinova danke ich für ihre Freundschaft und das gemütliche Zuhause auf Zeit in Leipzig, das sie mir immer aufrichtig und unkompliziert angeboten hat.

Ein großer Dank geht an die Fachsprachenlehrenden, die an meiner Studie teilgenommen haben. Leider darf ich ihre Namen nicht nennen, aber die Gespräche mit diesen zwölf Persönlichkeiten bleiben für mich unvergesslich und bereichernd sowie für das vorliegende Projekt konstituierend und wertvoll. Ich danke ihnen für ihre Offenheit, ihr Engagement und ihren Mut, über ihre professionellen Erfahrungen und persönlichen Erlebnisse ungeschminkt zu berichten.

Auch allen Experten, mit denen ich über fachsprachendidaktische Fragen – besonders am Anfang des Projekts – diskutieren konnte, bin ich sehr dankbar. Jedes Gespräch leistete einen essenziellen Beitrag für die vorliegende Studie.

Für die finanzielle Unterstützung meines Aufenthalts in Deutschland während des Dissertationsprojekts sowie für die großzügige Gewährung eines Druckkostenzuschusses bin ich dem Deutschen Akademischen Austauschdienst (DAAD) zu Dank verpflichtet.

Ein besonderer Dank geht an den Verlag Frank & Timme und Dr. Karin Timme, die sich umsichtig und engagiert um die Veröffentlichung der vorliegenden Arbeit gekümmert hat.

Theresa Brunsing, A. Gladitz, Dr. N. Gültekin-Karakoç und Dr. Nicole Mahne danke ich für die sorgfältigen Korrekturen meiner Texte im besonderen Maße.

Meinen Eltern bin ich dankbar, dass sie mir liebevoll zur Seite standen und stehen.

Meinem Mann danke ich von ganzem Herzen für seine unermüdliche Unterstützung in allen möglichen Fragen und seine Liebe …

„Diskussion mit Hanna! – über Technik (laut Hanna) als Kniff, die Welt so einzurichten, daß wir sie nicht erleben müssen. Manie des Technikers, die Schöpfung nutzbar zu machen, weil er sie als Partner nicht aushält, nichts mit ihr anfangen kann; Technik als Kniff, die Welt als Widerstand aus der Welt zu schaffen, beispielsweise durch Tempo zu verdünnen, damit wir sie nicht erleben müssen. (Was Hanna damit meint, weiß ich nicht.) Die Weltlosigkeit des Technikers. (Was Hanna damit meint, weiß ich nicht.)"

Max Frisch „Homo Faber"

Inhaltsverzeichnis

https://www.frank-timme.de/site/assets/files/5472/anhang_zalipyatskikh_2017_transkripte.pdf

Abkürzungsverzeichnis

BWL	Betriebswirtschaftslehre
DaF	Deutsch als Fremdsprache
DaZ	Deutsch als Zweitsprache
DIDA	Diskursdatenbank
DSH	Deutsche Sprachprüfung für den Hochschulzugang
ECTS-Punkte	European Credit Transfer System
ExMaralda	Extensible Markup Language for Discourse Annotation
FFSU	Fachbezogener Fremdsprachenunterricht
FST	Forschungsprogramm Subjektive Theorien
FS	Fachsprache
FSL	Fachsprachenlehrender
FSU	Fachsprachenunterricht
FSZ	Fachsprachenzentrum
GT	Grounded Theory
GTM	Grounded Theory-Methodologie
HV	Hörverstehen
KTN	Kursteilnehmer
LV	Leseverstehen
MA	Mündlicher Ausdruck
SA	Schriftlicher Ausdruck
ZDfB	Zertifikat Deutsch für den Beruf

Abbildungsverzeichnis

1 Einleitung

„bei den ingenieurwissenschaften wirklich ganz banal sage ich mal hat keiner gesagt ich möchte das machen↓ ganz einfach keiner wollte das↓ und dann hab ich gesagt okay↓“ (FSL F)[1]

In vielen Sprachenzentren der Universitäten und Fachhochschulen sowohl in Deutschland als auch im Ausland entwickelt sich rapide die Tendenz, aufgrund des hohen Bedarfs Fachsprachenkurse anzubieten. Diese Fachsprachenkurse werden in den meisten Fällen von Fremdsprachenlehrenden ohne fachlichen Hintergrund, ohne entsprechende Vorbereitung und Fortbildung in Bezug auf das Fach(sprach)liche, ohne Lehrwerk (im Fall der Vermittlung der technischen Fachkommunikation) und ohne curriculare Vision, welche Inhalte im Fachsprachenunterricht (FSU) vermittelt werden sollen, unterrichtet (vgl. Zalipyatskikh i. D.). Dadurch werden die Fachsprachenlehrenden (FSL) in ihrer Unterrichtspraxis mit vielen Unbekannten auf mehreren Ebenen, vorwiegend auf kognitiver, affektiver, sozialer, individueller etc. konfrontiert (vgl. Zalipyatskikh 2014), was ein umfangreiches Diskussionspotenzial in sich birgt und im besonderen Maße einer empirischen Forschung bedarf (vgl. Gladitz et al. 2014: 166).

Folgende Tatsache hat einen paradoxalen Charakter: Trotz der sich abzeichnenden Veränderung in der empirischen Fremdsprachenforschung, dass der Lehrer[2] wieder im Fokus der wissenschaftlichen Untersuchungen steht (vgl. Gnutzmann; Königs; Küster 2014), bleibt das Thema *Fachsprachenlehrer* vernachlässigt.

Das vorliegende Forschungsprojekt greift dieses aktuelle fachsprachendidaktische Thema auf und befasst sich mit einem Problemkreis, der sich mit folgenden

---

1 Aus dem Interview mit der Fachsprachenlehrerin F (FSL F: Z. 6 ff.).

2 In der vorliegenden Studie wird die Form des generischen Maskulinums verwendet, um sowohl weibliche als auch männliche Personen zu bezeichnen.

Fragen umreißen lässt: Wie kann das Ziel des fachbezogenen Fremdsprachenunterrichts (FFSU)[3], fremdsprachliche Handlungskompetenz im Fach auf- und auszubauen (vgl. Fearns 2007: 169), erreicht werden, wenn FSL keine fachliche bzw. ingenieurwissenschaftliche Ausbildung haben? Wie viel Fachkompetenz soll der Fachsprachenlehrer mitbringen? Mit welchen didaktisch-methodischen Strategien bewältigt der Fachsprachenlehrer die Vermittlung der technischen Fachkommunikation? Mit welchen Mitteln schließt der Fachsprachenlehrer die Lücke zwischen den fachlichen und sprachlichen Ebenen?

Die nachfolgend skizzierte Problematik mit der Gretchenfrage, ob der FSU mit einem FSL ohne fachlichen Hintergrund möglich ist, beschäftigt mich als Fachsprachenlehrerin schon einige Zeit und entstammt meiner Unterrichtserfahrung im Bereich der technischen Fachkommunikation (Informatik und Telematik).

Der Ausgangspunkt dieses Promotionsprojekts entwickelte sich einerseits aus meiner biografischen Berufserfahrung und andererseits aus der These Lothar Hoffmanns, in der er folgende Ansicht vertritt:

> Echte Fachsprache ist immer an den Fachmann gebunden, weil sie volle Klarheit über Begriffe und Aussagen verlangt. Vom Nichtfachmann gebraucht, verliert Fachsprache ihre unmittelbare Bindung an das fachliche Denken; Begriffe und Aussagen büßen einen wesentlichen Teil ihres Inhalts und ihrer Präzision, vor allem aber ihre Beziehung zur fachlichen Systematik ein, die der Laie nicht überschaut. (Hoffmann 1976: 31)

Die Diskussion hätte mit der etwas resigniert wirkenden These beendet sein können – Fachsprachenlehrende ohne fachlichen Hintergrund können nur eine ‚täuschende' Funktion im Fachsprachenunterricht erfüllen. Solche mit einer germanistischen oder linguistischen Ausbildung machen eine Art Inszenierung des Faches während ihres Unterrichts. Sie sind Laien.

Eine Vertiefung in die Fachliteratur zeigt aber, dass dieses kategorische Statement nicht der Konsens ist und dass Hoffnung auf einen effektiven Fachsprachenunterricht jenseits der Bindung an Experten besteht. Wie Anneliese Fearns hervorhebt: „Fachsprachenunterricht liegt […] in den Händen der Fremdsprachenlehrer, die

---

3 Die Begriffe ‚Fachbezogener Fremdsprachenunterricht' (FFSU) und ‚Fachsprachenunterricht' (FSU) werden im Rahmen dieser Studie synonym verwendet.

ihre didaktischen und methodischen Kenntnisse in den Unterricht einbringen […]" (Fearns 2007: 169). Diese Diskussion erweitert Sabine Fiß mit der Überzeugung, dass „[…] die Realisierung einer Einführung in die Fachkommunikation – ungeachtet des Umfangs bzw. der Spezifik – bei den Lehrenden eine bestimmte fachliche Kompetenz erfordert, […] unbestritten [ist]; umstritten ist dagegen das Maß an Fachkompetenz, über die ein Germanist verfügen sollte" (Fiß 1994: 134).

Das Erkenntnisinteresse meines wissenschaftlichen Vorhabens lässt sich demnach in zwei Fragen gliedern: Wie erteilen Fachsprachenlehrende den Fachsprachenunterricht, wenn sie keine fachlichen Elemente besitzen? Mit welchen didaktischen und methodischen Kenntnissen und Strategien füllen die FSL diese Lücke aus? Die konkrete Forschungsfrage dazu lautet folglich: Mit welchen (didaktisch-methodischen) Strategien bewältigen Fachsprachenlehrende die Vermittlung der technischen Fachkommunikation?

Untersuchungsgegenstand sind somit die Lehrenden und ihre didaktisch-methodischen Strategien bei der Vermittlung der technischen Fachkommunikation im FSU „Technisches Deutsch", wobei dieser in Anlehnung an Fearns (2007: 169) verstanden wird als

> […] fachbezogener Fremdsprachenunterricht […], eine Variante des Fremdsprachenunterrichtes mit dem spezifischen Ziel, die fremdsprachliche Handlungskompetenz im Fach gemäß den Bedürfnissen der Lernenden auf- und auszubauen. Fremdsprachliche Handlungsfähigkeit im Fach kann umschrieben werden als die Fähigkeit des Lerners, sich in der Zielsprache fachlich angemessen zu informieren und zu verständigen.

Das Ziel der vorliegenden qualitativen Untersuchung ist ein Erkenntnisgewinn im Bereich der Fachsprachendidaktik, an deren fächerübergreifenden und allgemeingültigen Grundlagen es trotz langjähriger Forschungsarbeit fehlt (vgl. v. Hahn 1981: 13). Diese Tatsache erwähnt auch Hans-Rüdiger Fluck in seinem Standardwerk „Didaktik der Fachsprachen" (Fluck 1992: XI). Bis zum heutigen Tag hat sich die Situation tatsächlich kaum verändert – das Fehlen von fachsprachenbezogenen Daten und Analysen der Unterrichtsbeobachtungen sowie Interviews und Befragungen von Lehrenden für den Fachsprachenunterricht kann immer noch bestätigt werden, d. h., es besteht ein erheblicher Bedarf an empirisch fundierten Erkenntnissen zu den Fragen der Vermittlung von Fachkommunikation.

Diese Lückenhaftigkeit bietet damit zwar einen gewissen Spielraum für Fachsprachenlehrende, zugleich entwickelt aber jeder unvermeidlich aufgrund eigener Beobachtungen, Reflexionen und Erfahrungen nicht nur eigene Materialien und experimentelle Konzepte, sondern ebenso eigene *Theorien*, die den Schwerpunkt der folgenden Untersuchung bilden. Für den Gewinn dieser *Subjektiven Theorien* spricht das gleichnamige Forschungsprogramm, das am Anfang der vorliegenden Untersuchung als methodologische Grundlage in der weiteren Explikation galt. Geplant waren halbstrukturierte Leitfadeninterviews mit Fachsprachenlehrenden der technischen Fachkommunikation, die in der Forschungstradition der *Grounded Theory-Methodologie* (GTM) interpretiert und analysiert werden sollten – mit dem Ziel, die Theorie zu generieren.

Im Entwicklungsprozess der Untersuchung wurde das Forschungsprogramm *Subjektive Theorien* jedoch als zentrale methodologische Grundlage ausgeklammert und eher als Impulsgeber betrachtet – mehr dazu im Kapitel 3 „Methodologischer Teil". An der Untersuchung nahmen zwölf Fachsprachenlehrende teil, mit acht Lehrerinnen wurden halbstrukturierte Leitfadeninterviews durchgeführt und ein Gruppeninterview mit vier Fachsprachenlehrerinnen. Alle Interviews wurden mit dem Programm ExMaralda transkribiert (siehe Kapitel 3 „Methodologischer Teil") und mit Anlehnung an den Forschungsstil *Grounded Theory-Methodologie* (Strauss; Corbin 1996 und Strübing 2004; 2008; 2014) interpretiert. Aus der Analyse der qualitativen Daten und den gewonnenen Erkenntnissen resultierte der Prozess der Theoriegenerierung.

Die konkrete Zielsetzung der Untersuchung verfolgt die theoretische und empirische Annäherung an die Frage, inwieweit der Fachsprachenunterricht möglich ist, wenn der Fachsprachenlehrende keine fachliche Kompetenz im Bereich der Ingenieurwissenschaften besitzt, und mit welchen methodisch-didaktischen Strategien der Fachsprachenlehrende die fachliche bzw. technische Kompetenz bewältigt. Als wissenschaftlich-theoretischer Rahmen wurde die Konzeption des integrativen Fachsprachenunterrichts von Klaus-Dieter Baumann (2000: 170) ausgewählt, in der er ein Modell mit neun Ebenen bzw. Teilkompetenzen darstellt und wie folgt hervorhebt:

> Die Befähigung zur effizienten Bewältigung von kommunikativen Handlungssituationen im Fach kann nur durch einen integrativen fachsprachlichen (Fremd-)Sprachunterricht erfolgen. Dieser ist auf die Entwicklung einer fachkommunikativen Kompetenz gerichtet, die sich aus fachsprachendidaktischer Sicht als eine hierarchisch geordnete Gesamtheit von Teilkompetenzen darstellen lässt.

Analog wurde die vorliegende Studie in fünf Kapitel unterteilt: Dem wissenschaftstheoretischen Teil (Kapitel 2 „Wissenschaftstheoretischer Teil“) liegen fachsprachliche und fremdsprachliche sowie erkenntnistheoretische Konzepte zugrunde, die für die Vermittlung der technischen Fachkommunikation relevant sind. Im methodologischen Teil (Kapitel 3 „Methodologischer Teil“) werden das methodische Vorgehen im Zuge der Grounded Theory-Methodologie, die Besonderheiten der Datenerhebung, -aufbereitung und -auswertung sowie auch die Entscheidungsgründe erläutert, warum vom Forschungsprogramm Subjektive Theorien Abstand genommen und stattdessen der hier verfolgte Forschungsweg gewählt wurde. Das Kernstück des Dissertationsprojektes bildet der empirische Teil (Kapitel 4 „Empirischer Teil: Qualitative Interviewstudie mit den FSL der technischen Fachkommunikation“), in dem die durchgeführten Leitfadeninterviews analysiert werden und daraus die Theorie abgeleitet wird. Der Ausblick (Kapitel 5 „Fazit“) spiegelt den Grundgedanken der Untersuchung und die gewonnenen Erkenntnisse in den Dimensionen der Fachsprachendidaktik und -methodologie wider.

An dieser Stelle soll betont werden, dass besonderer Wert auf das logische Gleichgewicht bei den Interpretationen der Daten und der Theoriegenerierung gelegt wurde.

Diese Arbeit wird von mir als ein Versuch betrachtet, neue Erkenntnisse im Bereich der Fachsprachendidaktik zu gewinnen und daraus didaktische Konsequenzen zu ziehen. Darüber hinaus soll mit den empirischen Analysen und der Theoriegenerierung ein wissenschaftlicher Beitrag in die Fachsprachendiskussion eingebracht werden, um die Unterrichtspraxis der Fachsprachenlehrenden zu erleichtern. Abschließend möchte ich an dieser Stelle meine Übereinstimmung mit der Philosophie der Grounded Theory äußern, die Juliet M. Corbin in einem Interview zur Frage nach der Verantwortung im Grounded Theory-Ansatz zum Ausdruck bringt: „Ich glaube, ich habe das Anselm Strauss zu verdanken. Er sah Theorieentwicklung als eine Möglichkeit, die Welt [der Fachsprachendidaktik, Ergänzung N. Z.] zu verstehen und zu verbessern" (Cisneros-Puebla 2011: 87).

Exkurs zum ursprünglichen Titel der Dissertation
„Mein Name sei Fachsprachenlehrer"[4]

Der Titel ist eine offensichtliche Referenz auf den Roman „Mein Name sei Gantenbein" (1964) des Schweizer Schriftstellers Max Frisch (1911-1991), in dem der Protagonist nach seiner Identität in fiktiven Geschichten sucht: „Ein Mann hat eine Erfahrung gemacht, jetzt sucht er die Geschichte dazu – man kann nicht leben mit einer Erfahrung, die ohne Geschichte bleibt, scheint es [...]" (Frisch 1968: 9). Der gewählte Titel ist durch folgende Überlegungen begründet:

Erstens ist der Berufsweg von Frisch in dieser Hinsicht interessant, er war ein Romancier, der sowohl Germanistik als auch Architektur studierte und auch einige Jahre als Architekt arbeitete. Mit dieser Fachkombination repräsentiert er zwei Denkkulturen – die literarische und die ingenieurwissenschaftliche –, was in vielen wissenschaftlichen Diskussionen ein Brennpunkt bleibt: Ist die Kluft zwischen den Denkstilen[5] der Philologen und Physiker zu überbrücken? Frisch beschäftigt diese Frage auch in seinen Werken. So reflektiert der Protagonist im Roman „Homo Faber" über die Weltwahrnehmung des Technikers:

> Ich bin Techniker und gewohnt, die Dinge zu sehen, wie sie sind. Ich sehe alles, wovon sie reden, sehr genau; ich bin ja nicht blind. Ich sehe den Mond über der Wüste von Tamaulipas - klarer als je, mag sein, aber eine errechenbare Masse, die um unseren Planeten kreist, eine Sache der Gravitation, interessant, aber wieso ein Erlebnis? Ich sehe die gezackten Felsen, schwarz vor dem Schein des Mondes; sie sehen aus, mag sein, wie die gezackten Rücken von urweltlichen Tieren, aber ich weiß: Es sind Felsen, Gestein, wahrscheinlich vulkanisch, das müßte man nachsehen und feststellen. Wozu soll ich mich fürchten? Es gibt keine urweltlichen Tiere mehr. Wozu sollte ich sie mir einbilden? Ich sehe auch keine versteinerten Engel, es tut mir leid; auch keine Dämonen, ich sehe, was

4 Vorliegende Arbeit ist die leicht überarbeitete Fassung meiner Dissertation, die 2016 der Fakultät für Linguistik und Literaturwissenschaft (DaF/DaZ) der Universität Bielefeld vorgelegt wurde.

5 Der Begriff stammt von Ludwik Fleck, dessen Theorie im 2. Kapitel dargestellt wird.

> ich sehe: die üblichen Formen der Erosion, dazu meinen langen Schatten auf dem Sand, aber keine Gespenster. Wozu weibisch werden? Ich sehe auch keine Sintflut, sondern Sand, vom Mond beschienen, vom Wind gewellt wie Wasser, was mich nicht überrascht; ich finde es nicht fantastisch, sondern erklärlich. (Frisch 1987: 24)

Im wissenschaftstheoretischen Kapitel werden die ausführlichen Überlegungen sowie Theorien und Konzepte zum Problem des *Denkstils* und des *Denkkollektivs* behandelt.

Zweitens wird im empirischen Teil der so genannte *Klassische Fall* betrachtet, das sind die FSL, die entweder einen germanistischen Ausbildungshintergrund oder das DaF/DaZ[6]-Diplom haben (wie in der Einleitung festgestellt wurde, bildet dieser Typ das Forschungsobjekt der vorliegenden Studie). Mit der philologischen Voraussetzung haben sich die Fachsprachenlehrer an andere Textsorten und Fachdiskurse gewöhnt. Die linguistischen Probleme und die Belletristik, wie die erwähnten Romane „Homo Faber" und „Mein Name sei Gantenbein", sind für sie vertraute Gegenstände kognitiver und emotionaler Konfrontationen – und eben nicht der *Piezoelektrische Effekt*, nicht die Frage nach der Lösbarkeit oder Unlösbarkeit der Kopplung. Wenn wir die Abbildung 1 (siehe unten) aus der Perspektive des Geisteswissenschaftlers sähen, wären wir massiv irritiert – erkennbar im Leitfadeninterview mit dem FSL K, der das Berührungsphänomen zwischen Philologen und technischen Inhalten wie folgt kommentiert:

> also↓die normale ausbildung anglistik enthält keine fachkommunikation↓hm dann kommt dort irgendwo ganz schnell der punkt↑wo der normale anglist WENN ER DIE WAHL HAT↑sagt↓was↑maschinenbau↓ elektrotechnik↓was habe ich denn damit das ist nicht in meinem interessengebiet↓weg damit↓weiche böse geist↓ja↑ (FSL K: Z. 350 ff.)

Es wird nachvollziehbar, warum die Lehrer ohne Ingenieurausbildung auf die technische Fachkommunikation abwehrend reagieren.

Der Grundgedanke der Abbildung 1 ist der, dass der Maschinenbauer bzw. Konstrukteur die Entscheidung treffen soll, ob er die Kopplung lösbar, bedingt lösbar

6 Deutsch als Fremdsprache/Deutsch als Zweitsprache.

oder unlösbar konstruieren möchte. Die Logik erschließt sich aus den unten dargestellten Kategorien, d. h., die Zeichnung soll von unten nach oben interpretiert werden – und nicht aus den obigen, was meine Einschätzung als Literaturwissenschaftlerin gewesen wäre.

Die Quelle der Abbildung ist eine Folie der Vorlesung „Grundlagen von Maschinenbau", die als Sachfach an der Universität in Sachsen für die zukünftigen Übersetzer im Rahmen der fakultativen Veranstaltungen in der Ausbildung angeboten wird. Das Ziel der Veranstaltung bringt die Leiterin dieses Kurses, Frau Professorin Blum[7], in einem Brief an mich zum Ausdruck:

> [...] da ich kein Sprachenlehrer bin, der technische Kenntnisse vermittelt, sondern ein studierter Maschinenbauingenieur, der versucht, künftigen Übersetzern ausgewählte technische Inhalte in stark vereinfachter Weise etwas nahe zu bringen.

Aus dem Brief geht weiterhin hervor, dass diese Darstellung eine ‚stark vereinfachte' Form technischer Inhalte sei.

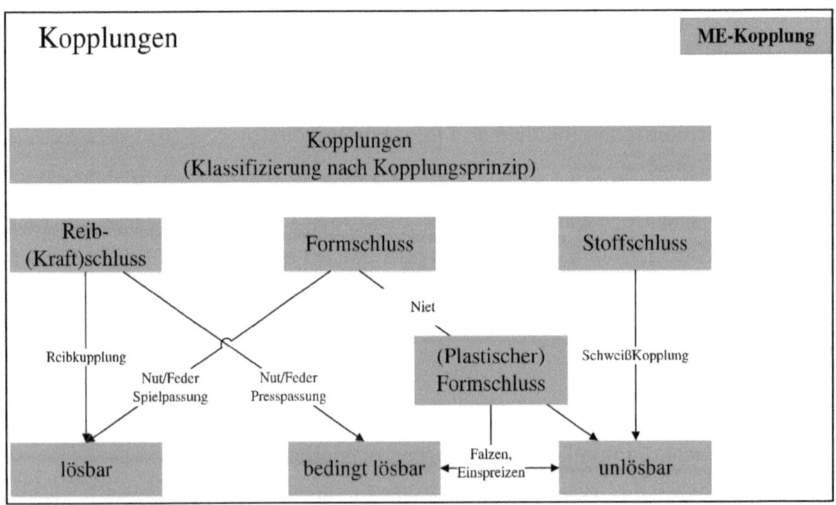

Abb. 1: Kopplungen

7 Der Name ist anonymisiert, auch die Universität wird nicht genannt.

Der dritte Grund für die Wahl des Titels ist mit dem zweiten eng verbunden, er liegt in der Irritation des Fachsprachenlehrers ohne technischen Hintergrund begründet. Bei der Auseinandersetzung mit den technischen Themen fühlt sich der Fachsprachenlehrer als Fremdkörper oder wie die FSL I sagt: „wie im falschen film“ (FSL G, H, I, Jb: Z. 520 f.). Die FSL L beschreibt folgenderweise ihren Zustand in der ersten Periode der Vermittlung der technischen Fachkommunikation:

> (ja↓*das war*wie war das am anfang↑) (*nachdenklich*) (am anfang war das für mich schon schwierig↓) (*seufzend*) weil ich eben kein technisches fach studiert habe↓*und*hm fühlte mich schon ein bisschen verloren↓*weil ich nicht wusste wie*gerade weil ich unterschiedliche studierende aus unterschiedlichen fächern hatte↓*wie soll ich vorgehen↑*überhaupt↓*welche* themen* soll ich ja* berücksichtigen und* hm und hatte das zunächst**hm**gar nicht↓ (FSL L: Z. 35 ff.)

Die Verlorenheit auf der didaktisch-methodischen Ebene in Bezug auf die technischen Inhalte, Schwierigkeiten aufgrund der mangelnden Kenntnisse im technischen Bereich, Orientierungslosigkeit, sogar Fassungslosigkeit sind typische Reaktionen des Fachsprachenlehrers mit philologischem Hintergrund.

Als Kettenreaktion hierauf erfolgt die bewusste und unbewusste Suche des Lehrers nach der eigenen Identität im Fachsprachenunterricht, nach der eigenen Rolle, den eigenen Grenzen, dem eigenen Platz und Selbstbild.

Der vierte Grund liegt in meiner eigenen Berufsbiografie. Wie schon in der Einleitung skizziert, lernte ich mein Untersuchungsfeld ‚von innen‘, d. h. aus der Sicht der Fachsprachenlehrerin der technischen Fachkommunikation im Bereich der Informatik und Telematik kennen. Der in der Einleitung aufgeworfene Problemkreis bewegte mich tief und die Frage „Wer bin ich im Fachsprachenunterricht?“ verfolgte mich selbst in meiner Unterrichtspraxis. Die Antwort soll nun in der Wissenschaft gefunden werden.

Ergo hieß die Studie „Mein Name sei Fachsprachenlehrer“.

2 Wissenschaftstheoretischer Teil

> *„Mit unserem Kommunizieren schaffen wir die Fachlichkeit der Welt. Ich kann über den […] Apfel als Genießer, Hungriger, Obstfreund, Vegetarier, Biobauer, Marktkäufer, Chemiker, Biologe, Umweltschützer, Theologe, Lehrer, EG-Kommissar, Mediziner reden – erst durch mein Sprechen über ihn wird klar, wie er von mir gesehen wird, welche fachliche Sichtweise ich als Sprecher habe. Der Apfel selbst ist kein fachlicher Gegenstand, er wird dazu gemacht durch die Sichtweise, in der ich über ihn oder mit Hilfe von ihm Aussagen mache.“ (Kalverkämper 1996b: 132)*

Der wissenschaftlich-theoretische Rahmen wird in den zwei folgenden Abschnitten ausgeführt: Desiderate, Aspekte und Begrifflichkeiten der Fachsprachenforschung und -didaktik und Besonderheiten der Vermittlung der technischen Fachkommunikation aufgrund der vier Dimensionen (kognitive, affektive, soziale und individuelle).

1. In den theoretischen Grundlagen wird ein Einblick in die Definitionsproblematik der für die vorliegende Studie relevanten Begriffe aus dem Bereich der Fachsprachenforschung sowie Fachsprachendidaktik gegeben. Besonders kontrovers sind die Begriffe Fachsprache, Wissenschaftssprache, Gemeinsprache sowie Fachsprachenunterricht und deren Wirkfaktoren, die in der Fachliteratur je nach Blickrichtung disputabel ausgelegt werden. Die folgende Studie beschränkt sich auf einige, für die fachsprachendidaktische Perspektive der FSL relevante Aspekte in der Begriffsdiskussion. Darüber hinaus werden wissenschaftstheoretische Konzepte der Vermittlung der Fachkommunikation sowie Bedingungsgefüge des FSU dargestellt.

2. Wissenschaftstheoretische Erkenntnisse in Bezug auf die Vermittlung der technischen Fachkommunikation werden auf Grundlage der kognitiven, affektiven, sozialen und individuellen Dimension betrachtet. Die konzeptuellen Begriffe des Denkstils und Denkkollektivs in der kognitiven Dimension, Affekt, Affektlogik und Grundgefühle in der affektiven Dimension, didaktische Strategien und Haltungen der Interaktion, Autonomie und Rollenverteilung in der sozialen Dimension werden kurz referiert. Die Zusammenstellung der theoretischen Komponenten, die das Selbstbild der Fachsprachenlehrenden, ihr professionelles Handeln und Potenzial im FSU prägen, wird als Themenkomplex der individuellen Dimension behandelt.

Abschließend werden die behandelten Inhalte kurz zusammengefasst.

2.1 Fachsprachenforschung, Fachkommunikationsforschung, Fachsprachendidaktik

2.1.1 Desiderate in der Fachsprachenforschung und -didaktik

In Anbetracht dessen, dass Forschung und Lehre im Bereich der Fachsprachen miteinander fest verbunden sind (Arntz 2004: 286), soll der theoretische Rahmen mit dem Phänomen der Fachsprachenforschung beginnen.

Die Fachsprachenforschung existiert seit den 60er/70er Jahren des 20. Jahrhunderts und gilt nicht nur als ein fest etablierter Bereich, sondern auch als Kerndisziplin in der Angewandten Linguistik. Zahlreiche Fachbücher zur Fachsprachenforschung ähneln sich in ihrer Einleitung, bemerkt Maria Monteiro und konstatiert: „Inzwischen könnte man sagen, daß das Kind groß geworden ist.“ (Monteiro 1990: 9) Die ausgeführte Formulierung im Konjunktiv II signalisiert hier mutmaßlich: Trotz der zahlreichen Publikationen und unterschiedlicher wissenschaftlicher Perspektiven in Bezug auf die Fachsprachenkonzepte wäre es voreilig, zu postulieren, es ginge um eine ausgereifte wissenschaftliche Disziplin mit empirisch fundierten, theoretischen Grundlagen.

Das ist die erste Besonderheit, die eine Konsequenz hat, und zwar: Die Fachsprachenforschung hat keinen langen Weg in zeitlicher Hinsicht überwunden, aber ihre Herausbildung deutet auf eine starke ‚räumliche', interdisziplinäre Ausdehnung[8] und eine Offenheit in Bezug auf die Integration der Erkenntnisse und Einsichten aus unterschiedlichen Fächern hin (z. B. Psychologie und Psychoanalyse, Kognitions- und Neurowissenschaften, Kultur- und Sozialwissenschaften)[9]. Das evidente Faktum lässt erstaunen, dass bis heute keine einheitliche Definition der Fachsprache sowie keine in sich widerspruchsfreie Fachsprachentheorie existiert (vgl. Menzel 1996: 28; Hoffmann; Kalverkämper 1998b: 359; Buhlmann; Fearns 2000: 11; Hammrich 2014: 17). Wolfgang Walter Menzel hebt im Rahmen der Diskussion zur fehlenden einheitlichen Fachsprachentheorie die unvermeidliche Frage hervor, ob solche „überhaupt möglich, wünschenswert oder nötig" (Menzel 1996: 28) sei. Die unterschiedlichen Ansätze und Untersuchungsgegenstände, die bei der Entwicklung der Fachsprachenforschung unter vielfältigen konzeptuellen Sichtweisen thematisiert wurden, seien schwer zusammenzubringen und zu bewerten (ebd.), obwohl der gleiche Objektbereich ‚Fachsprachen', aber mit seinen unterschiedlichen Gegenständen (z. B. Lexik, Stil), immer im Fokus gewesen sei, konstatiert Baumann (Baumann 1992: 4). Nach Auffassung von Menzel ist es gerade die fehlende Definition des Objekts Fachsprache, deren nicht vollständige Abgrenzung von der Gemeinsprache, die eine Herausbildung der Fachsprachentheorie verhindert (Menzel 1996: 33).

Die Suche nach der allgemeingültigen Definition des Begriffs Fachsprache sowie die Eruierung der Fachsprachentheorie ist kein Thema der vorliegenden Arbeit. Die Studie beschäftigt sich mit der Fachsprachendidaktik bzw. mit dem Phänomen: Fachsprachenlehrer der technischen Fachkommunikation im Fachsprachenunterricht sowie die Bewältigungsmethoden bei der Vermittlung der technischen Fachkommunikation. Es soll auf die thematischen Schwerpunkte und grundlegenden Zusammenhänge bei der Entwicklung der Fachsprachenforschung knapp

8 Vgl. Baumann 2000: 151; Menzel 1996: 28. Die genannten Forscher benutzen in diesem Kontext den Begriff ‚expandieren'.

9 Hartwig Kalverkämper schafft folgendes Sinnbild für die Fachsprachenforschung, die er auf den Marktplatz (griech. Agora, Forum) stellen würde, wo die soziale Kommunikation und Interaktion stattfinden: „Ich stelle mir, als imaginärer Bildhauer, die moderne Allegorie der aktuellen Fachsprachenforschung so vor: Sie wirkt nicht statuarisch-gemessen, sondern dynamisch-lebendig; sie zeigt sich mit offenen Armen, körpersprachlich signifikant – von sich weitergeben und für sich empfangen; und sie schaut nicht über alles und alle hinweg in die unkonkrete Ferne, sondern sie schaut uns an, als Partner, mit einem kommunikativen Gesicht." (Kalverkämper 1996b: 156).

zurückgegriffen werden, weil sie die konzeptuellen Richtlinien für die Fachsprachendidaktik sowie für die methodisch-didaktischen Entscheidungen der Fachsprachenlehrenden geschaffen haben (z. B. verbindet jeder Fachsprachenlehrende mit dem Begriff ‚Fachsprachenunterricht' unterschiedliche Aufgaben und Aspekte und dementsprechend ein eigenes Fachsprachenunterrichtskonzept).

Tim Hammrich stellt die Behauptung auf, *den* Fachsprachenunterricht gebe es nicht (Hammrich 2014: 64). Es soll an dieser Stelle auch hervorgehoben werden, dass die methodisch-didaktischen Grundlagen zugunsten der Fachsprachendidaktik bzw. des Fachsprachenunterrichts im zufriedenstellenden tiefgreifenden Maß kaum vorhanden sind (vgl. Baumann 2000: 155; Steinmetz 2000: 17; Fluck 1992: XI). Hartmut Schröder vertritt folgende kategorisch formulierte These dazu:

> Von einer eigenständigen Disziplin Fachsprachendidaktik mit eingegrenztem Gegenstands- und Aufgabenbereich und einem festen Platz innerhalb der Fremdsprachendidaktik sind wir daher noch weit entfernt. (Schröder 1988: 24)

Hammrich versucht, einen aktuellen Stand der Dinge zu bilanzieren, und diskutiert in diesem Zusammenhang die Positionen der Fachsprachendidaktiker, er hinterfragt in seinem Unterkapitel, ob die Didaktik des FFSU (DaF) ein Desiderat sei (Hammrich 2014: 74), wobei sein Ausgangspunkt die für diese Problematik von den Fachsprachenforschern[10] meist zitierte Aussage von Fluck (1992: 5) bleibt: Die übergreifende Konzeption fehle in der Fachsprachendidaktik. Die von Fluck genannten Gründe übernimmt auch Hammrich: „die unterschiedlichen Konzeptionen des Begriffs Fachsprache sowie die große Anzahl unterschiedlicher Ausprägungsformen des fachbezogenen Fremdsprachenunterrichts" (Hammrich 2014: 75).

Hammrich formuliert eine provokant wirkende These, welche die ausgeführte Meinung der Forscher negiert: In den Grundpositionen von Buhlmann/Fearns (2000), Zhao (2002), Steinmetz (2000), Schröder (2004) manifestiere sich die Essenz einer allgemeinen Didaktik für den fachbezogenen Fremdsprachenunterricht DaF (Hammrich 2014: 75). Daraus folgt laut Hammrich die Hypothese, es gebe

[10] Siehe Gladitz et al. 2014; Steinmetz 2000: 17.

bereits eine Reihe konkreter Fachsprachenunterrichtsmodelle und Unterrichtsvorschläge, die bestimmte konzeptuelle Überlegungen bzw. Untersuchungen sowie didaktisch-methodische, wissenschaftliche Haltungen implizieren und auch explizieren und damit das Substrat der Fachsprachendidaktik bilden. Aber schließlich kommt er zu der Schlussfolgerung, trotz der genannten allgemeingültigen Grundpositionen seien die Desiderate im fachbezogenen Unterricht DaF vorhanden, eins davon sei die Adressatenspezifik (ebd.: 76). Er führt wie folg aus:

> Diese sehr spezifische Ausrichtung auf die Lerngruppe und deren Zielstellungen führt zu deutlich voneinander abweichenden Unterrichtstypen und entsprechenden Verschiebungen auf didaktisch-methodischer Ebene. (ebd.)

Vorliegende Studie nimmt Bezug auf die These von Hammrich, sie könnte fortgesetzt sowie umgesetzt werden: *Den* Fachsprachenlehrenden gibt es nicht. Infolgedessen, dass der Fachsprachenunterricht laut Fluck aus den zentralen Wirkfaktoren Lerner, Lehrer, Methoden, Konzepte und Lehrwerke besteht (Fluck 1992: 178-220) und die Heterogenität bzw. Diversität als Merkmal des Fachsprachenunterrichts gilt, kann die gewagte These berechtigt werden. Im Rahmen dieser Arbeit wird empirisch untersucht, wie die Überzeugungen, Kompetenzen und Erfahrungen der Fachsprachenlehrenden die Entwicklung der Unterrichtskonzepte und den Methodeneinsatz beeinflussen. Das Projekt diskutiert die Fragen der Vermittlung der technischen Fachkommunikation ausschließlich aus der Perspektive des Fachsprachenlehrers, wie der Fachsprachenlehrende ohne fachliche Kompetenz die fachliche Ebene bewältigt, inwieweit der FSU unter diesem Bedingungsfaktor möglich ist. Die Fachsprachendidaktiker entwickeln eigene Konzepte für bestimmte Studiengänge und für bestimmte Lerner mit spezifischen Lernzielen und -voraussetzungen, größtenteils handelt es sich um ausländische Projekte, z. B. entwickelt Monteiro ein didaktisches Fachsprachenunterrichtsmodell für die brasilianischen Studenten (Monteiro 1990); Steinmetz baut ein Konzept für den Modellstudiengang „Fachdeutsch Technik“ in China auf (Steinmetz 2000); Hammrich entwickelt ein eigenes Exempel, um die didaktische Lücke auszufüllen, ein Modell für den DaF-Unterricht Fachsprache Umwelt unter der besonderen Berücksichtigung des FSU in China (Hammrich 2014). Aber der Fachsprachenlehrer als Faktor im Fachsprachenunterrichtsprozess bleibt ein Desiderat. Das renommierte „Handbuch des Fachsprachenunterrichts“ (2000) von Rosemarie Buhlmann und Anneliese Fearns gibt Anhaltspunkte für Fachsprachenlehrer, die meist keine Fachleute des jeweiligen Fachs seien, die keine Ausbildung als Fachsprachenlehrer genossen haben, die mit den linguistischen, methodischen, didaktischen Ansätzen überwältigt seien, die in einem Bereich arbeiten, in dem es unzureichendes oder nicht befriedigendes Unterrichtsmaterial gebe, die sich in den meisten Fällen unsicher fühlen und im Endeffekt darauf verzichten, den Fachsprachenunterricht zu erteilen (Buhlmann; Fearns 2000: 8). Das heißt, die problematische Situation des Fachsprachenlehrers ist schon bekannt und nicht neu. Buhlmann/Fearns setzen sich mit der zuvor genannten Annahme intensiv auseinander. Mit der Konzeptveränderung, Lehrerverhaltensänderung, Lernerzentriertheit statt Lehrerzentriertheit etc. könne der FSU stattfinden (ebd.: 116-119), kurz gefasst: Der Fachsprachenunterricht liege in den Händen der Fremdsprachenlehrer mit ihren didaktischen und methodischen Kenntnissen (Fearns 2007: 169).

Was macht solch einen Fachsprachenunterricht in der Wirklichkeit bzw. in der Praxis aus? Inwieweit fühlt sich ein Fachsprachenlehrer sicher und ausgeglichen im FSU? Ist er von seiner Unterrichtsqualität überzeugt? Was und wie vermittelt er im FSU? Das sind Fragen, auf die sich die folgende Studie konzentriert und die empirisch behandelt werden.

2.1.2 Diffuse Begriffe: Wissenschaftssprache, Fachsprache, Berufssprache und Gemeinsprache

Mit der kurzen Einführung in die Debatte und die Begriffsdefinitionen *Fachsprache* und *Wissenschaftssprache* sowie zu deren Relation zur *Berufs-* und *Gemeinsprache* wird kein Anspruch auf Vollständigkeit erhoben, sondern es werden nur einige für die Fragestellung der vorliegenden Studie wesentliche Aspekte der Problematik gezeigt und es wird dargelegt, was im Weiteren unter den genannten Begriffen verstanden wird.

Hoffmann verbindet das Problem der Definition des Begriffs Fachsprache mit der Tatsache der relativ späten Etablierung der Fachsprachenforschung, deren Experten unterschiedliche Disziplinen wie Funktionalstilistik, Soziolinguistik,

Lexikologie, Lexikographie, Terminologie-/Übersetzungswissenschaft, Rhetorik, Hermeneutik, Sprachkritik und Sprachdidaktik vertreten, dementsprechend wird von ihnen der Status der Fachsprachen verschiedenartig interpretiert und werden diese different definiert (Hoffmann 2001: 533). Fluck erklärt das Fehlen der eindeutigen Definition der Fachsprache damit, dass der Begriff Fachsprache im Gegensatz zu dem in geringem Maße definierten Begriff Gemeinsprache gebraucht werde und verschiedenartige Bereiche wie handwerkliche, technische und wissenschaftliche Sprache mit ihren Übergangserscheinungen umfasst (Fluck 1991: 11). Trotz der Tendenz, den Begriff Fachsprache auf der Basis der dichotomen Differenzierung Fachsprache versus Gemeinsprache vor allem aufgrund der Wortschatzmerkmale zu definieren (Fluck 1997: 14), entwickeln sich divergente Forschungspositionen, durch welche die Frage einen dialektischen Charakter bekommt. Über die unmögliche eindeutige Grenzziehung sowohl zwischen einer Fachsprache und der Allgemeinsprache als auch zwischen den einzelnen Fachsprachen schreibt Roman Lewicki und begründet seine These damit, dass dieselben formalen und lexikalischen Elemente (Fachtermini ausgenommen) diesen Sprachen zugrunde liegen (Lewicki 1987: 163), während Kalverkämper für den Verzicht auf den Begriff Gemeinsprache plädiert. Er verficht die Integrierung einer graduellen Stufung der Fachsprachlichkeit und lehnt die „künstliche und in den konkreten Einzelfällen überhaupt nicht leistungsfähige Modell-Antipode“ (Kalverkämper 1996b: 135) von Gemeinsprache und Fachsprache(n) ab. Er problematisiert die Begriffe ‚Fach‘ und ‚Fachlichkeit‘ und bezeichnet sie als „relationale Größen“ (Kalverkämper 2000: 57) – sie seien an die Handelnden gebunden und dadurch, dass sie über ihr Handeln kommunizieren (und dabei handeln), konstituieren sie das Fach (ebd.). Thorsten Roelcke macht deutlich, dass der Begriff Fach nicht hinreichend definierbar sei. Sei unter Fachsprache ein einheitliches oder ein mehrheitliches Sprachsystem zu verstehen, beziehe es sich auf bestimmte Sprachen oder sei es übereinzelsprachlich (Roelcke 2010: 15; siehe auch Dörr 2014: 29; vgl. Scholz 2002: 4)? Die Dichotomie Fachsprache versus Gemeinsprache gilt heute als unfruchtbar, weil die Interdependenz der Gegenpole im wechselseitigen, einander bereichernden und ergänzenden Verhältnis stehe (Dörr 2014: 30). In den 70er Jahren definiert Hoffmann die Gemeinsprache als „jenes Instrumentarium an sprachlichen Mitteln, über das alle Angehörigen einer Sprachgemeinschaft verfügen und das deshalb die sprachliche Verständigung zwischen ihnen möglich macht“ (Hoffmann 1984: 48), und die Fachsprache als „Gesamtheit aller sprachlichen Mittel, die in einem fachlich begrenzbaren Kommunikationsbereich verwendet werden, um die Verständigung zwischen den in diesem Bereich tätigen Menschen zu gewährleisten“ (ebd.: 53). Die zitierte Definition des Begriffs Fachsprache von Hoffmann findet Anerkennung in der Linguistik trotz des Differenzierungs- sowie Präzisierungsbedarfs (Dörr 2014: 29) und wird in dieser Studie als theoretische Grundlage verwendet.

Nicht eindeutig und nicht unumstritten bleiben auch der Begriff Wissenschaftssprache und dessen Abgrenzung von der Fachsprache. Kalverkämper entwirrt mit seiner graduellen Stufung von Fachsprachlichkeit die Situation, in der Wissenschaftssprache als Existenzform der Fachsprachlichkeit gilt (vgl. Kalverkämper 1996b: 136), und zeigt damit, dass die Grenzen zwischen Fachsprache und Wissenschaftssprache kaum zu finden sind. Heinz L. Kretzenbacher macht einen Versuch, den Begriff Wissenschaftssprachen zu definieren. Er definiert sie als Gesamtheit der Phänomene sprachlicher Tätigkeit, die im kulturellen Handlungsfeld der Wissenschaften auftreten und dieses zugleich als theoriebildende und -verarbeitende Kommunikationsgemeinschaft sowie als gesellschaftliche Institution entscheidend konstituieren (Kretzenbacher 1998: 134). Für Kretzenbacher ist die sprachliche Tätigkeit als Diskurs der *scientific community* bei der Wissensaneignung und -verarbeitung, aber auch generell bei der Wissensproduktion zentral. Menzel versteht unter der Wissenschaftssprache die Fachsprache der Wissenschaft, die sowohl theoretische Ausprägung als auch fachlich bezogene Umgangssprache beinhalten kann (Menzel 1996: 30), während die Fachsprache eine Zwecksprache[11], eine Funktionssprache bedeutet, deren Funktionsbereich erweitert werden könnte, wenn die Fachbereiche zu Wissenschaften würden (ebd.: 32). Das heißt, für Menzel wäre die Wissenschaftssprache ein Oberbegriff für die jeweilige Fachsprache, die als Instrument in der Kommunikation ‚*for special purposes*‘ dient. Helmut Berschin gibt den wirkungsreichen Hinweis, dass solche Grundbegriffe axiomatisch eingeführt werden, sie seien nicht definierbar, sondern

[11] Walter Otto hebt in seinem Artikel „Die Paradoxie einer Fachsprache“ die Funktionalität der Fachsprachen hervor. Die Fachsprachen stünden in ständiger Wechselwirkung mit den Sachinhalten, die sie ausdrücken müssten. Sie sollten sich präzise nach den Aufgaben und Zielen ihrer Fachgebiete richten: „*Die Sprache muß der Sache folgen*, ihr dienen, ihren Anteil zur Zweckerfüllung beitragen.“ (Otto 1981: 48 - Hervorh. i. O.).

nur interpretierbar. Die Interpretation bestehe darin, dass dem Begriff ein empirisch überprüfbarer Wirklichkeitsbereich zugeordnet werde (Berschin 1989: 52).

Es lässt sich ableiten, dass die Differenzierung der Begriffe Fachsprache und Wissenschaftssprache sowie die Abgrenzung zwischen Fach-, Wissenschafts- und Gemeinsprache[12] aus vielen Gründen prekär ist. Klaus Munsberg findet die Diskussion zum Thema „wenig fruchtbar" (Munsberg 1994: 37) und die Trennung der ausgeführten Kategorien kaum möglich, denn die Sprache im Fachbereich sei die Fachsprache, die Sprache im Universitätsbereich für bestimmte Personengruppen sei die Wissenschaftssprache und die Kommunikation im Fachbereich wirke auch als Berufssprache (ebd.: 37 f.).

Der Begriff der Berufssprache ist nach Jörg Braunert eine „schillernde Existenz" (Braunert 1999: 99) und wird oft als Synonym zum Phänomen Fachsprache Wirtschaft betrachtet (ebd.). Er entstand als Konsequenz des neuen Paradigmas der intensiven wirtschaftlich-technischen Zusammenarbeit, welche die Fremdsprachenkenntnisse für alle, nach der Formulierung des Deutschen Volkshochschulverbands und des Goethe-Instituts (1995: 13) „von der Unternehmensspitze bis zum […] Pförtner", und neue Kompetenzprofile in den Fragen der Interkulturalität und breiter thematischer Kommunikation anforderte (ebd.: 14). Das Zertifikat Deutsch für den Beruf (ZDfB) registriert folgendes Spezifikum für die Berufssprache: Die Sprachkompetenz im Beruf sei nicht mit der fachsprachlichen Kompetenz gleichzusetzen (ebd.: 9); die Berufssprache sei keine Fachsprache und impliziert die „berufsübergreifenden" (ebd.: 15) Kompetenzen für die „Bewältigung relativ allgemeiner, beruflicher Handlungsketten innerhalb eines breiten thematischen und situativen Spektrums" (ebd.). Die in der ausgeführten Erläuterung verwendeten Wörter wie ‚berufsübergreifend' und ‚allgemein' sowie die bewusst zurückgewiesene Zugehörigkeit zur Fachsprache verweisen eher auf die Dimension der Gemeinsprache. Braunert (1999: 101) entwirft eine bedingte Konstellation, in der er die Berufssprache schematisch zwischen Allgemeinsprache und Fachsprache positioniert, dabei überschneidet sich die Berufssprache in größerem Umfang mit der Allgemeinsprache als mit der Fachsprache. Die letzte Verbindung ist trotzdem vorhanden.

---

12 Auch ist die Abgrenzung zwischen Fachwort und Nicht-Fachwort diffizil (Munsberg 1994: 41).

Die zum Schluss berechtigte Frage, wo die Wissenschaftssprache für die folgende Studie verortet werden kann, sollte mit der Rekapitulation der These der graduellen Stufung der Fachsprachlichkeit von Kalverkämper plausibel beantwortet werden.

Für den Fachsprachenunterricht sowie für den Fachsprachenlehrenden bedeutet die Pluralität der Blickrichtungen hinsichtlich der Fachsprache und deren Grenze eine Unklarheit und sogar Obskurität, wie das Anliegen der Fachsprache im Fachsprachenunterricht methodisch-didaktisch umgesetzt werden soll. Die nächste Differenzierung, welche die Schichtenmodelle knapp behandelt, hat den Charakter einer Begriffsannäherung an die Komplexität des Phänomens und ist erforderlich, weil sie auf die nächsten Merkmale der Fachsprache sowie indirekt auf das Spezifikum des Fachsprachenunterrichts verweist.

2.1.3 Vertikale Schichtung und horizontale Gliederung der Fachsprachen

Hoffmann betrachtet das Phänomen der Fachsprache als differenzierte Ganzheit und verweist darauf, dass jede Fachsprache mehrere Schichten hat und sie von den anderen Fach- und Subsprachen abgegrenzt werden soll (Hoffmann 1984: 71). Dafür entwickelt er eine Matrix mit einer vertikalen Schichtung und einer horizontalen Gliederung der Fachsprachen. Wichtig ist in dieser Matrix, dass die vertikale Schichtung den Fachlichkeitsgrad in der Fachkommunikation bestimmt, d. h. vom Abstrakten zum Konkreten, von der Kommunikation unter Fachleuten bis zur Kommunikation unter Fachleuten und Laien (vgl. Berschin 1998: 53)[13], und dass die horizontale Gliederung die Tatsache problematisiert: Es gibt nicht eine Fachsprache, sondern viele Fachsprachen, Fachrichtungen sowie Fachtextsorten[14].

Die vertikale Schichtung besteht aus den fünf folgenden Schichten (Hoffmann 1984: 66-70):

13 Heinz Ischreyt untergliedert die technischen Sprachen in drei Schichten: Werkstattsprache, Verkäufersprache und wissenschaftliche Fachsprache (Ischreyt 1965: 39).

14 Bernd Spillner formuliert vier Thesen, die vierte These postuliert, dass es nicht die Sprache eines Faches gebe, sondern nur fachsprachliche Textsorten (Spillner 1983: 26), während die Fachtextsorten pragmatisch-kommunikativ verstanden werden, die durch Kommunikationspartner, Kommunikationsgegenstand, Kommunikationszweck, Kommunikationsart und Kommunikationsort bestimmt werden (ebd.: 27).

A. Sprache der theoretischen Grundlagenwissenschaften (höchste Abstraktionsstufe)

B. Sprache der experimentellen Wissenschaften (sehr hohe Abstraktionsstufe)

C. Sprache der angewandten Wissenschaften und der Technik (hohe Abstraktionsstufe)

D. Sprache der materiellen Produktion (niedrige Abstraktionsstufe)

E. Sprache der Konsumtion (sehr niedrige Abstraktionsstufe)

Dabei hebt Hoffmann hervor, dass die Schichten im konkreten Kommunikationsakt bzw. im sprachlichen Text selten rein auftreten, und führt ein Beispiel mit dem Mathematiker an, der mehrere Seiten mit Gleichungen füllen könne, aber zur natürlichen Sprache zurückkomme (Hoffmann 1984: 67). Der Matrix von Hoffmann zufolge beziehen sich die Wissenschaftssprachen auf die oberen Schichten, später aber wurde dieser Ansatz kritisch beurteilt, mit der Begründung, er konzentriere sich auf ein lexikalisches Paradigma. Die horizontale Gliederung zeigt einerseits die Vielfalt der Fachsprachen (Subsprachen) aufgrund des Vergleichs deren sprachlichen Mittel untereinander sowie andererseits die Einheit derer mit der Gesamtsprache (Gemeinsprache[15]).

Munsberg moniert die Oberflächlichkeit der zweidimensionalen Matrix von Hoffmann und modelliert ein dreidimensionales Konstrukt, das die dritte Dimension der linguistischen Beschreibungskategorie repräsentiert. Dabei sollten die (gesprochenen) Fachtextsorten bzw. Diskurstypen die Konzeption der Abstraktionsstufen ersetzen, um die linguistischen Spezifika präziser zu differenzieren (Munsberg 1994: 42).

Es lässt sich festhalten: Der kurz dargelegte Problemkreis mit dem definitorischen Zirkel Fachsprache = Sprache im Fach, unklares Verhältnis der Fachsprachen zur Gemeinsprache („die Frage der Fragen in der Fachsprachenforschung“[16]) sowie mangelnde Reflexion über die Fachlichkeit als Phänomen und Fach als Forschungsfeld in der Fachsprachenforschung, was auch eine disputable Relation

---

15 Hoffmann diskutiert noch ein Modell, in dem die Gemeinsprache untergeordnet, als Teil der Gesamtsprache im Status der Subsprache bzw. Fachsprache, hervortreten könnte (Hoffmann 1984: 49 f.).

16 Hoffmann 1984: 48.

zwischen Fach- und Wissenschaftssprachen erzeugt (Kretzenbacher 1998: 133 f.), ist für die vorliegende Studie von Bedeutung. Denn er bildet den Bezugsrahmen für die Begriffsdefinitionen Fachsprachenunterricht und Vermittlung der Fachsprache, d. h. welche Sprache im Unterricht *Technische Fachkommunikation* vermittelt werden soll, sowie für die Kommunikation bzw. im Wissenstransfer zwischen Fachleuten und Laien, in dem Fachsprachenlehrende ohne ingenieurwissenschaftlichen Hintergrund die Rolle der Laien spielen. Der letzte Aspekt steht nach Roelcke für die jüngere Fachsprachenforschung im Mittelpunkt des Interesses (Roelcke 2010: 38).

2.1.4 Fachmann vs. Nichtfachmann (Laie)

Hoffmann zufolge brachte die Aufhebung der Polarität Fachsprache versus Gemeinsprache neue Einblicke in die Gegensätzlichkeit Fachmann versus Laie. Daraus wurde eine gleitende Skala der Fachlichkeit von Texten gefolgert, die in einer Korrelation mit einer analogen Skala der Fachlichkeit von Handlungen steht. Die Polarisierung werde auf diese Weise relativiert, weil die meisten Texte irgendwo zwischen den Extremen lägen (Hoffmann 1998: 163). Kalverkämper spricht über die Textqualität, in der die Fachsprachlichkeit graduell von (extrem) merkmalsarm bis (extrem) merkmalsreich eingestuft wird (Kalverkämper 1996b: 136). Els Oksaar untersucht die fachsprachlichen Dimensionen sowie die Phänomene des Fachmanns und des Laien u. a. aus soziokultureller Sicht und hebt hervor, dass sie sich auf verschiedenen Ebenen bewegen, indem sie den Fachwortschatz gebrauchen. Der Laie bleibt auf der Abstraktionsebene, wenn er die Details nicht kennt. Im Gegenteil dazu besitzen der Fachmann und dessen Konkretisierungsebene eine präzise Vorstellung von dem behandelten Thema und einen eineindeutigen Begriffsapparat. Oksaar demonstriert an einem Beispiel aus dem Bereich der Chemie, dass für den Chemiker die *Pyrolyse* ein bis ins Einzelne erfassbarer Prozess ist, während der Laie eine weniger exakte Erörterung in Form der Definition bekomme. Mit detaillierten Sachverhalten sowie mit den Basisinformationen in Bezug auf den genannten chemischen Prozess ist der Laie nicht vertraut (Oksaar 1983: 32; siehe auch Hoffmann 1976: 31). Oksaar unterstreicht ferner, dass der Nichtfachmann die Fachwörter nicht verstehe und auch nicht zu verstehen brauche. Das Problem besteht darin, dass er die Fachlexik trotzdem verwendet, aber nicht so wie der Fachmann. Und damit gehen sie mit dem unterschiedlichen Fachwortschatzgebrauch auseinander (Oksaar 1983: 33). Walter Porzig und Theodor Ickler problematisieren die Situation des Nichtfachmannes noch schärfer und bestätigen damit die These von Hoffmann[17], indem Porzig betont, dass die Laien die *entscheidenden* Wörter nicht verstünden (Porzig 1993: 219; siehe auch Bungarten 1983: 137). Ickler bezieht sich auch auf die kognitive Ebene und meint, der Laie spreche nicht nur laienhaft, er denke auch so. Ihm fehle die geistige Methode des Experten – er bezeichnet sie als „besondere Natur des Expertendenkens“ (Ickler 1981: 63).

Zur Perspektive des Fachmannes soll weiter ausgeführt werden, dass er Teil des Begriffssystems ist, weil er die Terminologie entwickelt, aber auch das Begriffssystem ein Teil des Fachmannes bleibt, weil er es beherrscht. Das akzentuiert Hoffmann, indem er die Methoden der Terminologiebildung darlegt, die in den Händen der Fachleute des jeweiligen Faches liegt, nämlich:

> Der Fachmann sieht seine Terminologie naturgemäß nicht in erster Linie von der Systematik der Wortbildung her. Für ihn stehen die Objekte der Wirklichkeit (Denotate) und besonders deren Abbilder im Bewußtsein (Designate) im Vordergrund. Er geht deshalb gewöhnlich vom Begriffssystem seiner Wissenschaft bzw. seines Arbeitsgebietes aus und entwickelt als Pendant dazu ein geeignetes Benennungssystem. (Hoffmann 1984: 24)

Kalverkämper nennt eine Reihe von Kriterien, welche die fachlichen Qualifikationen des Fachmannes beanspruchen, darunter:

- Fähigkeit, sachliche Relationen systematisch zu erfassen;
- in besonderem Maße in einem bestimmten Zusammenhang Wissen (Ausbildung, Lehre, Studium) erwerben;
- Kompetenzen (sowie Umgangs- und Kommunikationsgewohnheiten), die für das jeweilige Arbeitsgebiet notwendig sind, entwickeln;

---

17 „Echte Fachsprache ist immer an den Fachmann gebunden, weil sie volle Klarheit über Begriffe und Aussagen verlangt. Vom Nichtfachmann gebraucht, verliert Fachsprache ihre unmittelbare Bindung an das fachliche Denken; Begriffe und Aussagen büßen einen wesentlichen Teil ihres Inhalts und ihrer Präzision, vor allem aber ihre Beziehung zur fachlichen Systematik ein, die der Laie nicht überschaut.“ (Hoffmann 1976: 31).

- (Erfahrungs- und Lern-)Wissen im Rahmen des Sachgebiets bzw. Handlungszusammenhangs aufbauen (Kalverkämper 1996b: 128).

Wichtig ist an dieser Stelle die Determinante der Erfahrung beim Fachmann zu unterstreichen, d. h., fachbezogene Praxis und Auseinandersetzung mit den fachlichen ‚Objekten' gehören unabdingbar zum Phänomen des Fachmannes. Es lässt sich zusammenfassen, dass der Fachmann nicht nur die Begriffe im Detail versteht sowie die Zusammenhänge in den Sachverhalten systematisiert, sondern auch an der Bildung der neuen Termini mitwirkt, während sich der Laie auf der Oberfläche bewegt, die entscheidenden Wörter, d. h. „Denkelemente und Denkstrukturen des jeweiligen Faches"[18], nicht versteht und damit andere Denkweisen manifestiert. Hans A. Poetzelberger entwickelt eine klare Formel in diesem Zusammenhang: Die Verständlichkeit der Fachsprache wachse proportional mit der Sachkenntnis (Poetzelberger 1983: 91).

2.1.5 Zur Kommunikation zwischen Fachleuten und Laien

So könnte die berechtigte Frage gestellt werden, ob der Dialog zwischen Fachmann und Laie möglich ist, ob sie (nicht) aneinander vorbei sprechen. Hoffmann diskutiert die Bedeutung der Fachsprachen aus lexikologisch-terminologischer Sicht: Fachsprachen seien „Zwecksprachen" (Hoffmann 1984: 30), deren Fachtexte die Klarheit und Eindeutigkeit manifestierten, was typisch für den Stil der Techniker und Naturwissenschaftler sei, aber er sehe die Gefahr darin, dass die Kommunikation und das Verständnis zwischen Fachleuten und Laien erschwert werden. Kalverkämper konzipiert ein Modell der fachlichen Konstellationen im Kommunikationsprozess und differenziert die Kommunikation auf solche Weise per se. Er unterscheidet innerfachliche oder fachinterne Kommunikation, wenn die Fachleute im Rahmen eines Faches miteinander sprechen, interfachliche Kommunikation, bei der die Kommunikation zwischen den Fachleuten aus unterschiedlichen Gebieten kooperativ wie auch kontrastiv verläuft, und fachexterne Kommunikation, d. h. fächerüberschreitende Kommunikation, wenn der Fach-

[18] Das sind die Begrifflichkeiten von Buhlmann und Fearns. Sie führen wie folgt aus: „Die Kommunikation im Fach erfolgt über Fachinhalte. Sie ist gebunden an das Verfügen über die Denkelemente und Denkstrukturen des jeweiligen Faches. Denkelemente des Faches sind die Fachbegriffe." (Buhlmann; Fearns 2000: 9).

mann mit dem interessierten Laien spricht (Kalverkämper 1996b: 134 f.). Gleichzeitig aber merkt er an, dass diese Form für die Beschreibung ungeeignet sei wie auch das vertikale Schichtenmodell von Hoffmann. Der Grund für seine Kritik besteht darin, dass nicht in einer solch starren Modellierung die Lebendigkeit und Dynamik der wirklichen Fachkommunikation ihre Widerspiegelung findet, sondern in den Texten und sprachlichen Äußerungen (ebd.). Damit verweist er nicht nur auf die Komplexität des Kommunikationsprozesses und auf die kognitive Ebene, sondern auch auf die textuelle und soziale Ebene. Das führt zur Neukonzeptualisierung in der Fachsprachenforschung, und zwar zur Fachdiskursanalyse, in der nicht nur Texte und Textsorten als isolierte Untersuchungsgegenstände in Betracht gezogen werden, sondern deren Vernetztheit, Kirsten Adamzik und Jürg Niederhauser zufolge, was die Fachsprachenforschung aus der Dichotomie Fachsprache versus Gemeinsprache befreie (Adamzik; Niederhauser 1999: 28).

Theo Bungarten beschäftigt sich u. a. mit den Kommunikationskonflikten zwischen Fachleuten und Laien und findet wie folgt die Ursache des Problems im fehlenden ‚gemeinsamen sprachlichen Kode‘:

> Am markantesten sind Konflikte zwischen Experten und Laien, nicht nur, weil beide Gruppen nicht über die jeweilige Fachkompetenz und damit fachliche Vorstellungswelt und Wissenskompetenz des Partners verfügen, sondern weil für die Übermittlung der Nachricht kein gemeinsamer sprachlicher Kode erreicht wird, soweit es um schwierige fachliche Sachverhalte oder Sichtweisen und Interessen geht. (Bungarten 1983: 134)

Bungarten zufolge können die Kommunikationskonflikte zwischen Fachleuten und Laien nicht nur auf sprachlicher Ebene vorkommen. Er verweist darauf, dass den Kommunikationspartnern der Konflikt nicht bewusst sein könne und nur von einem Partner perzipiert wird, weil er für ihn bestehe. Der Konflikt sei in diesem Sinne schlummernd und dadurch entsteht keine Möglichkeit, durch bewusstes und gemeinsames Handeln gelöst zu werden (ebd.: 136 f.).

Mit solchen Ausführungen wird die Diskussion über die Kommunikation und das Verständnis zwischen Fachleuten und Laien einerseits noch tiefer auf die kognitive Ebene, und zwar hinsichtlich der Differenz der Denkstile verlagert, andererseits aber auch auf die soziale Ebene.

Für Kalverkämper sind in der genannten Konstellation drei eng zusammengehörige, der Verständlichkeit Rechnung tragende Faktoren beteiligt: „Sprache (Fachsprache)", „Sachwelt" und „Gesellschaft (gesellschaftliche […] Handlungswelt)" (Kalverkämper 1996b: 138), wo nicht nur ein Fachmann oder ein Vertreter einer Ausbildungsinstitution, sondern jedes Mitglied der Gesellschaft nach der verständlichen Darlegung der fachlichen Sachverhalte bzw. Informationswiedergabe streben sollte (ebd.). Kalverkämper zufolge führen bewusste Sprachgestaltung und Partnerbezug zur Konfliktvermeidung zwischen Fachleuten und Laien, dabei gleichen die Bringschuld der Fachleute und die Holschuld der interessierten Laien einander aus (ebd.: 155).

Infolgedessen, dass die Rolle der sozialen Ebene stark von Fachsprachenforschern betont wird, ist es von Bedeutung, die soziologische Perspektive zu dieser Diskussion heranzuziehen. Der Rechtssoziologe Hans Albrecht Hesse betrachtet das Dualsystem Fachmensch – Laie folgendermaßen:

> Fachmensch und Laie oder Experte und Laie kommen als *Kontrast*begriffe auf uns zu und bezeichnen so *kontrastierende Handlungsmuster*: kontrastierend sowohl in beschreibender als auch in bewertender Hinsicht. Die Worte kennzeichnen eine duale Struktur: eine Zwei-Teilung der Gesellschaft. […] Freilich werden sowohl Beschreibung als auch Bewertung zunehmend unsicher in der Gegenwart – und deutlich wird zugleich, daß Beschreibung und Bewertung *kontextabhängig* und *perspektivengebunden* sind. (Hesse 1998: 35 - Hervorh. i. O.)

Hesse führt weiter aus, wenn die Grenze vorgenommen werde, um das Wort-Paar Fachmensch – Laie zu trennen, dann sei der Dilettant ein Grenzbewohner. Die Grenze sei nicht stabil, was die Schlussfolgerung zulasse, dass es kein Dauerzustand sei, sondern ein Prozess von Grenzziehungen (ebd.: 36). Die Grenze – gegenüber anderen Fachmenschen und gegenüber Laien – bleibe eine zentrale Frage in dieser Diskussion (ebd.: 179). Die Einbeziehung einer neuen Variable Dilettant und die Begriffe kontextabhängig/perspektivengebunden (Beschreibung und Bewertung) sowie Prozess und Instabilität der Grenze zeigen, dass es um ein komplexes, dynamisches, gesellschaftliches Phänomen geht. Hesse stellt eine Prognose auf, die er auf der aktuellen Tendenz zur aktiven Wissensaneignung gründet:

Die Grenzen würden weicher, durchlässiger, verbiegbar im Einzelfall, übersteigbar oder auch umgehbar (ebd.). Dabei hebt er hervor, dass der kommunikative Bezug auf den Fachmenschen, den Dilettanten, den Laien ohne präzisierende Zusätze wenig informativ sei (ebd.: 182).

Für die vorliegende Arbeit spielt dieser Kommentar eine weiterführende Rolle. Die Präzisierung soll bei der Behandlung der Phänomene Fachsprachenlehrende ohne fachlichen Hintergrund beleuchten, ob diese Lehrer wirklich als Laien hervortreten oder ob ihre Position zwischen diesen Extrempolen liegt.

2.1.6 Vom Fachwort zum Fachtext

> *„Die Naturwissenschaften versuchen seiner [Wignell's] Auffassung zufolge die Welt dadurch zu verstehen, dass sie das, was wir mit unserer Vernunft erfassen können, in ein technisches Verstehen (‚technical understanding') umwandeln. Dies geschieht durch die Termini einer Fachsprache, welche wiederum für Taxonomien stehen. Dieser Prozess ist rekursiv."* *(Laurén; Nordmann 2004: 69)*

Am Anfang war das Fachwort, besagt die frühe Fachsprachenforschung. Die Untersuchungen der 50er Jahre des 20. Jahrhunderts konzentrieren sich auf die Systematisierung des Fachwortschatzes, es handelt sich in erster Linie um die wortgeschichtlichen und etymologischen Aspekte der Lexik (Möhn; Pelka 1984: 2). Die lexikologisch-terminologische Sicht auf die Fachsprachen dominierte eine lange Zeit. Hoffmann betont, dass die Begriffe Fachsprache, Fachwortschatz, Sondersprache und Sonderwortschatz als Synonyme benutzt wurden, dabei könnte diese Tatsache eine einseitige Blickrichtung zeigen, aber zugleich eine Berechtigung finden, weil sie als Ausgangspunkt der konkreten Angelegenheit dienen (Hoffmann 1984: 21). Die lexikalischen Aspekte werden auch heute intensiv in Betracht gezogen[19] (z. B. Terminologielehre) und die von Hoffmann ausge-

[19] Siehe Schnitzer 2008; Liimatainen 2008.

führte Synonymreihe wird häufig in der Fachsprachendidaktik bzw. im Fachsprachenunterricht zum Ausdruck gebracht und als wortschatzorientierte Unterrichtsmethode untermauert.[20]

Die wortschatzorientierte Fachsprachenforschung wurde Ende der 60er Jahre auf die textuelle Ebene verlagert und erweiterte damit ihren Themen-, Fragen- und Methodenkomplex. Hoffmann entwickelt eine eindeutige Formel: „Fachsprachen treten in Gestalt von Fachtexten auf." (Hoffmann 1987: 7) Baumann setzt das ausgeführte Axiom fort, die Fachsprache existiere nicht als selbstständige Erscheinungsform der Sprache, sondern werde in Fachtexten realisiert, die er wie folgt definiert: Der Fachtext sei das „Ergebnis der in Verbindung mit einer bestimmten produktiven Tätigkeit ausgeübten sprachlich-kommunikativen Tätigkeit" (Baumann 1992: 2; Baumann 1987: 10). Die Fachtexte sind seit dieser Zeit Untersuchungsgegenstand und Diskussionsthema in der Fachsprachenforschung, Hoffmann bezeichnet sie als Instrumente der fachbezogenen sprachlichen Kommunikation und auch als Objekte fachsprachlicher Untersuchungen (Hoffmann 1987: 7). Baumann zufolge erfüllen sie die Funktion von Garanten in der *Fachkommunikation*, indem sie „als Ensembles verschiedener morphologischer, semantischer und syntaktischer Konstituenten bzw. textorganisierender Prinzipien" (Baumann 1992: 3) hervortreten. Die Fachtexte wurden unter unterschiedlichen methodisch-analytischen Perspektiven erforscht. Baumann kommt zu der Erkenntnis, dass die komplexen Relationen der Fachtextproduktion und -rezeption ein integratives Fachsprachenkonzept voraussetzen. Die Untersuchungen zeigen, dass die analytischen Modelle der Linguistik und ihrer Methoden für die Erforschung der Fachtexte nicht ausreichend sind (ebd.: 3 f.). Bis heute stehen der Fachtext, dessen Stile, Merkmale, Textsorten etc. (in den 90er Jahren werden neue Begriffe wie Fachtext-in-Funktion, Fachtextsorte-in-Funktion-und-Kultur, Fachtextsorte-in-Situation-Funktion-und-Kultur eingeführt) im Mittelpunkt der Aufmerksamkeit der Forscher – aus unterschiedlichen Perspektiven[21] (besonders wichtig hier Fachsprachendidaktik) und auf der Grundlage verschiedener Positionen. Fluck kommentiert die Entwicklung vom Fachwort zum Fachtext folgen-

---

20 Siehe auch Fluck 1992: 8.

21 Siehe Kalverkämper 1996a: 736; Trumpp 1998.

dermaßen: Die komplexen Fachsprachen realisierten sich in komplexen Fachtexten, so dass der Fachtext zunehmend Gegenstand der Forschung und Vermittlung wurde (Fluck 1992: 9). Im Rahmen der aktuellen Fachsprachenvermittlung bzw. Fachsprachendidaktik bleibt nach Fluck der Fachtext einer der Leitbegriffe (Zalipyatskikh 2014: 161).

Besonderheiten der technischen Fachkommunikation: Terminus und Text

Es wurde bereits erläutert, dass die Spezifik der Fachsprache vor allem im Fachwortschatz ausgedrückt und die Fachsprache in der Gestalt von Fachtexten manifestiert wird (Hoffmann 1998: 416; Baumann 1998: 408; Hoffmann 1987; Baumann 1987). Deshalb soll es kurz auf den Fachwortschatz und Fachtext in der technischen Fachkommunikation zurückgeführt werden, denn die Studie hat einen Bezug zur Vermittlung der technischen Fachkommunikation.

Die technische Fachkommunikation oder die Sprache der Ingenieure wird von dem deutschen Technikphilosophen und Maschinenbauer Günter Ropohl als „künstlich, konstruiert und formalisiert“ (Ropohl 1999: 20) bezeichnet, die mit zwei Tendenzen charakterisiert wird: Streben nach „äußerster Konkretion“ (ebd.: 21) (z. B. technische Zeichnung oder Gegenstandbezeichnung) und nach „äußerster Abstraktion“ (ebd.) (z. B. Formelsprache), was keinen Raum für hermeneutisch-interpretatorische Ansätze gibt, wie im Weiteren in Anlehnung an Silke Jahr ausgeführt wird. Diese Spezifik zeichnet sich sowohl im Fachwortschatz als auch im Fachtext ab. Wolfgang Schewe und Heinz-Rudi Spiegel konstatieren, dass die Anforderungen an Exaktheit und Eindeutigkeit in der Kommunikation unter der Bedingung der sprachlichen Ökonomie die Terminologienormung verursachte (Schewe; Spiegel 1980: 11 f.). Die Terminologienormung definiert Heinz Ischreyt als „eine nach besonderem Verfahren festgelegte Definition oder Zuordnung von einzelnen Teilen der technischen Fachsprachen, wodurch deren *Exaktheit* gefördert werden soll“ (Ischreyt 1965: 53 - Hervorh. i. O.). Die Terminologie wird in der vorliegenden Arbeit im Sinne von Gerhard Budin verstanden, und zwar als „strukturierte Gesamtheit der Begriffe und der diesen zugeordneten Repräsentationen eines Fachgebietes“ (Budin 1996: 16), d. h., es geht um die Begriffe sowie deren Bedeutungen, die in einem Zusammenhang zueinander stehen, und keinesfalls um die einfachen Benennungen.

Zu den genannten Eigenschaften der technischen Fachkommunikation, Exaktheit, Eindeutigkeit, Sprachökonomie und hohe Abstraktion/hohe Konkretion sollen die *esoterischen* Ausführungen von Fleck hinzugefügt werden. Er vertritt folgende Auffassung:

> Der grundlegende Punkt ist, dass ein technischer Terminus innerhalb seines Denkkollektivs etwas mehr ausdrückt, als seine logische Definition enthält: Er besitzt eine spezifische Kraft, er ist nicht bloß Name, sondern auch Schlagwort oder Symbol, er besitzt etwas, das ich einen eigentümlichen Denkzauber nennen möchte. Davon kann man sich leicht überzeugen, wenn man an die Stelle des technischen Terminus eine bedeutungsgleiche Beschreibung einsetzt, die aber nicht über jene spezifische sakramentale Kraft, jenen Zauber verfügt. (Fleck 2011b: 285)

Solches auf den ersten Blick metaphysisch scheinende Denkparadigma verweist auf die Unentbehrlichkeit der sozialen und emotionalen Elemente, die das Wissen in einem technischen Fachgebiet konstituieren. Wie mehrmals unterstrichen wurde, tritt das Fachwissen in Form von Fachtexten auf. Diese ergeben sich, Andreas Baumert und Anette Verhein-Jarren zufolge, aus Projekten, in denen entweder eine Maschine konstruiert oder ein neues Produkt geplant wird, und sie erfüllen sieben Funktionen: Anleiten, Beschreiben, Erklären, Argumentieren, Warnen, Definieren und Zeigen (Baumert; Verhein-Jarren 2012: VI f.).

Wolfgang Hornung verweist auf eine strukturelle Besonderheit bei den Fachtexten im Bereich Mathematik, Naturwissenschaften und Technik: Die Texte seien in den meisten Fällen nach einem wiederkehrenden Muster aufgebaut: Voraussetzungen, Behauptung, Beweisführung (Hornung 1983: 208)[22].

2.1.7 Fachkommunikation: Was gehört zur technischen Fachkommunikation?

„[...] eine strenge Trennung [ist] zwischen dem Bereich der Naturwissenschaften und

[22] Dieser Kommentar ist sehr hilfreich, im empirischen Teil wird das Konzept der FSL L dargestellt, das sich vorwiegend an Fachtextstrukturen orientiert.

> *dem der Technik wie auch zwischen den einzelnen naturwissenschaftlichen und technischen Disziplinen heute weder in der Forschung noch in der Industrie möglich.“ (Göpferich 1995: 18)*

Die Begriffe Fachkommunikation und Fachkommunikationsforschung implizieren nach Auffassung von Kalverkämper die methodologischen und thematischen Reflexionen in der ganzen Komplexität und Pluralität (Kalverkämper 2004: 15-20). Seit den 90er Jahren finden diese Begriffe häufig Verwendung und hohe Aufmerksamkeit und verweisen damit auf einen Paradigmenwechsel ‚von der Fachsprachenforschung zur Fachsprachen-Kommunikationsforschung‘, der eigentlich bereits in den 70er Jahren mit der kognitiven Wende (kommunikativ-kognitiven Wende) markiert wurde, und auf den Übergang von der systemorientierten zur kommunikations- und funktionsbezogenen Blickrichtung (vgl. Fix 2008: 15). Die kommunikativ-pragmatischen Ansätze mit dem Untersuchungsgegenstand Kommunikation im Fach avancierten, was zu einer differenzierten Betrachtung mehrerer Schichten in den Fachsprachen führte, z. B. Wissenschaftssprache, Produktionssprache, Verkäufersprache (Möhn; Pelka 1984: 2). Dieter Möhn und Roland Pelka heben hervor, dass ein solcher Wandel die isolierte Wortschatzanalyse durch die Methoden ermöglichte, die alle sprachlichen Phänomene in Betracht ziehen. Diese komplexe Herangehensweise erfordert die Fachkenntnisse, die den Linguisten Schwierigkeiten bereiten, aber wenigstens durch die Kooperation mit den Experten eliminiert werden können (ebd.). Es soll an dieser Stelle verdeutlicht werden, dass nicht nur Fachwissen (aus dem jeweiligen Fach) und linguistische Kompetenzen für die fachsprachlichen Analysen benötigt werden, sondern auch die Erarbeitung der integrativen Ansätze aus mehreren Wissenschaften – in Berührung treten unterschiedliche wissenschaftliche Disziplinen, z. B. Textlinguistik, Funktionalstilistik, Psychologie, Kognitionswissenschaften, Kommunikationswissenschaften, Soziolinguistik. Diese Offenheit zu den neuen analytischen und methodischen Ansätzen, die Kooperation mit den unterschiedlichen Disziplinen und reichhaltige Perspektivenpluralität ermöglichten es, die Fachsprachenforschung als Fachkommunikationsforschung zu betrachten. Es wurde eine Reihe der Untersuchungen realisiert, welche die fachsprachlichen Phänomene kontrastiv, interkulturell, integrativ betrachten – in diesem Zusammenhang können zwei Beispiele genannt werden: Baumann erarbeitet einen integrativen Ansatz für den FSU, bei dem die Integrativität ein obligatorischer Bestandteil des Neun-Ebenen-Modells ist. Kalverkämper entwickelt einen neuen Begriff „fachtextuelle" oder „fachkommunikative Hermeneutik" (Kalverkämper 1996b: 146), der die ganze Komplexität und Pluralität der Perspektiven zeigt – des Autors, des Rezipienten, der Strategien auf der Ebene des Textes und der Didaktik (ebd.).

Liselotte Ihle-Schmidt hebt die Rolle der fachlichen Realität hervor, mit der Begründung, dass das Verständnis einer Fachsprache nur Hand in Hand mit dem Verständnis der dahinterstehenden fachlichen Realität denkbar ist und umgekehrt. Sie unterstreicht: „Das eine ohne das andere ist bis auf wenige Ausnahmen unmöglich!" (Ihle-Schmidt 1983: 52) Ihle-Schmidt verweist auf zwei Bereiche, in denen solche Ausnahmesituationen vorkommen könnten, und zwar in der Mathematik und Chemie, in denen die fachliche Verständigung aufgrund der Formeln ohne Vermittlung der sprachlichen Phänomene erfolgen kann (ebd.).

In der vorliegenden Arbeit wird der Sammelbegriff *technische Fachkommunikation* favorisiert. Unter ‚technischer Fachkommunikation' werden Fachsprachen sowohl aus dem technischen als auch aus dem mathematisch-naturwissenschaftlichen Bereich verstanden. Dies wird mit einem strukturellen Wissenssystem der Ingenieure begründet, denn die klassische Ingenieurausbildung beinhaltet sowohl die technischen als auch die naturwissenschaftlichen Grundlagen, was einen direkten Bezug auf die horizontale Schichtung der Fachsprachen nimmt, d. h., es gibt keine singuläre Universalfachsprache für Ingenieure, sondern viele Fachsprachen.

Susanne Göpferich entwickelt Subklassifizierungen der Naturwissenschaften und Technik (Göpferich 1995: 12 f.). Sie befasst sich diachronisch mit diesen Bereichen und geht kurz auf die mittelalterliche Tradition ein, Naturwissenschaften und Technik voneinander unabhängig in verschiedenen Gesellschaftsschichten zu betreiben. Sie führt aber weiter ihre Position aus fachtext(sorten)linguistischer Sicht aus und bestätigt, dass die Trennung zwischen den Naturwissenschaften und der Technik nicht sinnvoll sei. Sie begründet dies mit der gegenseitigen Abhängigkeit dieser Bereiche in der fachlichen Realität, sie manifestieren „ähnliche Handlungszusammenhänge" (ebd.: 19), „ähnliche kommunikative Ziele" (ebd.) und „das gleiche Textsortenspektrum" (ebd.).

Buhlmann und Fearns vertreten ebenfalls die Meinung, dass es weder eine naturwissenschaftliche noch eine technische Fachsprache, sondern eine Reihe von Fachsprachen „innerhalb der entsprechenden Disziplinen" (Buhlmann; Fearns 2000: 13) gebe und kommentieren ihre Position wie folgt:

> Innerhalb des Bereichs der Technik – die Begriffe *Technik* und *Naturwissenschaften* haben im heutigen Wissenschaftsbetrieb keinen konkreten Aussagewert mehr, sondern repräsentieren eine Vielfalt von Disziplinen, die sich mehr oder weniger auseinanderentwickelt haben [...]. (ebd.: 13 - Hervorh. i. O.)

Dabei führen sie eine unvollendete Liste der Fachbereiche an, angefangen von Berg- und Hüttentechnik und bis Umwelttechnik. In dem angeführten Zitat soll der Begriff der Auseinanderentwicklung unterstrichen werden. An einem einfachen Beispiel lässt er sich veranschaulichen: Die Grundlagen des Bauingenieurwesens sind nicht das, was ein Informatikstudium beinhaltet. Diese Tatsache wird evident auf der sprachlichen Ebene, und zwar die Fachwörter aus dem Bereich der Informatik sind nicht selbstverständlich und selbsterklärend für einen Bauingenieur und umgekehrt (siehe auch Göpferich 1995: 18). Deswegen plädieren Buhlmann und Fearns für einen FSU in einem engeren Kontext, d. h. „konkrete Fachsprachen, die sich den entsprechenden Disziplinen zuordnen lassen" (Buhlmann; Fearns 2000: 14), und entwickeln eine Matrix, in der die x-Achse die Anzahl der Fachsprachen (n_1, n_2, n_3, mehr als 300) repräsentiert, während die y-Achse den Spezialisierungsgrad einer Fachsprache veranschaulicht, der auf die Fachsprachlichkeit (Terminologie, Textsorten und -strukturen mit ihren morphologisch-syntaktischen Besonderheiten etc.) verweist (ebd.: 14 f.). Buhlmann und Fearns zufolge steht ein solches Verfahren in einem unmittelbaren Zusammenhang mit der Didaktik der Fachsprachen:

> Kursplaner müssen sich also sehr genau darüber im klaren sein, welche morphologischen, lexikalischen, syntaktischen Erscheinungen und welche Erscheinungen in bezug auf die Textstruktur in dem Fachsprachenbereich, den sie zu vermitteln haben, auftreten. (ebd.: 15)

In der universitären Wirklichkeit sowie in der Lehrwerklandschaft wird die konkrete Fachsprache im singulären Modus, z. B. *Deutsch für Elektrotechniker* oder *Deutsch Fachsprache Mechatronik* selten angeboten, öfter treffen sich die Fachsprachenkurse auf einer allgemeinen Ebene, wie *Deutsch für Ingenieure* oder *Technische Fachkommunikation.*

2.1.8 Fachsprachendidaktik

Fluck gibt dem Phänomen Didaktik der Fachsprachen einen umfassenderen Sinn und konzipiert 1992 ein Standardwerk, das bis heute als eine der Grundlagen für viele Fachsprachendidaktiker sowie Fachsprachenlehrende dient: Die wissenschaftlichen Auffassungen zur Fachsprachendidaktik vorher seien synonym mit der Praxis des Fremdsprachenunterrichts und der Fachsprachenmethodik gebraucht worden (Fluck 1992: 6), Fluck definiert wie folgt die Didaktik der Fachsprache als „ein ganzheitliches Konzept zur Theorie und Praxis des Lehrens und Lernens fachbezogener Sprechweisen, sowohl mutter- wie fremdsprachliche" (ebd.: 5). Nach seiner Überzeugung besteht das Ziel der Didaktik der Fachsprachen in der Betrachtung der Faktoren, die für den Erwerb und die Vermittlung von Fachwissen und -sprache zu den optimalen Entscheidungen führen. Kommunikationsfähigkeit im Fach, die aus unterschiedlichen Perspektiven (inner-, zwischen- sowie öffentlichkeitsbezogen und überfachlich) aufgefasst werden soll, sei das allgemeine Lernziel (ebd.: 6). Zentral für Fluck bleibt die Tatsache, dass nicht eine konkrete Fachsprache im Fokus stehe, sondern „die Rolle der Sprache für den Erwerb von (Fach-)Wissen und für die Erfahrungsbildung, d. h., es geht sowohl um fachwissenschaftliche wie fach- und fachsprachendidaktische Fragestellungen" (ebd.: 7). Diese Grundüberlegung zeigt die Komplexität der Sache per se, bei der die Einbeziehung mehrerer Disziplinen und Didaktiken, z. B. der Fachsprachenlinguistik mit der Didaktik des Fachs, Didaktik der (Fach-)Wissenschaftssprache, die Fragen tieferer Dimensionen der kognitiven Verarbeitungsprozesse lösen soll und nicht nur die methodisch-didaktische Gestaltung des FSU.

Im Weiteren werden kurz der Standort, Problem- und Aufgabenkreis der Fachsprachendidaktik, fachsprachendidaktische Ansätze und das Phänomen des FSU im Vergleich zu dem Fremdsprachenunterricht und Fachunterricht in Anlehnung an theoretische und anwendungsbezogene Ausführungen von Schröder (1988), Fluck (1992), Buhlmann (1983), Fearns (2007), Buhlmann; Fearns (2000, 1987), Reuter (1997), Roelcke (2010) und Hammrich (2014) erörtert. Es wird auch das von Baumann (2000) konzipierte integrative Fachsprachenunterrichtsmodell dargestellt, das als ein hierarchisch geordnetes System der Teilkompetenzen auftritt und als Pendant zur effektiven Bewältigung der kommunikativen Handlungssituationen im Fach gilt (Baumann 2000: 170).

2.1.8.1 Standortbestimmung der Fachsprachendidaktik sowie deren Aufgaben- und Problemkreis

Die Standortbestimmung der Fachsprachendidaktik war von Anfang an problematisch und ist eine kontrovers behandelte Debatte in der Fachliteratur. Schröder gibt einen Überblick zur Entwicklung des Begriffs Fachsprachendidaktik, die sich seit der zweiten Hälfte der 70er Jahre abzeichnet (Schröder 1988: 23-25), und diskutiert ausführlich die Frage, ob die spezielle Didaktik der Fachsprachen möglich und notwendig ist, dabei entscheidet er sich für den Begriff ,Didaktik des fachbezogenen Unterrichts Deutsch als Fremdsprache'[23] (FFSU). Er legt dar, die spezielle Didaktik/Methodik sei sinnvoll, und untermauert seine These mit der Einheitlichkeit der Sprache und des Fachs sowie mit dem Phänomen der Adressatenspezifik: Im FFSU würden Sprache und Fach nicht getrennt, sie korrelierten miteinander, die Fachdidaktik sei hier notwendig, sie bringe die grundlegenden Erkenntnisse zum Ausdruck, welche die Einführung ins Fach ermöglichen. Sie lassen die fachbezogenen Denk-, Mitteilungs- und Argumentationsstrukturen beherrschen und weisen auch auf die Fachrichtungen innerhalb eines größeren Faches hin. Die Lerner seien in den meisten Fällen die fachlich kompetenten Erwachsenen, deren Motivation und Lerngewohnheiten sich entsprechend von den Schülern unterscheiden, deshalb soll die Erwachsenenpädagogik in den Unterrichtsprozess integriert werden (ebd.: 26 f.).

Schröder wirft Fragen auf, mit denen sich die Didaktik der Fachsprachen beschäftigte und beschäftigt: Sind Grundkenntnisse im Deutschen Voraussetzung für die Aneignung der Fachsprache? Über welchen Grad an Fachkompetenz müssten Leh-

---

[23] Schröder bezieht seine Überlegungen auf die FS in den Sozialwissenschaften.

rende und Lernende verfügen? Ist der FFSU in erster Linie Sprach- oder Fachunterricht? Wie stark adressatenspezifisch sollte der FFSU sein (ebd.: 31)? Fluck (1992: 17 ff.) erweitert diese Liste in bedeutendem Maße und stellt fest, nur eine interdisziplinär orientierte und spezialisierte Didaktik, die fachwissenschaftliche, fach- und sprachdidaktische, kommunikationstheoretische und allgemeinpädagogische Aspekte umfasst, kann den folgenden Aufgabenbereich lösen:

- Welche Ausschnitte der Fachkommunikation und welche sprachlichen Mittel sind für die Vermittlung fachlicher Inhalte und die Produktion und Rezeption von Fachtexten relevant?
- Welche Rolle spielten sie im Lern- und Lehrprozess?
- Wie sind die einzelnen fachsprachlichen Elemente im Hinblick auf bestimmte unterrichtliche Bedingungsgefüge (Ziele, Adressaten, institutionelle Voraussetzungen etc.) zu vermitteln?
- Die Lehrerausbildung, deren Ziel in der Suche nach Kompetenzen und effektiven Vermittlungswegen für die Berücksichtigung der sprachlichen Probleme beim Unterrichten der fachlichen Inhalte bestehe, sei auch eine der Aufgaben der Fachsprachendidaktik (Fluck 1992: 16).

Die Untersuchungen, die Schröder und Fluck kurz behandeln, enthalten unterschiedliche Lösungsvorschläge zu den ausgeführten Punkten. Die Unterschiede in den Lösungen erklärt Schröder dadurch, dass der Ausgangspunkt der Überlegungen auf konkreten Bedingungsgefügen basiert, die verallgemeinert und zu verschiedenen Ergebnissen[24] bilanziert werden (Schröder 1988: 31). Die aktuelle Fachsprachendidaktik untersucht immer noch die alten Listen der von Schröder und Fluck aufgeworfenen offenen Fragen[25], die weiter, tiefer und interdisziplinär behandelt werden.

---

24 An dieser Stelle soll die bereits ausgeführte These von Hammrich erwähnt werden: *Den* Fachsprachenunterricht gebe es nicht (siehe Kapitel 2.1.1).

25 Gladitz et al. (2014) verweisen in ihrem Artikel „Alles unter DaF und Fach? Bestandsaufnahme, Handlungsbedarf und Vermittlungsansätze für Fachsprachenunterricht im internationalen Hochschulkontext“ auf Desiderate in der modernen Fachsprachendidaktik, wie unzureichend Fragen nach der Rolle der FSL, nach deren Kompetenzen, Defiziten und Ausbildungs- bzw. Fortbildungsbedarf, nach den fachlichen Besonderheiten und sprachlichen Verhaltensweisen im FSU beantwortet sind.

Es lässt sich festhalten, dass nach Auffassung von Schröder der Prozess des FFSU auf die Grundlagen des Fremdsprachenunterrichts, die Allgemeine Didaktik, Vergleichende Kulturwissenschaft, Nachbardisziplinen (vor allem Linguistik[26]), Didaktik des FSU, Didaktik DaF, Methodik[27] DaF für Lernende und Didaktik des jeweiligen Faches und Erwachsenenpädagogik rekurriert (Schröder 1988: 27). Interessant ist die Tatsache der mangelnden wechselseitigen Kooperation der Erkenntnisse in den Didaktiken, die in zehn Jahren (1998) von Hoffmann und Kalverkämper wie folgt konstatiert wird:

> Sehr lose ist trotz aller Bemühungen die Verbindung von FACHDIDAKTIK UND (FACH-) SPRACH[EN]DIDAKTIK geblieben. Das bedeutet auch, daß die Ergebnisse der Fachsprachenforschung selbst bei nutzerfreundlicher Aufbereitung nur langsam in die Fachsprachen-Ausbildung und so gut wie nicht in die Fach-Ausbildung aufgenommen werden [...]. Die Fachdidaktik bleibt zumeist gegenstands-, d. h. system-, problem-, prozeß-, und/oder verfahrensbezogen, ohne ausdrückliches Nachdenken über Sprache; und die Fachsprachendidaktik ihrerseits bewegt sich noch überwiegend in den Bahnen der allgemeinen Mutter- und Fremdsprachendidaktik. (Hoffmann; Kalverkämper 1998b: 364 - Hervorh. i. O.)

In diesem Zitat wird auf die in unzureichendem Maße vorhandene Mitwirkung der didaktischen Ansätze aus Fach- und Sprachdisziplinen verwiesen, die sich auch in der konkreten Unterrichtsrealität widerspiegelt, und zwar in der häufig fehlenden Zusammenarbeit zwischen den Fach- und Fremdsprachenlehrern, an die so intensiv in der theoretischen Fachliteratur appelliert wird.

Baumann verweist auch auf die ausgeführte Problematik der unbefriedigenden Kooperation zwischen der Fachsprachenforschung und der Fachsprachendidaktik: Die tiefgreifenden Erkenntnisse der Fachsprachenforschung wurden von den Vertretern der Fachsprachendidaktik mangelhaft moduliert, um effiziente didaktische Strategien zu entwickeln. Den zweiten Punkt, den Baumann thematisiert,

---

26 Schröder versteht unter der Linguistik die Wissenschaft, die sich mit Sprachsystemen und -kommunikation befasse, sich auf den Fremdsprachenunterricht explizit beziehe und für interdisziplinäre Zusammenarbeit offen sei (Schröder 1988: 36).

27 Schröder betrachtet Methodik und Didaktik differenziert: Didaktik beschäftige sich mit der Sprache als Kommunikationsmittel aus der Perspektive der Unterrichtslehre, während Methodik die Besonderheiten der Unterrichtsgestaltung thematisiert (Schröder 1988: 36).

bilden zwei Phänomene: die Grammatik-Übersetzungs-Methode und das lexikologisch-terminologische Paradigma in der Fachsprachenforschung, an denen sich die Fachsprachendidaktik lange Zeit orientierte (Baumann 2000: 155).

Hammrich findet nachteilig, dass die Didaktik der Fach*sprache* und die Didaktik des Fachsprachen*unterrichts* bisher indifferent betrachtet wurden (Hammrich 2014: 79 - Hervorh. i. O.). Seine Annahme besteht darin, dass die Didaktik der Fachsprachen ihre Begründung in der Beantwortung der Fragen finde, die sich in Bezug auf Inhalt, Ziel, Methoden und Medien im Bereich fachsprachlicher Vermittlungsprozesse ergäben[28]. Sie bestrebt, Unterrichtsvorgänge zu planen und zu begründen (ebd.: 73 f.). Der Autor gibt zu, dass der Standort der Fachsprachendidaktik schwer zu bestimmen sei, mit der Argumentation, der FFSU habe unterschiedliche Ausprägungsformen[29], trotzdem räumt er der Didaktik der Fachsprache eine Sonderstellung ein. Sie sei gerechtfertigt aus folgendem Grund: Die Fachsprache und deren Vermittlung in Bezug auf die Fachdidaktik werden durch spezifische Merkmale gekennzeichnet; Fachsprachenunterricht habe eigene Besonderheiten, dabei differenziert er Methodik und Didaktik nicht und benutzt einen Leitbegriff der Didaktik (Hammrich 2014: 80), dieser Standpunkt wird auch im Rahmen der vorliegenden Studie vertreten. Hammrich stellt eine Tabelle zusammen, in der er die Bezugsdidaktiken und -disziplinen zusammen mit den Wirkfaktoren als Einflussgrößen dem Phänomen „Didaktik der Fachsprache Fx in der Fremdsprache Lx" (ebd.: 81) zuordnet. Er betrachtet die Didaktik der Fachsprache sowohl im weiteren Sinne, indem er auf die Bereiche „sprachübergreifend"/„fachübergreifend" (ebd.) sowie „fremdsprachlich"/„muttersprachlich" (ebd.) verweist, als auch im engeren Sinne, indem er die konkrete Fachdisziplin wieder aus zwei Perspektiven „fremdsprachlich"/„muttersprachlich" (ebd.) auffasst.

Zusammenfassend lässt sich festhalten, dass der Standort der Fachsprachendidaktik sowie deren Bezugsdisziplinen ein vielschichtiges Phänomen bilden. Der Aufgaben- und Problembereich wird durch die Entwicklungsetappen der Fachsprachenforschung einerseits und durch die unzureichende Kooperation mit den

28 Siehe auch Baumann 2000: 156.

29 Siehe auch Baumann 2000: 156.

Einflussdisziplinen andererseits sowie zahlreiche Wirkfaktoren bzw. Bedingungsgefüge im fachbezogenen Fremdsprachenunterricht zu einem Komplex von noch nicht gelösten Fragen, denn die Fachsprachendidaktik allein kann sie nicht bewältigen, sie braucht empirische, interdisziplinär ausgerichtete Studien und kontrastive Untersuchungen sowie weitere Erkenntnisse aus den Einflussdisziplinen und aus der Fachsprachenforschung.

2.1.8.2 Fachsprachendidaktische Konzeptionen

Die angedeuteten Bezugsdisziplinen und vor allem die Erkenntnisse der Fremdsprachenforschung belegen nicht nur die eigene Relevanz für die Fachsprachendidaktik, sondern auch die Komplexität des behandelten Phänomens. Dies schafft einen fruchtbaren Boden für die Vielfalt und Heterogenität der fachsprachendidaktischen Konzeptionen, die sich nach Meinung von Fluck tendenziell in vier Richtungen darstellen lassen (Fluck 1992: 190 f.). Trotz der Perspektivenpluralität, die aufgrund der unterschiedlichen theoretischen Positionen in Bezug auf den Fremdsprachenunterricht sowie auch auf die Deutungen der Begriffe Fach und Fachlichkeit entsteht, zeichnen sich nach Fluck sprach-, text-, lerner-, fertigkeits- und lernorientierte Konzepte aus, dabei dominieren die ersten zwei Konzepte in der Unterrichtspraxis (ebd.). Im Folgenden werden diese kurz skizziert (ebd.: 191-197):

- *Sprachorientierte Konzepte* stützen sich in erster Linie auf den sprachanalytischen Ansatz der Differenzierung von Fach- und Gemeinsprache und werden realisiert durch die Vermittlung von fachspezifischem Wortschatz und grammatikalischen Strukturen durch angenommene Muster oder aus dem Corpus gewonnenen fachsprachlichen Mustern. Entsprechend besteht das Ziel dieser Konzeptionen in der Beherrschung der lexikalischen und grammatischen fachsprachlichen Strukturen, was einen pragmatischen kommunikativen Effekt bzw. eine Transferleistung kaum erreichen kann.
- Den *textorientierten Konzepten*, die als Resultat der textlinguistischen Neuorientierung gelten, liegt der integrative Ansatz zugrunde, nach dem der Text als Ausgangspunkt, Ziel und Mittel der Fachkommunikation agiert. Nach Auffassung von Fluck verspricht dieser integrative Ansatz den grö-

ßeren Erfolg in der Fachsprachenvermittlung, weil er sich sowohl am Fachtext – ausgehend nicht nur von dessen sprachlichen Ebenen (Text, Satz, Wort, Laut), sondern auch von der fachthematischen, kommunikativ-pragmatischen und interkulturellen Perspektive – orientiert, d. h. Fachtext-in-Funktion-und-Kultur, als auch an den Bedürfnissen der Lernenden, deren Sprach-, Text- und Handlungskompetenzen, d. h. die Entwicklung der umfassenden Kompetenz in den Mittelpunkt des Konzeptes stellt. Fluck betont, die zu entwickelnde Kompetenz erweitere die übliche Textkompetenz der Lernenden in die kognitive, soziale und soziokulturelle Richtung, damit die Lernenden in fachlichen, interkulturellen Situationen interagieren können, in denen ihr sprachliches Wissen mit dem Text- und Interaktionswissen verknüpft wird. Hammrich moniert die in diesem Ansatz postulierten umfassenden Textanalysen, sie seien nicht für alle Fachbereiche vorhanden (Hammrich 2014: 82 f.).

- Die für sich selbst sprechende Bezeichnung verweist bei den *Lerner- und fertigkeitsorientierten Konzepten* auf zwei Fokusse, einerseits orientieren sie sich an dem Bedarf der Lernenden und andererseits an deren Fertigkeiten bzw. deren Transferleistungen. Aus dem Spracherwerb gefolgerte Ansätze der sprachlichen Strategien und konkreten Fertigkeiten zwecks der Fachkommunikation untermauern diese Konzeptionen. Die Bedarfsanalysen der Ziele der Lernenden, die Entwicklung deren kommunikativen Kompetenz, die Differenzierung der Inhalte und fachlichen Situationen tragen einem praxisorientierten didaktischen FSU-Modell Rechnung. Der Einbezug der Fachtexte und die Zusammensetzung der Übungen sowie die Erstellung der fertigkeitsorientierten Lehrwerke führen zu verhältnismäßig adäquaten fachsprachlichen Fähigkeiten sowohl auf der rezeptiven als auch auf der produktiven Ebene. Trotz dieses didaktisch-methodischen Fortschritts gibt es kritische Anmerkungen: Der Lernende tritt in der Rolle des Sprachbenutzers statt in der des Sprachlerners auf, d. h. als Objekt mit Lern- und Fertigkeitsdefiziten statt als selbstständiges, verantwortungsbewusstes Subjekt.

- *Lernorientierte* Konzepte gehören zu den Neuerscheinungen in der Fachsprachendidaktik, die als Reaktion auf die kritisch angenommenen festgelegten Voraussetzungen (z. B. Vorgabe der Ziele, Materialien) sowie auf die besondere Lerner-Lehrer-Situation in der Vermittlung der Fachkommunikation gelten, in welcher der Lehrer kein Fachexperte ist (ggf. teilweise fachlich qualifiziert) und einen fachkompetenten Lerner unterrichtet. Fluck betont:

  > Diese vielfach als Konfliktfall betrachtete Konstellation, in der dem Lehrer häufig eine nur rezeptive Rolle zukommt, läßt sich aber auch als Motivationsstimulans und Ansatzpunkt für eine Erhöhung der Eigeninitiative und einer Akzentuierung des Prozesses des Lernens nutzen. (Fluck 1992: 196)

  Dieser Ansatz tauscht die Rollen zwischen dem Lehrenden und Lernenden und fördert die Lern- und Problemlösungsstrategien, im Fokus steht das Sprachlernen mit Betonung auf das Wort *lernen*: Der Lehrende verliere „seine dirigistische Rolle“ (ebd.: 197) und könne „fachlich unproblematische (Sprach-)Beratungsfunktionen“ (ebd.) annehmen. Die Methoden der lernorientierten Konzepte werden aus dem allgemeinsprachlichen Unterricht abgeleitet, wie Erstellung der Materialien durch die Lernenden, Rollenspiele, Simulation, Produktpräsentation.

Ein wichtiges Merkmal der ausgeführten konzeptionellen Tendenzen nennt Hammrich: In der Praxis könnten oft Mischformen vorkommen (Hammrich 2014: 82).

Der Überblick über die ausgelegten Ansätze in Anlehnung an Fluck gibt Auskunft darüber, welche Ziele in der jeweiligen Konzeption verfolgt werden, welche wissenschaftstheoretischen Annahmen diesen oder jenen Ansatz untermauern, welche didaktisch-methodischen Entscheidungen favorisiert werden, welche Bedingungsfaktoren des Fachsprachenunterrichts (Lerner- und Lehrerkompetenz, Zielfertigkeiten etc.) zugrunde gelegt werden sollen sowie welche Defizite zum Vorschein kommen können. Es ist ersichtlich, dass diese fachsprachendidaktischen Ansätze den Entwicklungsetappen der Fachsprachenforschung sowie der

Fremdsprachendidaktik folgen, nämlich vom wortschatzorientierten Fachsprachenunterricht über den textorientierten Unterricht, in dem später der Leseprozess als Interaktion verstanden wird, zur interdisziplinär ausgerichteten Fachkommunikation mit dem Rollenwechsel Lehrer als Lerner und Lerner als Lehrer (vgl. ebd.).

2.1.8.3 Baumanns integratives Fachsprachenunterrichtsmodell zur Entwicklung einer fachkommunikativen Kompetenz

Die 90er Jahre des 20. Jahrhunderts werden durch die Interdisziplinarität geprägt (die für die ganze Geschichte der Fachsprachenforschung charakteristisch ist, was wiederholt von ihren Vertretern betont und auch in dieser Studie an mehreren Stellen hervorgehoben wird), die nicht nur die neuen Erkenntnisse aus den Kognitionsforschungen sowie aus den Kulturwissenschaften, der Psycholinguistik, Fachtextlinguistik etc. akkumuliert, sondern als methodologischer Ansatz auftritt, nämlich als strukturell-funktionales und kommunikativ-kognitives Herangehen (Baumann 2000: 154; siehe auch Baumann 1992: 27 f.).

Baumann konzipiert ein integratives Fachsprachenunterrichtsmodell, dem die Entwicklung der fachkommunikativen Kompetenz – auf Teilkompetenzen aufgebaut – zugrunde liegt.

Die fachkommunikative Kompetenz definiert Baumann wie folgt:

> [...] die Fähigkeit der jeweiligen Lerner [...], (mutter- und/oder fremdsprachliche) Fachtexte als interkulturell, sozial, situativ und funktional bestimmte, sachlogisch gegliederte, semantisch strukturierte, linear-sequentiell sowie hierarchisch organisierte sprachliche Einheiten zu produzieren bzw. zu rezipieren. (Baumann 2000: 159)

Er betont auch die Bedingungsfaktoren aus der fachsprachendidaktischen Perspektive für den Erwerb fachkommunikativer Kompetenz der Lernenden. Sie umfassen die konzeptionelle Berücksichtigung der Zusammenhänge zwischen den Komponenten Inhalt – Form – Funktion, wobei mit Inhalt die Thematik des fachwissenschaftlichen Gegenstandes gemeint ist; die Form ist ein Oberbegriff für die Art und Weise der (fach-)sprachlichen Realisierung des fachwissenschaftlichen

Sachverhaltes und die Funktion agiert als Ergebnis des komplexen Zusammenspiels inhaltlicher und formaler Elemente und Relationen auf der Ebene des Fachtextes (Fachtextrezeption und -produktion) (ebd.).

Die Teilkompetenzen werden von Baumann in absteigender Reihenfolge wie folgt festgelegt, aus der ersichtlich wird, dass die Teilkompetenzen die Erkenntnisschritte in der Fachsprachenforschung sowie Fachsprachendidaktik widerspiegeln (ebd.: 160-170):

1. Die *interkulturelle Teilkompetenz*: Die Kommunikation im Fach unterliege kulturspezifischen Einflüssen, die sich in Form kulturdeterminierter fachlicher Kommunikationsstrategien manifestierten. In didaktischer Hinsicht bedeutet die Berücksichtigung der interkulturellen Gebundenheit von Fachkommunikation eine wichtige Gestaltungsgröße. Nach Buhlmann; Fearns, die sich an Thesen von Geert Hofstede anlehnen, sei die interkulturelle Kompetenz erlernbar. Die Frage „Was ist anders?" sei der Ausgangspunkt bei der Planung des Unterrichts (Buhlmann; Fearns 2000: 388 f.).

2. Die *soziale Teilkompetenz* beziehe sich auf das situative Bedingungsgefüge, die Elemente der fachlichen Tätigkeitssituation (z. B. Spezifik des jeweiligen Faches), die soziale Situation (z. B. sozialer, wissenschaftlicher Status der Kommunikationspartner) und die Umgebungssituation der Partner in der Fachkommunikation (z. B. Art der zwischenmenschlichen Beziehungen), was den Lernenden bewusst werden muss. Das konkrete Rollenspiel im Kommunikationsprozess lässt diese Elemente realisieren.

3. Die *Teilkompetenz des Fachdenkens* rekurriert auf das individuell im unterschiedlichen Maße vorhandene Vorwissen und auf Vorannahmen bzw. Fachwissen sowie auf kognitive Aspekte, welche die Lernenden besitzen. Die kognitiven Aspekte suggerieren das Zusammenwirken von Fachbegriffen, Denksystemen und gedanklichen Modellen in der kommunikativen Tätigkeit der Lernenden.

4. Die *fachliche Teilkompetenz* indiziert, in welchem Maße die Person ihr Fachgebiet überblickt. Diese Teilkompetenz akkumuliert die individuellen kognitiven Fähigkeiten und Fertigkeiten der an der Fachkommunikation

beteiligten Personen mit den fachlichen Inhalten und manifestiert deren Sachverstand sowie ihr fachbezogenes Wissens- und Kenntnisniveau.

5. Die *funktionale Teilkompetenz* basiert auf der Theorie menschlichen Verhaltens[30] von Alexej Leontjew. Sie schließt die Fähigkeit der Lernenden ein, alle sprachlichen und nichtsprachlichen Mittel anzuwenden, welche die Denk-, Handlungs- und Erkenntnisfähigkeit im jeweiligen Fachgebiet auf dem jeweiligen Erkenntnisstand darstellen. Baumann hebt hervor, dass sich diese Teilkompetenz durch die komplexe Interaktion mit den unterschiedlichen Faktoren der Fachkommunikation entwickelt: kognitive Grundmuster – Komplexverfahren – Kommunikationsverfahren – Textintentionen – Textfunktionen.
6. Die *textuelle Teilkompetenz* impliziert den Fachtext als Ausgangs- und Zielpunkt im Rahmen des FSU. Die Fachtexte agieren als Modelle für die Anwendung von Fachsprache und zugleich werden sie als Unterrichtsmaterial benutzt.
7. Der *stilistischen Teilkompetenz* liegt ein notwendiger Formulierungsaufwand zugrunde, der auf die stilistisch relevanten Elemente, auf die (wertende) Haltung des Textproduzenten zu einem Sachverhalt bzw. Objekt, auf die Verwendungssphäre, soziale Bedingungen der Kommunikationssituation etc. hinweist.
8. Die *textsyntaktische Teilkompetenz* beinhaltet die syntaktischen Erscheinungen, welche die Beziehungen zwischen den sprachlichen Mitteln im Text manifestieren.
9. Die *lexikalisch-semantische Textkompetenz* bezieht sich auf den dynamischsten Teil des Sprachsystems, auf die lexikalisch-semantische Ebene. Deren gegenstandsadäquate Auswahl und Verwendungsweise determiniert

30 Die Tätigkeitstheorie, deren Begründer Lew Wygotski ist, besagt: Der Ausgangspunkt für die gesellschaftliche Entwicklung ist die menschliche Tätigkeit, sie sei ihre primäre Bedingung und Quelle, auch für die menschliche Sprache und menschliches Denken (Schweizer 1979: 139). Leontjew als Nachfolger von Wygotski differenziert drei Ebenen: Tätigkeit, Handlung (nur die ist bewusst und zielgerichtet und tritt als Sinnebene auf) und Operation (Oerter 2007).

die Realisierung der genannten Teilkompetenzen sowie der Fachkommunikation per se.

Baumann unterstreicht im Rahmen seines Modells, dass nur durch einen integrativen fachsprachlichen (Fremd-)Sprachenunterricht die konstruktive bzw. effektive Bewältigung von kommunikativen Handlungssituationen im Fach angeeignet werden kann (Baumann 2000: 170).

Aufgrund dieser integrativen Konzeptvorstellung wurden weitere empirische Untersuchungen und praktische Umsetzungen vorgenommen, unter ihnen sollen für die vorliegende Studie relevante Projekte, das Bozner Konzept an der Freien Universität Bozen[31] und die empirische Studie zum Denk- und Lernstil von Beate Walter (2000), genannt werden.

2.1.8.4 Instruktivistische und konstruktivistische Aufgabenkonzepte zur Herausbildung einer fachkommunikativen Kompetenz

Nach Auffassung von Dagmar Blei hilft dem Lehrenden das Wissen über die Teilkompetenzen, „*seinem pädagogisch-didaktischen Handeln Zielgerichtetheit und Fachadäquatheit* zu sichern" (Blei 2002: 293 - Hervorh. i. O.), wobei sie problematisiert, wie zieladäquat das Handeln der Lernenden (mit Garantie) gesteuert werden kann. Zu dem ausgeführten Fachsprachenunterrichtskonzept von Baumann stellt Blei eine Reihe differenzierter Fragen bzw. Aufgaben in Bezug auf die Entwicklung der fachkommunikativen Kompetenz, die als Orientierungshilfe bei der Realisierung und Aneignung der Lehr-Lern-Prozesse, d. h. für die Lehrenden und Lernenden dienen können (ebd.: 292 f.):

- Zur *interkulturellen Teilkompetenz*: Wie sind Interkulturelles und Kulturspezifisches über Aufgaben bewusst zu machen?
- Zur *sozialen Teilkompetenz*: Welche Aufgaben fördern interaktives fachkommunikatives Handeln?
- Zur *Teilkompetenz des Fachdenkens*: Welche Aufgaben eignen sich für eine fachadäquate Rekonstruktion des Fachdenkens durch den Lerner?
- Zur *fachlichen Teilkompetenz*: Wie kann die Aufgabe das Verhältnis zwischen fachinhaltlicher und fachsprachlicher Anforderung lernerbezogen gestalten?

---

31 Siehe Cavagnoli (2000: 32-41).

- Zur *funktionalen Teilkompetenz*: Welche Aufgaben sichern das Verständnis für die Wechselbeziehungen zwischen den Faktoren des fachbezogenen Kommunikationsprozesses?
- Zur *textuellen Teilkompetenz*: Wie wird durch Aufgaben das Wissen der Lerner über Texte/Textsorten gesichert?
- Zur *stilistischen Teilkompetenz*: Wie sind die Aufgaben zum Erkennen/Produzieren stilistischer Varietäten auszudifferenzieren?
- Zur *textsyntaktischen Teilkompetenz*: Welche Aufgaben fördern das Beherrschen der Beziehungsrelationen zwischen den fachsprachlichen Mitteln/Strukturen?
- Zur *lexikalisch-semantischen Teilkompetenz*: Welche Aufgaben garantieren das Wissen über die Fachlexik?

Die Aufgaben werden nach Darlegung von Blei als „didaktische Aufforderung zum fachkommunikativen Handeln in ihrer Abhängigkeit von Lernkulturen" (ebd.: 290) verstanden. Sie diskutiert zwei Aufgabenkonzepte[32]: das instruktivistische und das konstruktivistische, die sich axiomatisch in den Fragen der Unterrichtsplanung, Lehrer-Lerner-Interaktion, Lernmaterialien sowie im Lernprozess insgesamt unterscheiden. Blei zufolge werden Aufgaben durch zwei Faktoren bestimmt: durch die Zielbewusstheit der Lehrenden in Bezug auf die Lösungen der fachkommunikativ relevanten Probleme und durch deren Bewältigung durch die Lernenden (ebd.: 291). Die Aufgaben werden aus zwei Sichten betrachtet: aus der funktional-kommunikativen (z. B. nach der Funktion oder nach dem Sprachhandlungstyp) und aus der fachdidaktischen (nach der Verlaufsform und Komplexität einer fachkommunikativen Handlung, nach den Zieltätigkeiten, nach der Aneignung spezifischer fachsprachlicher Mittel und Strukturen). Das Hauptproblem aber besteht nach Blei nicht in den genannten Richtungen, sondern in der Frage: Was liegt im Lernprozess einer (Fremd-)Sprache zugrunde, um konkrete Entscheidungen bei der Auswahl, Abfolge und konkreten Formulierung jeweiliger Aufgaben zu bestimmen (ebd.)? Der Ausgangspunkt für die Auseinandersetzung

32 Blei geht auch auf die Dichotomie ein: instruktivistisch versus konstruktivistisch. Diese Ansätze werden oft kontrovers behandelt, was eigentlich umstritten sei, denn den modernen instruktivistischen Ansätzen liege die modifizierte Variante des Konstruktivismus zugrunde (ebd.: 295).

mit dieser Frage ist die Bewusstheit der Lehrenden und Lernenden. Für die Lehrenden bedeutet das: Wissen über die Sprache, über fachwissenschaftliche Inhalte und pädagogisch-didaktisches Können für die Entwicklung der fachkommunikativen Kompetenz unter institutionalisierten Bedingungen. Für die Lernenden besteht sie in erster Linie im Aufgabenverständnis und erst dann in der Aneignung des deklarativen und prozeduralen Wissens. Blei formuliert in diesem Zusammenhang folgende These:

> Die Bewußtheit von Aufgaben im Fachfremdsprachenunterricht hängt demnach einerseits von der fachkommunikativen Adäquatheit ihrer Formulierung hinsichtlich der zu entwickelnden (Teil-) Kompetenzen ab und andererseits wird sie von der fachdidaktisch/-methodischen Gestaltung des Aufgabenlösungsprozesses geprägt. (ebd.: 294)

Die instruktivistische Lernkultur umfasst folgende Grundpostulate:

- Lernen erfolgt durch die Interaktion zwischen dem aktiven, bewussten Subjekt und der Wirklichkeit, d. h. über Lernaufgaben.
- Ausgangspunkt für die Lerntätigkeit sei die Lernaufgabe, die als Ziel und Resultat die Veränderung des Subjekts sieht.
- Systematische Ausbildung der Lerntätigkeit wird durch die Entwicklung der Lernhaltungen ausgeübt, deren exakte Darstellung die Analyse von Lernaufgaben beansprucht.
- Aus der Kluft zwischen den Anforderungen der Lernaufgabe und den realen Leistungsmöglichkeiten der Lernenden ergeben sich die Bedürfnisse und Motive, aus denen die Lernenden ihre Lernziele zusammenstellen.
- Daraus folgt, dass das Handeln von den Lernenden reguliert wird: durch die Fremdbestimmung (instruktivistisch) und mit Bezug auf Fachrealität (sprachkommunikativ).

Blei hebt hervor, dass die ausgelegten, aus der cartesianischen Didaktik stammenden und in diesem Fall aktualisierten Richtlinien zum lehrergesteuerten Unterrichtskonzept mit der Konstellation Lehrerinput – Lerneroutput eine lange Tradition haben und bis heute nicht ohne Erfolg praktiziert werden. Aber aufgrund des kulturellen Paradigmenwechsels bleibt die kritische Nachfrage berechtigt: Inwieweit können die sprachlichen Wissensstrukturen durch die Fremdinstruktionen als effizienter, d. h. dauerhafter/lebenslanger Erfolg verstanden werden (ebd.: 296)?

Das instruktivistische Aufgabenkonzept wird nach Blei in vier aufeinanderfolgenden Stufen realisiert:

1. Fachtext- bzw. Fachhandlungsvorentlastung
2. Fachtext-Bearbeitung/Fachhandlungs-Erarbeitung
3. Fachtextmittel-/Fachtextstruktur-Bearbeitung bzw. -Erarbeitung
4. Fachtext-/Fachhandlungs-Revision

Der Lehrer bereitet den aufgabenorientierten Fremdsprachenunterricht aufgrund der authentischen Materialien vor, die er selber differenziert, einordnet und mit unterschiedlicher Intensität erklärt, während „die Aufgaben als Instrument des ‚allwissenden Lehrers', des Experten der deutschen Fachkommunikation und -didaktik" (ebd.: 297) auftreten und den Lernprozess steuern. Solches Szenario mit minutiöser Lehrerplankonstruktion hat aber den Nachteil, dass bewusste, individuelle Ziele der Lernenden nicht berücksichtigt werden, und dass es keinen Raum für ihre experimentellen kooperativen Entscheidungen in Bezug auf ihre individuellen Lernstrategien gibt (ebd.: 298).

Die Grundpostulate in der konstruktivistischen Lernkultur werden in Anlehnung an Alfred Riedl (2005) und Horst Siebert (2002) ausgeführt:

- Wissen ist unabgeschlossen und daher abhängig von individuellen und sozialen Konstruktionsprozessen.
- Lernen ist ein aktiver, konstruktiver, multidimensionaler, nicht-linearer, systemischer und nicht-deterministischer Prozess.
- Lernen ist Integration der komplexen dynamischen Lerninhalte in Wissens- und Handlungsstrukturen der Lernenden.
- Lernprozess und Wissenserwerb sind biografie-, situations-, kontextabhängig, was auf die Relevanz der Lernökologierolle (Lernort und deren Ausstattung, Lernzeiten etc.) verweist, d. h. sowohl das Curriculum als auch der Lehrer und das Umfeld implizieren die Lernaufforderung.

- Die Lernenden werden von außen kaum gesteuert, sondern sie steuern den Lernprozess selbst, deshalb wird unter Lernprozess verstanden, nicht Vorgegebenes abzubilden, sondern Eigenes zu gestalten.
- Die Lehrenden fungieren als Berater und Mitgestalter von Lernprozessen und nicht als Wissensvermittler.
- Individuelle Unterschiede von Lernenden sowie die Spezifität jeder Situation führen zu neuen Unterrichtsformen sowie zu unvorhersehbaren Unterrichtsergebnissen und reduzieren die Unterrichtsroutine.
- Die Wechselwirkung ist zentral und nicht die lineare Kausalität.
- Unterrichtsziel: Die Lernenden denken und handeln wie Experten; spezifische Ziele ergeben sich aus der Bearbeitung authentischer Aufgaben.

Aus diesem kurzen Überblick wird ersichtlich, dass die konstruktivistische Didaktik eine neue Einstellung zur Wissensaneignung, zu Lehr-/Lernprozessen sowie zur Lehrerrolle demonstriert; damit kündigt sich Ulrike Triebel zufolge ein Paradigmenwechsel an – in diesem Zusammenhang betont sie: Konstruktivistische Didaktik beschäftigt sich nicht in erster Linie mit der Frage „Was wird vermittelt?", sondern sie befasst sich mit dem Problem „Wie wird der Lernprozess gestaltet?" (Triebel 2008: 87).

Blei leitet die Grundannahmen aus dem Konstruktivismus ab und reflektiert darüber, „welche Aufgaben entdeckende, problemlösende, kooperative Aktivitäten beim Lerner auslösen können" (Blei 2002: 300), um die fachkommunikative Kompetenz zu entwickeln, und skizziert ein dreistufiges Konzept: Dieses soll fachkommunikativ-subjektive, fachkommunikativ-interaktionale und fachkommunikativ-interkulturelle Stufen enthalten. Der zentrale Punkt in der Integration des konstruktivistischen Ansatzes bei der Entwicklung der fachkommunikativen Kompetenz besteht nach Blei darin, dass sich der Lernende ununterbrochen und aktiv mit den Phänomenen der eigenen und fremden Wissenschaftskultur auseinandersetzt, in seiner Selbstorganisation, seiner Fähigkeit zur Sinnkonstruktion, zur Hypothesenstellung, zum Ausprobieren und Verifizieren des neuen Wissens, zur ständigen Reflexion über das Erreichte (ebd.: 302). Sie führt weiter aus, dass der Lehrer und die Lernenden permanent im Austauschprozess über die Organisation des (kollektiven) Lernens stünden, sie planten zusammen die zu lösenden

Aufgaben, erörterten die fachkommunikative Angemessenheit/Richtigkeit der Lösungen im Forum (ebd.).

Blei kommt zu folgenden Schlussfolgerungen in Bezug auf die zwei ausgeführten Aufgabenkonzepte in Anlehnung an die instruktivistische und konstruktivistische Lernkultur:

Der essenzielle Faktor ist die Bereitschaft des Lerners zum Lernen sowie seine Selbstorganisation. Beide Konzepte haben methodisch-didaktisches Potenzial für die Entwicklung der fachkommunikativen Kompetenz, dabei ist ihr Erfolg unterschiedlich ausgeprägt, weil es von Lerntyp und -tradition beeinflusst wird. Blei erachtet das Format der nacheinander folgenden Ansätze, d. h. zuerst das instruktivistische und danach das konstruktivistische, als plausibel. Es sollen zuerst die fachkommunikativen Anforderungen in ihrer handlungs- bzw. sprachsystembezogenen Integrierung den Lernenden bewusst gemacht werden. Bevor die individuelle bzw. selbstständige Umstellung der fachkommunikativen Kompetenz beginnt, sollten die Aufgaben zur Entwicklung der Teilkompetenzen zusammen erprobt werden.

2.1.8.5 Fachsprachenunterricht und dessen Bedingungsgefüge

Die Auseinandersetzung mit den ausgeführten Konzeptionen dient auch als Überbrückung zum nächsten Punkt, der das Bedingungsgefüge des Fachsprachenunterrichts darstellt. Kontrastiv werden die Begriffe Fachunterricht und Fremdsprachenunterricht geschildert, was einen tieferen Einblick in die eingeführte Problematik der Fachsprachendidaktik verschafft.

Es scheint sinnvoll, zunächst die Definitionen des FSU von einigen Forschern abzuleiten und anschließend durch die kontrastive Darstellung FSU versus Fremdsprachenunterricht und Fachunterricht zu diskutieren. Den FSU im Spannungsfeld zwischen Fachunterricht und allgemeinsprachlichem Unterricht betrachten auch Buhlmann und Fearns (2000: 81-86). Sie begründen diese Entscheidung mit defizitären Vorstellungen von einem Phänomen des FSU sowohl unter den Fachleuten als auch unter den Sprachlehrern (ebd.: 81). Unklare Vorstellungen davon, was sie im FSU bekommen können und sollen, haben auch die Studierenden[33], deshalb sollen in dieses Spiel mit Unbekannten noch die Studenten als Variable einbezogen werden. Daraus ergibt sich ein kurioses Bild: Der FSU wird seit vielen Jahren erteilt und hat eine lange Tradition (Fluck 1997: 151), aber das Verständnis von allen Aktanten aus dem Dreieck der Fachkommunikation (Fachmann – Student – Fachsprachenlehrer), was der FSU an sich bedeutet, bleibt konturlos und nebulös.

Ewald Reuter definiert den FSU vorsichtig, vor allem bezeichnet er ihn als ‚Projekt FSU'. Es sei eine Veranstaltung, die gezielt ausgewählte Formen mündlicher und schriftlicher Kommunikation in einer Fremdsprache einübe (Reuter 1997: 20), während Fearns dem FSU eine konkretere Kontur gibt. Sie versteht einen fachbezogenen Fremdsprachenunterricht als eine Variante des Fremdsprachenunterrichts mit dem spezifischen Ziel, die fremdsprachliche Handlungskompetenz im Fach gemäß den Bedürfnissen der Lernenden auf- und auszubauen (Fearns 2007: 169). Große Anerkennung findet das „Handbuch des Fachsprachenunterrichts" von Buhlmann und Fearns, in dem sie den FSU konzeptuell darstellen. Das zentrale Ziel des FSU bleibe für sie sprachliche Handlungsfähigkeit im Fach, sie definieren es wie folgt:

> die Fähigkeit des Lerners, sich in der Zielsprache (L2) angemessen zu informieren und zu verständigen. Angemessenes Verstehen bedeutet in diesem Zusammenhang, daß der Lerner in der Lage ist, mit seinen sprachlichen Mitteln unter Nutzung von Arbeitsstrategien Texten ein Maximum an Informationen zu entnehmen. Angemessene Verständigung

[33] Solche Erkenntnisse werden in der Studie von Gladitz et al. (2014: 158 - Hervorh. i. O.) wie folgt geschildert: „Der Professor erwartet von den Studierenden ‚*Deutschkenntnisse*'; er differenziert nicht zwischen Fach- und Allgemeinsprache und verkennt dabei die Komplexität der Fachsprache. Dem Studierenden ist nicht bewusst, was ihm für das effektive Verstehen des Fachunterrichts fehlt. […] Im Einzelnen bzw. nochmals detaillierter betrachtet bedeutet dies in der Konsequenz eine Arbeit an der unreflektierten Haltung des Professors, der alle Schwierigkeiten unter dem Begriff *Deutschkenntnisse* verallgemeinert und für die gezielten fach- wie fremdsprachintensiven Bereiche zu sensibilisieren ist. Aber auch am Beispiel des Studenten ist offensichtlich, dass von den Betroffenen selbst das Essentielle des Problems nicht konkret bezeichnet werden kann, da zunächst vor allem nicht klar zu sein scheint, was genau in den Lehrveranstaltungen eigentlich nicht verstanden wird, weshalb in der vorliegenden Studie die aufgetretenen Schwierigkeiten grundsätzlich unter den abstrakten Begriff des *Verständnisses* subsumiert wurden."

> bedeutet, daß sich der Lerner auf der Wissensstufe, auf der er sich gerade befindet, eindeutig und sachlich ausreichend differenziert äußern kann. (Buhlmann; Fearns 2000: 9)

Zum Konzept FSU von Buhlmann/Fearns gehören die Begriffe „*Denkelemente*" und „*Denkstrukturen*". Sie erklären sie folgenderweise:

> Die Kommunikation im Fach erfolgt über Fachinhalte. Sie ist gebunden an das Verfügen über die Denkelemente und Denkstrukturen des jeweiligen Faches. Denkelemente des Faches sind die Fachbegriffe. Denkstrukturen im Fach sind bestimmte konventionalisierte, logische Operationsweisen, die durch das Erkenntnis- und Forschungsinteresse und die Methode des Faches bestimmt werden. Diese werden in bestimmten, für ein Fach spezifischen Mitteilungsstrukturen realisiert. Nur das Verfügen über die entsprechenden Denkelemente, Denk- und Mitteilungsstrukturen garantiert den Bezug zur Systematik des Faches. (ebd.)

Nach Schröder sollte die Didaktik/Methodik des FFSU folgende Charakteristika manifestieren: Sie soll adressaten-, fach-, text- und kommunikationsorientiert, interkulturell sowie interdisziplinär ausgerichtet sein (Schröder 1988: 35; vgl. Fluck 1992: 19). Dabei präzisiert er, dass FFSU in solcher Deutung kein Fachsprachenunterricht mehr sei, er verstehe ihn vielmehr als interkulturellen Fachkommunikationsunterricht (Schröder 1988: 35) und skizziert eine Matrix in gröberen Zügen, in der er das Bedingungsgefüge des FFSU problematisiert (ebd.).

Wie die anderen Fachsprachendidaktiker sondert Fluck die Variable „extreme Adressatenbezogenheit" (Fluck 1997: 151) als Ausgangspunkt für die Profilierung der fachbezogenen Fremdsprachenkurse aus (Fluck 1992: 126; siehe auch Roelcke 2010) und differenziert die bedarfsorientierte Fachsprachenvermittlung durch die Systematisierung verschiedener Wirkfaktoren in antinomischer Auslegung, z. B. allgemeinbildend versus berufsbildend, muttersprachlich versus fremdsprachlich, Sprachhandeln versus fachliches Handeln, Fachspezialisierung versus Interdisziplinarität (Fluck 1998: 945; Fluck 1992: 129), bei der das Verhältnis von Sach- und Sprachkompetenz ins Zentrum gerückt wird. Fluck zufolge ist die minutiöse Typisierung nicht zweckentsprechend, er argumentiert wie folgt: „Denn es ist ja das eigentliche Spezifikum fachbezogener Sprachkurse, daß sie mit wechselnden Voraussetzungen rechnen und daher immer wieder neu fokussiert, ergänzt und überarbeitet werden müssen.“ (Fluck 1992: 129)

Hammrich versteht den Unterricht als ein komplexes Faktorengefüge und die Beschreibung sowie Erklärung der unterrichtskonstituierenden Faktoren gehöre zu den Aufgaben der Fachsprachendidaktik (Hammrich 2014: 83). Er sieht eine gewisse Gefahr in der Menge der didaktischen Konzeptionen zum FSU, die einen Überblick sowie die Erfassung des Sinngehalts des FSU für die Lehrkräfte unmöglich machen (ebd.: 59; Fluck 1997: 151). Hammrich zufolge erschwert die Vielfalt der Typologien, das Phänomen des FSU detailliert auszuführen, aber trotzdem verweist sie auf die Gemeinsamkeiten für die Binnendifferenzierung sowie auf das Abgrenzungspotenzial nach außen zu anderen Unterrichtsformen (Hammrich 2014: 66).

2.1.8.6 FSU zwischen Fachunterricht und allgemeinsprachlichem Fremdsprachenunterricht

Hammrich erstellt eine Tabelle in Anlehnung an Buhlmann und Fearns (2000) und Fluck (1992; 1997; 1998) ohne Anspruch auf Vollständigkeit, in der drei Unterrichtsformen kontrastiert werden: FSU zu Fremdsprachenunterricht und Fachunterricht, und zwar in ihren zentralen Gemeinsamkeiten und Unterschieden (Hammrich 2014: 69 ff.). Er platziert den FFSU in der Mitte – zwischen dem Fachunterricht und dem allgemeinsprachlichen Fremdsprachenunterricht, was visuell der klassischen Metapher Rechnung trägt: FSU erfüllt die integrierende Brückenfunktion zwischen dem allgemeinsprachlichen Unterricht und dem Fachunterricht (vgl. Buhlmann; Fearns 2000: 85; vgl. Baumann 2000: 156). Für die Differenzierung und Systematisierung greift er auf festgelegte Kategorien[34] bzw. Faktoren zurück, die hier kurz referiert werden.

- *Anschauung*: Am wenigsten anschaulich sei der allgemeine Fremdsprachenunterricht, (obwohl das auch von den konkreten Unterrichtszielen abhängen kann). Hier werden Bilder als Kommunikationsanlässe und Anreiz für Kreativität und Spontaneität der Lernenden ohne Anspruch auf die exakte Interpretation und Systematisierung benutzt (Buhlmann; Fearns

34 Sie werden im Weiteren kursiv gedruckt.

2000: 82), während sich der Fachunterricht mit konkreten Modellen, Maschinen, Diagrammen, Hör-Seh-Texten sowie Experimenten und der FFSU intensiv mit authentischen Fachtexten und auch Grafiken, Tabellen und Zeichnungen mit Anspruch auf Systematisierung und Eineindeutigkeit befasst.

- *Systemorientierung/Problemorientierung*: Die fachlichen Elemente werden im Fachunterricht nicht separat dargestellt, sondern in einem Bezug (dynamisch) zum System introduziert, was zu einer starken Differenziertheit und ergo zu komplexen Inhalten führe, die bedingt zu vereinfachen seien (ebd.: 83), während der FFSU die Vermittlung der isolierten Denkelemente und -strukturen des Faches statisch und punktuell sowie vereinfachend ermögliche, „ohne die Problemorientierung des Fachunterrichts übernehmen zu müssen" (ebd.: 85). Der Fachunterricht gehe von konkreten theoretischen oder praktischen Problemen und Fragestellungen aus und suche entsprechende Lösungen oder Problemlösestrategien, so werden erforderliche Denkstrukturen auf- und ausgebaut (ebd.: 84).
- Die *Lernziele* werden unterschiedlich determiniert: Im allgemeinen Fremdsprachenunterricht werden für die Bewältigung der Alltagskommunikation Geläufigkeit und Flüssigkeit angestrebt. Der Fachunterricht sei prozess- und verfahrensorientiert und dessen Ziel bestehe in der Vermittlung der Lösungswege und Methoden (ebd.: 84). Das Ziel des FSU wurde schon mehrmals festgelegt: die sprachliche Handlungsfähigkeit im Fach (s. o.).
- Die *Sprachfertigkeiten* werden im Fachunterricht vorausgesetzt, aber nicht geübt, während im allgemeinsprachlichen Fremdsprachenunterricht HV, LV, SA, MA[35] kontinuierlich und systematisch trainiert werden. Der FSU, wie bereits mehrmals betont wurde, ist adressatenbezogen, deshalb steht im Fokus diejenige Sprachfertigkeit, die einen hohen Bedarf ergibt. Hammrich hebt hervor: „[D]ie vier Hauptfertigkeiten werden je nach Zielstellung mit unterschiedlichem Schwerpunkt entwickelt; im Extremfall kann sogar nur die Entwicklung einer Fertigkeit Ziel sein (z. B. Leseverstehen)." (Hammrich 2014: 70)

35 Hörverstehen, Leseverstehen, schriftlicher Ausdruck, mündlicher Ausdruck.

- Die Strategien für die *Textrezeption und -produktion* werden im Fachunterricht vorausgesetzt, aber nicht vermittelt. Es wird erwartet, dass die Lernenden Texte möglichst präzise und differenziert erfassen und verfassen. Im allgemeinsprachlichen Fremdsprachenunterricht werden sie kaum beachtet, in der Textproduktion wird erwartet und geübt, dass formal bzw. grammatisch richtig geschrieben wird. Der FSU sei textstrukturbezogen, hier werden nicht nur die Arbeitsstrategien für die Textrezeption und -produktion vermittelt, sondern auch das fachliche Diskursbewusstsein wird thematisiert (Buhlmann; Fearns 2000: 85).
- Die *Textauswahl* folgt im Fachunterricht dem inhaltlichen Lernstoff, im allgemeinsprachlichen Fremdsprachenunterricht übernehmen die sprachlichen Aspekte eine dirigierende Rolle. In Bezug auf FSU werde von der fachlichen Ebene ausgegangen, die sprachlichen Aspekte würden zweitrangig diskutiert (Hammrich 2014: 70).
- Die Kategorie *Sprachausschnitt* differenziert den FSU vom allgemeinsprachlichen Fremdsprachenunterricht. Im FSU werde ein begrenzter fachsprachlicher Ausschnitt der Gesamtsprache mit Bezug auf eine fachliche Kompetenz im Rahmen eines bestimmten Arbeits-, Erfahrungs- oder Wissensbereiches unterrichtet, während allgemeinsprachlicher Fremdsprachenunterricht auf die sprachliche Bewältigung der alltäglichen Kommunikationssituationen rekurriert und sich an einer alltagspraktischen Themenauswahl orientiert (ebd.: 70).
- Die progressive Vermittlung der *Denkelemente* (*Fachtermini*) gehört zu den Aufgaben des Fachunterrichts. Im FSU werden sie darüber hinaus ausgelegt, wie Buhlmann und Fearns schreiben: Mit deren Vermittlung werden die fachlichen Denkstrukturen auf- und ausgebaut (Buhlmann; Fearns 2000: 85), wobei Hammrich lakonisch auf das „Einüben [der] fachlich korrekte[n] Verwendung der Fachtermini" (Hammrich 2014: 70) verweist. Im allgemeinsprachlichen Fremdsprachenunterricht werden die Termini nicht behandelt, nur in themenzentrierten, fortgeschrittenen Kursen können sie ohne Anspruch auf die korrekte Definition und detailgetreue Differenzierung eingesetzt werden, um die Diskussion zu vertiefen (Buhlmann; Fearns 2000: 82).

Es soll an dieser Stelle hervorgehoben werden, dass der Begriff der Progression in der Fachsprachendidaktik ein noch nicht gelöstes Problem bleibt. Baumann führt Folgendes aus: „Nach wie vor werden kontroverse Debatten über eine thematische, strukturelle und/oder funktionale Progression bei der Erstellung von fachsprachlichen Lehrbüchern bzw. in der mutter- und/oder fremdsprachlichen Fachsprachenausbildung geführt." (Baumann 2000: 155)

- Die *Arbeitsstrategien/Study Skills* werden im Fachunterricht vorausgesetzt, aber nicht vermittelt. Sie würden auch im allgemeinsprachlichen Unterricht nicht behandelt, nur sporadisch und oft in Bezug auf Wortschatzarbeit (Hammrich 2014: 70). Im FSU hingegen werden sie in den Fokus genommen und explizit problematisiert.
- Hammrich verbindet *Fachlichkeit* und *Fehlertoleranz* in einem Punkt und macht keinen Vermerk zum Fachunterricht, weil es eindeutig bleibt, die fachliche Korrektheit ist zentral. Im allgemeinsprachlichen Fremdsprachenunterricht fehlt die Kategorie der Fachlichkeit und die sprachliche Korrektheit spielt die wichtigste Rolle. Für den FSU gilt in erster Linie die Berücksichtigung des Spezifischen, des Fachlichen, erst dann des Sprachlichen (die phonetische und sprachliche Korrektheit werde relativiert) (Buhlmann; Fearns 2000: 118). In diesem Zusammenhang hebt Fluck (1992: 209) hervor:

> Geprüft wird in einem handlungsbezogenen Fachsprachenunterricht weniger als im allgemeinsprachlichen das deklarative Wissen (d. h. das eher formale Sprachwissen), sondern das prozedurale, d. h. die fachliche Kommunikationsfähigkeit im Fach und das fremdsprachliche Können.

- Die Besonderheit des Phänomens des FSU, nämlich der Nexus der Fachlichkeit mit der Sprachlichkeit, erfordert spezifische *Übungsformen* für den FSU (Fluck 1997: 150; Hammrich 2014: 70).
- *Material: Authentizität/Didaktisierung.* Die Lektionen werden im Fachunterricht aus der sprachlichen Perspektive nicht didaktisiert. Im allgemein-

sprachlichen Fremdsprachenunterricht wird der Stoff vehement didaktisiert. Im FSU werden authentische Materialien verwendet, die der Fachsprachenlehrer didaktisieren und dem Sprachniveau der Lernenden anpassen soll.

- *Material: Verfügbarkeit*. Sowohl im Fachunterricht als auch im allgemeinsprachlichen Fremdsprachenunterricht gibt es eine Menge Materialien. Im FSU sind die Materialien in den meisten Fällen nicht vorhanden und der Fachsprachenlehrer tritt oft in der Rolle des Autors auf und erstellt selbst die Unterrichtsmaterialien.
- *Material: Bilder, Diagramme, Abbildungen*. Wie schon im Punkt *Anschauung* (s. o.) angedeutet wurde, dienen die Anschauungsmittel im allgemeinsprachlichen Fremdsprachenunterricht als Motive ohne Inhaltseinschränkungen und Deutungskonventionen. Hier wird „ein additives und assoziatives Darstellungsverfahren" (Buhlmann; Fearns 2000: 82) gefördert, während im Fachunterricht aufgrund der festgelegten Konventionen aus dem jeweiligen Fach „selegierende" und „hierarchisierende" (ebd.) Kommunikationsfähigkeit geübt wird. Im FSU werden die Sprachstrukturen für die fachlich korrekte Erläuterung der Abbildungen trainiert.
- *Lerner: Erfahrungsbezogenheit und Vorwissen*. Das fachliche Vorwissen dient als Grundlage im Fachunterricht, darauf wird der Begriffsapparat aufgebaut und auf dieser Grundlage werden die fachlichen Vorerfahrungen eingeführt (ebd.: 84). Im FSU wird die fachliche Kompetenz vorausgesetzt, sie wird hier entsprechend ausgebaut (Fluck 1997: 150). Für den allgemeinsprachlichen Fremdsprachenunterricht ist das fachliche Vorwissen gewissermaßen irrelevant, deshalb bezieht er sich explizit kaum darauf.
- *Lerner: Heterogenität*. Dieser Punkt ist ein Merkmal des FSU: Die Heterogenität in Bezug auf die sprachliche und fachliche Ebene bei den Lernenden zeichnet ihn aus (Fluck 1992: 181), anders dagegen sieht das Bild im allgemeinsprachlichen Fremdsprachenunterricht aus, wo die sprachliche Homogenität eher als gruppenbildendes Element wirkt.
- *Lerner: Motivation und Alter*. Eine mitgebrachte hohe Motivation zeige sich bei den Lernenden im FSU, die oft im fortgeschrittenen Alter seien

(Fluck 1997: 156). Für den allgemeinsprachlichen Fremdsprachenunterricht seien in mancher Hinsicht der institutionelle Zwang und das Zeugnis als Ziel statt der Erwerb der Sprachkompetenzen zu beobachten (Hammrich 2014: 71).

- *Lehrkraft: Kompetenz.* Im Fachunterricht arbeitet der Fachlehrer, im allgemeinsprachlichen Fremdsprachenunterricht der Sprachlehrer. Für den FSU, so Hammrich, verfüge der Lehrer im Idealfall über zwei Qualifikationen, aber auch der Sprachlehrer, der sich in fachliche Inhalte einarbeite (Hammrich 2014: 71; Fluck 1997: 160 f.; Buhlmann; Fearns 2000: 118 f.).[36]
- *Lehrkraft: Sprachliche und interkulturelle Interferenzen.* Der Fachlehrer thematisiert diese Aspekte nicht, dagegen bleiben sie im FSU nicht unbeachtet.
- *Didaktiken:* Im Fachunterricht liegt die Didaktik des jeweiligen Faches zugrunde, im allgemeinsprachlichen Fremdsprachenunterricht die Fremdsprachendidaktik und ihre Bezugsdisziplinen, während der FSU auf die Fachdidaktiken, Fremdsprachendidaktik und deren Bezugsdisziplinen sowie auf die Erkenntnisse aus der Fachsprachenlinguistik bzw. -forschung abgestellt ist (Hammrich 2014: 71).

Dieser Überblick zeigt die vorherrschenden Tendenzen und erhebt keinen Anspruch auf eine eindeutige Unterrichtsformdarstellung, was auch Hammrich zweimal betont (Hammrich 2014: 69; ebd.: 72). Er hebt auch die konfuse Frage hervor, mit der sich die vorliegende Studie beschäftigt: Die Grenzziehung zwischen den oben ausgeführten Unterrichtstypen sei nicht möglich, sie verwirre die Lehrkräfte dahin gehend, „wo eine Unterrichtsform aufhört und die andere anfängt“ (ebd.:

36 Die Frage nach den erforderlichen Kompetenzen des FSL ist zentral für die vorliegende Studie. Das Buch von Hammrich (2014) akkumuliert in erster Linie die Erkenntnisse in der Fachsprachendidaktik aus der Periode 1992–2000 und reflektiert sie. Deshalb wurde die Entscheidung getroffen, Kontakt mit der Mitautorin des Buches „Handbuch des Fachsprachenunterrichts“ Anneliese Fearns aufzunehmen und sie zu fragen, ob sich ihre Einstellung in Bezug auf die ausreichende sprachliche Kompetenz des FSL geändert habe oder nicht. Im Brief vom 13.01.2015 antwortet Fearns in prägnanten Worten: „Frau Buhlmann und ich vertreten immer noch die Ansicht, dass ein im Fach nicht kompetenter Lehrer Fachsprachenunterricht erteilen kann, wenn er entsprechende Lehrmaterialien hat.“ Das heißt, es wird nach wie vor der Standpunkt vertreten, dass der FSU in den Händen des Sprachlehrers liegt.

69). Davon ausgehend war sein Ziel, den Vergleich zwischen diesen drei Unterrichtstypen zu ziehen, denn einerseits manifestiert der FSU die Gemeinsamkeiten mit dem Fachunterricht in Bezug auf die Fachlichkeit, aber andererseits wird im FSU die sprachliche Ebene thematisiert, was für den Fremdsprachenunterricht spricht. Darüber hinaus gibt es Merkmale und Aufgaben, die nur für den FSU genuin gelten können, z. B. der FSU sei elementbezogen (ebd.) oder, wie Buhlmann und Fearns konzipieren, der FSU sei die Vorbereitung auf den Fachunterricht:

> […] einmal indem er kompensatorische Strategien im Bereich der Informationsentnahme und Textproduktion aufbaut, zum anderen, indem er Denkelemente zur Verfügung stellt und damit den Auf- bzw. Ausbau von Denkstrukturen ermöglicht, zum dritten, indem er die Lerner mit bestimmten stilistischen Eigentümlichkeiten der Kommunikation im Fach bekannt macht (Präzision, Differenziertheit, Hierarchisierung, Ökonomie etc.). (Buhlmann; Fearns 2000: 85)

Es lässt sich festhalten: Der zentrale Punkt, der den allgemeinen Fremdsprachenunterricht vom Fachunterricht und FSU trennt, ist die *Systemorientierung/Problemorientierung*, bei der die Denkelemente und -strukturen systematisch (im FSU elementbezogen/im Fachunterricht problemorientiert) auf- und ausgebaut werden, was eigentlich das Ziel des FSU ist. Der FSU thematisiert die Arbeit am Text auf allen Ebenen mit der Vermittlung der Lesestrategien sowie die methodische Förderung der *Study Skills* generell. Der allgemeinsprachliche Fremdsprachenunterricht ist nicht am Fachunterricht orientiert und erfüllt ergo keine vorbereitende Funktion. Gute Deutschkenntnisse führen nicht automatisch zur erfolgreichen Bewältigung der Fachsprache, sondern die erlernten Fertigkeiten, die für das jeweilige Fach erforderlich sind (ebd.: 82). Salopp formuliert, was der allgemeinsprachliche Fremdsprachenunterricht als Vorbereitung zum Fachunterricht nicht kann und auch nicht soll, kann und soll der FSU.

2.1.8.7 Lehrwerke in der technischen Fachkommunikation: Probleme und Lösungsansätze

Es wurden bereits zwei wichtige Aspekte bezüglich der Lehrwerksituation für die Vermittlung der technischen Fachkommunikation im Rahmen der vorliegenden

Studie aufgegriffen. Fearns (2007) bzw. Buhlmann; Fearns (2000) sehen im geeigneten Lehrwerk ein großes Potenzial des FSU, d. h., wenn den FSU der Sprachlehrer erteilt, übernimmt das geeignete Lehrwerk die Funktion des Fachkompetenzträgers. Der zweite Punkt ist die ungelöste Frage nach der Progression bei der Vermittlung der Fachkommunikation, die die Lehrwerke widerspiegeln (Baumann 2000: 155).

Das erste Problem, Bedarf an Lehrwerken für die Vermittlung der technischen Fachkommunikation, entsteht bei der Konstellation der Figuren, wenn der FSL keinen fachlichen Hintergrund hat. Falls den FSU ein FSL mit zwei Qualifikationen erteilt, geht es kaum um dieses Thema, weil der FSL risikolos selbst die Unterrichtsmaterialien erstellt. Die FSL ohne technischen bzw. naturwissenschaftlichen Hintergrund suchen nach dem geeigneten Lehrwerk oft vergeblich, denn das zentrale Problem bleibt die unattraktive Lehrwerksituation bzw. Lehrwerklandschaft für die (interdisziplinäre) Vermittlung der technischen Fachkommunikation, die defizitär und vernachlässigt bleibt (vgl. Zalipyatskikh 2014: 166). Es gibt Lehrwerke für die Fachbereiche sowie Fachliteratur und populärwissenschaftliche Texte - die Schicht dazwischen fehlt zum größten Teil.

Die Forschenden der Studie von Petra Reinhard et al. (1997)[37] schlagen im Rahmen der Interdisziplinarität vor, die *Brückentexte* im Unterricht zu behandeln sowie Glossare mit nötigen Begriffsdefinitionen und Begriffsnetze zusammenzustellen, denn im Moment fehlen solche *Überbrückungsinformationen.* Dem FSL steht nur die Fachliteratur zur Verfügung, um die Termini zu klären, in der der Fachstil in den meisten Fällen noch mehr Fragen auslöst und sofort auf die Grenzen des FSL verweist. So bringen sie dem FSL eher Verwirrung statt Hilfe, deshalb sind die FSL ständig auf der Suche nach vereinfachten Versionen der fachlichen Inhalte, weil es nicht nur an Lehrwerken für die Vermittlung der technischen Fachkommunikation fehlt, sondern auch an Lehrerhandbüchern.

Aufgrund dessen greifen die FSL nicht selten auf populärwissenschaftliche Literatur zurück, die sich einfach, zugänglich, explizit und schlüssig mit den technischen Problemen auseinandersetzt. Und das bildet das nächste Problem: das Spannungsfeld der populärwissenschaftlichen Texte bzw. Unterrichtsmaterialien

---

37 Siehe Kapitel 2.2.1.5.

versus fachmännische Texte im FSU, denn der populärwissenschaftliche Stil bereitet den nichtmuttersprachlichen Lernenden eine einschneidende Hürde und mit den populärwissenschaftlichen Texten wird das populäre Wissen, nicht das fachmännische vermittelt (vgl. Hornung 1983: 207). Die Antinomie des fachmännischen (esoterischen) und populären (exoterischen) Wissens repräsentiert die Struktur der Denkkollektive[38] nach der Theorie von Fleck, nach welcher der fachmännischen Wissenschaft die Zeitschriften- und Handbuchwissenschaft[39] zugrunde liegt (Fleck 1993: 148). Die Fachwissenschaft in ihrem Handbuchformat ist Fleck zufolge „eine *kritische Zusammenfassung in ein geordnetes System*" (Fleck 1980: 156 - Hervorh. i. O.), während die populäre Wissenschaft die Anschaulichkeit intendiert. Die exoterische Wissenschaft schildert Fleck wie folgt:

> Populäre Wissenschaft s. str. ist Wissenschaft für Nichtfachleute, also für breite Kreise erwachsener, allgemein gebildeter Dilettanten. Sie ist demgemäß nicht als einführende Wissenschaft aufzufassen, da gewöhnlich nicht ein populäres Buch, sondern ein Lehrbuch die Einführung besorgt. Charakteristisch für eine populäre Darstellung ist der Wegfall der Einzelheiten und hauptsächlich der streitenden Meinungen, wodurch eine künstliche Vereinfachung erzielt wird. Sodann die künstlerisch angenehme, lebendige, anschauliche Ausführung. Endlich die apodiktische Wertung, das einfache Gutheißen oder Ablehnen gewisser Standpunkte. Vereinfachte, anschauliche und apodiktische Wissenschaft – das sind die wichtigsten Merkmale exoterischen Wissens. *An Stelle des spezifischen Denkzwanges der Beweise, der erst in mühsamer Arbeit herauszufinden ist, entsteht durch Vereinfachung und Wertung ein anschauliches Bild.* (Fleck 1993: 149 - Hervorh. i. O.)

In Anbetracht dessen findet sich der Ausweg in den Skripten und Vorlesungen aus den jeweiligen Fachbereichen der Studierenden, die methodisch-didaktisch von den FSL bearbeitet werden und als Pendant für die Zusammensetzung der Übungen bzw. Aufgaben sowie als Ersatzgrundlage für kaum vorhandene aktuelle

---

38 Definition des Begriffs Denkkollektiv sowie weitere Ausführungen dazu finden sich im Kapitel 2.2.1.3.

39 Darüber hinaus unterscheidet Fleck auch die vierte denksoziale Form der Lehrbuchwissenschaft (ebd.).

Lehrwerke in der technischen Fachkommunikation dienen können – so kann der Realitätsbezug der technischen Fachkommunikation erreicht werden[40].

An dieser Stelle soll ein Missverständnis ausgeräumt werden, nämlich die Tatsache, dass ein Lehrwerk für die Vermittlung der technischen Fachkommunikation komplett fehlt. Buhlmann und Fearns nennen dieses Phänomen „graue Literatur" (Buhlmann; Fearns 2000: 126) und Fluck spricht von „singuläre[r] Materialsammlung" (Fluck 1992: 214), das bedeutet, dass die Lehrer für den jeweiligen Kurs in den meisten Fällen spezifische Konzepte bzw. Individualisierungskonzepte als Manuskriptform entwickeln, die für die Verlagspublikation aus wirtschaftlicher Sicht unattraktiv erscheinen (vgl. ebd.). Deshalb fehlt ein Überblick über die vorhandenen (regionalen) Lehrwerke, dazu bestehen keine Rezensionen sowie Gutachten zu diesen und kaum empirische Untersuchungen des konkreten Lehrwerkeinsatzes im FSU, was zu einer gewissen methodisch-didaktischen Konfusion einerseits sowie zu folgender Konsequenz andererseits führt: Es gibt einen großen Bedarf an einer Diskussionsplattform zum Thema der Lehrmaterialien[41] in Bezug auf die Vermittlung der technischen Fachkommunikation auf Deutsch (vgl. Buhlmann; Fearns 2000: 126 f.).

Als Lösung sieht Fluck einerseits die Gestaltung der Lehrwerke in Zusammenarbeit von Fremdsprachendidaktikern, Lehrwerkautoren und Fachleuten, andererseits können bei dem Rollenwechsel Lerner – Lehrer die Lernenden als Autoren des Buches agieren (Fluck 1992: 218). Buhlmann und Fearns konzipieren neben den Aufgaben der Lehrwerke und den Anforderungen an diese[42] zwei Instrumente für deren Analyse, was dem FSL für die Erstellung der eigenen Unterrichtsmaterialien eine wesentliche Hilfe leisten kann – nicht nur für die Evaluierung eines

---

40 Siehe weitere Ausführungen im empirischen Teil.

41 In diesem Zusammenhang soll das aktuelle Buch erwähnt werden, das im Herbst 2014 gedruckt und vom Springer-Verlag als „Erstes Lehrbuch zur Fachkommunikation in ingenieurwissenschaftlichen Fächern" angekündigt wurde. Es geht um das Lehrwerk „Deutsch für Ingenieure. Ein DaF-Lehrwerk für Studierende ingenieurwissenschaftlicher Fächer" von den zwei Experten in DaF sowie in der Fachsprachenvermittlung Maria Steinmetz und Heiner Dintera, das thematisch die naturwissenschaftlich-technischen Fragen der Chemie, Elektrotechnik, Energietechnik, Werkstoffkunde und Informatik aus der methodisch-didaktischen fachsprachlichen Perspektive behandelt. Dieses Lehrbuch erscheint auch als E-Book und kann dadurch das breite Publikum sowohl im In- als auch im Ausland erreichen.

42 Siehe Buhlmann; Fearns 2000: 130-134.

bestimmten Lehrwerks. Sie unterscheiden Analysekriterien, welche die Aspekte der Struktur, Adressaten, Lernziele und Methoden behandeln, und die Bewertungskriterien, die auf die Funktionalität des jeweiligen Lehrwerks rekurrieren (Buhlmann; Fearns 2000: 136-138).

Monteiro moniert die Verbreitung der zahlreichen „Rezepte“ (Monteiro 1990: 142) und zieht daraus die Schlussfolgerung, dass „kein einziges Lehrwerk den Forderungen des Fachsprachenunterrichts in den unterschiedlichen Situationen entsprechen“ (ebd.) kann. Sie schlägt in Anbetracht dessen vor, dem Raster der Analyse- und Bewertungskriterien nachzugehen, statt ein kurzlebiges Lehrwerk für „kurzlebige“ (ebd.) Lerngruppen zu erstellen. Die Entwicklung der Wissenschaften, die Zusammensetzung der Lerngruppen, die Verlagerung der Interessenschwerpunkte etc. signalisieren, dass die herkömmlichen Lehrwerke von Großverlagen für den Fachsprachenbereich ungeeignet seien, aber sie sollten als „Steinbruch“-Material (ebd.) benutzt werden. Der Lehrer solle sich der Struktur des Kurses bewusst sein, aufgrund dessen wird das Gerüst aus den Elementen der existierenden Lehrwerke und aktueller Stoffe von ihm gefüllt (ebd.: 142 f.). Dabei hebt sie folgenden pragmatischen Aspekt als Hilfestellung für den Sprachlehrer hervor:

> Dem Lehrer muß ermöglicht werden, die Struktur mit neuen Fachinhalten auszufüllen je nach Lernergruppe, da es nicht immer zu vertreten ist, daß die Lernergruppe dem Material angepaßt wird (was nur zu Unzufriedenheit seitens der Lehrer und der Lerner führen kann). (ebd.: 143)

Die Schlussfolgerung liegt nahe, dass kein universales Lehrwerk für die Vermittlung der technischen Fachkommunikation möglich ist, weil die Bedürfnisse der Lernenden nicht homogen ausgeprägt sind. Der Fachsprachenlehrer trifft methodisch-didaktische Entscheidungen anhand der Unterrichtssituation, aufgrund eigener Erfahrung und Ausbildung, in Anbetracht der konkreten Bedingungen und Verhältnisse. Vielversprechend kann die Kooperation zwischen den Fachleuten, FSL und Lernenden bei der Erstellung der Unterrichtsmaterialien sein. Zusammengefasst lässt sich sagen, dass die aufgelistete Lehrwerkproblematik eigentlich die Besonderheiten des FSU widerspiegelt, die Heinrich P. Kelz im Zuge des Vergleichs des Fremdsprachenunterrichts mit dem FSU wie folgt formuliert: Die Unterschiede bestehen „nur in der Präsentation von sprachlichem Material (Fachtext statt allgemeinsprachlicher Text), beim Erwerb der Lexik (Fachwortschatz bzw. -terminologie) und im Rahmen der kognitiven Aspekte“ (Kelz 1996: 509). Daher soll die kognitive Dimension näher behandelt werden.

2.2 Vermittlung der technischen Fachkommunikation

„In der Naturwissenschaft gibt es gleichwie in der Kunst und im Leben keine andere Naturtreue als die Kulturtreue.“ (Fleck 1993: 48)

Die oben behandelten theoretischen Ansätze und Modelle aus der Fachsprachenforschung sowie Fachsprachendidaktik lassen eine Reihe an Fragen in Bezug auf die Vermittlung der technischen Fachkommunikation zu. Die Crux ist: Wie kann der Sprachlehrer aus dem fremdsprachlichen Terrain in das Feld der technischen Fachkommunikation übergehen und zwei Bereiche kompetent bedienen? Wie kann er die Unterrichtsmaterialien selbst erstellen sowie die Denkelemente und -strukturen vermitteln, wenn er keine fachliche Kompetenz besitzt und die *entscheidenden Wörter* nicht versteht? Aus dem Kapitel „FSU zwischen Fachunterricht und allgemeinsprachlichem Fremdsprachenunterricht“ (s. o.) geht hervor, dass die Lernenden differenzierter betrachtet werden als die Lehrenden (z. B. wurden die Kategorien Erfahrungsbezogenheit, Vorwissen, Motivation etc. dargestellt und für den Lehrer sind defizitäre Informationen in Bezug auf die Kompetenz vorhanden). Bedeutet das, dass die fachliche Kompetenz der einzige relevante Aspekt wäre und ergo die größte Schwierigkeit? Ist das Fehlen der fachlichen Kompetenz eine Schwierigkeit oder ein Potenzial sowie eine Chance für einen Paradigmenwechsel im Lehr-/Lernprozess? Wenn die Rollen in der Vermittlung der Fachkommunikation ausgetauscht werden, der Lehrer als Lerner, dann soll die Situation des Lehrers genauso mikroskopisch wie die des Lerners durch das Prisma der Aspekte Motivation, Erfahrungsbezogenheit etc. analysiert werden.

Die vorliegende Studie nimmt Bezug auf die fachliche Kompetenz der Fachsprachenlehrenden, ihre methodisch-didaktischen Strategien, die Lehrer-Rolle sowie auf das Selbstverständnis bei der Vermittlung der technischen Fachkommunikation. Die Spezifik der Ingenieurwissenschaften, der Denkstil und die Fachkultur in den technischen und naturwissenschaftlichen Bereichen sind Determinanten für die Differenzierung des sprachlichen Lehrer-Handelns, deswegen erweitert sich der Diskurs auf die kognitive, affektive, soziale und individuelle bzw. persönliche Dimension, in denen die Handlungsmöglichkeiten sowie methodisch-didaktische Grenzen der Sprachenlehrenden behandelt werden.

2.2.1 Kognitive Dimension

Die kognitiven Aspekte werden sowohl im integrativen Fachsprachenunterrichtsmodell von Baumann, und zwar auf der Ebene des Fachdenkens, auf der fachlichen sowie funktionalen Ebene als auch im interdisziplinären Modell der Fachstilanalyse, genannt als kognitive Ebene, thematisiert (Baumann 2000; Baumann 2008: 192). Buhlmann und Fearns stellen in ihrer Definition der Fachsprache einen Zusammenhang zwischen Fachsprache, Fachdenken, Fachstil und Fachgegenstand her, indem sie schreiben, dass die Fachsprache als Kommunikationsmittel die Sozialisation im Rahmen der jeweiligen Disziplin bewirkt. Sie beinhaltet die Denkstrukturen, welche die Methoden des Faches determinieren, und die Mitteilungsstrukturen, die das Erkenntnis- und Forschungsinteresse des Faches kalibrieren (Buhlmann; Fearns 2000: 12 f.). Die kognitive Dimension tritt daher als Quintessenz der (technischen) Fachkommunikation auf, die bei der Vermittlung der Fachsprache für den Sprachlehrenden zu berücksichtigen ist.

In diesem Unterkapitel wird das Diskussionspotenzial dargestellt, wodurch die Diskrepanz zwischen den Ingenieuren und Philologen entsteht. Es wird überdies die Denkstiltheorie von Fleck mit den Begriffen des Denkkollektivs und der Denksolidarität kurz behandelt, es werden die strukturellen Unterschiede des Wissens der Natur- und Geisteswissenschaftler, die Jahr hervorhebt, dargelegt und didaktische Ansätze zur (interdisziplinären) Vermittlung im Rahmen der (technischen) Fachkommunikation aufgrund zweier Studien ausgeführt.

2.2.1.1 Zur Zwei-Kulturen-Debatte: Geisteswissenschaften vs. Naturwissenschaften

> *„Was ist schneller als das Licht? – Nichts, sagt die Naturwissenschaft. Der Geist, sagt indessen die Geisteswissenschaft – zu Recht: Der Geist durchmißt im Handumdrehen die ungeheuerlichsten Zeiten und Räume!" (Ciompi 1988: 358)*

Die Vermittlung der technischen Fachkommunikation durch einen Sprachenlehrenden bildet ein Spannungsfeld zwischen Sprache und Technik, Geistes- und Naturwissenschaften, Kultur und Natur, das eigentlich als eine alte Kontroverse bezeichnet werden kann. Sie basiert vor allem auf der bekannten Zwei-Kulturen-Debatte, die Charles Percy Snow in seinem Beitrag „The Two Cultures and the Scientific Revolution" 1959 in Cambridge evozierte. Snow vertritt die Auffassung, dass die literarisch-geisteswissenschaftliche Intelligenz und die technisch-naturwissenschaftliche Intelligenz in der westlichen Gesellschaft ein „seltsam verzerrtes Bild voneinander" (Snow 1987a: 21) haben, also zwischen den Vertretern der zwei genannten Kulturen eine Kluft des gegenseitigen Nichtverstehens und in einigen Fällen sogar Feindseligkeit und Antipathie liege (ebd.), was ihnen nur Verarmung bringe (ebd.: 29). Statt Ignoranz sollte Snow zufolge ein Dialog[43] stattfinden, der schöpferische Impulse auslöst, und die Bildung solle dafür Rechnung tragen. Was Snow im Nachtrag (1963) anmerkt, scheint bis heute aktuell und von großer Signifikanz, besonders im Kontext der Vermittlung der technischen Fachkommunikation, zu sein:

> Was ich über die mangelnde Verständigung zwischen den zwei Kulturen sagte, war nicht übertrieben – eher habe ich noch zu rosig gesehen […]. „Was wissen Sie vom zweiten Gesetz der Thermodynamik?". Im Grunde ist das eine gute Frage. Viele Physiker würden mir zugeben, dass es eine zugespitztere Frage eigentlich gar nicht gibt. Dieses Gesetz ist

[43] Wichtig ist auch in diesem Zusammenhang, das Problem der mangelnden Kooperation zwischen den Fachdidaktiken und Aktanten in der Fachkommunikation zu erwähnen, die Kalverkämper und Hoffmann hervorheben (s. o.).

> allgemeingültig und von tiefer Bedeutung – es hat seine ganz eigentümliche ernste Schönheit: wie alle die großen naturwissenschaftlichen Gesetze erweckt es Ehrfurcht. Allerdings hat es keinen Wert, wenn jemand, der selbst nicht Naturwissenschaftler ist, es einfach hersagt, wie es im Lexikon steht. Man muss es auch verstehen, und das ist nur möglich, wenn man die Sprache der Physik einigermaßen beherrscht. (Snow 1987b: 73)

Mit anderen Worten bedeutet dies, dass es sowohl für die fachliche Erkenntnis als auch für das Wortverständnis unzureichend (und im Grunde genommen wertlos) ist, wenn der Fachbegriff eine bedeutungsgleiche Beschreibung von „Fremden" und „Nicht-Eingeweihten" bzw. von Nicht-Fachleuten erhält (Fleck 2011b: 285). Dem Sprachenlehrenden ohne fachlichen Hintergrund lässt Snow kaum Chancen, wenn er bestätigt, dass die Schönheit der physikalischen Welt verstanden werden muss und nicht einfach einem Lexikonartikel entnommen sein sollte.[44] Mit seiner Auffassung findet Snow sowohl Befürworter als auch Gegner, die das Thema sowie den zentralen Begriff *Kultur* aus unterschiedlichen Perspektiven kritisch diskutieren, erweitern und vertiefen. Die Zwei-Kulturen-Kontroverse berücksichtigt eine Vielfalt von Aspekten, die in der vorliegenden Studie nicht betrachtet werden kann,[45] es soll aber weiter der Frage der technischen Fachkommunikation im Rahmen des FSU nachgegangen werden: Warum entsteht die Kluft des Nichtverstehens zwischen den Ingenieuren und Philologen?

Der Fachsprachenforscher Heinz Ischreyt konstatiert 1965 in seinen „Studien zum Verhältnis von Sprache und Technik", dass die essenziellen und prinzipiellen Gegensätze darin bestehen, dass die Sprache von den Ingenieuren und Philologen anders angenommen wird. Für die ersten bedeutet sie ein höchst unvollkommenes, mangelhaftes, verbesserungswürdiges Werkzeug[46], das mit Misstrauen und Abneigung aufgefasst wird, und für die zweiten repräsentiert die Sprache die Form der geistigen Existenz. Die Naturwissenschaftler beschreiben, was sei

---

44 Siehe auch Jahr 2009: 82.

45 Mehr zu den tiefliegenden Ambivalenzen zwischen den Natur- und Geisteswissenschaftlern, die in der heutigen Welt „neue Rivalität" (Benedikter 2001: 138) erleben, schreibt auch der Forscher im Bereich der Zeitanalyse und Globalisierung Roland Benedikter. Siehe auch Beiträge von Frank R. Leavis (1987), Karl Steinbuch (1987), Michael Yudkin (1987), Lionel Trilling (1987) u. a.

46 Vgl. Snow 1987a: 29.

(wenn es nicht der Fall wäre, dann warteten sie auf Entdeckungen und neue Erkenntnisse), während die Philologen in der Diversität der Sprachen durch die Variationsbreite ihrer Verfahren die Komplexität der Welt entdecken (Ischreyt 1965: 30 f.).

Im Umgang mit der Sprache manifestieren sich u. a. die Denkstile der naturwissenschaftlichen und geisteswissenschaftlichen Wirklichkeiten, das ist eines der Postulate des polnischen Mikrobiologen Ludwik Fleck (1896-1961), dessen wissenschaftstheoretische Überlegungen und Werke heute eine Renaissance erleben.[47] Er bietet einen Erklärungsansatz für das hier behandelte (fachkommunikative) Problem an – auf seine Theorie wird im Weiteren näher eingegangen – an dieser Stelle wird zunächst Folgendes thematisiert: Fleck führt die Begriffe der Denkbereitschaft, des Denkstils und Denkkollektivs ein und verfasst ein konzeptuelles Programm der Erkenntnistheorie, in dem er die soziale Bedingtheit jedes Erkennens postuliert. Das heißt, das Erkennen sei keine zweigliedrige Beziehung des Erkenntnissubjekts und -objekts, sondern eine dreigliedrige Relation, bei der als drittes Beziehungsglied der Faktor des jeweiligen, im Kollektiv verankerten Wissensbestandes als Ergebnis der sozialen Tätigkeit hervortritt (Fleck 1993: 54 f.). Die Naturwissenschaft beschreibt er als kulturelles, permanent tätiges Phänomen, das im wechselseitigen Einfluss der demokratischen Wirklichkeit steht (Fleck 2011a: 60). Zur Denkbereitschaft schreibt Fleck, dass das Sehen bestimmter Erscheinungen aus einem Fach spezifische Denkbereitschaft verlangt, die „aus dem mehr oder weniger zwangsläufigen Abstrahieren von den Möglichkeiten anderer Gestalten besteht“ (Fleck 1983b: 62). Dem Autor zufolge hat jedes Wissen einen eigenen Gedankenstil mit bestimmter Tradition und Erziehung (Fleck 2011a: 54).

Die Fachexpertin im Bereich Chemie und Linguistin Silke Jahr setzt sich ebenfalls mit der Problematik der Gegensätzlichkeit zwischen den Geistes- und Naturwissenschaften auseinander und legt die strukturellen Unterschiede des Wissens zwischen Naturwissenschaften und Geisteswissenschaften und deren Auswirkungen für den Wissenstransfer aus, wobei sie akzeptiert, dass es auch Stellungnahmen gibt, welche die Verbundenheit der Wissenschaften aufgrund ihrer Einheit

---

[47] Von einer Fleck-Renaissance wird seit der Publikation des Aufsehen erregenden Buchs zur Struktur der wissenschaftlichen Revolution von dem amerikanischen Wissenschaftsphilosoph Thomas Kuhn gesprochen, in dem er im Vorwort auf Fleck rekurriert (1962).

(z. B. Natur mit Geist) sowie aufgrund der gleichen Zielstellungen (z. B. die Welt zu ordnen) etc. postulieren.

Die Auffassungen von Jahr werden im nächsten Abschnitt thesenhaft erläutert. Dem folgen die Ausführungen von Fleck, in denen für die Vollständigkeit der Diskussion die Begriffe aus dem für diese Studie unentbehrlichen Analysevokabular Denkstil und Denkkollektiv erörtert werden. Es wird damit deutlicher gezeigt, in welchem Kontext der Fachsprachenlehrende als Vertreter der Geisteswissenschaften agiert, und mit welchen kognitiven Größen er konfrontiert wird. Darüber hinaus werden exemplarisch die didaktischen Ansätze zur Vermittlung der Interdisziplinarität dargelegt.

2.2.1.2 Zu den strukturellen Unterschieden des Wissens zwischen den Geisteswissenschaften und Naturwissenschaften

„Der Zusammenhang z. B. von Linguistik und Chemie ist tatsächlich geringfügig. Nehmen wir an, daß es anders sein sollte, nehmen wir sogar an, daß es einmal anders sein wird – aber bevor das geschieht, ändert sich die Chemie und ändert sich die Linguistik. Die heutige Chemie ist von der heutigen Linguistik sehr weit entfernt.“ (Fleck 2011d: 369)

Die österreichische Soziologin und Wissenschaftstheoretikerin Karin Knorr Cetina äußert sich zu der Debatte, ob es nur ein Wissenschaftssystem gebe, wie folgt:

> Die Wissenschaften haben jedoch ihre eigene Geographie. Sie bestehen nicht nur aus einem Unternehmen, sondern aus vielen; aus einer Landschaft unabhängiger *Wissensmonopole*, die höchst unterschiedlich arbeiten und unterschiedliche *Produkte* produzieren. (Knorr Cetina 2002: 14 - Hervorh.: N. Z.)

Das heißt, jede Wissenschaft benutzt eigene Theorien und Methoden, um bestimmte Resultate zu erzielen. Die Begriffe *Wissensmonopole* und deren Ergebnisse *Produkte* sind von Bedeutung für den Diskurs, auf diese Faktoren verweist auch Jahr in ihrem Aufsatz zu den strukturellen Unterschieden des Wissens in den Natur- und Geisteswissenschaften.

Sie beginnt ihren Beitrag mit den folgenden, nach Kausalität suchenden Fragen, welche die grundlegenden Differenzen zwischen diesen zwei Wissenschaftskulturen zeigen: Warum versteht der Laie signifikant mehr Informationen in einem geisteswissenschaftlichen Text als in einem naturwissenschaftlichen?[48] Warum haben die Gesetze der Geisteswissenschaften die Stringenz der Naturwissenschaften nicht? Warum haben mehrere Begriffe der Geisteswissenschaften keine Eindeutigkeit und Exaktheit, welche die Begriffe der Naturwissenschaften charakterisieren? Warum gilt für die Geisteswissenschaftler eher das Buch als Publikationsform und für die Naturwissenschaftler die Zeitschrift? Warum wirken häufig die Betreuer der Doktoranden in den Naturwissenschaften als Mitautoren beim Herausgeben der Beiträge mit, was bei den Geisteswissenschaftlern nicht der Fall ist? Warum referieren die Naturwissenschaftler frei und die Geisteswissenschaftler halten sich in den meisten Fällen an dem Text fest? Warum beinhaltet das geisteswissenschaftliche Studium zwei bis drei Fächer und das naturwissenschaftliche ein Fach? Warum sehen die Naturwissenschaften einen klarer abgegrenzten Wissensgrundsatz als die Geisteswissenschaften vor? (Jahr 2009: 76 f.)

Es liegt nahe, diesen Punkten anhand der Auslegungen von Jahr nachzugehen.

- Die *Subjekt-Objekt-Relationen* zwischen dem Forschenden und seinem Untersuchungsobjekt haben einen gravierenden Unterschied bei den Natur- und Geisteswissenschaftlern, indem sich der Untersuchungsgegenstand des Naturwissenschaftlers in der externen Lebenswelt messen und analysieren lässt. Die Untersuchungsobjekte der Geisteswissenschaftler werden geistig gestaltet, vom Forscher modelliert und konzeptualisiert und treten erst dann als solche hervor, deswegen befinden sie sich in bestimmter Abhängigkeit von den Forschenden (ebd.: 77 f.).
- Die *Relation des Forschungsobjektes zur menschlichen Welt* zeichnet sich in den exakten Wissenschaften durch die Naturzusammenhänge und stringente Konsequenz im Rahmen eines Wissenschaftsparadigmas aus. Für die Geisteswissenschaften gilt eine (nicht zuletzt hermeneutische) Perspektive

48 Vgl. Reinhard et al. 1997: 24.

des Untersuchers, d. h., der Forscher ist mit dem Ganzen (der menschlichen Lebenswelt) konfrontiert und zugleich bleibt er ein Teil davon, deswegen sind die geistigen Konstruktionen tief in die soziokulturellen Kontexte eingeschlossen, abhängig von der jeweiligen Kultur, und lassen sich nicht leicht klassifizieren. Die Naturwissenschaftler gehen von den Experimenten aus und bilden darauf die Hypothesen und Theorien, während das menschliche Umfeld der Geisteswissenschaftler in den meisten Fällen durch die Verflechtung der Konzepte und durch geistige Operationen und Imaginationen des Forschers eine Tendenz erhält (ebd.: 78-81).

- Das *Wissen* des Naturwissenschaftlers ist stark *vertikal* ausgerichtet, d. h., es gibt mehrere Hierarchiestufen, die zu abstrakten Sachverhalten führen (wie auch Hoffmann in seiner Matrix darstellt), während das Wissen des Geisteswissenschaftlers auch auf Hierarchiestufen basiert, aber eine *horizontale* Dynamik aufweist, indem es die Verknüpfungen mit mehreren Disziplinen und Fächern beinhaltet (ebd.: 82-84).

- Das *Fachwort* gilt in den festen Wissenschaften als vorher mit einer bestimmten Struktur versehen, im Rahmen eines Wissenschaftsparadigmas scharf umrissen, wird logisch zwingend festgelegt und von allen Forschern des jeweiligen Fach- und Forschungsbereichs akzeptiert. In den Geisteswissenschaften wird das Fachwort von ihren Vertretern sowie wissenschaftlichen Schulen eines Fachgebietes oft unterschiedlich definiert, weil eigene Betrachtungsweisen auf die behandelten Phänomene den Forschungsprozess bestimmen (als Beispiel für mehrere Definitionsversuche könnte der bereits ausgeführte Begriff *Fachsprache* dienen). Solche Verschwommenheit der Begriffe[49] gehört gemäß Jahr zur geisteswissenschaftlichen Kultur und kann durch Begriffserörterungen nicht eliminiert werden. In diesem Zusammenhang ist es von Bedeutung, auf die These der Undefinierbarkeit bestimmter Begriffe (z. B. Fachsprache oder Wissenschaftssprache) von Berschin zurückzukommen.[50] Es soll auch darauf hingewiesen werden, dass Jahr über die Tendenzen im Allgemeinen spricht,

[49] Jahr lehnt sich dabei an Reinhard Fieler an.

[50] Siehe Kapitel 2.1.2.

und das bedeutet nicht, dass der Geisteswissenschaftler nur mit unscharfen Begriffen und der Naturwissenschaftler im Gegenteil immer mit klar abgegrenzten Kategorien arbeitet (ebd.: 84-88).

- Das *Wissen wird in diesen Wissenschaften unterschiedlich präsentiert*, was bereits im Fragenkatalog von Jahr problematisiert wurde. Der Naturwissenschaftler stellt die gewonnenen Erkenntnisse in einer exakten Sprache vor, seine Inhalte haben eine rednerunabhängige Form, die klar abgegrenzten Begrifflichkeiten sollen nicht erklärt werden, weil sie keine Interpretation brauchen. Sie werden als adäquat angenommen, so dass Jahr die Schlussfolgerung zieht: „Kognitiv repräsentiertes Wissen und Sprache stehen weitgehend in einem 1:1-Verhältnis." (ebd.: 90) Die Naturwissenschaftler streben nach sprachlicher Ökonomie und *lingua franca*, es werden Publikationen in Zeitschriften bevorzugt. Baumert und Verhein-Jarren drücken diesen Gedanken pointierter aus: Die Schwerpunkte der Ingenieurstätigkeit seien das Gerät, die Anlage, das Verfahren oder die Software. Den „Papierkram" (Baumert; Verhein-Jarren 2012: V) sähen zumindest viele Ingenieurstudenten als eine lästige Begleiterscheinung ihres Berufes (ebd.). Gegenteilig handeln die Geisteswissenschaftler, die einen größeren sprachlichen Raum brauchen. Sie sind konfrontiert mit mehreren Konzeptualisierungen und Aspekten sowie mit Begrifflichkeiten, die von ihnen gedeutet werden müssen und einen erheblichen Formulierungsaufwand benötigen. Jahr resümiert: „Kognitives Wissen und Sprache stehen bei geisteswissenschaftlichen Inhalten weit weniger in einer 1:1-Korrelation." (Jahr 2009: 91)

- *Die strukturellen Unterschiede des Wissens beeinflussen dessen Vermittlung und Forschung* in den Natur- und Geisteswissenschaften. In den Naturwissenschaften gibt es einen festen Kanon für die Vermittlung der Basiskenntnisse, in dem das Wissen in hierarchischer Steigerung aufgebaut wird. In den Geisteswissenschaften ist das nicht der Fall: Das Wissen wird in horizontaler Ausdehnung mit Einbezug von mehreren Disziplinen vermittelt, so dass der Wechsel der Universität oft problematisch wird, weil der Wissenskanon nicht so stark festgelegt ist (ebd.: 93-96).

Durch die ausgeführten Antinomien zwischen den Natur- und Geisteswissenschaften wird ersichtlich, dass der Charakter des Wissens, dessen Organisation und Struktur, Entscheidungen, Handlungsstrategien sowie Denkkultur der Forschenden a priori von den Wissenschaften selber determiniert sind.

2.2.1.3 Zum Denkstil und Denkkollektiv

Das Erkennen erfolge keinesfalls individuell, postuliert Fleck in seiner Schrift „Entstehung und Entwicklung einer wissenschaftlichen Tatsache. Einführung in die Lehre vom Denkstil und Denkkollektiv" (1935), sondern im Gegenteil, das Erkennen sei ein soziales Phänomen des Wissenserwerbs, denn das Erkannte wirkt auf das zu Erkennende ein, im Prozess des Erkennens werden die vorher entwickelten Einsichten und Wissensbestände erweitert, modifiziert, präzisiert. Deswegen erachtet Fleck den Ausdruck „jemand erkenne etwas" als lückenhaft, es sollte hinzugefügt werden „aufgrund des bestimmten *Erkenntnisbestandes*" oder „als Mitglied eines bestimmten *Kulturmilieus*" oder „in einem bestimmten *Denkstil*, in einem bestimmten *Denkkollektiv*" (Fleck 1993: 54 - Hervorh.: N. Z.). Das Denkkollektiv wird wie folgt von Fleck verstanden

> als Gemeinschaft der Menschen, die im Gedankenaustausch oder in gedanklicher Wechselwirkung stehen, so besitzen wir in ihm den Träger geschichtlicher Entwicklung eines Denkgebietes, eines bestimmten Wissensstandes und Kulturstandes, also eines besonderen Denkstiles (ebd.: 54 f.).

Ein Denkkollektiv findet statt, wenn zwei oder mehrere Personen ihre Gedanken austauschen (ebd.: 60). Fleck hält den Begriff Denkkollektiv für unentbehrlich und hochrelevant im Kontext des Denkstils, sonst verlaufe der Diskurs in dogmatischen Weiten (ebd.: 57). Den Denkstil bezeichnet er als „bestimmte[n] Denkzwang" (ebd.: 85) und präzisiert ihn als „Gesamtheit geistiger Bereitschaften, das Bereitsein für solches und nicht anderes Sehen und Handeln" (ebd.). Abschließend definiert er ihn „als gerichtetes Wahrnehmen, mit entsprechendem gedanklichen und sachlichen Verarbeiten des Wahrgenommenen" (ebd.: 130).

In diesen Definitionen sind die substantivierten Verben Sehen und Handeln, Wahrnehmen und Verarbeiten hervorzuheben. Um wahrnehmen zu können, soll das Sehen als Erkenntnisvoraussetzung *gelernt* werden. Fleck erklärt diesen Zusammenhang folgendermaßen:

> Um zu sehen, muß man wissen, was wesentlich und was unwesentlich ist, muß man den Hintergrund vom Bild unterscheiden können, muß man darüber orientiert sein, zu was für einer Kategorie der Gegenstand gehört. Sonst schauen wir, aber wir sehen nicht, vergebens starren wir auf die allzu zahlreichen Einzelheiten, wir erfassen die betrachtete Gestalt nicht als bestimmte Ganzheit. (Fleck 1983a: 148)

Es ist evident, dass das Sehen als eine gewisse Kompetenz dient, die das Wesentliche vom Unwesentlichen trennt, daher ist es zugleich das Wissenspotenzial. Essenziell ist auch der Unterschied zwischen den Verben Schauen und Sehen nicht nur in Bezug auf das Ergebnis, was im Endeffekt gesehen wird, sondern nach der Auffassung von Fleck auch im Kontinuum *Individuum* versus *Kollektiv*: Das Individuum *schaut* mit den eigenen Augen und *sieht* mit den Augen des Kollektivs (ebd.: 154).

Das heißt, im Prozess des Wahrnehmens beteiligt sich nicht nur das Individuum, sondern auch das Kollektiv, das in diesem Individuum ‚lebt'. Das Wahrnehmen ist dabei kein selbstverständliches Phänomen. Um die Grundlagen der jeweiligen Disziplin wahrnehmen zu können, soll auch das Schauen gelernt werden. Fleck betont: „Man muß also erst lernen, zu schauen [...]. Man muß eine gewisse Erfahrung, eine gewisse Geschicklichkeit erwerben, die sich nicht durch Wortformeln ersetzen lassen." (Fleck 1983b: 60) Es ist ersichtlich, dass zu den für den Erkenntnisprozess notwendigen Kompetenzen Schauen, Sehen, Wahrnehmen und Handeln die Variable *Erfahrung* addiert wird, die durch verbale Beschreibungsversuche nach Auffassung von Fleck nicht zu ersetzen ist:

> Es ist also notwendig, sich persönlich in der Wahrnehmung spezifischer Gestalten aus verschiedenen Bereichen zu schulen, und man kann diese Gestalten nicht durch eine Beschreibung in den Ausdrücken irgendeiner allgemeinen Sprache eindeutig wiedergeben. (ebd.)

Die Erfahrung tritt als individuelle Leistung hervor und bringt nach Fleck „ein irrationales, logisch nicht legitimierbares Element in das Wissen" (Fleck 1993:

125). Er zieht einen Vergleich, der die Unterschiede zwischen den Verben *Wissen* und *Erkennen* zeigt. Die Einführung in die Grundlagen des jeweiligen Fachs sei eine Art Einweihung, die *andere* erteilten und die den Eingang in das Wissen freilege. Die Erfahrung aber werde nur *persönlich* erreicht, sie ermögliche das aktive selbstständige Erkennen: „Der Unerfahrene lernt nur, er erkennt nicht." (ebd.: 126)

Darauf aufbauend soll der Begriff *Erkennen* definiert werden. Fleck versteht unter jedem Erkennen eine Feststellung der sich zwangsmäßig, passiv ergebenden Zusammenhänge bei bestimmten aktiv vorgenommenen Voraussetzungen (ebd.: 85). Das Erkennen wird als aktives, aufgrund eines Denkzwangs erfolgendes (Denkstil/Denkkollektiv) Handeln (das Feststellen) dargelegt, das bestimmte Voraussetzungen (Wissen, persönliche Erfahrung, Wahrnehmungspotenzial etc.) braucht. Dieser Begriff akkumuliert kognitive, soziale, individuelle, methodische, kulturelle, historische Faktoren, welche die Forschung generell konstituieren. Fleck zieht die Schlussfolgerung:

> Unmöglich ist ein wirklich isolierter Forscher, unmöglich ist eine ahistorische Entdeckung, unmöglich ist eine stillose Beobachtung. Ein isolierter Forscher ohne Vorurteile und ohne Tradition, ohne auf ihn wirkende Kräfte einer Denkgesellschaft und ohne Einfluß der Evolution dieser Gesellschaft wäre blind und gedankenlos. (Fleck 1983b: 81 f.)

Es lässt sich festhalten: Fleck zufolge ist der Erkenntnisprozess sozial, kulturell und historisch geprägt. Die wissenschaftliche Tatsache hängt vom Denkstil („bestimmte[n] Denkzwang")[51] ab und der Denkstil wird durch das Denkkollektiv determiniert, d. h., die Wissenschaft findet in Denkkollektiven statt (in den Gemeinschaften der Menschen, die im Gedankenaustausch stehen und eine gemeinsame gedankliche Geschichte haben). Dabei ist zu unterstreichen, dass jedes Denken nach der Auffassung von Fleck anwendbar ist, denn jede Überzeugung braucht durch Verifizierung oder Falsifizierung eine Denktätigkeit. Durch die Ausbildung

51 Fleck 1993: 85.

(„Einführungsweihe“)[52] wird das Individuum in das Denkkollektiv, in die fachmännische Welt, aufgenommen (Fleck 1993: 56; ebd.: 85; ebd.: 137).

2.2.1.4 Kategorien des Fachdenkens und Sprachdenkens: Denkstil der Naturwissenschaftler vs. Denkstil der Philologen

Fleck postuliert, dass die Kluft zwischen den Physikern und Biologen nicht so tief sei im Vergleich zu der zwischen den Natur- und Geisteswissenschaftlern, d. h., je größer der Unterschied der Denkstile, desto unbedeutender werde der Gedankenaustausch (Fleck 1993: 142). Dabei ist das Thema kein Problem in der Kommunikation, sondern die Schwierigkeit besteht darin, dass die Vertreter der jeweiligen Disziplinen die Dinge unterschiedlich betrachten bzw. wahrnehmen, dass sie in diesen Phänomenen nicht das Gleiche sehen, dass sie mit anderen Größen denken. Fleck führt wie folgt aus:

> Sie werden aneinander vorbei und nicht zueinander sprechen: Sie gehören einer anderen Denkgemeinschaft, also einem Denkkollektiv an, sie haben einen anderen *Denkstil.* Was für den einen wichtig, sogar wesentlich ist, ist für den anderen Nebensache, keiner Erwägung wert. [...] Was für den einen Wahrheit ist (evtl. „erhabene Wahrheit“), ist für den anderen eine „schäbige Erdichtung“ (evtl. eine naive Täuschung). (Fleck 2011b: 263 - Hervorh. i. O.)

Besonders wichtig zu unterstreichen ist, dass solch eine mentale Kontroverse von Anfang an zum Vorschein kommt. Fleck nennt es „das eigentümliche Gefühl der Fremdheit“ (ebd.) oder in einer konträren Situation, wenn die Vertreter innerhalb einer Denkgemeinschaft sprechen, wird „eine eigentümliche Denksolidarität“ (ebd.) empfunden.

Dieses Problem steht der behandelten Frage ‚Fachmann versus Laie‘ nahe. Porzig zufolge verstehen die Laien die entscheidenden Wörter in der Fachkommunikation nicht, während Fleck über die völlige Vernichtung des Sinns bei der Transformation des Gedankens von einer Denkgruppe zu einer anderen (nicht verwandten) spricht (vgl. ebd.: 267). Auf solche Weise wird auf zwei Ebenen verwiesen:

[52] Fleck 1993: 73.

auf die rezeptive und die produktive, auf denen sich der Philologe im Kontext der technischen Fachkommunikation kaum oder nicht adäquat bewegen kann.

Fleck thematisiert nicht nur die Divergenz zwischen Laien und Fachleuten, sondern auch die voreingenommenen Wahrnehmungen und Haltungen im Informationsaustausch sowohl auf der kognitiven als auch auf der emotionalen Ebene. Er schreibt dazu: „Der Laie schenkt dem Fachmann sein Erkenntnisvertrauen, hat aber keine Möglichkeit, ihn zu kontrollieren. In einer populären Darstellung wird also die Aussage des Fachmanns viel apodiktischer." (ebd.: 268) An einer anderen Stelle fügt er hinzu: „Der Laie hat infolge seines Vertrauens die Neigung, die Möglichkeiten des Fachmanns zu überschätzen und seine Beschränkung zu unterschätzen." (ebd.: 288) Sein Postulat lautet in diesem Zusammenhang: Es muss ein Maximum an Kenntnissen erzielt werden.

Die Rolle der Sprache im Denkprozess thematisiert der sowjetische Linguist Solomon Kaznelson in seinem Buch „Sprachtypologie und Sprachdenken" (1974), in dem er darlegt, dass die Sprache schon bei der Entstehung des Gedankens die begleitende Mission erfüllt und die Sprache und das Denken einen *einheitlichen Prozess des Sprachdenkens* bilden (Kaznelson 1974: 135). Kaznelson stellt fest:

> Die Erzeugung sprachlicher Äußerungen ist eng mit der Erzeugung von Gedanken verflochten, es handelt sich um einen einheitlichen Prozeß des Sprachdenkens, der durch die Mechanismen des Sprachdenkens realisiert wird. (ebd.: 141)

Die theoretischen Ausführungen zur Denkstilforschung von Fleck und zur Einheitlichkeit des Prozesses des Sprachdenkens von Kaznelson setzen sich in der Fachsprachenforschung Baumanns fort. Er beschäftigt sich intensiv mit der dialektischen Beziehung zwischen Fachdenken und Fachsprache. Die Kategorie des Fachdenkens definiert er als

> die Besonderheiten des Erkenntnisprozesses in einem bestimmten fachlich begrenzbaren Bereich der Wirklichkeit. Das Fachdenken kann als eine besondere Denkform verstanden werden, die auf die Lösung theoretischer, nur mittelbar mit der Praxis verbundener Erscheinungen, gerichtet ist. Es sollen dabei v. a. die Erscheinungen eines bestimmten (Fach-) Bereiches der objektiven Realität in ihren inneren Zusammenhängen begriffen werden. Fachdenken schließt somit die Fähigkeit des Menschen ein, zu Erkenntnissen zu

gelangen, die der sinnlichen Anschauung nicht oder nicht unmittelbar zugänglich sind. (Baumann 1992: 145 f.)

Baumann legt die zentralen Elemente des Fachdenkens in den Naturwissenschaften dar, die schon oben zum Teil genannt wurden; sie beziehen sich in erster Linie auf die bestimmten Untersuchungsgegenstände, den Ausgangspunkt im Erkenntnisstand, die Kausalität als ein methodologisches Prinzip, das gegenstandsangemessene System der Begriffe, Kategorien, Methoden etc. und die Erkenntnismittel, wie z. B. Geräte, Substanzen, Experimente und Messgrößen, welche die Exaktheit, Präzision, Formalisierung und Objektivität zugrunde legen (vgl. Baumann 2009: 176; vgl. Ischreyt 1965). Es wurde im Kapitel zum FSU bereits ausgeführt, dass Buhlmann und Fearns das Konzept der Fachsprache mit den Denkelementen und Denkstrukturen des jeweiligen Fachs verbinden.

Zusammenfassend kann festgehalten werden, dass die Wissenstypen, Denkstile, Denktraditionen, Denkkulturen, welche die Handlungen kohärent determinieren, der Ingenieure bzw. Naturwissenschaftler und Philologen a priori unterschiedlich sind. Die Diskrepanz ist dermaßen stark, dass die Verständigung der Vertreter der genannten Fachbereiche, z. B. eines Physikers mit einem Philologen, schwierig bleibt. Dies ist besonders evident auf der Ebene des sprachlichen Ausdrucks, beispielsweise wie der Begriff Bewegung konnotiert wird, da fast alle Wörter bei den Naturwissenschaftlern und Philologen einen anderen Sinn bekommen (vgl. Fleck 2011b: 265).

2.2.1.5 Didaktik der interdisziplinären Vermittlung im Rahmen der (technischen) Fachkommunikation in Anlehnung an Fleck

„Die Beziehung zwischen den Natur- und Geisteswissenschaften wird enger, und die Naturwissenschaft wird menschlicher.“ (Fleck 2011c: 471)

Für die Vermittlung der (technischen) Fachkommunikation ist die Annahme von Fleck relevant, der die Überzeugung einer maßgeblichen Rolle des interdisziplinären Herangehens vertritt. Das wird klar anhand dieser Ausführungen:

Jeder geistige Verkehr innerhalb der Gemeinschaft (intrakollektiver Austausch) stärkt Ideen und stattet sie mit den Merkmalen objektiver Wirklichkeit aus. Jede Kommunikation über die Gemeinschaft hinaus (interkollektiver Austausch) verändert den Sinn der Begriffe, gibt ihnen eine mehr oder weniger neue Bedeutung und kann so Quelle neuer Ideen sein. (Fleck 2011c: 470)

Mit anderen Worten bedeutet dies: Der fachliche Austausch im Kreis der Experten aus einem Bereich, den Kalverkämper als innerfachliche oder fachinterne Kommunikation bezeichnet,[53] bekräftigt und intensiviert den fachlichen Diskurs, während die interfachliche/fächerübergreifende Kommunikation[54] die Ideen erweitert und dem Diskurs neue Impulse gibt. Fleck sieht großes Potenzial in der Ausbildung und in der wissenschaftlichen Forschung durch die Soziologie des Denkens und durch die vergleichende Wissenschaft, in der Kooperation (wie auch Snow betont). Fleck thematisiert in der kooperativen Arbeit die Unterschiedlichkeit der Denkstile, was kein Problem mit sich bringt, wenn den Vertretern die Gründe bewusst sind – sie stammen aus verschiedenen Denkkollektiven. Er schreibt Folgendes:

Vergleichende Stiluntersuchungen werden die Studenten toleranter gegenüber fremden Stilen machen und sie auf die Koexistenz vorbereiten; Verfechter verschiedener Stile können einander schätzen, ja sogar bis zu einem gewissen Grad ohne gegenseitiges Verstehen zusammenarbeiten, wenn sie wissen, daß Ursache der Unterschiede eine andere Denkweise und nicht böser Wille ist. (Fleck 2011c: 471)

Der Lehre vom Denkstil und Denkkollektiv als Drei-Komponenten-Erkenntnistätigkeit mit Subjekt, Objekt und Gemeinschaft sowie das Konzept des Fachdenkens von Baumann folgen wissenschaftlichen Studien in der kognitiven Fachkommunikationsforschung, als deren Ausgangspunkt die Theorie von Fleck festgelegt wird (vgl. Klammer 2014: 115).[55]

---

53 Siehe Kapitel 2.1.5.

54 Siehe Kapitel 2.1.5.

55 Die Lehre vom Denkstil und Denkkollektiv von Fleck hat eine praktische Anwendung in mehreren Bereichen gefunden, z. B. in der Kooperation von branchenübergreifenden Innovationsprojekten (vgl. Gresse 2007).

Im didaktischen interdisziplinären Bereich gibt es Ansätze, die auf den genannten Theorien basieren. Dabei bestätigt eine Gruppe der Forscherinnen und Forscher aus natur- und geisteswissenschaftlichen Bereichen, Petra Reinhard et al.[56], dass sie in der Praxis im Rahmen der Interdisziplinarität mit erheblichen Problemen konfrontiert wird – diese Tatsache wurde mehrmals im Rahmen der vorliegenden Studie hervorgehoben. Reinhard et al. plädieren deswegen für die Didaktik der interdisziplinären Vermittlung, welcher die Analyse der Kommunikations- und Verständnisprobleme („Hemmnisse", Reinhard et al. 1997: 24) zwischen den Fachbereichen zugrunde liegt. Im Rahmen einer explorativen Vergleichsstudie stellten die Forschenden die fachspezifischen Denkschemata von Lehrkräften der Biologie und Geschichte bei der Produktion und Rezeption von Fachtexten gegenüber, durch die sie herausfanden, dass die Biologen das differenziertere Text- und Methodenschema benutzen, während die Historiker von einem Narrationsschema mental gesteuert werden. Das Schema verstehen sie als „eine aus der Erfahrung verallgemeinerte mentale Struktur, die einen bestimmten Realitätsbereich repräsentiert" (ebd.), und den Denkstil als Bündel von Schemata sowohl auf inhaltlicher als auch auf prozeduraler Ebene (ebd.). Ein Schema aktivieren bedeutet, dass bestimmte Erwartungen hervortreten und entsprechende Handlungen (z. B. Recherche einer Frage) stimuliert werden (ebd.). Reinhard et al. heben dabei die auch von Fleck behandelte These[57] in Bezug auf den Denkstil hervor: „Ein Schema organisiert Erfahrung, aber beschränkt sie auch" (ebd.: 25), indem es die Methoden, Denkelemente, Informationsverarbeitungsmechanismen aus anderen Fachbereichen nicht wahrnimmt oder negiert.

56 Reinhard, Petra; Ballstaedt, Steffen-Peter; Rentschler, Michael; Rottländer, Elke; Wagner, Gerlinde (1997).

57 Fleck postuliert in seinem Aufsatz „Über die wissenschaftliche Beobachtung und die Wahrnehmung im allgemeinen" die notwendige spezifische Denkbereitschaft: „Ein Naturwissenschaftler bemerkt in der Regel soziologische Phänomene nicht, manchen kann man sie überhaupt nicht zeigen. Vom absichtlichen Abstrahieren von gewissen Gestalten bis zur Unfähigkeit, sie wahrzunehmen, ist es also ein stetiger Übergang." (Fleck 2011f: 214).

2.2.1.5.1 Arbeit am Fachtext: Externalisierung des Denkstils vs. Internalisierung des Denkstils und Indikatoren des Denkstils

Die fachspezifische Textproduktion, die inhaltliche, sprachliche, formale Schemata voraussetzt, manifestiert sowohl die Fachkompetenz als auch den Denkstil der Fachleute. Reinhard et al. betonen: „Zwischen dem Denken und seinem sprachlichen Ausdruck bestehen strukturelle Beziehungen." (ebd.; vgl. Jahr 2008; Baumann 2004; Kaznelson 1974; Fleck 2011b) Die Textproduktion wird von Reinhard et al. als Externalisierung des Denkstils bezeichnet, die Textrezeption als Internalisierung. In der Vergleichsstudie wird hervorgehoben, dass die fachspezifische Sozialisierung vornehmlich durch das Lesen renommierter Fachtexte und die Internalisierung der dort festgehaltenen Denkstrukturen erfolgt (Reinhard et al. 1997: 24f.). Dabei wird betont, dass sich der Fachmann u. a. gerade durch das selektive Lesen in hohem Maße auszeichnet, bei dem der Selektionsprozess durch die vorhandenen Schemata bedingt werde.

Um die Textrezeption zu untersuchen, wählen die genannten Forschenden die Methode der Fragestellung der Rezipienten an den Text.

Fragen seien Indikatoren der Denk- und Verstehensprozesse. Auch hier bestünden Beziehungen zwischen den hierarchisch aufgebauten Schemata und Fragen an den Text. Reinhard et al. akzentuieren in diesem Zusammenhang, dass die oberen Hierarchieebenen das allgemeine Wissen und die unteren Hierarchieebenen das spezielle Wissen enthalten. Entsprechend werden von den Personen Fragen gestellt: Hierarchiehohe und defizitäre Fragen formulieren diejenigen, die einfache Schemata mit wenigen Hierarchieebenen haben, und die Personen mit differenzierteren Schemata werfen Fragen auf niedrigen Hierarchieebenen auf (ebd.: 26). Reinhard et al. untersuchen die Fragen der Biologinnen/Biologen und Historikerinnen/Historiker, die sie während des Lesens an facheigene und fachfremde Texte gestellt haben, mit dem folgenden Forschungsziel: Gibt es bei der Rezeption der Fachtexte fachspezifische Schemata bei Biologen und Historikern, die auf unterschiedliche Denkstile verweisen könnten? Die Ergebnisse dieser quantitativen Vergleichsstudie zeigen interessante Tendenzen (ebd.: 30-37): Die Fragentypen bzw. -muster der Biologen und Historiker unterscheiden sich, bei den Biologen dominiere ein differenzierteres Methoden-Schema und auch ein Textdidaktik-Schema, während die Historiker in erster Linie ein Narrationsschema repräsentierten. Reinhard et al. erklären die gewonnenen Resultate damit, dass die Naturwissenschaften für die Experimente und Beobachtungen zwecks Objektivierbarkeit und Reproduzierbarkeit ein reiches Repertoire an Methoden brauchen und die Methodenkenntnisse das Verständnispotenzial für die gewonnenen Ergebnisse liefern. Die Textdidaktik-Schemata verweisen auf die Erwartungen der Biologen einer notwendigen Text-Didaktisierung und präzisen Formulierung. Die Historiker erschließen die Inhalte hermeneutisch, zentral ist in dieser Fachkultur die Interpretationsleistung der mehrdeutigen historischen Phänomene und deren Rekonstruktion. Aber auch bei ihnen kommen die Textdidaktik-Schemata zum Einsatz, nach der Auffassung der Forschenden bedeutet das, dass die Historiker viel Wert auf die sprachliche Auslegung des Untersuchungsprozesses legen.

Laut Reinhard et al. lassen sich aus den Erkenntnissen der Vergleichsstudie zwei Aspekte für die interdisziplinäre Vermittlung ableiten: die Fachtermini und fachspezifische Schemata. Die Fachtermini bereiten die größte Schwierigkeit im Verständnis. Auf die Frage, ob die Historiker und Biologen mit den fachfremden Fachtexten nach gleichen Prinzipien umgehen, wie im Fall facheigener Texte haben die Forschenden wichtige Erkenntnisse in Bezug auf die Fachtermini erhalten. Die Biologen gehen gleich vor (im Gegenteil zu den Historikern) und suchen auch in facheigenen Texten nach Definitionen. Reinhard et al. verdeutlichen und thematisieren empirisch ein altes fachsprachliches Problem der Fachwörtererklärung:

> Das Fachsprachenproblem ist zum anderen eine Frage der Qualität: Wie lassen sich Begriffe im interdisziplinären Kontext vermitteln? Eine kurze Definition ist oft unzureichend, da ein großes Bedürfnis nach weitgehender Explikation besteht, wie unsere Untersuchung zeigte. So muß, gerade im interdisziplinären Kontext, im Einzelfall geklärt werden, für welche Adressaten (Voraussetzungen, Lernziele) in welchem Zusammenhang welche Aspekte eines Begriffs erläutert werden sollen [...]. (ebd.: 38)

Als methodisch-didaktische Lösung schlagen Reinhard et al. vor, Glossare (und Begriffsnetze) zusammenzustellen, in denen die Begriffe aus mehreren Perspektiven dargelegt und an Beispielen veranschaulicht werden.

Es wurde bewiesen, dass fachspezifische Schemata die unterschiedlichen Denkstile bei Biologen und Historikern manifestieren, so dass die Forschenden in Bezug auf die Didaktik folgende These aufstellen: Im interdisziplinären Kontext sei es notwendig, nicht nur die fachlichen Inhalte zu behandeln, sondern auch die Kenntnisse zu den unterschiedlichen Denkstilen einzubeziehen (ebd.: 39), wofür Fleck gleichermaßen plädiert. Methodisch sollte dies in Form der zusammengestellten *Brückentexte* geschehen, die den verschiedenen Fachbereichen entstammen und differente Denkkulturen erforderlich machen. Damit könnte eine Sensibilisierung für Fachtexte aus unterschiedlichen Disziplinen erreicht werden.

Die behandelte Studie repräsentiert nicht, wie viel Inhalt die Historiker in den biologischen Fachtexten verstanden, und ob sie den Gesamtkontext erfasst haben. Es gibt lediglich Hinweise darauf: Die Historiker stellten mehr Fragen (etwa 40 Fragen pro Person) als die Biologen (etwa 23 Fragen pro Person) (ebd.: 30). Diese Tatsache kann aber unterschiedlich interpretiert werden: Einerseits könnte es wirklich bedeuten, dass die Historiker weniger in den naturwissenschaftlichen Texten verstehen, worauf Jahr (2009) hinweist, aber andererseits könnte es heißen, dass die Historiker mehr sprachlichen Raum für die Formulierung ihrer Gedanken brauchen, wie Jahr ebenfalls konstatiert. Ein weiterer Hinweis ist, dass die Historiker Fragen nach den „Folgen, Konsequenzen und Wirkungen" (Reinhard et al. 1997: 31) und „nach Interpretation von Forschungsergebnissen" (ebd.) stellen, was zeigt, dass die Historiker den Sinn der naturwissenschaftlichen Vorgehensweise bzw. Experimente nicht verstehen.

Eine wichtige Erkenntnis der vorgestellten Studie ist für die vorliegende Untersuchung die Tatsache, dass die Biologen mit den geisteswissenschaftlichen Texten anders umgehen, d. h., sie benutzen andere Textstrategien, während die Historiker gleichförmig handeln, d. h., sie versuchen die naturwissenschaftlichen Texte hermeneutisch zu interpretieren (häufig ohne Fachwörter zu verstehen). Und gerade darin besteht eine Gefahr für deren Bewertungsmaßstäbe, nicht die zwangsläufige Schlussfolgerung im naturwissenschaftlichen Kontext zu ziehen und nicht nach dem denkstilgebundenen Konsens laut Fleck zu handeln, weil sie anders nicht können, weil sie zu einer anderen Denkkultur und *Denk-Community* mit ihren Erkenntnismitteln und Regeln gehören.

2.2.1.5.2 Themenzentrierte Interaktion: Konzept für die Mathematik und dessen didaktische Konsequenzen

Es soll ein weiteres didaktisches Modell der deutschen Mathematikerin Susanne Prediger dargestellt werden, das die nächste Ebene der Vermittlung der technischen Fachkommunikation thematisiert. Prediger entwickelt folgendes Konzept: Mathematik sei ein kulturelles Produkt menschlicher Denktätigkeit, in dem die Forscherin das Verhältnis des Individuums zur Wissenschaft Mathematik problematisiert. Dabei lehnt sie sich einerseits an die These von Fleck an, die er folgenderweise formuliert:

> Man kann die Wissenschaften nicht ausschließlich als eine Sammlung von Sätzen oder als ein System von Gedanken betrachten. Dies sind komplizierte kulturelle Phänomene, einst vielleicht individuelle, heute gemeinschaftliche, auf die sich besondere Institutionen, besondere Menschen, besondere Tätigkeiten, besondere Erlebnisse legen. (Fleck 2011d: 374)

Andererseits bezieht sie sich auf die themenzentrierte Interaktion, auf ein psychologisches Konzept für Kommunikation und Kooperation in Gruppen. Es zeichnet sich laut Prediger durch folgende Merkmale aus: Im Fokus steht das „Prinzip der dynamischen Balance“ (Prediger 2001: 21), das die effektive und langfristige Arbeit in Gruppen ermöglicht. Jede Gruppe sei durch vier Faktoren bestimmt: die Personen (ICH), die Gruppeninteraktion (WIR), den Sachinhalt (ES) und das Umfeld im engeren und weiteren Sinne (GLOB). Zwischen diesen Komponenten soll eine Beziehung aufgebaut und eine Balance erreicht werden. Nach Ansicht von Prediger besteht das größte Problem in der Relation ICH zu ES (Mathematik). Es entsteht dadurch, dass die Lernenden ein schlechtes Selbstbild im mathematischen Kontext entwickeln sowie unfähig seien, die simple Mathematik im Leben zum Einsatz zu bringen (ebd.).

Prediger äußert sich sowohl gegen eine radikal-konstruktivistische Herangehensweise als auch gegen eine traditionelle didaktische Wahrnehmung der Mathematik und begründet ihre Ansicht wie folgt:

> Während in der traditionellen Version die Mathematik nicht als lebendige Kultur, sondern als absolutes, fertiges Gebilde präsentiert wird, verneint die radikal-konstruktivistische Position, dass es im Mathematikunterricht um die Aneignung einer existierenden Kultur geht, und nicht nur um individuelle Schöpfungen. (ebd.: 32)

Sie versteht Mathematiklernen als interkulturelles Lernen. Für sie ist zentral, Mathematik als Kulturphänomen im Unterricht darzustellen, es auf zwei Ebenen zu betrachten und dem Ziel anzunähern. In erster Linie tritt die *affektive* Ebene hervor. Durch *Faszination* und *Begeisterung* sowie *Neugier* für das Fremde und Unbekannte werden die Lernenden motiviert, sich neuen Lernstoff anzueignen. Aber die affektiven Faktoren sind nach Prediger nicht entscheidend, denn ausschlaggebend seien *Reflexionen* und *Einordnung* der Sachverhalte, Begrifflichkeiten und Begebenheiten in ein System der Werte, Ziele und Normen und damit wird der Fokus auf die *kognitive* Ebene verlagert. Die These Predigers besagt, dass durch die eigenkulturelle Reflexion analysiert wird, was aus der fremden (Denk-)Kultur in die eigene (Denk-)Kultur übernommen werden kann, d. h., eine solche Übernahme der Elemente macht den Prozess, der nicht immer bewusst verlaufen könne, substanziell und sinnvoll (ebd.: 34; vgl. Buhlmann; Fearns 2000: 388 f.). Die Lernenden werden dadurch zum einen erfahren, wie die Mathematik ihre eigene Lebenswelt tangiere, und zum anderen werde das mathematische Denken in außermathematische Wirklichkeiten transferiert und in den Alltag integriert (Prediger 2001: 35). Damit plädiert sie für eine konstruktivistische Sichtweise, nämlich die Mathematik als Konstrukt an sich wahrzunehmen und ein eigenes Bild zusammenzustellen. Didaktisch kann dazu ein anwendungsorientierter Unterricht beitragen, bei dem die Problemlösestrategien und die mathematische Denkweise sowie der Ich-Bezug vermittelt werden, nämlich die subjektive Frage „Wie kann ich die von mir gelernte Mathematik für mein Denken benutzen?" (ebd.).

Mit diesem Ansatz sollen folgende Aspekte für die Vermittlung der technischen Fachkommunikation übernommen werden: die Berücksichtigung nicht nur kognitiver Faktoren im FSU, sondern auch affektiver Faktoren ermöglicht ein vollständiges Bild für den Fachsprachenlehrenden. Die Rolle der Relationen beim Lernen zwischen den Komponenten ICH und dem Realitätsbezug (GLOB) zusammen mit dem ES und WIR wurde in dem überzeugenden Konzept Predigers verdeutlicht, so dass neben den fachlichen Inhalten und affektiven Elementen die *Interaktion* sowie *Autonomie* als Strategie und Haltung gefördert werden sollten.

2.2.2 Affektive Dimension

> *„Das Denken ist ein Raffinement des Gefühls!" (Ciompi 1988: 71)*

Wie im vorigen Kapitel klar wurde, sollten mit der Problematisierung der kognitiven Ebene bzw. der Denkkultur in der Vermittlung der Fachkommunikation unvermeidlich und ungetrennt die affektiven Faktoren betrachtet werden. Nämlich was Emotion ist und ob der Begriff der Emotion synonym mit dem Begriff des Gefühls verwendet wird. Das sind einige der Fragen, die intensiv in der Fachliteratur aus zahlreichen Perspektiven (der psychologischen, medizinischen, soziologischen, philosophischen, linguistischen etc.) behandelt werden, so dass heute nach der ‚kognitiven Wende' über die sogenannte ‚emotionale Wende' gesprochen wird (vgl. Ciompi 1997: 12; vgl. Hoffmann 2014: 24). Neben der Emotionsdefinition sind für die vorliegende Studie folgende Fragen aus der Perspektive der Vermittlung der technischen Fachkommunikation relevant: Spielen Emotionen eine Rolle in der Fachkommunikation? In welchem Zusammenhang stehen Emotionen und Kognitionen in der Fachkommunikation?

Dabei soll unterstrichen werden, dass im nachgehenden kurzen Abschnitt zur Emotionalität in der Fachkommunikation kein Anspruch auf Vollständigkeit erhoben wird. Es wird darauf verzichtet, den Emotionsdiskurs in der ganzen Breite auszulegen, generell darauf, die Kognitions-Emotions-Debatte (Lazarus-Zajonc-Kontroverse)[58] sowie die Definitionsdiskussion auszubreiten. Stattdessen werden hier einige Annahmen bzw. Konzepte dargelegt, Emotion, Gefühl und Stimmung und ihre Relation zur Kognition werden in erster Linie aus der linguistischen Perspektive erörtert und es wird auf deren Relevanz für den FSU im Rahmen der Fachkommunikation verwiesen.

---

[58] Siehe auch Jahr 2000.

2.2.2.1 Zur Kognition und Emotion in der (Fach-)Kommunikation

Als erste Annäherung soll auf die Tatsache hingewiesen werden, dass die Emotionsdiskussion eigentlich schon viel früher aufgeworfen wurde, sie wird u. a. von Fleck in seinen Schriften über die Lehre vom Denkstil und Denkkollektiv (1935) angedeutet. Fleck konstituiert den emotionalen Anstoß und die Handlung als unentbehrliche Elemente des Denkens im Buch „Entstehung und Entwicklung einer wissenschaftlichen Tatsache. Einführung in die Lehre vom Denkstil und Denkkollektiv". Er vertritt die Meinung, dass weder Gefühlsfreiheit noch reine Verstandesmäßigkeit existiere und der Begriff des gefühlsfreien Denkens keinen Sinn habe (Fleck 1993: 67). Er führt das Emotionale als Bestandteil des Denkstils wie folgt aus:

> Der Denkstil besteht, wie jeder Stil, aus einer *bestimmten Stimmung* und der sie realisierenden *Ausführung*. Eine Stimmung hat zwei eng zusammenhängende Seiten: sie ist *Bereitschaft* für *selektives Empfinden* und für entsprechend gerichtetes *Handeln.* (ebd.: 130 - Hervorh.: N. Z.)

Mit anderen Worten enthält der Denkstil einen emotionalen Impuls oder emotionale Signale für die *Wahrnehmung* der Information und die Realisierung der *Handlungen*.

Einige Jahre später stellt die ungarische Philosophin Agnes Heller in ihrer Theorie der Gefühle folgende These auf: Wahrnehmen, Denken, Handeln und Fühlen bilden einen einheitlichen Prozess der Ich-Entwicklung. Sie hebt hervor: „Wie es kein Gefühl ohne Konzeptualisierung oder zumindest ohne Bezugnahme auf das Begriffliche gibt, genauso ist kein Denken (außer dem repetitiven) ohne Gefühl möglich" (Heller 1980: 40) – dies stimmt überein mit dem, was Fleck als Unmöglichkeit des gefühlsfreien Denkens bezeichnet.

Im Rahmen der aktuellen Untersuchungen wird das Konzept der Ganzheitlichkeit der Gefühle, der Gedanken und Handlungen weiter entwickelt, dafür werden zwei Beispiele kurz dargelegt: die Begriffe des *Emotionalen Wissens* von Oliver Stenschke (2009) und der *Emotionalen Intelligenz* von Peter Salovey und John D. Mayer (Hänze 1998).

Stenschke postuliert den Begriff des Emotionalen Wissens, dabei geht er davon aus, dass das Handeln der Menschen durch das Wissen bestimmt wird. Dieses Wissen werde im Diskurs mit Hilfe von Texten und Äußerungen (Informationen, die aus individuellen Wissensressourcen hervorgehen) erhalten und ausgetauscht, dabei sei jedes Wissen von Emotionen beeinflusst (Stenschke 2009: 109).

Der Begriff der Emotionalen Intelligenz ist stark mit dem sozialen Faktor verknüpft, was hochrelevant für den Unterrichtskontext ist. Der Begriff der Emotionalen Intelligenz verweist darauf, dass die Vermittlung von Wissen eine emotionale Determinante enthält, die eine entscheidende Rolle im Unterricht spielen kann.

Emotionale Intelligenz etabliert sich als eine relevante Größe sowohl in der Forschung als auch im Alltag. Martin Hänze versteht die Emotionale Intelligenz als die Fähigkeit, „Gefühle zu erkennen und richtig zu interpretieren, sie adäquat zu regulieren und sie gezielt nutzen zu können“ (Hänze 1998: 11; vgl. ebd.: 115-118), dabei lehnt sich Hänze mit seinen Ausführungen an die theoretischen Grundlagen der amerikanischen Psychologen Salovey und Mayer an. In dieser Definition kommen drei Funktionsbereiche zum Vorschein:

1. Die Gefühle (sowohl eigene als auch die der anderen) werden verbal und nonverbal ausgedrückt, wahrgenommen und interpretiert, d. h. je feiner und präziser, in einigen Fällen auch kontrollierter, die Gefühle zum Ausdruck gebracht werden, desto höher wird die Emotionale Intelligenz eingeschätzt und die soziale Kommunikation erfolgt dadurch effektiver. Daher spielen Emotionsausdruck und Empathie oft eine entscheidende Rolle im Unterrichtskontext und für die Persönlichkeit des Lehrers (vgl. Hattie 2013: 141 f.).
2. Die Emotionen sollen adäquat reguliert werden. Dafür entwickeln die Menschen Strategien, um ihre Gefühle im Griff zu haben, ohne sie zu negieren oder zu verdrängen (Hänze 1998: 117).

   Im pädagogischen Spielraum ist dies eine wichtige Kompetenz, um die Lernenden zum Mitmachen zu motivieren, für das Fach zu begeistern, sie zu ‚verführen‘.

3. Die Gefühle sollen produktiv und effektiv genutzt werden. Die Emotionale Intelligenz hat Auswirkungen auf mehrere Bereiche: Planung, Denkstil, Aufmerksamkeit, Motivation. Wenn die Person schlecht gelaunt ist, dann neigt die Denkweise zu kritischen und skeptischen Schlussfolgerungen, während die heitere Stimmung eher zu oberflächlichen Ableitungen führt (ebd.: 59).

   Für die Lernenden kann die Kompetenz der Emotionalen Intelligenz helfen, den eigenen Lernstil und Denkstil besser zu verstehen, um die Fähigkeit der selbstständigen Arbeit zu verstärken.

Nach Auffassung der israelischen Kultursoziologin Eva Illouz ist die Emotionale Intelligenz dadurch kennzeichnet, dass sie Gefühle reflexiv, kognitiv und verbal hervorhebt (Illouz 2009: 348).

Die Begriffe des Denkstils von Fleck und Emotionalen Wissens von Stenschke umfassen die Verbindung der Aspekte Denken, Fühlen und Handeln, die in einer grundlegenden Wechselwirkung stehen. Es soll im Weiteren der Frage nachgegangen werden, was Denken und Fühlen ist, um diese Wechselwirkungen zu verstehen.

2.2.2.2 Meta-Konzept der Affektlogik als Antwort auf die Frage: Denken vs. Fühlen?

Der Begriff des Denkens ist nach Auffassung des Schweizer Psychiaters und Psychotherapeuten Luc Ciompi und der deutschen Sozialpädagogin Elke Endert nicht befriedigend definiert und gehört in der Wissenschaft zu den großen ungelösten Rätseln wie auch der Begriff des Bewusstseins (Ciompi; Endert 2011: 22). Die beiden Forscher finden den konzeptuellen Ausweg in der Affektlogik, als deren Gründer Ciompi gilt. Der Begriff der Affektlogik zeichnet sich auf den ersten Blick durch die Paradoxie aus, bei der das Grundwort Logik für das Denken steht und das Bestimmungswort Affekt Emotionales konnotiert.[59] Mit der psycho-sozio-biologischen integrativen Theorie der Affektlogik[60] postuliert Ciompi den

59 Unter dem Begriff der Logik versteht Ciompi „die Art und Weise, wie kognitive Inhalte miteinander verknüpft werden" (Ciompi 1997: 78).

60 „Lehre vom gesetzmäßigen Zusammenwirken von Fühlen und Denken." (Ciompi; Endert 2011: 13).

zentralen Gedanken: Das Denken und das Fühlen wirken *immer* zusammen (Ciompi 1997: 46). Aus der Affektlogik folgt, dass das Denken kein rein intellektueller/kognitiver Prozess ist, sondern es erweist sich als ein immer mit Affekten vermischter Vorgang (Ciompi; Endert 2011: 22). Ciompi und Endert verweisen auf die phänomenologische Perspektive, dass Denken „Zur-Sprache-Bringen" bedeutet, indem es symbolisch formt und „Zum-Bewusstsein-Bringen" beinhaltet, was eigentlich eine unklare Kombination von Affekten und Kognitionen manifestiert (ebd.). Ein Affekt wird von Ciompi[61] und Endert als Oberbegriff für die Emotionen, Gefühle und Stimmungen verwendet und von den genannten Forschern als „ein evolutionär (= stammesgeschichtlich) verankerter ganzheitlicher körperlich-seelischer Zustand von unterschiedlicher Qualität, Dauer und Bewusstseinsnähe" (ebd.: 18)[62] definiert, während Denken[63] mit seinen kognitiven Funktionen Wahrnehmen, Aufmerksamkeit und Gedächtnis die Fähigkeit repräsentiert,

> Unterscheidungen sinnlicher oder anderer Art (wie warm/kalt, oben/unten, hier/dort, gefährlich/harmlos, gut/schlecht etc.) zu treffen und diese Unterschiede dann mental weiterzuverarbeiten (z. B. zu speichern, zu mobilisieren, miteinander zu kombinieren usw.) (ebd.: 23).

Dabei merkt Ciompi in einem seiner früheren Bücher „Außenwelt – Innenwelt. Die Entstehung von Zeit, Raum und psychischen Strukturen" an, dass das Denken in einem übergeordneten Doppelsystem als „Varianz" im Verhältnis zum Fühlen auftritt, und das Fühlen als „Invarianz" (Ciompi 1988: 189).

Die Affekte und Kognitionen sind ihrer Essenz und ihrem Modus nach unterschiedlich und erfüllen entsprechend eigene Funktionen beim Erfassen und Erschließen der Wirklichkeit. Die Affekte sind nach Auffassung von Ciompi und

---

61 Siehe Ciompi 1997: 62-66; Ciompi 1988: 189.

62 Im Aufsatz „Affektlogik, affektive Kommunikation und Pädagogik. Eine wissenschaftliche Neuorientierung" führt Ciompi folgende Definition der Affekte aus: „globale psychophysische Zustände oder Befindlichkeiten von unterschiedlicher Dauer, Qualität und Bewusstseinsnähe" (Ciompi 2003: 63).

63 In seinem Aufsatz „Das Sonnenblumengleichnis - oder: Denkt ‚es' oder denke ‚ich'?" definiert Ciompi Denken „als mentale Vergegenwärtigung von Wahrnehmungen, von konkreten wie auch abstrakten Fakten und allen möglichen dynamischen Beziehungen zwischen ihnen" (Ciompi 2007: 5).

Endert „das energetisch-dynamische und körpernahe Element von psychischen Leistungen, während Kognitionen[64] das strukturierende Element liefern, das die affektiven Energien formt und kanalisiert" (Ciompi; Endert 2011: 23).

Im Rahmen seiner Theorie der Affektlogik konstituiert Ciompi folgende Mechanismen, nach denen die organisatorisch-integratorischen Affektwirkungen das Denken prägen (Ciompi 1997: 94-103):

- Affekte sind die entscheidenden Motoren und Motivatoren aller kognitiven Dynamik.
- Affekte bestimmen andauernd den Fokus der Aufmerksamkeit. Abhängig davon, wie die Menschen gestimmt sind, nehmen Aufmerksamkeit und Wahrnehmung unterschiedliche Richtung in Bezug auf die kognitiven Inhalte, d. h., die affektive Grundstimmung beeinflusst sowohl den Fokus der Aufmerksamkeit bzw. das Wahrnehmungsobjekt als auch die Zeitdauer dieser kognitiven Fixierung und die Wahl der nächsten Inhaltsrelationen. Aufgrund dessen hebt Ciompi hervor: Unsere Bewusstseinsinhalte sind immer affektiv mitbestimmt (ebd.: 96).
- Affekte wirken wie Tore, die den Zugang zu unterschiedlichen Gedächtnisspeichern öffnen oder schließen. Parallel werden die mit den Affekten verbundenen Kognitionen gespeichert und bevorzugt gemeinsam aktiviert.
- Affekte schaffen Kontinuität, sie wirken auf kognitive Elemente wie ein „Bindegewebe" (ebd.: 98), was Kohärenz und Kontinuität im Denken und Verhalten schafft. Dabei unterstreicht Ciompi: „Indem kognitive Elemente, die durch gleiche oder ähnliche Affekte charakterisiert sind, miteinander funktionell verbunden werden, entsteht ein Zusammenhalt zwischen einer Auswahl von situativ belangvollen kognitiven Inhalten." (ebd.)
- Affekte bestimmen die Hierarchie der Denkinhalte, d. h., starke mit bestimmten Kognitionen verbundene Affekte blocken oder verdrängen

[64] In seinem Buch „Die emotionalen Grundlagen des Denkens. Entwurf einer fraktalen Logik" führt Ciompi folgende Definition aus: „*Unter Kognition ist das Erfassen und weitere neuronale Verarbeiten von sensorischen Unterschieden und Gemeinsamkeiten beziehungsweise von Varianzen und Invarianzen zu verstehen.*" (Ciompi 1997: 72 - Hervorh. i. O.).

schwächere und schaffen auf solche Weise die Prioritätenordnung im Denkvorgang, was eine hohe Relevanz für die Phänomene des Wollens und Willens hat.

- Affekte reduzieren in hohem Maße die Komplexität und die Fülle der Informationen (ebd.: 99).

Es lässt sich festhalten, was für weitere Ausführungen eine hohe Relevanz hat: Erst die (erfahrungsgesättigten) Affekte als psycho-sozio-biologische Phänomene organisieren, filtern und strukturieren der gegebenen Situation angemessen das Umfeld. Ohne emotionalen Anstoß gebe es keine Aktion, d. h., als Niederschlag der Aktion oder Erfahrung entstünden nicht bloß kognitive, sondern immer typisch affektiv-kognitive Bezugssysteme oder Schemata. Also, die erfahrungsgenerierten, affektiv-kognitiven Bezugssysteme bedeuten integrierte Fühl-, Denk- und Verhaltensprogramme (Ciompi 1997: 47).

Die Theorie der Affektlogik von Ciompi bietet ein Erklärungspotenzial für einige Fragen in der Fachsprachen- und Fachkommunikationsforschung sowie in der Fachsprachendidaktik. Als Beweis dafür dient die Studie von Jahr (2000), in der sie postuliert, dass das chaostheoretische, affektlogische Modell den Einfluss von Kognitionen und Emotionen auf das Ergebnis der Textproduktion darlegt, indem der Textproduzent nicht nur die Denkinhalte, sondern auch seine (unbewussten) Emotionen kodifiziert (Jahr 2000: 55).

Im Rahmen der vorliegenden Studie wird die Theorie der Affektlogik und der affektiven Kommunikation zugrunde gelegt, nach Ciompi werden die Begriffe Affekte, Emotionen, Gefühle, Stimmungen synonym verwendet, obwohl in der Fachliteratur auch eine andere Meinung des Linguistik-Forschers Norbert Fries besteht. Ihm zufolge soll der Begriff des Gefühls nicht synonym zum Begriff der Emotion verwendet werden. Fries definiert den Begriff der Emotion als „durch Zeichen codierte seelische Empfindungen. Emotionen sind in diesem Sinne arbiträre, semiotische Entitäten." (Fries 2004: 3) Er unterscheidet ferner „emotionale Einstellung" und „emotionale Szene" für die linguistische Kategorisierung von Emotionen, sie bezögen sich auf „spezifische Komponenten von Gefühlen, und zwar auf Empfindungsqualitäten, auf Grade der Empfindungsintensität und auf ihre komplexen Bedingungen" (ebd.). Gefühle treten als biologische, hormonelle, psychologische, affektlogische Einheiten auf, während Emotionen sprachliche

Zeichen, sprachliche Äußerungen bzw. Äußerungsbedeutungen sind, daher plädiert er dafür, die sprachlichen Kodierungen von den psychischen bzw. biologischen Prozessen zu unterscheiden.

2.2.2.3 „Affektive Universalien": Interesse, Angst, Wut, Freude, Trauer

> *„Alles konvergiert also auf die Feststellung hin, daß auch der Mensch, und nicht etwa nur das Tier, primär und vor allem ein ‚*Fühlwesen*', und erst in zweiter Linie ein ‚Denkwesen' ist."* *(Ciompi 1988: 186 - Hervorh. i. O.)*

Ciompi unterscheidet im Rahmen seiner Theorie der Affektlogik fünf „Grundgefühle" oder „affektive Universalien", die als zentrale Operatoren das Denken bewirken[65] (Ciompi 2003: 63-66): Interesse (Neugier), Freude (Lust), Wut, Angst und Trauer. Dabei gibt Ciompi einen Hinweis auf viele Überlappungen in den Gefühlen und auf die Schwierigkeit, sie mit den sprachlichen Bezeichnungen zu verbinden, so dass eine gewisse Willkür nicht zu vermeiden sei (Ciompi 1997: 79). Bei der Kategorisierung der Gefühle besteht gewisser Konsens unter den Forschern über die Existenz der Grundgefühle, die Zahl aber ist variabel ab fünf bis zehn Basisemotionen.

Für die didaktischen Überlegungen ist die Liste der Grundgefühle von großer Bedeutung, in erster Linie betrifft dies die Vermittlung der (technischen) Fachkommunikation, bei der hochkomplexe Inhalte kommuniziert werden und bei welcher der Lehr-/Lern-Prozess des Gebens und Nehmens auf dem Zusammenspiel von bewussten und unbewussten Emotionen des Lehrenden und Lernenden beruht. Wie Ciompi im Rahmen der Affektlogik und affektiven Kommunikation konstatiert, beeinflusst die affektive Stimmung die Denkweise und Denkinhalte.

Die zweite Begründung basiert auf der emotionalen Erfahrung der Lehrenden nach den Ausführungen von Tina Hascher und Andreas Krapp. Die Lehrpersonen verweisen in den Befragungen auf Freude, Ärger, Frustration und Angst. Diese

---

65 Operator sei eine Kraft, die eine Variable beeinflusst und verändert (Ciompi 2003: 65).

Emotionen werden nicht separat erlebt, sondern zusammen, und die Lehrenden versuchen sie zu verdrängen oder zu verhüllen (Hascher; Krapp 2014: 686).

Aus diesen Gründen sollten die affektiven Universalien im Weiteren kurz ausgeführt werden.

2.2.2.3.1 Angst und Angstlogik, Angstabbau

Angst impliziert Ciompi zufolge die Reaktion der Distanzierung und (im Extremfall) der Flucht vor bestimmten kognitiven Gebilden (Ciompi 2003: 65). Hermann Rosemann bezeichnet Angst als „Gefühl des Bedrohtseins und des Unangenehmen" (Rosemann 1974: 86) und bemerkt, dass sie eine Menge unterschiedlicher Verhaltensweisen einschließt. Er führt weiter aus, dass die Angst keinesfalls ein einheitliches Konzept sei, denn die Erfahrungen und Handlungsstrategien seien individuell und deswegen unterschieden sich die Reaktionen der Personen auf gleiche Situationen (ebd.: 89 f.). In dem Buch „Emotionale Grundlagen des Denkens. Entwurf einer fraktalen Logik" bietet Ciompi folgende Aufzählung der Gefühlsvarianten von Angst an:

> Angst, Furcht, Grauen, Horror, Panik – Bangigkeit, Ängstlichkeit, *Unsicherheit* – Sorge, Besorgtheit – Mißtrauen, Scheu, Schüchternheit, Verlegenheit, Befangenheit – Mutlosigkeit, Kleinmut, Feigheit, Unterwürfigkeit, Servilität … (Ciompi 1997: 79 - Hervorh.: N. Z.)

Die Angst ist von dem lateinischen Wort *angustiae*[66] abgeleitet und bedeutet „Enge", die Angstlogik zeichnet sich Ciompi zufolge durch eine „hochgradig beklemmende Einengung von Fühlen und Denken" (Ciompi 1997: 179) aus. Dabei seien Qualität, Dauer und Wirkung der Angst auf das Denken sehr variabel. An drei Beispielen demonstriert er, dass die Angst ein Gefühl unter mehreren sei, die das Denken und Fühlen der handelnden Personen bestimmen (ebd.: 182). Er hebt hervor, zur Angstlogik führe „die Wahrnehmung und Verknüpfung von lauter angstselektionierten Kognitionen" (ebd.), und entwickelt eine einfache Formel: Was nicht zur Angststimmung gehöre, werde ausgeklammert oder anders interpretiert.

---

66 Online Latein-Wörterbuch: http://www.latein.me/mixed/enge+ (04.06.2015).

Die Psychologen betrachten differenziert das Phänomen Angst als Zustand, wenn Bedrohung in der aktuellen Situation empfunden wird, und Ängstlichkeit als Persönlichkeitsmerkmal, das den Menschen zugeschrieben wird, die in vielen Fällen mit Angst reagieren (vgl. Stöber; Schwarzer 2000: 2; vgl. Hänze 1998: 77). Angst als Zustand teilen die Angstforscher Ralf Schwarzer und Joachim Stöber schematisch in folgende Bereiche und Emotionen auf (siehe Abbildung 2).

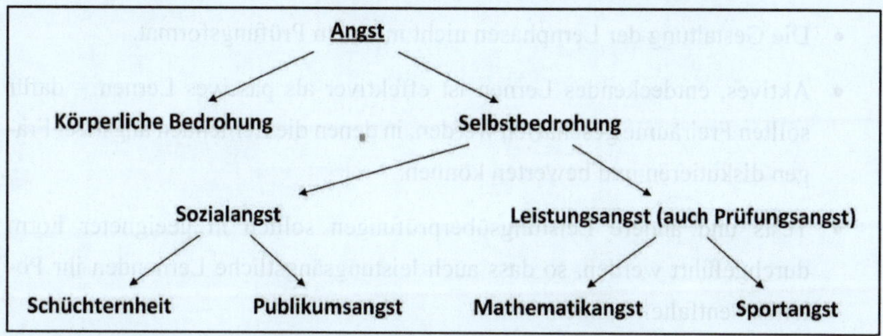

Abb. 2: Ängste und Ängstlichkeiten (nach Stöber; Schwarzer 2000: 2 ff.)

Das widersprüchliche Forschungsthema Angst und Leistung ist ein Klassiker nach der Auffassung der Psychologen Schwarzer und Stöber, deren Grundthese lautet: Die Angst beeinflusst negativ die Leistungen und effektives Lernen (Stöber; Schwarzer 2000: 4; vgl. Riemer 1997: 16; vgl. Hänze 1998: 77). Für die didaktischen Grundlagen soll noch auf weitere Überlegungen von Rosemann rekurriert werden, er postuliert folgenden Zusammenhang: Die individuelle Angstreaktion und die Aufgabensituation prägen den Prozess, ob Angst das Lernen stört oder unterstützt. D. h., wenn die Reaktionen aufgabenirrelevant sind, dann verhindern sie, die Kenntnisse anzueignen, das Gegenteil zeigen die aufgabenrelevanten Reaktionen, sie haben fördernden Charakter. Er verweist auf das Yerke-Dodson'sche Gesetz und dessen kurvilineare Beziehung zwischen Angst und Leistung, die Folgendes zeigt: Wenn die Person keine Angst hat, dann erbringt sie wenig Leistung, bei der mittleren Angst ist die Leistung erheblicher und großes Angstgefühl blockiert die Leistung. Die Kurve zeigt, dass bei schweren Aufgaben sowohl das Angst- als auch das Leistungsniveau höher sind und entsprechend bei leichten Aufgaben das Angst- und Leistungsniveau sinken (Rosemann 1974: 90 f.; vgl. Hänze 1998: 76).

Im Unterricht soll Angst mit deren negativen Auswirkungen möglichst vermieden und abgebaut werden, dafür sind folgende Strategien im Schulkontext behilflich, diese werden in Anlehnung an Hänze dargestellt (1998: 78 f.):

- Die konstruktiven Leistungsrückmeldungen in Bezug auf den individuellen Vergleich und nicht in Bezug auf den anderen, ohne den Selbstwert der Lernenden in Frage zu stellen.
- Die Gestaltung der Lernphasen nicht in einem Prüfungsformat.
- Aktives, entdeckendes Lernen ist effektiver als passives Lernen – dafür sollten Freiräume geschaffen werden, in denen die Lernenden angstfrei Fragen diskutieren und bewerten können.
- Tests und andere Leistungsüberprüfungen sollten in geeigneter Form durchgeführt werden, so dass auch leistungsängstliche Lernenden ihr Potenzial entfalten können.

Die Ängste der Lehrpersonen sowie deren Bewältigungsstrategien des Stresses untersucht empirisch Tamara Katschnig (2002), auch einen knappen Überblick zur aktuellen Lehrerangstforschung geben Hascher und Krapp im Rahmen des Aufsatzes „Forschung zu Emotionen von Lehrerinnen und Lehrern" (2014), in dem sie auf eine für die vorliegende Studie wichtige These aufmerksam machen: Lehrerangst führt zu der Konsequenz, dass Lehrer „einen eng geführten Unterricht mit wenig Fehlertoleranz bevorzugen" (Hascher; Krapp 2014: 690). Für den fachsprachlichen Bereich gibt es noch keine Studien, die den Faktor Angst und dessen Korrelation mit den fachsprachlichen Inhalten (in Bezug auf das Sprechen, Schreiben, Lesen und Hören) aus der Perspektive der Lernenden sowie der Lehrenden untersuchen.

Die vorliegende Studie leistet einen bescheidenen Beitrag zur Diskussion des Angstfaktors bei der Vermittlung der technischen Fachkommunikation, indem sie sich mit dem Phänomen der Unsicherheit/des Sicherheitsgefühls der FSL als eine der Variablen auseinandersetzt. Aus der empirischen Studie geht hervor, dass sowohl Studierende Angst vor dem Sprechen im Fachsprachenunterricht haben als auch die Fachsprachenlehrenden Unsicherheit in unterschiedlichem Grad (abhängig von ihrer Erfahrung und fachlichen Qualifikation) gegenüber der fachlichen Ebene bzw. den Fachtexten empfinden. Die befragten Fachsprachenlehrenden verweisen auch auf Strategien, die ihnen ermöglichen, die Unsicherheit im FSU zu reduzieren (siehe empirischen Teil).

2.2.2.3.2 Wutlogik und Trauerlogik

Wut und *Aggressivität* demonstrieren klare Grenzen in Bezug auf die bestimmten kognitiven Entitäten. Ciompi hebt hierzu in Anlehnung an Konrad Lorenz hervor, dass diese negativen Gefühle evolutionär von entscheidender Bedeutung für das Leben seien, sie dienten nicht nur der Selbstverteidigung sowie der Verteidigung des eigenen Tätigkeitsbereichs, sondern stünden auch im Dienst der Wahrung der (physischen, psychischen und sozialen) Integrität und Identität (Ciompi 2003: 65 f.). Zur Wut zählt Ciompi folgende Gefühlsvarianten:

> Wut, Zorn, Jähzorn, Empörung, Erbitterung – Aggressivität, Haß, Feindseligkeit, Antipathie – Ärger, Gereiztheit, Verdruß, Mißmut, Unmut – Trotz, Grimm, Ingrimm, Groll, Verachtung, Geringschätzung, Hochmut, Arroganz – Spott, Hohn, Rache, Schadenfreude, Häme, Niedertracht – Eifersucht, Mißgunst, Neid, Geiz, Eigennutz, Selbstsucht – Unhöflichkeit, Unanständigkeit, Rüdheit, Rauheit, Derbheit, Grobheit, Wildheit – Widerborstigkeit, Störrigkeit, Bockigkeit, Unwirschheit – Härte, Strenge, Sadismus, Grausamkeit – Mut, Tapferkeit, Kühnheit, Wagemut, Edelmut – Zähigkeit, Ehrgeiz, Geduld, Hartnäckigkeit, Verläßlichkeit, Unerschütterlichkeit … (Ciompi 1997: 79)

Die Wutlogik demonstriert auf eine eigene Art und Weise die zusammengestellte Ordnung der kognitiven Inhalte im Zustand der Wut. Ciompi betont die bereits thematisierte Operatorwirkung der Affekte auf das Denken, die charakteristisch für die genannten Grundgefühle ist, d. h., die Wut filtert und aktiviert aggressiv markierte Denkinhalte und Verhaltensprogramme, konzentriert sich auf affektentsprechende Erinnerungen, die zum aktuellen Wutanlass passen, forciert sie und verdrängt alle anderen Denkinhalte aus dem Bewusstsein (ebd.: 164).

Die Wutlogik sowie die Aggressions- bzw. Hasslogik können dauerhaft[67] sein, so dass die Lösung des Konflikts oft unmöglich bleibt. Aber neben der zerstörerischen Funktion erfüllt die Wutlogik auch eine existenzwichtige Aufgabe wie die

---

[67] Ciompi gibt mehrere Beispiele dafür: angefangen von Ehe-, Berufs- und Alltagsstreitigkeiten bis zu geopolitischen Konflikten wie zwischen Israel und Palästina oder der Krieg in Ex-Jugoslawien (vgl. Ciompi 1997: 186).

Angst, welche die Person schützt (s. o.). Wut setzt und verteidigt Grenzen und schafft Ordnungsstrukturen und Ordnungskräfte, die identitätsstiftende Wirkung haben. Aufgrund des ambivalenten Charakters der Wutlogik, die nicht eliminiert werden kann, plädiert Ciompi für eine ethische Verantwortungsfrage (die auch für den Unterrichtskontext unentbehrlich ist): Wie aggressiv (Form und Grad) sollen die Menschen sein (ebd.: 186 f.)?

Nach Auffassung von Ciompi bringt die *Trauer* die durch Verlust dysfunktional gewordenen emotionalen Bindungen an bestimmte kognitive Konstrukte auseinander und befreit die affektiven Energien für neue Bindungen (Ciompi 2003: 66). Liebe ist die Prämisse der Trauer (auch des Hasses), die ebenfalls zahlreiche Formen und Nuancen hat. Ciompi ordnet der Trauer folgende Gefühlsvarianten zu:

> Trauer, Traurigkeit, Niedergeschlagenheit, Schwermut, Melancholie, Depression – Gram, Kummer, Leid, Schmerz, Jammer, Klaghaftigkeit, Weinerlichkeit, Verzagtheit, Ergebenheit – Unmut, Mißmut, Unbehagen, Trübsinn, Düsterkeit, Vergrämtheit, Verdrossenheit, Beklemmung, Pessimismus – Verschlossenheit, Bedrücktheit – Unlust, Gleichgültigkeit, Apathie, Langeweile – Scham, Reue, Demut, Erniedrigung, Zerknirschung, Schuldgefühl – Enttäuschung, Frustration, Überdruß, Bitterkeit – Wehmut, Nostalgie, Sehnsucht, Heimweh … (Ciompi 1997: 79)

Die Trauerlogik stellt das verlorengegangene, fehlende Objekt in den Fokus und entwickelt ein entsprechendes Fühl-, Denk- und Verhaltensprogramm, dessen Grundzüge Verlangsamung, Verdüstern, Hoffnungslosigkeit und Autoaggression (Wut auf sich selbst wegen des schmerzvollen Verlusts), in schweren Fällen auch Melancholie und Depression seien (ebd.: 190).

2.2.2.3.3 Interesse und Motivation: Flow

Ciompi zufolge (2003: 65) aktiviert und beeinflusst das *Interesse* bzw. Neugier, „Stimulushunger" (ebd.), Verlangen die energetische Neigung bzw. Aufmerksamkeit für ein affektabhängiges bedeutsames Segment aus dem kognitiven Rahmen (ebd.). Interesse gehört zu den unspezifischen Affekten, es wirkt wie ein Treibelement, das die anderen Emotionen mobilisiert. Nach Überzeugung von Ciompi ist das Interesse eine persönlichkeitsabhängige, nicht eine situationsspezifische Komponente, die das Denken und Handeln beeinflusst (Ciompi 1997: 202). Er unterscheidet folgende Gefühlsvarianten:

> Interesse, Aufmerksamkeit, Neugier – Erwartung, Hoffnung, Zuversicht – Aufregung, Ungeduld, Erregung, Spannung – Appetenz, Hunger, Verlangen, Begehren, Gier, Begierde, Geilheit, Leidenschaft, Passion – Erstaunen, Überraschung, Verwunderung, Verblüffung, Perplexität, Schreck … (Ciompi 1997: 80)

Hänze verbindet das Interesse mit dem psychologisch komplexen Konstrukt der Motivation (Hänze 1998: 80). Die Motivation kann intrinsisch (wenn die Handlungen von innen motiviert sind, z. B. etwas wird gemacht, weil es Spaß macht) und extrinsisch (wenn die Handlungen von äußerlichen Faktoren geprägt sind, z. B. eine gute Schulleistung für eine gute Note) sein. Dabei überkreuzen sich die genannten zwei Kategorien oft, deswegen sprechen die Forschenden häufig über die ergebnisbezogene Motivation, wenn durch die Arbeit ein bestimmtes festgelegtes Ziel erreicht werden soll, und von prozessbezogener Motivation, wenn die Arbeit per se Genugtuung hervorruft (ebd.: 81). Die prozessbezogene Motivation spielt eine größere Rolle, um das eigene Verhalten kontinuierlich zu bewahren. Hänze betont in Anlehnung an Harackiewicz' Selbstregulationstheorie Folgendes: „Eine hohe emotionale und kognitive Involviertheit in eine Sache ist der beste Garant dafür, daß eine Aufgabe gut gelöst wird." (ebd.) Er führt weiter aus, dass das Interesse das Gefühl manifestiere, das im Verhältnis zur Tätigkeit empfunden wird. Es signalisiert, ob für die anvisierten Ziele genügende Motivation und notwendiges Anstrengungspotenzial bereitgestellt ist (ebd.).

Die intrinsisch motivierte Tätigkeit ist mit einem bestimmten Erlebnis fest verankert, postuliert der amerikanische Psychologe und Glücksforscher Mihály Csikszentmihályi aufgrund der empirischen Befunde, die er bei der wissenschaftlichen Auseinandersetzung mit mehreren Personen unterschiedlicher Berufe feststellt. Er führt den Begriff für ein solches Erlebnis ein: *Flow* (Fluss, fließen, strömen), der bedeutet: Freude am Tun, Vertiefung in eigene Tätigkeit, Verschmelzung mit ihr. Csíkszentmihályi entwickelt die Flow-Theorie (1975), die praktische Anwendung u. a. im Unterrichtskontext findet. Der Ausgangspunkt für die Flow-Theorie ist, dass die Person das tut, was sie tun will, dabei ist dieser Wille von Prioritäten abhängig, die sich auf die Bedürfnisse des Selbst beziehen (Csíkszentmihályi 1995: 29). Das Selbst benötigt ein System, das die Informationsverarbeitung ermöglicht, Reize differenzierend wahrnimmt und Vermittlungsfunktionen übernimmt, nämlich das Bewusstsein, das drei Teilsysteme in sich einschließt: Aufmerksamkeit, um auf die Informationen einzugehen, Bewusstheit, um diese Informationen zu verarbeiten, und Gedächtnis, um sie zu speichern. Die Interessen des Selbst werden von ihm als Ziele in hierarchischer Reihenfolge festgelegt. Ein Erlebnis wird vom Bewusstsein wahrgenommen und nach den Zielvorstellungen gefiltert und bearbeitet. Die Ziele stammen aus genetischen Programmen, sozial-kulturellen Instruktionen und Wertvorstellungen, aber dank des Bewusstseins besitzt jede Person eine gewisse Autonomie und Wahlmöglichkeiten (ebd.: 30-35). Die Ziele können mit verschiedenen Konfliktsituationen bzw. Zuständen konfrontiert werden wie Langeweile, Angst, Apathie, sie werden von Csíkszentmihályi als psychische Entropie bezeichnet. Sie bringen das Bewusstsein in Unordnung und senken die Effektivität. Deshalb ist es wichtig, die Voraussetzungen für die Flow-Erlebnisse zu erfüllen.

Die Bedingung für das Flow-Erlebnis ist die Wahrnehmung der zu erledigenden Sache, für deren Erfüllung die notwendigen Kompetenzen vorhanden sind. Es könnte in einfachen Formeln ausgedrückt werden: Eine Balance zwischen verständlichen Anforderungen und Fähigkeiten, eine Balance zwischen Verantwortung und Kompetenzen, das Kann-Potenzial entspricht dem Leistungsanspruch etc. Dabei hebt Csíkszentmihályi hervor, dass jede Aktivität den Flow-Zustand verursachen kann, aber er kann nicht dauerhaft sein, sondern nur mit der wachsenden Komplexität der Anforderungen und Kann-Möglichkeiten können die Herausforderungen im Flow-Zustand erlebt werden (ebd.: 44). Er nennt dieses Phänomen „innere Dynamik der optimalen Erfahrung, die das Selbst zu immer höheren Komplexitätsgraden treibt“ (ebd.). Neben den überdurchschnittlichen Anforderungen, deren Ziele bzw. Regeln klar formuliert sind, und den entsprechenden Fähigkeiten spielt die eindeutige Rückmeldung eine bedeutende Rolle.

Der Bewusstseinszustand des Flows eröffnet der Person neue Strukturen des Selbst, hilft Neues von sich zu entdecken und kreativ zu sein, was eigentlich das Ziel des Flows ist, und nicht die Anerkennung von außen.

2.2.2.3.4 Lust und Lustlogik: Freude und Feedback

Freude (auch *Lust*, *Liebe*, *Vergnügen*) gehört zu den positiven Gefühlen und hat das Motiv des Herangehens an bestimmte kognitive Phänomene, damit schafft sie lebenswichtige Nähe und Bindung an bestimmte Orte, Gegenstände, Ideen etc. Ciompi betont, dass ohne verbindende positive Gefühle sowohl stabile Beziehungen als auch soziale Zusammengehörigkeit auf beliebiger Ebene unmöglich seien (Ciompi 2003: 66).

Folgende Gefühlsvarianten zählt Ciompi zum Grundgefühl der Freude:

> Freude, Glück, Seligkeit – Lust, Entzücken, Wollust, Verzückung, Verklärung, Ekstase – Verliebtheit, Zärtlichkeit, Zuneigung, Liebe, Wohlgefallen, Wohlwollen, Rührung, Dankbarkeit, Großmut – Anmut, Heiterkeit, Lieblichkeit, Frohmut, Lustigkeit, Vergnügtheit, Fröhlichkeit, Leichtsinn, Übermut, Überschwang, Albernheit, Ausgelassenheit – Gehobenheit, Festlichkeit, Hochgefühl, Optimismus, Euphorie, Begeisterung, Jubel, Stolz, Triumph – Zufriedenheit, Entspanntheit, Gelöstheit, Behaglichkeit, Ruhe, Muße, Gelassenheit, Gleichmut, Lässigkeit, Gefaßtheit – Zutraulichkeit, Vertrauen, Achtung, Bewunderung, Verehrung, Ehrfurcht, Andächtigkeit, Ernst, Feierlichkeit, Tiefsinn – Mitleid, Mitgefühl, Sympathie, Empathie, Milde, Sanftmut, Erbarmen, Barmherzigkeit, Feinfühligkeit, Empfindlichkeit, Zartheit … (Ciompi 1997: 79 f.)

Interessant ist an dieser Aufzählung, dass Mitgefühl und Mitleid dem Freudegefühl zugeordnet werden, was für die didaktischen Entscheidungen eine bedeutende Rolle spielt. Ciompi zufolge erfüllen Affekte der Lust und Unlust die organisatorische und integratorische Funktion für die kognitiven Inhalte (ebd.: 50). Die Logik der Lust und Liebe, die in der freudvollen, heiteren, hoffnungsvollen Stimmung auf das Denken wirkt, zeichnet die Anbindung der positiv markierten kognitiven Inhalte an ein lustvolles Ganzes aus (ebd.: 194).

Ciompi zufolge werden die Lusterlebnisse, Erlebnisse der geistigen Leichtigkeit, durch das positive Feedback stimuliert. Er formuliert folgende These: „Größere Ökonomie des Geschehens bringt Lust!“ (Ciompi 1988: 366) Das heißt, positive Rückmeldung führt zur Neigung, weiter zu machen und dabei Spaß zu haben, es führt zur *Flow*-Erfahrung, die bewusst wird.

Das Feedback definiert der Erziehungswissenschaftler John Hattie wie folgt:

> Es sei eine Information, die von einem Akteur (z. B. Lehrperson, Peer, Buch, Eltern oder die eigene Erfahrung) über Aspekte der eigenen Leistung oder des eigenen Verstehens gegeben wird. […] Feedback ist eine „Folge“ der Leistung. (Hattie 2013: 206)

Nach den Forschungsergebnissen bzw. 134 Meta-Analysen von Hattie stellt sich Folgendes heraus: Die Rückmeldung gehört zu den zentralen Einflussfaktoren im Unterricht, er bezeichnet das Feedback als den „stärkste[n] Einzeleinfluss zur Verbesserung der Lernleistung“ (Hattie 2014: 15). Als besonders wichtig sind folgende Punkte hervorzuheben (Hattie 2013: 206-211):

- Das Feedback soll aus beiden Perspektiven, des Lernenden und des Lehrenden, erfolgen, erst dann ist ihre Zusammenarbeit synchronisiert.
- Einige Arten von Feedback sind effektiver als andere. Hohe Wirksamkeit gewinnen Feedback-Formen, die dem Lernenden Hinweise oder Bestärkung liefern oder auf die Lernziele rekurrieren, während programmierter Unterricht, Lob, Bestrafung und extrinsische Belohnungen im Kontext der Leistungsverbesserung am wenigsten effektiv sind (ebd.: 207).
- Effektives Feedback beantwortet drei Fragen: Wohin gehst du? Wie kommst du voran? Wohin geht es danach? und erfolgt auf drei Ebenen: Aufgabe, Prozesse, Selbstregulation (Hattie 2014: 132-136).
- Der Zweck von Feedback beinhaltet die Bewältigung der Kluft zwischen dem aktuellen Verständnis und der Leistung einerseits und dem Lernziel andererseits.

Hattie unterstreicht den Zusammenhang zwischen Herausforderung und Feedback, er bezeichnet sie als „zwei entscheidende Bestandteile des Lernens“ (ebd.: 20). Es wurde mehrmals betont, dass der Lehr-Lern-Prozess im FSU eine beachtliche Herausforderung sowohl für die Lernenden als auch für die Lehrenden ist, deshalb spielt die Rückmeldung eine besondere Rolle. Hattie führt folgende Proportion aus:

> Je größer die Herausforderung, desto größer die Wahrscheinlichkeit, dass jemand Feedback sucht und benötigt, und umso wichtiger ist es, dass eine Lehrperson anwesend ist,

die sicherstellt, dass die bzw. der Lernende auf dem richtigen Weg ist, um die Herausforderung erfolgreich zu bewältigen. (ebd.)

Hänze verbindet die Rückmeldungen in Bezug auf die Leistung mit der Angstabbau-Strategie, wie schon im Unterkapitel über die Angstlogik kurz dargelegt wurde. Deshalb soll die Rückmeldung konstruktive Informationen enthalten und keinesfalls den Selbstwert der Lernenden in Frage stellen sowie die Leistungen eines Lernenden mit denen des anderen vergleichen (Hänze 1998: 78 f.).

Zum Schluss soll die These zur Wahrnehmung der Rückmeldung im Kontext der Interaktion im Fremdsprachenunterricht von Werner Bleyhl ausgeführt werden, die lediglich für die Realität im Fachsprachenunterricht gelten kann: Der Prozess der Wahrnehmung erweise sich als Prozess der multidimensionalen Rückmeldung und in diesem Prozess werde die Wirklichkeit konstruiert. Dieser Prozess sei höchst individuell und von anderen kaum voraussagbar (Bleyhl 2000: 35 f.).

2.2.2.4 Emotionalität in der Fachkommunikations- und Lehrerforschung

Wie bereits angedeutet wurde, untersucht Jahr die Emotionen und Emotionsstrukturen in Sachtexten (2000), in denen sie diese Phänomene aus der Perspektive des Textproduzenten betrachtet und die emotionale Ebene neben den grammatischen und pragmatischen Ebenen in den Textstrukturen postuliert. Die zentralen Faktoren der Emotionen der Ich-Beteiligung (Selbstbetroffenheit) und Bewertungsreaktionen (Bewertungsprozesse) bilden den Ausgangspunkt für ihren wissenschaftlichen Diskurs (Jahr 2000: 9 f.). Die Kommunikation versteht sie als Austausch, in dem die Verständigung über Sachverhalte parallel mit der Verständigung über die Bewertung dieser Sachverhalte erfolgt (ebd.: 74 f.), kurz gefasst: Kommunikation ist ein Austausch von Informationen und deren Bewertungen. Ein Textproduzent sei während des Schreibprozesses nicht nur durch Denkprozesse, sondern auch durch seine Emotionen, die ihm möglicherweise kaum bewusst seien, geprägt (ebd.: 9). Die Emotionen und Emotionsstrukturen bilden eine *autarke* Ebene mit eigenen Prinzipien und Regeln, auf der die Emotionsstruktur als organisierte Kette von emotionalen Einheiten durch deren Qualität und Intensität konstituiert werde (ebd.: 232).

Für die Fachkommunikationsforschung könnte dies bedeuten, dass die These der autonomen Ebene der Emotionsstrukturen in den Sachtexten als *zehnte* Ebene das Konzept von Baumann erweitern könnte (s. o.), dass die Sachlichkeit bzw. emotionale Neutralität als charakteristisches Merkmal der Fachtexte ausbleibt.

Baumann (2004: 83-90) diskutiert ebenfalls zahlreiche theoretische Ansätze und Modelle zur Beschreibung der Emotionen und kommt zu folgender Schlussfolgerung: „[D]ie aus unterschiedlichen methodologischen und/oder methodischen Perspektiven gewonnenen Erkenntnisse [sind] in einem integrativen Wissensmodell aufeinander zu beziehen“ (ebd.: 89). Aufgrund dessen untersucht er die Emotionalität im Rahmen der induktiv-empirischen Fachtextanalysen und stellt fest, dass in der Fachkommunikation als einem kommunikativ-kognitiven Prozess die Emotionalität *dimensional* nicht auf *einer,* sondern auf mehreren Ebenen des Fachtextes ihr Wirkungspotenzial auslöst: auf der kulturspezifischen, sozialen, situativen, kognitiven, fachinhaltlichen, funktionalen, textuellen, stilistischen, syntaktischen, interpunktorischen, lexikalisch-semantischen, morphologischen, phonetischen und semiotischen Ebene. Das heißt, die Emotionen sind mehrdimensionale Elemente der Fachkommunikation und sollen deshalb auch als integrative Bestandteile des FSU angesehen werden.

Im Kontext der aktuellen Lehrerforschung kann ein gestiegenes Interesse am Thema *Emotionalität der Lehrenden* beobachtet werden. Hascher und Krapp geben einen knappen Überblick zur Entwicklung des Forschungsfelds Lehreremotionen, das heute breit dargelegt ist und sich auf mehrere Fragen (Hintergründe der Lehreremotionen, deren Effekte auf die Lehrer-Lerner-Interaktion, Lehrperson in ihrer Karriere) ausrichtet. Sie erklären die Aufmerksamkeit diesem Thema gegenüber damit, dass es in erster Linie mit einer negativen, an Kraft nehmenden Tendenz verbunden ist: Die Lehrenden steigen aus dem Beruf aus und immer mehr leiden an psychischen Symptomen, u. a. am Burnout-Syndrom (Hascher; Krapp 2014: 679-681).

Die genannten Forschenden konstatieren, dass für den Unterrichtskontext die Lehreremotionen von großer Bedeutung sind, denn aus ihnen treten die Handlungen der Lehrenden hervor, d. h., sowohl die Kompetenzen als auch die Emotionen verschaffen den Lehrpersonen die Leitlinien für die Vermittlung des Lernstoffs im Unterricht (ebd.: 690).

2.2.3 Soziale Dimension

Es wurden oben zwei Dimensionen beleuchtet, die kognitive und die affektive, und es wurde festgestellt, dass beide komplementär zueinander in Wechselwirkung stehen. Parallel aber wurden zwei Ebenen figuriert: die soziale und die individuelle, ohne sie scheinen die ersten zwei unmöglich zu sein. Individuelle Wahrnehmung und Verarbeitung der Informationen sowie die Aneignung des Wissens werden durch die soziale Ordnung und soziale Strukturen beeinflusst und geregelt. Nach der Denkstiltheorie von Fleck wird der (individuelle) Denkstil durch das Denkkollektiv determiniert, d. h. die Denkprozesse werden sozialisiert. Im Rahmen einer Gruppendissertation „Emotionale Kommunikation – ein integratives Modell“ von Anne Bartsch und Susanne Hübner (2004) wird der Begriff der Emotionalen Kommunikation eingeführt. Sie stellen die These auf, die den kognitiv orientierten Kommunikationstheorien folgt und besagt: In den Kommunikationssituationen werden Emotionen wechselseitig beeinflusst, d. h., wenn die Kommunikation metaphorisch als Gedankenaustausch verstanden wird, dann bedeutet die Emotionale Kommunikation den Gefühlsaustausch (Bartsch; Hübner 2004: 6). Hier tritt das Aufeinanderwirken der sozialen und affektiven sowie kognitiven und individuellen Faktoren in Erscheinung. Aus der didaktischen Perspektive findet sich folgender Beleg von Jürgen Kurtz für diese These: „Im Fremdsprachenunterricht wirken vielmehr sprachliche, kognitive, emotionale, motivationale, volitionale (sich fremdsprachlich ausdrücken wollen, lernen wollen, etc.) und soziale Aspekte zusammen.“ (Kurtz 2001: 118)

Daher werden die soziale und die individuelle Dimension in den folgenden Unterkapiteln näher behandelt.

Es wurde im Rahmen des integrativen Fachsprachenunterrichtsmodells von Baumann bereits eingeführt, dass in der Fachsprachendidaktik die soziale Ebene eine wesentliche Bedeutung hat. Die soziale Dimension umfasst mehrere Komponenten, zahlreiche Aspekte und Konzepte, deshalb ist es notwendig, sich auf die für das vorliegende Forschungsvorhaben zentralen sozialen Fragen zu beschränken: Interaktion, Autonomie und Rollenverteilung.

2.2.3.1 Interaktion

Die Interaktion als soziales Phänomen tritt seit Mitte der 1970er Jahre zusammen mit der Kommunikation (diese Begriffe werden oft synonym gebraucht) in mehreren Wissenschaften (Soziologie, Psychologie, Linguistik, Methodik, Didaktik etc.) als Forschungsobjekt auf. Der Begriff der Interaktion zeichnet sich vor allem dadurch aus, dass er unterschiedlich gebraucht wird, z. B. im weit gefassten Sinne als Wechselwirkung verstanden, im engeren Sinne als eine elementare Einheit des sozialen Geschehens, in der Theorie von Niklas Luhmann als einfache Sozialsysteme interpretiert etc. (Lüders 2011: 644; vgl. Henrici 2000: 104 f.), so dass Karl-Richard Bausch in seinem Aufsatz schreibt: „Der Begriff ‚Interaktion‘ im Kontext des Lehrens und Lernens fremder Sprachen ist wenig konturiert; sein Gebrauch bleibt schillernd; die Erforschung seiner Spezifika erscheint extrem schwierig.“ (Bausch 2000: 28) Der Interaktion in der Fachsprachendidaktik bzw. im Fachsprachenunterricht als didaktische Strategie wird eine besondere Bedeutung beigemessen. Das ist vor allem mit der spezifischen Rollenverteilung zwischen Fachsprachenlehrer und -lernenden und mit der hohen Eigeninitiative der Lernenden verbunden (Klein 1988: 195), wie Hans Poetzelberger betont (1983: 96): „Es ist absolut notwendig, daß der Lernende selber weiß, was er will, aber auch realistisch einschätzen und artikulieren kann, was er wirklich braucht.“ Die Interaktionsforschung gibt einen interdisziplinären Einblick in diverse soziale Beziehungsprobleme zwischen Lehrenden und Lernenden im Unterricht, im Rahmen des Fachsprachenunterrichts aber bleibt dieses Phänomen empirisch kaum erforscht.

Unter Interaktion versteht Wolfgang Börner „die wechselseitige Beeinflussung von Individuen oder Gruppen in aufeinander bezogenen Handlungen“ (Börner 2000: 45), eine etwas engere Definition bietet Gert Henrici an:

> Unter *Interaktionen* sollen [...] sprachliche und nichtsprachliche Handlungen verstanden werden, die zwischen mindestens zwei Gesprächspartnern stattfinden und mindestens einen Beitrag („turn“) der jeweiligen Partner umfassen, der inhaltlich an den jeweils anderen gerichtet ist. (Henrici 1995: 25 - Hervorh. i. O.)

Hilfreich sind auch folgende Erläuterungen von Bleyhl, der die Interaktion als eine soziale Komponente im Spracherwerb versteht:

> Interaktion heißt, in die Alltagssprache übersetzt, wir reagieren auf das Reagieren. Wir befinden uns, im Falle einer bestimmten sprachlichen, kommunikativen Interaktion – und dies sei einmal so durchgespielt –, in einem Regelkreis, in einem eigenen System. (Bleyhl 2000: 33)

Der Fachsprachenlehrer beeinflusst die Lernenden auf der kognitiven und emotionalen Ebene und die Lernenden beeinflussen den FSL ebenso, sie reagieren aufeinander und bilden damit ein eigenes System im weiteren fachsprachlichen, kommunikativ-kognitiven System.[68] Eberhard Klein schlägt im Rahmen der dritten Komponente seines Drei-Phasen-Prozesses der Fachsprachenvermittlung, Bedarfsanalyse – Erstellung des Sprachlehrgangs – Unterrichtsinteraktion – folgende Interaktionsformen vor (Klein 1988: 195-201):

- *Rollenspiele*, die in realistische, authentische Kontexte eingebettet werden, wo berufsspezifische Parameter einbezogen werden.
- *Moderation*/‚*Brainstorming*' erweist sich in einem fachlichen Zusammenhang als eine bedeutende Problemlösestrategie und als wichtige Technik, mit eigenen Entscheidungen die Aufgaben zu bewältigen. Sie stützt sich in hohem Maße auf die Eigeninitiative der Lernenden und auf die ergänzende Funktion des Lehrers.
- *Simulation globale*[69] ist eine Lehrmethode, die auf den Dimensionen der Imagination und Sprache beruht – fiktiver Raum, fiktive Zeit, fiktive Rollenspiele schaffen die Handlungssituationen, eine Art Mikrokosmos, und

---

[68] Als Beispiel dafür dienen die Interviewinterpretationen mit den FSL G, H, I, J im empirischen Teil der vorliegenden Studie.

[69] Vera Sippel untersucht diese Methode im Anfangsunterricht Französisch und hebt hervor: „Im Unterschied zum lehrbuchzentrierten Französischunterricht eröffnet die *Simulation globale* ein weites Kommunikationsfeld, das es ermöglicht, sich zu einer Sache, gewissermaßen als Teil von ihr, zu verhalten. Auf diese Weise erfolgt die Vermittlung von fremdsprachlichen Inhalten und Lernzielen durch unmittelbare soziale Beziehungen und in der Begegnung gleichwertiger Subjekte. […] Alle vorstellbaren Interaktionsformen innerhalb des neu entstandenen Universums rekurrieren – im Einzelfall mehr oder weniger ausgeprägt – immer auf den gemeinsamen Handlungs- und Erfahrungsort, den alle an der

geben Impulse für die lebendige Kommunikation und Interaktion im Unterricht. Auf solche Weise spornen sie die Lernenden an, nicht nur die Sprache zu entwickeln, sondern auch die Kommunikationsfähigkeit und Konfliktfähigkeit auszubauen, kreatives Potenzial zu entfalten, anders zu denken (vgl. Henrici 2000: 108).

- ‚*Business Maze*' gehört zu den Problemlösestrategien, bei denen die Lernenden zusammen eine vorgegebene Problemsituation analysieren und die Lösung finden. Zum Problemlösen gehören nach der Auffassung von Hattie folgende Schritte:

> Akt des Definierens oder Bestimmens der Problemursache; das Identifizieren, Priorisieren und Auswählen von Alternativen für eine Lösung; oder das Einnehmen mehrerer Perspektiven zum Gewinnen von Fragestellungen, die mit einem bestimmten Problem in Verbindung stehen, um einen Interventionsplan zu entwerfen und dann das Ergebnis zu bewerten. (Hattie 2013: 248)

Er führt einige Meta-Analysen über Forschungen zu Lehrmethoden zum Problemlösen aus, die den positiven Einfluss auf die kognitive, kreative und soziale Entwicklung der Lernenden belegen (ebd.: 249; vgl. Henrici 2000: 108).

- *Interview* ist eine Methode, die Klein unter einem doppelten Aspekt betrachtet, aus der fachlichen Perspektive – der Interviewer bekommt die neuen Kenntnisse und füllt damit die Informationslücke – und aus der linguistisch-didaktischen Perspektive, bei welcher der FSL den Lernenden gleichzeitig die methodischen Instrumente (fachstilistische, situationsangemessene, adressatengerechte u. a. Fragetechniken und Haltungen) vermitteln kann.

- *Präsentation* ist eine Methode, bei welcher der Lernende als Experte auftritt und dem Publikum ein fachliches Anliegen vorstellt. Der Lehrer übernimmt die Rolle der linguistischen Korrekturinstanz.

Simulation globale partizipierenden Mitspielerinnen und Mitspieler teilen." (Sippel 2003: 16-25 - Hervorh. i. O.).

Zu den gewinnbringenden, interessanten didaktischen Überlegungen gehören die mathematischen *Spieltheorien*, die als nächste Interaktionsform genannt werden könnten (vgl. Zalipyatskikh 2014: 170-172; vgl. Hornung 1983: 203). Sie können, wie die oben genannten Interaktionslernmethoden, zur Förderung der Schlüsselqualifikationen wie Eigeninitiative, Selbstständigkeit, Verantwortung, Flexibilität, Kommunikations- und Teamfähigkeit, Problemlösungsvermögen und Methodenkompetenz dienen, damit der Lernende als versierter Taktiker mit dem fachlichen Wissen umzugehen lernt. Im Fachsprachenunterricht ist jeder Akteur ein Entscheidungsträger und seine Entscheidungen hängen von den Entscheidungen der anderen ab. Das heißt, die Lösung des Problems ist unberechenbar und unvorhersehbar für alle Spieler. Das Feld der Spieltheorien im Fachsprachenunterricht ist aber noch nicht untersucht, es fehlt u. a. eine adäquate Operationalisierung. Gleichwohl verspricht diese Theorie der sozialen Interaktion von rationalen Akteuren nach der Definition des Politikwissenschaftlers Joachim Behnke ein weites interdisziplinäres Forschungsfeld (für Fachsprachendidaktiker) (Behnke 2013: 15).

Zentral bleibt die Tatsache für die Frage der Interaktion bei der Vermittlung der (technischen) Fachkommunikation, wie Bleyhl lakonisch feststellt: „Für jede Art Kommunikation gilt: Kommunikation ist nicht nur Ziel, sie ist der Weg, sie ist auch das Medium des Lerners." (Bleyhl 2000: 36) Weiter führt er aus: „Um dem Lerner die Möglichkeit zu eröffnen, ein kompetenter Kommunikationspartner zu werden, muss er Gelegenheit gehabt haben, vielfältige sprachliche Kontexte, Sprache in ihrem vielfältigen Referenzcharakter erlebt, erfahren zu haben." (ebd.: 37; vgl. Henrici 2000: 107 f.).

2.2.3.2 Autonomie

Im Aufsatz zur Interaktion schreibt Bleyhl über die Notwendigkeit der Autonomie bei den Lernenden folgendermaßen:

> Es ist inzwischen wohl hinreichend in der Wissenspsychologie und der Sprachlernforschung deutlich darauf hingewiesen worden, dass Lernen ein Prozess ist, der sich im Individuum des Lerners vollzieht. Auch der schlechteste Lerner muss selbst in sich seine Sprachkompetenz aufbauen. (Bleyhl 2000: 39)

Das bedeutet, dass jeder Lernende seine Sprachkompetenz bzw. Fachsprachenkompetenz selbst in sich konstruieren soll und dafür die Verantwortung trägt. Der Psychoanalytiker Arno Gruen bezeichnet die Autonomie als „[denjenigen] Zustand der Integration, in dem ein Mensch in voller Übereinstimmung mit seinen Gefühlen und Bedürfnissen ist" (Gruen 1986: 17). In Bezug auf das Lernen plädiert er für die Stimuli, die von innen, aus dem Selbst kommen, und führt Folgendes aus:

> Wenn aber unsere Sicht des Lernens das Verhältnis eines Lebewesens zu seiner Umwelt als ein *meshing* (eine Vernetzung, eine Ineinandergreifen, ein Miteinanderverbinden von zueinander passenden Teilen) sieht, und nicht als einen mechanischen Prozeß, der ihm aufgezwungen ist, dann wird Lernen nicht lediglich Reaktion auf einen Stimulus, sondern ein Suchen seitens der Reaktion (und der ihr zugrunde liegenden Bedürfnisse) nach geeigneten Stimuli, die die Reaktion auslösen. Lernen ist dann nicht nur ein von außen aufgesetzter Vorgang, sondern ein Netz ineinander verflochtener Verbindungen. (ebd.: 20 f. - Hervorh. i. O.)

Der Autonomie, eine der wichtigsten Haltungen, die seit der Kindheit gefördert wird, wird in der modernen Lehr- und Lernkultur neben Lernkompetenzen und Lernstrategien große Bedeutung beigemessen. Überzeugend stellt der Psychologe Ralph Sichler die These auf, dass die Autonomie eine soziale Kategorie sei, denn eine Person entwickelt die Fähigkeit zur Selbstbestimmung während einer kontinuierlichen Auseinandersetzung mit ihrer Umwelt (Sichler 2006: 152). Aufgrund dessen wird dem einerseits humanistisch geprägten und andererseits kognitiv-konstruktivistischen Autonomiebegriff (vgl. Cristophel 2014: 32) im Rahmen der sozialen Dimension der vorliegenden Studie ein Platz eingeräumt, obwohl es ein mehrdimensionales (u. a. individuelles, affektives, kognitives) Konstrukt ist.

Gerade im FSU, in dem es unmöglich ist, jeden Lernenden zu erreichen, da es sich um höchst heterogene Lerngruppen handelt, soll die Autonomie als ein Leitprinzip gelten. Bernd Rüschoff und Dieter Wolff führen die Richtlinien für ein autonomes Lernmodell in Bezug auf das Fremdsprachenlernen aus, die auch für die Vermittlung der technischen Fachkommunikation gelten können:

- Arbeit in Kleingruppen, in denen die unterschiedlichen Aufgaben gelöst und zum Schluss präsentiert werden.

- Die Aktivitäten der Kleingruppen haben eine umfassende Reichweite.
- Für die Arbeit in den Kleingruppen stehen Materialien zur Verfügung.
- Die Lernenden können eigene (auch selbst erstellte) Materialien mitbringen.
- Jeder Lerner schreibt ein persönliches Tagebuch, in dem er seinen Lernprozess dokumentieren und bewerten kann.
- Im Unterricht wird ausschließlich die Fremdsprache benutzt (dieser Punkt ist strittig, z. B. Claus Gnutzmann (1996: 63) spricht über die konstitutive Rolle der Muttersprache für die Identität der Lernenden, die berücksichtigt werden soll. Buhlmann und Fearns (2000: 267) stellen fest, dass der Einbezug der Muttersprache oder *lingua franca* bei manchen Leseübungsformen notwendig sei.
- Es werden gemeinsam in gleichmäßigen Intervallen der Lernprozess, die Ergebnisse, die Materialien, das Unterrichtsgeschehen und viele andere Aspekte evaluiert.
- Im Fokus steht die Interaktion (Rüschoff; Wolff 1999: 65 f.).

Abschließend bilden Rüschoff und Wolff Bausteine eines modernen Fremdsprachenunterrichts ab, sie beinhalten vier Bestandteile: inhaltsbezogenes/aufgabenorientiertes Lernen (authentische Materialien und Aufgabenstellungen); projektbasiertes/prozessorientiertes Lernen (authentische Interaktionsformen); kognitiv-konstruktivistisches Lernen (eigenständiger/eigenverantworteter Wissenserwerb) und Lernen im offenen, multimodalen Umfeld. Das letzte Bauelement ist grundlegend (ebd.: 66). Peter Bimmel und Ute Rampillon (2000: 77) führen drei Komponenten aus, die das autonome Lernen konstituieren: eigene Entscheidungen treffen, Verantwortung tragen, Reflexionen anstellen.

Die ungarische Forscherin Alexandra Szénich nennt als Charakteristikum autonomen Lernens die „Kontrolle über affektive und kognitive Lernprozesse, über Entscheidungen in Bezug auf Klassenraum und Curriculum, autonome Verwendung von Lernstrategien und unabhängiger Gebrauch von Lernressourcen und Lerntechnologien“ (Szénich 2012: 7). Sie schildert die Notwendigkeit der Autonomieförderung im Fachsprachenunterricht als integralen Bestandteil der Fachsprachenkurse (vgl. Sing; Peters; Stegu 2014: 3) am Beispiel der ungarischen Hochschulen und Universitäten. Es wurde 2010 ein Pretest, eine quantitative Untersuchung mit 57 Studenten des ersten Semesters an der Budapester Wirtschaftshochschule an der Fakultät für Handel, Gewerbe und Tourismus durchgeführt, der sich auf folgenden Fragenkomplex fokussierte: die Lernstrategien der Lernenden; deren Ziele in Bezug auf die Gemeinsprache sowie Fachsprache; deren Wissen, wie die Sprache gelernt wird; deren Meinung in Bezug auf die Verantwortung der Lernenden und Lehrenden bei der Gestaltung, Kontrolle und Evaluation des Lernprozesses; die Fähigkeit der Lernenden, die Fremdsprache selbstständig zu vertiefen und Sprachlernstrategien autonom zu verwenden (ebd.: 10). Die Studie liefert folgende Erkenntnisse: Obwohl sich die Studenten als erfahrene Fremdsprachenlerner erweisen und auch außerhalb des Unterrichts die deutsche Sprache in ihren Alltag integrieren (z. B. deutsche Musik hören, in deutschsprachige Länder reisen, deutsche Texte lesen), zeigen sie ein undifferenziertes Bild vom Fremdsprachenlernen. Hinsichtlich der Verantwortung, eines der Hauptprinzipien der Autonomie, möchten die Studierenden in manchen Bereichen diese nicht übernehmen, darüber hinaus vertreten sie die Position, dass der Lehrende die Kontrollinstanz ist, ob die Lernziele erreicht sind oder nicht. Der Lehrende solle schwierige Texte in Einklang mit dem Sprachniveau der Lernenden bringen und nicht die Studierenden, die mit Hilfe unterschiedlicher Strategien das Verstehen selbst bewältigen. Die schriftliche Arbeit am Text fällt den Studierenden schwer. Aber nicht nur die kognitive Dimension bereitet Schwierigkeiten, sondern auch die affektive: Die Studenten haben Probleme bei der Selbstkontrolle wie Angstabbau oder Stressreduzierung (ebd.: 10 f.).

Als konkretes Beispiel für die Förderung der Autonomie können die Lernstrategie-Modelle dienen. Ebenso wie bei der Interaktion, die nicht immer ausschließlich eine soziale Komponente impliziert, bedeutet für Jahr das Textverstehen die Interaktion mit der Kognition, so dass die Relation Lerner-Text-Interaktion im Bezugssystem der Autonomie festgestellt wird.

> Das Verstehen als Textverarbeitungsprozeß wird nicht als passives rezipieren [sic!], sondern als aktive Bedeutungskonstruktion aufgefaßt, bei der Leser aufgrund ihres individu-

> ellen Wissens von Welt neue Informationen in ihre Wissensstruktur einfügen. Der Verstehensprozeß wird als Interaktion zwischen einem zu rezipierenden Text und der Kognitionsstruktur des Rezipienten beschrieben. (Jahr 1996: 9)

Jahr plädiert für die Entwicklung von Lernstrategie-Modellen, die eng mit der Theorie der semantischen Netze und mit den schematheoretischen Ansätzen der Wissensmodellierung verknüpft sind. Der Lehrer solle mit Hilfe der didaktischen Prinzipien und Strategien das Verstehen der im Unterricht (auch im FSU) vermittelten fachlichen Inhalte bei den Lernenden realisieren (ebd.: 13). Dabei hebt sie das autonome Lernen wie folgt hervor:

> Im Fachunterricht als auch im fachbezogenen Fremdsprachenunterricht sollen über die Vermittlung oder Aktivierung von Wissen gleichzeitig fachspezifische Denkstrukturen entwickelt sowie dem Lerner das selbständige Lernen beigebracht werden. Eine wichtige Seite dieses sehr komplexen Lehr-Lern-Prozesses ist das Verstehen schriftlicher oder vom Lehrer mündlich vorgetragener Fachtexte. (ebd.)

Die Lernstrategie-Modelle gehören zu den instruktionspsychologischen Ansätzen der Arbeit am Text und wurden im Rahmen kognitionspsychologisch orientierter Forschungen entwickelt. Sie leisten den Lernenden die Hilfestellung, die Textinformationen wahrzunehmen, zu behalten und zu produzieren. Durch die Vermittlung der Textverarbeitungsstrategien, welche die Wissensaneignung und -bearbeitung unterstützen, wird auf die kognitive Aktivität der Lernenden bei der Textrezeption eingewirkt. Die Quintessenz liegt in der Darstellung der Textinhalte in speziellen Repräsentationssystemen, welche die Textmitteilungen mit ihren Verbindungen untereinander nachgestalten. Auf solche Weise entstehen die Repräsentationen in Form von grafischen Netzwerken (ebd.: 13 f.).

Die Studie von Andreas Hartinger (2006) mit 1091 Schülern aus 45 Klassen verdeutlicht den signifikanten Zusammenhang zwischen der Autonomie und intrinsischer Motivation bzw. dem Interesse bei den Kindern im offenen Unterricht. Die Gruppen mit hohem Selbstbestimmungsempfinden zeigten überdurchschnittliches Interesse am Unterricht, je offener der Unterricht gestaltet ist, desto höher sind die Werte von Selbstbestimmungsempfinden und Interesse. Dabei ist zu betonen, dass der Zusammenhang zwischen der Öffnung des Unterrichts (im Sinne der Entscheidungsmöglichkeiten der Schüler) und dem Interesse am Unterricht nur indirekt über das Empfinden von Selbstbestimmung besteht. Die Studie bestätigt die These: Stärkere Öffnung des Unterrichts bedeute mehr Selbstbestimmungsempfinden der Kinder und dies wiederum mehr Interesse am Unterricht. Interessante Erkenntnisse wurden aus den Lehrereinstellungen gewonnen, die zeigen, dass, obwohl Freiräume durch die Lehrenden, deren Haltung kontrollorientiert und nicht im großen Maß Autonomie fördernd ist, gegeben sind, die Kinder sich als wenig selbstbestimmt empfinden. Dies sei ein Hinweis darauf, ob die Lehrenden den Unterricht aus innerer Überzeugung frei gestalten oder aus der Absicht, einen guten Unterricht zu machen. Das heißt, die Autonomieorientierung der Lehrenden beeinflusst das Selbstbestimmungsempfinden der Lernenden (Hartinger 2006).

2.2.3.3 Zur Rollenverteilung im FSU

Der offene Unterricht verlangt ein neues Verständnis von der Lehrerrolle – der Lehrer übernimmt die Funktion des das individuelle Lernen fördernden Ansprechpartners und gestaltet die soziale Öffnung des Unterrichts, in dem das Lernklima und die Atmosphäre auf Prinzipien der Wärme und des gegenseitigen Respektverhältnisses beruhen (Cristophel 2014: 39). Es ist evident, mit der Methode der Interaktion ist die Methode der Rollenverteilung eng verbunden, dieses methodische Prinzip bleibt für den FSL ohne fachlichen Hintergrund unerlässlich – die Notwendigkeit einer Lernerzentrierung statt einer Lehrerzentrierung (Buhlmann; Fearns 2000: 118). Buhlmann und Fearns vertreten die Position, dass die FSL ohne fachlichen Hintergrund die Rolle der Fachkompetenz überschätzen, dabei legen die beiden Forscherinnen großes Gewicht einerseits auf die Lernenden, welche die Rolle der Experten und Lehrerfunktionen erfüllen, sie kontrollieren sich sowohl sprachlich als auch fachlich in hohem Maße, beseitigen die Fehler, bewältigen das Unklare etc., und andererseits auf die Unterrichtsmaterialien, welche die Funktion der fachkompetenten Instanz übernehmen, aber auch der Didaktik und Methodik generell. Im FSU sei ausreichend, wenn entweder der Fachsprachenlehrer, die Lernenden oder das Lehrwerk die fachliche Instanz repräsentiert (ebd.: 115-119; vgl. Monteiro 1990: 144 f.). Auf solche Weise steht einerseits die

Rollenverteilung in einer Korrelation mit der Fachkompetenz des FSL (vgl. Buhlmann 1983: 64), andererseits ist generell die Konstellation Lehrer als Lerner und Lerner als Lehrer erfolgversprechend. Darüber schreibt auch Hattie wie folgt:

> Auffällig an den empirischen Belegen ist, dass die größten Effekte auf das Lernen der Schülerinnen und Schüler dann auftreten, wenn die Lehrpersonen zu Lernenden ihres eigenen Unterrichts und Lernende zu ihren eigenen Lehrpersonen werden. (Hattie 2014: 16 f.)

Mit dem komplexen Thema der Fachkompetenz der Fachsprachenlehrenden setzen sich viele Fachsprachenforscher sowie Fachsprachendidaktiker auseinander. Hier sind einige Stellungnahmen zur Vermittlung der Fachkommunikation aufgeführt:

Nikolina Burneva und Ivan Merdzhanov stellen eine These auf, die besagt: Die Fachsprachenlehrer müssen interdisziplinär ausgebildet werden, nämlich als Philologen, als Pädagogen und als Fachleute, denn die Fachsprache sei den beiden Forschern zufolge „als abstraktes Singular zwar heuristisch sehr handlich, praktisch aber nicht zu unterrichten" (Burneva; Merdzhanov 2009: 75f.).

Max Peter ist der Meinung, dass die Sprachlehrer die Fachsprache erfolgreich vermitteln können, ohne Fachkompetenz zu besitzen, darüber hinaus bereichere die Rollenkonstellation Lehrer als Lerner und Lerner als Lehrer den Lernprozess generell. Er führt folgende Aspekte und Argumente aus:

> Das Kompetenzdefizit des Philologen im fachsprachlichen Bereich ist zweifellos ein Problem, das bei der Auswahl und Vermittlung des Stoffes vor allem dann deutlich wird, wenn der Sprachlehrer über die Einführungsstufe hinausschreitet. Für Lehrer unserer Zielgruppe sollten aber diese Schwierigkeiten zu meistern sein. Die Erfahrung zeigt allerdings, daß viele meiner Kollegen Angst vor dem Fachsprachenunterricht haben und ihn deshalb meiden; sie fürchten, sich aufs Glatteis zu begeben. Als Philologen fühlen sie sich nicht nur inkompetent, sondern auch nicht berechtigt, ins Gebiet der Naturwissenschaften einzudringen. Dabei vergessen sie, daß erstens die Vermittlung von Fachsprache noch nicht primär ein Fachwissen erzeugt und dieses deshalb auch nicht unbedingt voraussetzt und zweitens der Stoff auf der Stufe der Allgemeinbildung nicht wesentlich über das hinausgeht, was auch der akademisch ausgebildete Philologe einmal gelernt hat. Dazu

kommt der bereits erwähnte Umstand, daß das fachliche Kompetenzdefizit des Lehrers den Unterricht positiv befruchten und auflockern kann. Der Schüler, der fachlich zum Teil besser im Bild ist als sein Sprachlehrer, erhält so die Gelegenheit, bestimmte Sachverhalte – in der gewünschten Zielsprache natürlich – dem Lehrer zu erklären oder bei einem Fachlehrer zuerst nähere Auskünfte zu holen. Die starre Fächertrennung wird hier ebenso wohltuend gelockert wie die starre Rollenfixierung der Lehrer und Schüler. (Peter 1987: 160 f.)

Hornung vertritt eine ähnliche Position wie Peter: Fachkenntnisse seien wünschenswert und hilfreich, aber in vielen Fällen nicht nötig (Hornung 1983: 198).

Bei der Fachsprachenvermittlung sollen Fachinhalte und fachspezifische Denkweisen einheitlich betrachtet werden, der jeweilige fachsprachliche Ausdruck kann nur im Rahmen eines entsprechenden Wissensstandes rezeptiv und produktiv ermöglicht werden, postuliert Juergen Gebhard (Gebhard 1987: 23 f.). Das heißt, um die Handlungsfähigkeit im Fach zu realisieren, soll nicht nur der Wortschatz trainiert werden, sondern auch sollen tiefgehende Kenntnisse und Kompetenzen im FSU vermittelt werden (vgl. Peter 1987: 154).

Walter verweist auf die Grenzen der Sprachlehrer bei der Vermittlung der Fachkommunikation:

> Dem Fremdsprachenlehrer fällt es aufgrund seiner fehlenden oder geringen Kenntnisse im jeweiligen Fach schwerer, die Konzepte und wissenschaftlichen Annahmen der jeweiligen Disziplin zu verstehen und entsprechend zu vermitteln. In seiner Arbeit mit Fachtexten wird er sich daher auf allgemeinere Probleme der Vermittlung von Lexik und Grammatik bzw. die Wiedergabe von Fakten (z. B. durch Wahr-/Falschaussagen) konzentrieren und weniger auf die Aufdeckung inhaltlicher Zusammenhänge. (Walter 2000: 178)

Theoder Ickler führt in die Diskussion über die Fachkompetenzdefizite des FSL den Aspekt der Motivation der Lernenden ein. Er hebt folgende warnende These für „viele wohlmeinende Lehrer“ (Ickler 1983: 150) hervor, „die Fachsprache ohne das Fach oder als Propädeutik zum Fach selbst zu lehren – mit äußerst geringem Erfolg und katastrophalen Folgen für die Motivation“ (ebd.).

An dieser Stelle soll darauf hingewiesen werden, dass die didaktischen Kompetenzen für die Wissensaneignung, d. h., wie das Wissen generiert wird, unentbehrlich sind, so dass sich sowohl Lernende als auch Lehrende zu Wissensmanagern für lebenslanges Lernen entwickeln sollten (vgl. Sing; Peters; Stegu 2014: 4). Auch Fluck äußert sich über die erforderliche Flexibilität der Fachsprachenlehrer auf der kognitiven Ebene, über die so genannte „erweiterte Kompetenz" (in Anlehnung an Josef Wieser) (Fluck 1992: 187) folgendermaßen: „Wichtiger statt einer spezialisierten Fachkompetenz ist daher häufiger die Befähigung, sich schnell und effektiv in neue Sachfächer einarbeiten und damit eine nicht zu enge berufliche Einsatzmöglichkeit erreichen zu können." (ebd.: 188) Fiß verschafft ebenso einen Überblick über die Positionen der Fachsprachendidaktiker und erörtert, welches Maß an Fachkompetenz bei den FSL vorhanden sein sollte. Sie kommt zu der Schlussfolgerung: „[D]ie Erkenntnisse über die Strukturiertheit von Wissen und seine Repräsentation [werden] zur entscheidenden Ausgangsgröße" (Fiß 1994: 139). Fluck vertritt die Meinung, dass die Rolle des FSL nicht nur die von Sprachlehrern begehrte Fachkompetenz auszeichnet, sondern auch die Fähigkeit, selbst Unterrichtsmaterialien zu erstellen, Fachsprachenkurse gezielt gemäß den konkreten Ansprüchen der Auftraggeber und den Bedürfnissen der Lernenden zu gestalten und zu unterrichten. Folgende Qualifikationen gehören nach Fluck zum Aufgabenfeld des FSL:

- Bedarfserhebungen in kurzer Zeit durchführen und analysieren.
- Bedarfsorientierten FSU erteilen; entsprechendes Unterrichtsmaterial entwickeln oder adaptieren (den Punkt mit dem Lehrwerk hinterfragt Hammrich (2014: 294) kritisch: Wie kann der Sprachlehrer ohne Fachkompetenz Unterrichtsmaterialien erstellen? Dies sollte in den meisten Fällen nur in Kooperation mit einem Fachexperten erfolgen).
- Bereit sein, mit Lernenden mit unterschiedlichen fachlichen, kulturellen, linguistischen Voraussetzungen sowie mit unterschiedlichen Auftraggebern zu arbeiten.
- Den FSU auch pragmatisch „unter Kosten-/Nutzen-Effekt" (ebd.) betrachten

- In fachlich und sprachlich heterogenen Gruppen unter der besonderen Berücksichtigung der individuellen Erwartungen unterrichten.
- Den eigenen Sprachkenntnisstand entsprechend der modernen Entwicklung in technischen, wissenschaftlichen, wirtschaftlichen, politischen Fragen durch Fortbildung und durch Eigeninitiative stetig vervollkommnen.

Der letzte Aspekt ist zentral für den FSL, er soll sich permanent weiter entwickeln und den Interessenkreis dem jeweiligen Fach anpassen. Darüber spricht auch Kalverkämper:

> Die Frage, wie weit ein an Fachsprachen interessierter Linguist auch z. B. ein kenntnisreicher Ingenieur sein sollte oder (bei Übersetzungsleistungen und terminologischen Klärungen) es auch sein muß; und umgekehrt: wie weit von einem Mediziner oder einem Kernphysiker erwartet werden darf, daß er sich auch mit sprachlichen Problemen – so mit den Herausforderungen seiner Terminologien, seiner Sprechweisen, seiner Textkonventionen, seines Adressatenbewußtseins bei der Kommunikation, usw. – kritisch beschäftigt, bleibt im generellen noch unbeantwortet, regelt sich aber sehr oft und inzwischen erfreulich zunehmend durch das persönliche Interesse an interdisziplinären Erweiterungen und transdisziplinären Kooperationen. (Kalverkämper 1996b: 154)

Es ist evident, dass der FSL mehrere Rollen erfüllt, die ein hohes Verantwortungsgefühl erfordern: Kernaufgaben, die jede Lehrkraft erfüllen sollte – der Lehrer ist Kursplaner, Forscher, Didaktiker, Diagnostiker, Berater, Moderator, Wissensmanager, Helfer, Arrangeur (vgl. Schrader 2011; Isler 2011: 43 f.; Schart 2014: 39). Hattie konzipiert in seinem Buch „Lernen sichtbar machen für Lehrpersonen" ein grundlegendes Prinzip, ein Mantra in der Imperativ-Form für die Lehrpersonen: „Kenne deinen Einfluss" (Hattie 2014: 6). Dabei nennt er auch die fundamentalen Rollen des Lehrers als Evaluator und Regisseur, in denen der leidenschaftliche Lehrer u. a. die Lernsprache und den Lernerfolg fördert und als kooperativer und kritischer Partner sowie anpassungsfähiger Lernexperte die Fragen differenziert betrachtet und Strategien für das Üben und Konzentrieren in einer vertraulichen Atmosphäre einsetzt. Nicht zuletzt vermittelt er, wie der Lerner sein eigener Lehrer wird. Der Lehrer ist sowohl Feedback-Geber als auch Feedback-Empfänger und Interpretator des ganzen Lehr-Lern-Prozesses (ebd.).

Der Lehrer ist lediglich reflexionsorientierter Sprachexperte, dessen Unterstützung nicht nur durch die Vermittlung der Sprachmuster und durch das Feedback erfolgt (vgl. Bleyhl 2000: 39), sondern auch durch die Vermittlung der Befähigung, wissenschaftliche Fachtexte zu verstehen, sie zu schreiben und darüber zu diskutieren (d. h. rrp-Fertigkeiten: rezeptiv, reproduktiv und produktiv (Peter 1987: 154), dabei beinhaltet die kommunikative Kompetenz im fachlichen Diskurs die Kenntnis des fachlichen Denkstils (vgl. Walter 2000: 178)).

Trotz der Überzeugungen vieler Fachsprachenforscher, dass der Sprachlehrer Fachsprache vermitteln könne, weil er die fachlichen Phänomene und deren Zusammenhänge nicht erklären solle und sich bewusst sein müsse, dass er mit den Fachinhalten nicht frei umgehen dürfe – diese sind nach Auffassung von Buhlmann und Fearns (2000: 115)

> nicht beliebig aus[zu]wählen, um[zu]stellen, [zu] kombinieren und [zu] verändern […]. Dieses unangemessene Umgehen mit fachlichen Inhalten kann er vermeiden, wenn er sich durch die Beschäftigung mit Fachtexten einen Eindruck über Forschungsinteresse, Methoden und Darstellungsformen des Faches verschafft.

bleibt das Problem der Fachkompetenz des Fachsprachenlehrers bzw. des Sprachlehrers bis heute ungelöst. Hammrich nennt vier grundlegende Kompetenzen, die der FSL für die FS Umwelt idealerweise besitzen sollte: Fachkompetenz, Fachsprachenkompetenz, Sprachkompetenz und didaktische Kompetenz, dabei plädiert er einerseits für ihre Relativierung und andererseits versteht er unter Fachkompetenz folgende Lehrmaßnahmen:

- das Verständnis des inneren Aufbaus der Fachdisziplin und deren Verortung im System der (umweltbezogenen) Wissenschaften, Wissen um den Bezug zu den Nachbarwissenschaften etc.
- die Kenntnis der zentralen Inhalte und Begriffe (Denkstrukturen und Denkelemente nach Buhlmann; Fearns 2000).
- ein fundiertes umweltrelevantes Basiswissen, welches die Lektüre von Fachtexten auf grundlegendem und mittlerem Niveau und die schnelle Einarbeitung in Spezialthemen erlauben.

- die Kenntnis der im Fachbereich verwendeten Informationsquellen. (Hammrich 2014: 294)

Mit der Einarbeitung bis zum notwendigen Fachlichkeitsgrad wird die Fachkompetenz nach Auffassung von Hammrich erreicht (ebd.: 294 f.). Rudolf Isler verbindet die aktuelle Tendenz der Rollenverschiebungen und Professionalisierungsherausforderungen mit der Entwicklung der unterschiedlichen Berufsbiografien (Isler 2011: 44-46).

Mit diesen Aspekten verlagert sich der Diskurs in die individuelle Dimension, in der der Faktor der Erfahrung sowie weitere Elemente wie Lehrerrolle und Identität des FSL behandelt werden.

2.2.4 Individuelle Dimension

> *„[...] nicht alle Lehrpersonen sind effektiv, nicht alle Lehrpersonen sind Experten und nicht alle Lehrpersonen haben starke Effekte auf Lernende (das ist gemeint, wenn gesagt wird, dass die ‚Varianz aufgrund von Lehrpersonen' entscheidend ist! Es kommt auf die von der Lehrperson abhängige Variabilität der Effekte und ihre Reichweite an)." (Hattie 2013: 129)*

Die individuelle Dimension bildet das Qualitätsmerkmal der Lehrperson, anders gesagt, die Persönlichkeit ist pädagogische Wirkkraft. Lange Zeit wurde der Persönlichkeitsansatz mit der Idee des geborenen Lehrers favorisiert (Herzog et al. 2007: 15; vgl. Schart 2014: 37). Michael Schart schreibt in der Einleitung seines Aufsatzes zur Lehrerrolle, dass die Unterrichtsqualität mit dem Lehrer-Verhalten, mit den Lehrer-Entscheidungen und Lehrer-Philosophien eng verbunden ist (Schart 2014: 36). Hattie verdeutlicht den Individualfaktor wie folgt: „Lernen ist sowohl für die Lehrperson als auch für die Lernenden eine sehr persönliche Reise, auch wenn es auf dieser Reise beachtliche Gemeinsamkeiten zwischen vielen Lehrpersonen und Lernenden gibt." (Hattie 2014: 17) Tatsächlich besteht ein großer Unterschied zwischen den erfahrenen und unerfahrenen Lehrpersonen, auch gibt es signifikante Differenzen zwischen Experten-Lehrpersonen und erfahrenen Lehrpersonen (vgl. Hattie 2014: 28-33), ebenso unterscheiden sich die fähigen Lehrenden von den inspirierten bzw. leidenschaftlichen Lehrpersonen (vgl. ebd.: 34-37). Die Geisteshaltungen, Überzeugungen, Einstellungen der Lehrenden bestimmen individuell das Maß der Verantwortung für die Lehr-Lern-Prozesse. Obwohl die genannten Aspekte eine überzeugende Kraft besitzen, stehe der Lehrer in der Fremdsprachenforschung in der letzten Zeit im Schatten der Lernerforschung, moniert Frank Königs in der Einführung des Zeitschriftenbandes[70] „Der Fremdsprachenlehrer im Fokus". Er plädiert für konzeptuelle Untersuchungen sowohl zum Lerner als auch zum Lehrer (Königs 2014: 3 f.).

Der Persönlichkeitsfaktor ist komplex und vielschichtig, aufgrund dessen beschränkt sich der vorliegende Beitrag auf zwei Themen, die hohe Relevanz für diese Studie haben: die Faktoren *Erfahrung* und *Identität* der Lehrpersonen. Dabei wird kein Anspruch auf eine vollständige Ausführung dieser hochkomplexen Phänomene und der Forschungsansätze erhoben, sondern es werden Erklärungsansätze mit den entsprechenden Definitionen kurz dargelegt, die benötigt werden, um dem Untersuchungsdesign der vorliegenden Dissertation zu folgen.

2.2.4.1 Erfahrungswissen der Lehrenden

Über die konstituierende Rolle der Erfahrungen für den Werdegang der Persönlichkeit schreibt Ciompi wie folgt:

> Alles, was ich wahrnehme und denke, ist unweigerlich von meiner Herkunft, meinem persönlichen wie beruflichen Werdegang und, allgemeiner gesagt, von der Summe meiner Erfahrungen geprägt und limitiert. (Ciompi 1997: 37)

Fleck vertritt die These, dass die praktische Erfahrung unersetzlich ist (Fleck 1983b: 66). Dabei ist wichtig, dass die Erfahrung sich nicht auf alle Wissensgebiete, sondern auf einen Bereich konzentriert (ebd.: 61). Im Kontext der Lehrerforschung vertritt Hans Berner eine rigorose These: „Lehrerin und Lehrer wird man in der Tat nur in der Praxis." (Berner 2011: 96) Eveline Hoffmann (2000)

70 Fremdsprachen lehren und lernen. Zur Theorie und Praxis des Sprachunterrichts an Hochschulen. 43. Jahrgang (2014), Heft 1.

untersuchte die Lerntypen und deren Auswirkungen auf das Lehrerverhalten und stellt fest, dass das Lehrverhalten der Probanden nicht wesentlich lerntypbestimmt sei, wie angenommen wurde, sondern in hohem Maße erfahrungsbestimmt. Sie führt Folgendes aus:

> Die meisten Versuchspersonen gaben an, ihre Lehrfähigkeit und -fertigkeit in der Praxis vor allem durch direkte Erfahrung im Unterricht, gründliches Nachdenken bei der Vorbereitung der Lehrveranstaltungen sowie durch konkreten Erfahrungsaustausch mit Kolleginnen und Kollegen entwickelt bzw. vervollkommnet zu haben. Dies zieht sich durch alle Lerntypen [...]. (Hoffmann 2000: 214)

Die Erfahrung schließt nach Auffassung von Walter Herzog drei Wissensformen in sich ein: Alltagswissen, das im Laufe des Lebens erworben wird, Beobachtungswissen, was die Person im pädagogischen Umfeld (Schule, Familie) im Laufe der Entwicklung lernt, und Berufswissen, das Wissen der Lehrpersonen aus der beruflichen Reifung (Herzog et al. 2011: 64 f.). So verschmelzen in der Erfahrung die biografischen Züge (z. B. Familienwerte) mit den erworbenen Kenntnissen und angeborenen Fähigkeiten und Eigenschaften.

Das Erfahrungswissen der Lehrpersonen als Untersuchungsgegenstand erweckt das wissenschaftliche Interesse in den 1970er Jahren, und zwar aus zwei Sichtweisen: kognitive Studien erforschen die Lehrerkognition in Bezug auf Lehrerhandlungen, während den Ausgangspunkt der personenorientierten Analysen nicht die kognitive Wissenskomponente, sondern die persönlich-biografischen Züge der Lehrenden bilden, erst dadurch wird die Unterrichtspraxis der Lehrpersonen ganzheitlich betrachtet (Appel 2001: 188). Der Fremdsprachendidaktiker Joachim Appel vertritt die Meinung, dass die genannten Ansätze begrenzt sind, weil sie den sozialen Faktor kaum in Betracht ziehen. Er führt in seinem Aufsatz (2001) aus, dass Erfahrung drei wesentliche Aspekte impliziert: Erfahrung haben heißt etwas bewältigen können; Erfahrung wird durch biografischen Verlauf als Lebenserfahrung angeeignet; Erfahrung ist ein soziales Konstrukt, das mit Hilfe der interpretativen Ansätze untersucht werden kann (Appel 2001: 187). Appel unterstreicht, dass Erfahrung im Kontext einer Kultur erworben wird, sie ergibt sich aus der Konfrontation mit materiell und institutionell festgelegten Normen und

Erfahrungen der anderen (ebd.). Dabei definiert er Kultur unter folgenden Aspekten:

- Der erste Aspekt ist in Anlehnung an Ward Goodenough formuliert: Kultur ist das notwendige Wissen, um zu agieren (ebd.: 189). Aus der kulturellen Perspektive wird im Unterschied zu kognitiven und personenorientierten Ansätzen das Lehrerwissen als sozial verteiltes Wissen angenommen, dadurch werden das Verständnis und die Verständigung mit den dazugehörigen Kulturmitgliedern über die Wertesysteme und gemeinsames Wissen erreicht (ebd.: 190).
- Die Kultur tritt als Symbolsystem und seine Interpretation hervor.
- Wissen und Symbole konstituieren sich aufgrund der vorgegebenen Strukturen, die sowohl historisch als auch institutionell bestimmt werden können. Nach Appel „entwickelt sich [das Erfahrungswissen] […] in einem Spannungsfeld zwischen Determiniertheit durch Strukturen und Spielräumen bei deren Gestaltung“ (ebd.).

Er untersucht das Erfahrungswissen als soziales Konstrukt (was an Flecks Denkkollektiv-Theorie erinnert) und vertritt die Meinung, dass in den ausgeführten Annahmen der Fremdsprachenunterricht als Kultur hervortreten kann, denn die Unterrichtsbeteiligten haben gemeinsames Wissen sowie gemeinsame Begrifflichkeiten (z. B. Grammatikarbeit) und arbeiten unter vorgegebenen strukturierten, institutionellen Bedingungsrahmen. Diese Kulturlogik des Unterrichts kann theoretisch auch für den FSU gelten. Die interpretativen Forschungen des Erfahrungswissens der FSL könnten einen reflektierten und kritischen Erklärungsansatz für die didaktischen Unterrichtsmodelle durch das innere Prisma anbieten (vgl. ebd.: 191).

2.2.4.2 Identität der FSL

In dem Kapitel zur kognitiven Dimension wurde festgelegt, dass das Fachdenken der Ingenieure und Philologen grundsätzlich unterschiedlich ist, basierend auf Denkstil und Denkkollektiv. Nach Fleck setzt jede Erkenntnistätigkeit den Wissensbestand voraus, der die individuellen Wahrnehmungen strukturiert. Adamzik und Niederhauser verdeutlichen dies aus sprachlicher Perspektive:

> Sprache hat aber auch identitätsstiftende und -zusammenhaltende Funktion. Wird ein Sprachgebrauch als fremde, nicht eigene Sprache wahrgenommen (und zwar selbst dann, wenn man ihn versteht), so steht das soziale Verhältnis der Kommunikationspartner auf dem Spiel. Sie empfinden sich nicht als derselben Gemeinschaft zugehörig, und darin, dies auszudrücken, liegt wohl der tiefere Sinn des kritischen Laiendiskurses über Fachsprache. (Adamzik; Niederhauser 1999: 32 f.)

Damit aber problematisieren sie das Ich des Sprachlehrers bzw. des Laien und die Interaktion, so dass ein Dreieck abgeleitet wird: Sprache – Identität – Interaktion (soziales Verhältnis). Die Rolle der Sprache ist dabei immens, sie trennt die Kommunikationspartner, sie macht sie fremd füreinander, aber zugleich verbindet sie sie durch das Interagieren. Hier stellt sich die Frage, die empirisch untersucht werden soll: Wie deutet nun der Sprachlehrer (als Kommunikationspartner) seine Identität bei der Vermittlung der technischen Fachkommunikation? Es wurde im Unterkapitel zur Rollenverteilung evident, dass das Bild des FSL bzw. Sprachlehrers nicht selbstverständlich ist. Die FSL problematisieren die eigene Rolle im FSU durch die Fragestellung: Wer bin ich? Was mache ich hier? Dabei werden sie nicht nur mit ihrem Selbstverständnis konfrontiert, sondern auch damit, wie die Studierenden sie wahrnehmen. Dadurch erfolgt die Suche nach der beruflichen Identität einerseits im Klassenraum auf der sozialen Ebene, d. h., der FSL stellt an sich die Frage „Wie werde ich als FSL von anderen wahrgenommen?“ (vgl. Gnutzmann 2013: 52). Der Soziologe Strauss schreibt über die unentbehrliche Rolle der Interaktion wie folgt: „Wer Identität untersucht, muß sich notwendig für Interaktion interessieren, denn die Einschätzung seiner selbst und anderer vollzieht sich weitgehend in und wegen der Interaktion.“ (Strauss 1968: 45) Andererseits verläuft die Identitätssuche auch auf der individuellen Ebene: „Wer bin ich?“ (vgl. Gnutzmann 2013: 52; Vogt 2013). Daraus folgt, dass die Identität kein statisches Konstrukt oder Produkt ist, sondern ein dynamischer Prozess, der durch Interaktionen rekonstruiert und konstruiert wird, wie Karin Aguado hervorhebt (Aguado 2013: 16).

Hinsichtlich des Begriffs der Identität besteht Konsens darüber, dass er derart komplex und wissenschaftstheoretisch so schwer zu fassen ist, dass in der Fachliteratur häufig keine Definitionsversuche vorgenommen werden und die Begriffe der beruflichen Identität, professionellen Identität und des beruflichen Selbstverständnisses oft synonym gebraucht werden (Bourmer 2012: 28 f.). Strauss postuliert selbiges auch in seinem frühen Essay „Spiegel und Masken. Die Suche nach Identität“:

> Identität als Begriff ist genau so schwer zu fassen wie das Gefühl der eigenen persönlichen Identität. Aber Identität, was immer sie sonst sein mag, ist verbunden mit den schicksalhaften Einschätzungen seiner selbst – durch sich selbst und durch andere. (Strauss 1968: 7)

Monika Bourmer schreibt im Kontext der beruflichen Identität in der Sozialen Arbeit, dass der Identitätsbegriff wie auch der Berufsbegriff ahistorisch und ohne Berücksichtigung bzw. Offenlegung der jeweiligen angenommenen Perspektive unmöglich zu definieren seien (Bourmer 2012: 28). Im Rahmen der Fremdsprachenforschung bewertet Schart die Identität der Lehrer neben dem Handlungsrepertoire und dem Professionswissen (oder dem reflektierten Erfahrungswissen) als drittes Element des Bildes der Lehrerrolle (Schart 2014). Auf solche Weise verbindet er das Ich des Lehrers mit seinem Handlungs- und Wissenspotenzial. Er führt wie folgt aus:

> Es liegt auf der Hand, dass sich Lehrerinnen und Lehrer nur dann auf die […] Prozesse einlassen, wenn sie sich auch selbst als Spezialisten für die Gestaltung von Lernmöglichkeiten wahrnehmen und sich ihrer Handlungsspielräume sowie ihrer Verantwortung für die Lernerfolge bewusst sind. (Schart 2014: 42)

In diesem Zitat kommt das Wertesystem der Lehrenden zum Vorschein, Schart spricht über die Verantwortung, die eine konstituierende Rolle für das Selbstverständnis spielt. Diesem Gedanken stimmt Strauss zu: „In einen Handlungsverlauf tief verwickelt sein heißt: ‚sich kümmern‘, betroffen sein und sich damit identifizieren.“ (Strauss 1968: 40)

Für den Kontext der Fachsprachenvermittlung sieht die Situation komplizierter aus, weil es keine Studien gibt, welche die Identitätsfragen der FSL untersuchen. Im Rahmen dieser Studie wird die Definition von Daniela Caspari bevorzugt, die sie in Anlehnung an den psychologischen Ansatz von Ralf Drewes wie folgt ausführt: „Es handelt sich um eine subjektive Konstruktion von Wissen, Einstellungen, Gefühlen etc. über die eigene Person, die in einer kohärenten kognitiven Struktur organisiert ist und für die Handlungsorientierung, -planung und -ausführung des Individuums relevant ist." (Caspari 2001: 238 f.) Es soll darauf hingewiesen werden, dass wie bei Caspari die Identität und das berufliche Selbstverständnis synonym gebraucht werden.

Das Forschungsprogramm Subjektive Theorien[71] wirkt als Impulsgeber für die Durchführung der empirischen Untersuchung im Rahmen der vorliegenden Dissertation. Es werden weder Lernprozesse noch Unterrichtsgeschehen analysiert, sondern erfahrungsgesättigte Berichte mit subjektiven Theorien und Konzeptvorstellungen der FSL. Bei der Unterrichtsplanung, -durchführung und -reflexion werden die Lehrenden von ihren subjektiven Theorien des Lehrens und Lernens begleitet und gesteuert (von Felten 2011: 128). Aufgrund dessen bildet die ausgeführte Identitätsdefinition eine deutende Grundlage sowie einen Ausgangspunkt für methodologische Ableitungen und empirische Überlegungen.

2.3 Zwischenbetrachtung

Folgendes lässt sich festhalten: Der komplizierte Begriff der Fachsprache und dessen diffizile Abgrenzung von der Gemeinsprache, Wissenschaftssprache und Berufssprache mit den Schlüsseldeterminanten Fachsprachlichkeit und Fachlichkeit resultieren aus der gesellschaftlichen Entwicklung sowie aus der Entstehung, Spezifizierung und Emanzipation der Fachgebiete. Die Definitionsversuche des Begriffs Fachsprache, die bis zur heutigen Zeit vorgenommen werden, verdeutlichen einen weiten – theoretisch und empirisch zu untersuchenden – Problembereich in der Fachsprachenforschung sowie in der Fachsprachendidaktik. Im Rahmen der vorliegenden Studie wird die Definition der Fachsprache von Hoffmann abgeleitet sowie das Postulat, die Fachsprachen seien der Gesamtsprache untergeordnet. Durch den ausgeführten Antagonismus im Dreieck FSU vs. Fachunterricht und Fremdsprachenunterricht sowie durch die fachsprachendidaktischen

[71] Siehe methodologischen Teil.

Konzeptionen werden die Komplexität des Bedingungsgefüges und die Vielschichtigkeit des FSU gezeigt. Zudem wird die starke Differenz zwischen dem Vermitteln (oder Konstruieren) der Fachsprache und der Fremdsprache zum Ausdruck gebracht sowie eine Reihe der Fragen in Bezug auf die Möglichkeiten der Aktanten im FSU aufgetan.

Die Fachsprachenforscher sind sich nicht einig in der Frage, welche Kompetenzen der FSL besitzen sollte, die meisten plädieren für das Vorhandensein von Fachkompetenz, Sprachkompetenz bzw. sprachwissenschaftlicher Kompetenz und Lehrkompetenz bzw. pädagogischer Kompetenz. Die Fachkompetenz ist jedoch selten[72] vorhanden, sondern eher die Ausnahme, die mit biografischen, persönlichen Entscheidungen verbunden ist. Der klassische FSL ist der Fremdsprachenlehrer, denn der Fachsprachenunterricht unterscheidet sich oft kaum vom Fremdsprachenunterricht, nur in der Präsentation des sprachlichen Materials ist nach Auffassung von Kelz der FSU eigenständig, und zwar in puncto Fachtext, Fachwortschatz und kognitiver Aspekte (Kelz 1996: 509). Die Vermittlung der technischen Fachkommunikation erfolgt unter Berücksichtigung der kognitiven, affektiven, sozialen und persönlichen bzw. individuellen Dimension. Die größte Schwierigkeit bereitet dem FSL die kognitive Ebene der technischen Fachkommunikation, denn der Denkstil sowie die Erkenntnismethoden, das wissenschaftliche Beobachten und Wahrnehmen der Philologen unterscheiden sich nach Fleck von denen der Ingenieure. Fleck verwendet folgende Formel:

> Je geringer die Bildung des beobachtenden Laien ist, oder besser gesagt, je entfernter sie von der Ausbildung eines Fachmanns unseres Gebiets ist, um so verschiedener ist das von ihm gesehene Bild von dem, was der Fachmann sieht, um so entfernter ist auch die Beschreibung. […] Je näher die Bildung des beobachtenden Laien der Bildung des Fachmanns ist, desto näher ist auch das gesehene Bild. (Fleck 1983b: 65)

Die kognitive Dimension ist von der affektiven Dimension schwer zu trennen, begründet wird dies einerseits mit den Grundthesen der Denkstiltheorie nach

72 Zum Phänomen des FSL: Idealfall – Seltener Fall – Klassischer Fall (Zalipyatskikh 2014: 155-157).

Fleck und andererseits mit der Affektlogik von Ciompi, welche die stetige affektive Gestimmtheit bei allen Denkprozessen und Handlungen postuliert, d. h., Denken und Fühlen wirken immer zusammen, es gibt weder affektfreies Denken noch reines Fühlen. Dies rechtfertigt noch einmal die Darstellung der Grundgefühle und deren Logiken, in Verbindung mit ihrer Auswirkung auf und ihrer Relevanz für Unterrichtsprozesse: Angst, Trauer, Wut, Interesse bzw. Motivation, Flow und Liebe bzw. Lust.

Nach der Denkstiltheorie Flecks ist das Denken sowohl ein sozialer als auch ein individueller Prozess, deswegen sind diese Dimensionen bei der Vermittlung der (technischen) Fachkommunikation ebenso von hoher Relevanz wie kognitive und affektive – sie überkreuzen einander, verschmelzen miteinander und stehen in einer Wechselwirkung. Aufgrund dieser Dimensionen entwickelt der FSL Strategien der Interaktion, Autonomieförderung und Rollenverteilung, um die fachliche Ebene im FSU zu bewältigen. Eine wesentliche Bedeutung spielt die Erfahrung des FSL, was Fleck wie folgt unterstreicht: „Selbst die gründlichsten Beschreibungen können fehlende praktische Erfahrungen nicht ausgleichen." (Fleck 1983b: 66)

Problematisch und widerspruchsvoll ist das Bild des FSL, seine Identität – einerseits klingt es überzeugend, dass der Sprachlehrer den FSU mit methodisch-didaktischen Prinzipien und Strategien bewältigen kann, ohne Fachkompetenz zu besitzen, andererseits gibt es keine empirischen Studien, die einen erfolgreichen FSU mit klarem Lehrerbild repräsentieren. Die fehlende Fachsprachentheorie sowie der nicht klar abgegrenzte Begriff der Fachsprache leisten einen Beitrag hinsichtlich der Komplexität und der Unterrichtsrealität für den Fachsprachenlehrer. Die Ansätze der Fremdsprachenforschung, Fachdidaktiken und Pädagogik unterstützen einerseits das Lehrer-Handeln und die Lehrer-Rolle im FSU, wie Monteiro konstatiert: „Für den Fachsprachenlehrer gelten im allgemeinen die Anforderungen, die auch für einen Fremdsprachenlehrer gelten." (Monteiro 1990: 143) Andererseits haben sie keine Sensibilität für das Phänomen der Fachkommunikation. Konsens besteht in der Fachliteratur darüber, dass die Zusammenarbeit zwischen dem FSL und den Fachleuten fruchtbare Ergebnisse liefern kann: bei der Lehrwerk- bzw. Unterrichtsmaterialerstellung, bei der Unterrichtsplanung sowie Unterrichtsdurchführung. Dies sollte ebenfalls empirisch untersucht werden.

Daher sollten dem Lehrerbild im FSU und der Identität des FSL größere wissenschaftliche Bedeutung in der Lehrerforschung beigemessen werden, sie sollten empirisch untersucht werden, und zwar aus sozialen und persönlichen Perspektiven. Wichtig für den FSU sowie für den FSL wäre überdies, die Ängste der FSL zu erforschen, da die Angstlogik den gesamten Unterrichtsprozess steuern kann, was nicht zu effektiven Ergebnissen führen kann. Auch bleibt die Gretchenfrage nicht ausreichend untersucht: Wie viel darf der Sprachlehrer als FSL nicht wissen? Um die fachliche Kompetenz des FSL herum entsteht ein Spielraum der Argumente, die nicht theoretisch, sondern empirisch begründet werden sollten. Monteiro führt ihre Skepsis bezüglich der Lehrerforschungen im Kontext der Fachkompetenz folgendermaßen aus:

> Ich bin nicht sicher, ob es sinnvoll wäre, Untersuchungen durchzuführen, die die Leistungen der „reinen“ Sprachlehrer mit denen der „gemischten“ Sprach- und Fachlehrer vergleichen. Aber auch wenn sich herausstellen sollte, daß die „gemischten“ Lehrer bessere Ergebnisse erbringen, sehe ich viele Schwierigkeiten, zumindest in Ländern der Dritten Welt, den Fachsprachenunterricht nur auf diese Weise durchzuführen. (ebd.: 145)

Das Unwissen darüber, wie effektiv der FSL ohne fachliche Kompetenz ist, bringt weder viel für den FSU noch für sein eigenes berufliches Selbstverständnis. Durch Vergleichsstudien könnten Erkenntnisse geliefert werden, die das Lehrerbild und die Lehrerrolle stärker konturieren und definieren und ermöglichen, den Unterrichtsprozess generell zu optimieren.

3 Methodologischer Teil

> *„Das publizierte Wort ist also nicht das letzte, sondern markiert nur eine Pause im nie endenden Prozess der Theoriegenerierung.“*
> *(Glaser; Strauss 2010: 58)*

Im folgenden Kapitel werden die methodologischen Entscheidungen erläutert, aufgrund derer das qualitative Forschungsparadigma mit explorativ-interpretatorischem Charakter realisiert wurde.

Da die didaktischen Konzepte der Fachsprachenlehrenden sowie ihre Kognitionen, Vorstellungen und Überzeugungen in der Fachsprachenforschung unvollständig sind und keine Hypothesen quantifizierbar überprüft werden können, wurde ein qualitatives Forschungsdesign konzipiert, mittels dessen die subjektiven Annahmen der FSL durch „nicht-mathematische“ (Strauss; Corbin 1996: 3) Verfahren analysiert werden. Dabei werden folgende Qualitätsmerkmale berücksichtigt, die Andreas Müller-Hartmann und Marita Schocker-v. Ditfurth in der Einleitung zum Band „Qualitative Forschung im Bereich Fremdsprachen lehren und lernen“ thematisieren (Müller-Hartmann; Schocker-v. Ditfurth 2001: 4 ff.):

Qualitative Forschung sei *anwendungs- und entwicklungsorientiert* mit der evidenten Rolle, den didaktischen Bezug sowie die Erstellung der Vermittlungskonzepte zu entwickeln. Sie sei *teilnehmerorientiert,* d. h. zwischen Untersuchungssubjekten und -objekten existiere eine gewisse Wechselseitigkeit. Sie sei ferner gegenstandsbegründet, dadurch, dass der Forscher eine geeignete Methode für die Analyse des Untersuchungsgegenstandes wähle. Sie sei *prozessorientiert* und *reflexiv*, das essenzielle Gütekriterium der Transparenz sei von entscheidender Relevanz bei der Darstellung des ganzen Forschungsprozesses. Qualitative Forschung agnosziert die Grenzen menschlichen Erkenntnisgewinns. Sie problematisiert die Rolle des Forschers, dessen Subjektivität, ob und inwieweit die Phänomene rekonstruiert und die Prozesse zum Ausdruck gebracht werden können, was die Sprache leisten kann etc. Hartmann und Schocker-v. Ditfurth verdeutlichen:

> Qualitative Forschung ermittelt *kollektive, gemeinsam geteilte wie auch je nach Perspektive und Entwicklungsstand divergierende Sinnstrukturen.* Dem Anspruch an ein Ermitteln des Gemeinsamen eines untersuchten Feldes steht deshalb auch die Darstellung seiner Widersprüche, Ungereimtheiten und Unterschiedlichkeiten der Perspektiven gegenüber, durch die erst das Bild über einen Forschungsgegenstand vervollständigt wird. (Müller-Hartmann; Schocker-v. Ditfurth 2001: 6 - Hervorh. i. O.)

Für die Gestaltung des empirischen Teils im Rahmen der vorliegenden Arbeit findet eine Auseinandersetzung mit zwei Theorien statt – mit dem *Forschungsprogramm Subjektive Theorien* und mit dem Forschungsstil *Grounded Theory.* Beide Forschungsprogramme werden näher betrachtet, um das Prozedere im empirischen Abschnitt nachvollziehbar zu machen, worauf besonderer Wert gelegt wird, denn während des Forschungsprozesses werden viele methodologische Veränderungen angenommen. In diesem Zusammenhang heben Müller-Hartmann und Schocker-v. Ditfurth hervor, der Forschungsprozess bei qualitativen Forschungsarbeiten folge selten in kausal-linearer Weise exakt einem vorher entwickelten Plan (ebd.: 3).

3.1 Das Forschungsprogramm Subjektive Theorien

Was beinhalten Subjektive Theorien? Christiane Kallenbach (1995: 85) definiert Subjektive Theorien auf folgende Weise:

> Subjektive Theorien lassen sich damit definieren als erfahrungsbasierte Wissensstrukturen, die im Hinblick auf einen bestimmten Lebens- oder Erfahrungsbereich in einen individuellen Sinnzusammenhang gebracht werden und damit für den einzelnen als Erklärungs- und Orientierungssystem dienen. Damit wird für die subjektiven Theorien psychologische Realität angenommen, was nicht bedeutet, dass der Sinnzusammenhang notwendigerweise explizit und bewusst sein muss.

Das Forschungsprogramm Subjektive Theorien (FST) wurde mit der ‚kognitiven Wende' und mit dem Paradigmenwechsel von der Außen- zur Innenperspektive und auch zur Binnensicht[73] des Individuums als Forschungsgegenstand vom behavioristischen zum epistemologischen Menschenbild in den 1970er und 1980er Jahren in der kognitiven Psychologie und Wissenssoziologie entwickelt. Norbert Groeben und Brigitte Scheele, Begründer dieses Programms, manifestieren in ihrem Ansatz die „kognitiv-konstruktive Aktivität/Reflexivität des menschlichen Subjekts" (Groeben; Scheele 1977: 19) und vereinen damit die „empirischen und hermeneutischen Traditionen" (ebd.: 32). Rüdiger Grotjahn konstatiert, im Rahmen des FST sei ‚Subjektive Theorie' ein Oberbegriff zu Konzepten wie Alltagstheorie, Laien-Theorie und naive, implizite oder intuitive Theorie (Grotjahn 1998: 33). Im Fokus stehen hier menschliche Reflexivität, Handlungs-, Sprach- und Kommunikationsfähigkeit. Der Blickwinkel richtet sich in erster Linie auf die subjektive Innensicht des Forschungsobjektes, auf seine hochkomplexen Kognitionen der Selbst- und Weltsicht, Denkinhalte, Denkstrukturen, Gefühle, Strategien und u. a. entäußerten Handlungen. Scheele und Groeben zufolge wird das rationale Denken und Handeln, die so genannte „Rationalitätsfähigkeit" (Scheele; Groeben 1998: 14), hier zu einem Gegenstandsmerkmal des Subjekts (ebd.).

Um dieses komplexe Kognitionsaggregat als ‚Subjektive Theorien' zu bezeichnen, sei als Merkmal das Vorhandensein der Argumentationsstruktur zu berücksichtigen, die nicht unbedingt explizit sein müsse. Diesem Postulat liege eine „Parallelitätsannahme von wissenschaftlichem und Alltags-Theoretisieren" (ebd.: 16) zugrunde. Die Subjektiven Theorien würden parallele Funktionen erfüllen wie die wissenschaftlichen: die der Erklärung, Prognose und Technologie, wobei ‚Erklärung' als Antwort auf die Warum-Fragen agiere, ‚Technologie' als Ableitung von Handlungsanweisungen zur Beeinflussung der Umwelt und ‚Prognose' als Vorhersage und Annahme der theoretischen Ansätze (ebd.: 16).

Das FST lässt sich nach Groeben mit folgenden Merkmalen definieren:

---

73 „Mit den Begriffen ‚Innen'- und ‚Binnensicht' sollen zwei unterschiedliche Perspektiven unterschieden werden: Innensicht bezieht sich auf Forschungsvorgänge, die ‚innere', also psychische, kognitive, affektive Prozesse nachvollziehen und abbilden, z. B. in der Psycholinguistik oder in der Motivationsforschung; Binnensicht hingegen bezieht sich auf den Wechsel von der Fremdperspektive des Forschers oder der Forscherin zur Eigenperspektive der Befragten." (Kallenbach 1995: 93).

> Kognitionen der Selbst- und Weltsicht, als komplexes Aggregat mit (zumindest impliziter) Argumentationsstruktur, das auch die zu objektiven (wissenschaftlichen) Theorien parallelen Funktionen der Erklärung, Prognose, Technologie erfüllt. (Groeben 1988: 19)

Das Bild, das wir von uns selbst und von unserer Umgebung haben, werde in seiner kognitiven Entstehung häufig mit dem Schema-Begriff erklärt und laut Littlewood (zit. n. Kallenbach 1995: 85) werden diese schematischen Vorstellungen dank Sozialisation, Erfahrungen, Assoziationen etc. gebildet, d. h., sie ordnen das Wissen. Diese Wissensstrukturen agieren als „vertraute Schemata" (ebd.) für die neuen Situationen, die vergleichbar mit bereits Erlebtem sind. Es sei nicht verkehrt, dass sie sich unterscheiden würden, wesentlich sei allerdings, dass sie in diesen Schemata nicht auseinandergingen. Die mit der Zeit transformierenden Schemata könnten nicht konstant bleiben, was für das FST keine wesentliche Rolle spiele, denn viel bedeutender ist Kallenbach zufolge die Art des Wissens, so genanntes Alltagswissen, das als Resultat des Agierens und Interagierens in einem komplexen sozialen Umfeld entstehe (Kallenbach 1995: 85).

3.1.1 Kommunikative und explanative Validierung. Rekonstruktion von Subjektiven Theorien

Grotjahn eruiert, die Personen (Lerner und Lehrer) werden „als reflexive, (potentiell) rationale und kommunikationsfähige Aktanten" (Grotjahn 1998: 50) angenommen, die „selbst am besten über ihre Kognitionsinhalte [...] Auskunft geben können" (ebd.). Scheele und Groeben heben hervor, dass der Mensch Sprach- und Kommunikationsfähigkeit besitze und dank seiner Kompetenzen solche potenziell hochkomplexen Sinndimensionen trotz ihrer Individualität (vom Erkenntnisobjekt) „mitteilbar" (Scheele; Groeben 1998: 19) und (vom Erkenntnissubjekt) „verstehbar" (ebd.) seien. Dabei sei wichtig, dass dieser Verständigungsprozess immer explizit rekonstruiert wird. Ob das Verstehen der Subjektiven Theorie adäquat wahrgenommen werde, könne nur durch die Einwilligung des Erkenntnisobjekts festgestellt werden (ebd.).

Das FST als forschungsmethodischer Prozess wird in zwei Phasen realisiert: Die gängigste Methode der Datenerhebung findet in Form des Interviews statt – in einem teilstrukturierten (halbstandardisierten), offenen oder narrativen Interview stellt sich das Forschungsobjekt möglichst explizit dar. Danach werden zwischen dem Forscher (Erkenntnis-Subjekt) und dem Erforschten (Erkenntnis-Objekt) die kommunikativen Aushandlungen durchgeführt, wodurch das adäquate Verstehen der Subjektiven Theorien des Erzählenden gesichert wird. Kommunikative Validierung, deren Ziel der Konsens des Erkenntnis-Objekts ist, erfolgt in Form von verschiedenen Konfrontationstechniken für die präzisierende Explikation der Reflexionsinhalte – das sind so genannte Auslege-Techniken (wie Struktur-Lege-Verfahren, Ziel-Mittel-Argumentation, Flussdiagramme). Scheele und Groeben führen wie folgt aus:

> […] der Forscher muss vor dem Rekonstruktionsversuch das jeweilige System der Verknüpfungsregeln, das er zur Abbildung der Subjektiven Theorien einzusetzen gedenkt, in systematischer und möglichst verständlicher Form dem Versuchspartner zur Kenntnis bringen; und zwar so, dass dieser nicht nur die Rekonstruktionsgenese des Wissenschaftlervorschlags durchschaut, sondern auch selbst das jeweilige Regelsystem einsetzen und damit eine eigene subjektiv-theoretische Elaboration seiner Kognitionsinhalte vornehmen kann. (Scheele; Groeben 1988: 33)

Konkret kann die Vorgehensweise folgendermaßen aussehen: In der ersten Sitzung bzw. im ersten Schritt werden die Kognitionsinhalte z. B. durch halbstandardisierte Interviews erhoben, bei denen der Interviewpartner zuerst spontan auf hypothesen-ungerichtete Fragen[74] antwortet. Dann wird er mit den hypothesengerichteten sowie auch Störfragen konfrontiert, die den Diskurs erweitern und vertiefen. Die Daten werden aufgenommen und transkribiert. Aufgrund der Analyse der transkribierten Interviews werden die essenziellen Konzepte entwickelt und auf Kärtchen (Konzeptkärtchen) geschrieben. In der zweiten Sitzung (Dialog-Konsens-Verfahren) wird der Interviewte gebeten, das Strukturbild eigener

74 Die hypothesen-ungerichteten Fragen werden offen gestellt und dienen zur Klärung der Definitionen, Zielpräzisierungen, Wissensbestände des Interviewpartners. In den hypothesen-gerichteten Fragen appelliert der Interviewende an die wissenschaftlichen Ansätze zu dem behandelten Problem, die der Interviewte nach seiner Logik annehmen oder ablehnen kann. Durch die Störfragen wird der Interviewte mit Antithesen konfrontiert, damit er/sie eigene Sichtweisen kritisch reflektiert, die Meinung festlegt, vertieft, eingrenzt etc. (Scheele 1988: 149).

Subjektiver Theorien mit Hilfe von Konzeptkärtchen zusammenzustellen. Der Interviewende legt ebenfalls ein Strukturbild der Subjektiven Theorien vor.

Beide Strukturbilder werden verglichen und es wird das Modell der „Konzept-Relations-Kombinationen“ (Scheele; Groeben 1998: 23) gewählt, das die Sicht des Erkenntnis-Objekts am deutlichsten darstellen kann. Scheele und Groeben heben im Validierungsprozess Folgendes hervor:

> Inhaltlich beschreibt die kommunikative Validierung also die Gründe, Intentionen, Ziele von Handelnden, während die explanative Validierung überprüft, ob diese Gründe und Ziele auch als Ursachen und Wirkungen der entsprechenden Handlungen aus der Beobachtungsperspektive der dritten Person ‚objektiv‘, d. h. intersubjektiv, akzeptierbar sind. (ebd.: 26)

Die explanative Validierung erfolgt als nächster Schritt, in dem mit Hilfe der empirischen Methoden (z. B. Beobachtung) bestimmte Aspekte der Subjektiven Theorien überprüft werden. Scheele und Groeben thematisieren damit den Aspekt der „Realitätsadäquanz“ (ebd.: 25), während die Phase der kommunikativen Validierung die „Rekonstruktionsadäquanz“ (ebd.) überprüft. Sie schließen nicht aus, dass die Reflexionen über die Welt täuschend und irrtümlich sein können (ebd.), denn zentral sind bei der Erhebung der Subjektiven Theorien die handlungsleitenden Innensichten in den Selbstberichten der Befragten. Dafür diene die Festlegung der Rekonstruktionsadäquanz in Form von Dialog-Konsens als hermeneutisches Wahrheitskriterium (Scheele 1988: 127).

3.1.2 FST aus fremdsprachendidaktischer Perspektive

Zum Beruf des Fremdsprachenlehrers gehören unvermeidlich Reflexionen verschiedener Intensität, das betonen sowohl Kallenbach (1995) als auch Grotjahn (1998). Grotjahn zufolge bringt das Konstrukt ‚Subjektive Theorie‘ der Forschung zur Fremdsprachenausbildung einen großen Erkenntnisgewinn (Grotjahn 1998: 34). Er sieht einen zentralen Anwendungsbereich des FST in der Lehrerausbildung und betont: „Geht man von dem Modell des ‚reflective practioner‘ aus, dann ist die Reflexion – unter Einschluss der Reflexion auch der eigenen Subjektiven Theorien – ein zentrales Merkmal des professionellen Lehrers“ (ebd.:

53). Kallenbach bettet dies in einen noch größeren Zusammenhang ein, wenn sie wie folgt argumentiert:

> Der Realitätsbezug subjektiver Theorien liegt jedoch auch gerade darin, auf der Grundlage von bereits Erlebtem eine Erwartungshaltung aufzubauen, also zu antizipieren. Subjektive Theorien, verstanden als subjektiver Filter, sind dann nicht nur unter der Fragestellung interessant, inwieweit sie Handlungen begleiten und steuern, sondern in didaktischer Hinsicht auch insofern relevant, als sie bestimmte Handlungsmöglichkeiten, Konzepte und Argumentationen zulassen und andere ablehnen, je nachdem ob sie mit der subjektiven Theorie in Einklang gesehen werden. Damit weisen subjektive Theorien auf die unterschiedlichsten Handlungsfelder, aus denen sie entstehen und in die sie zurückwirken. Erkenntnisfördernd sind sie jedoch gerade dadurch, dass sie abstrahiertes Wissen für einen bestimmten Lebensbereich in einen logischen Zusammenhang bringen. Diese individuellen Zusammenhänge sind wichtig sowohl als theoretisches Konstrukt in der fremdsprachendidaktischen Forschung als auch als persönliches Wissen in der unterrichtlichen Praxis. (Kallenbach 1995: 92)

Inez De Florio-Hansen hebt hervor, dass die Subjektiven Theorien in der Fremdsprachenforschung als „aggregierte Hypothesen" (De Florio-Hansen 1998: 6) der Lernenden und Lehrenden auftreten, die nicht als Selbstzweck, sondern als Ausgangspunkt für die wissenschaftliche Forschung dienen.

3.1.3 Studien auf Basis der FST-Methodologie

Der Forschungsansatz FST war in den 80er und 90er Jahren und darüber hinaus unter den Wissenschaftlern in der Fremdsprachenforschung en vogue. Es wurde eine Reihe von Studien auf Basis des Forschungsprogramms Subjektive Theorien konzipiert, die sowohl die Perspektive der Lernenden als auch die der Lehrenden betrachteten. Nachfolgend werden drei Studien zur Perspektive der Lehrerforschung als relevante Beispiele für die vorliegende Untersuchung kurz skizziert.

Gilda Rippen (1997) untersuchte die Subjektiven Theorien der Fachsprachenlehrenden im fachsprachlichen Englischunterricht „Technische Fachkommunikation" an Hochschulen und Fachhochschulen in Bezug auf das fachliche Hintergrundwissen. Laut Rippen (1998: 166) hat der Qualifikationsansatz aus Sicht der

Betroffenen im Gegensatz zu fremdsprachlichen, fachlinguistischen und sprachdidaktisch-methodischen Kenntnissen besondere Bedeutung, denn er werde von allen befragten Lehrenden explizit angesprochen. Die Forscherin untersuchte die fachlichen Anforderungen an die FSL, ihre Bewältigungsstrategien und die Auswirkungen solcher Auseinandersetzungen auf das Selbstverständnis der FSL. Dafür konzipierte sie das Forschungsdesign, das acht problemzentrierte, teilstrukturierte Einzelinterviews mit den FSL der fachsprachlichen Englischkurse an einer Universität bzw. Fachhochschule in Berlin vorsah. Die befragten Fachsprachenlehrenden hatten keine fachliche Ausbildung im Bereich der Ingenieurwissenschaften. Rippen führt ihre Erkenntnisse wie folgt aus:

> Im Hinblick auf die Aneignung des fachlichen Hintergrundwissens kann also davon ausgegangen werden, dass die Dozenten/-innen ein hohes Maß an Eigeninitiative aufbringen müssen. Ausnahmslos alle Befragten weisen auf die große Bedeutung des fachlichen Hintergrundwissens hin. In Zusammenhang mit dem fachlichen Aspekt wird von ‚Sachkenntnis', ‚mitreden können', ‚Sicherheit' und ‚Beschlagenheit' gesprochen. Fachkompetenz wird somit als Voraussetzung für den fachsprachlichen Englischunterricht angesehen. In folgenden Bereichen sehen sich die Befragten im fachsprachlichen Englischunterricht mit den eigenen Defiziten konfrontiert: fachliche Abhängigkeit von den Studierenden, Abhängigkeit von einem Lehrbuch bzw. -werk als Leitmedium sowie Unsicherheit bei der Literaturrecherche und der Didaktisierung authentischer Fachtexte. Besonders negativ wird die fachliche Abhängigkeit von den Studierenden bei inhaltlichen Verständnisproblemen im Unterricht gewertet. Daraus kann die Angst entstehen, Unterrichtsprozesse nicht mehr steuern zu können [...]. (ebd.: 167)

Es wäre aufschlussreich, die Konsequenzen der vorliegenden Untersuchung mit den Konsequenzen[75] der Forschung von Rippen zu vergleichen, aber die Dissertation wurde nicht veröffentlicht.

Caspari (2001; 2003) untersuchte das berufliche Selbstverständnis von Lehrenden moderner Schulfremdsprachen. Im Mittelpunkt ihrer Studie stand die Frage, wie sich die Fremdsprachenlehrenden selbst sehen und verstehen, welche Vorstellun-

---

75 Ähnliche Ausführungen machen die FSL der technischen Fachkommunikation (Deutsch) im Rahmen der vorliegenden Studie (siehe empirischen Teil).

gen, Meinungen oder Überzeugungen und welches Funktionsverständnis sie entwickelt haben und durch welche Faktoren sie beeinflusst wurden. Mit ihrer Untersuchung versuchte sie, eine möglichst detaillierte und umfassende interpretative Beschreibung des beruflichen Selbstverständnisses von Fremdsprachenlehrenden neben grundlegenden Kenntnissen und Einsichten in diesen komplexen Wirklichkeitsbereich zu gewinnen, um sowohl zu einem besseren Verstehen beizutragen als auch Anregungen zu weiterführender Forschung zu geben (Caspari 2001: 238). Die *„individuelle Sicht* einzelner Fremdsprachenlehrender" (Caspari 2003: 12 - Hervorh. i. O.) bewegte die Forscherin, ihre Untersuchung vorzunehmen. Ihre Studie lehnte sich an das FST an, aber schloss kommunikative Validierung der Rekonstruktionen sowie deren Handlungsvalidierung und auch Aggregierung[76] aus bestimmten Gründen aus (siehe Kapitel 3.1.4), deshalb verwendete sie den kleingeschriebenen Begriff ‚subjektive Theorien' in weiter Explikation (Caspari 2003: 76f.).

Ingrid Kunze (2004) führte eine qualitative Studie zu individuellen didaktischen Theorien von Lehrerinnen und Lehrern („Konzepte von Deutschunterricht") durch. Sie rekonstruierte die individuellen didaktischen Theorien von 30 Deutschlehrenden in der Sekundarstufe I aus drei Bundesländern (Sachsen, Sachsen-Anhalt, Hamburg), verglich sie untereinander und entwickelte Typen der individuellen didaktischen Theorien. Sie definiert den Begriff „individuelle Theorien" als „komplexe kognitive Strukturen des Einzelnen, die sich auf dessen Selbst- und Weltsicht beziehen" (Kunze 2004: 12 f.). Ihrer Auffassung nach sind individuelle didaktische Theorien Teil des beruflichen Wissens der Lehrer. Kunze untersucht die Elemente dieser Theorien und deren Verknüpfungsmodelle und stellt in ihrem Erkenntnissinteresse die Fragen, inwieweit die Ausprägung der individuellen Theorien von der Berufslaufbahn der Lehrenden und von der Schulform, an der sie tätig sind, abhängt, und welche Bedingungen aus der Sicht der Deutschlehrer die Genese, die Stabilität oder die Veränderung beruflichen Wissens beeinflussen (ebd.: 13).

76 „Zusammenfassung individueller subjektiver Theorien zu übergreifenden Theoriestrukturen" (Caspari 2003: 76).

Die dritte Studie dient als Beispiel der Einführung eines neuen Begriffs, es geht um die *individuellen Theorien* im Bereich des didaktischen Denkens und Handelns der Lehrkräfte. Mit ihrem Terminus signalisiert Kunze, dass sie einen gewissen Bezug zur psychologischen Wissens- und Lehrerforschung hat, sich aber auf primär erziehungswissenschaftliche und fachdidaktische Ansätze konzentriert. Sie expliziert die Übereinstimmungen mit dem FST im Rahmen ihrer Studie aufgrund folgender Merkmale (ebd.: 78):

- Individuen seien reflexionsfähig und vermöchten ihr Tun zu beeinflussen.
- Sie könnten über eigenes Denken und Handeln sprechen.
- Es gebe Analogien zwischen Teilen des individuellen Wissensbestandes von Nicht-Wissenschaftlern und wissenschaftlichen Theorien und deswegen sei es angemessen, den Theoriebegriff in übertragener Bedeutung auch für dieses Wissen zu verwenden.
- Es gebe potenziell handlungsleitende Kognitionen und zugleich ein implizites Wissen.

Wie angedeutet wurde, ist das FST einerseits prominent und attraktiv für die Forschenden in den Lehreruntersuchungen, aber andererseits wird es in seiner weiteren Explikation, nur ansatzweise verwendet. Im nächsten Punkt werden einige Kritikpunkte am FST behandelt, die zeigen, dass die Realisierung des gesamten Programms in den meisten Fällen problematisch sei.

3.1.4 Einige Kritikpunkte am FST und dessen mögliche Variationen

Heinz Mandl und Günter L. Huber betonen zur Frage des Schwerpunkts im FST:

> Es interessiert also nicht die Handlungssituation per se, wie sie ‚objektiv' gegeben ist, sondern die Situation, wie der Lehrer sie wahrnimmt, in der er sich subjektiv befindet – und in der er agiert. (Mandl; Huber 1982: 5)

Der Aspekt des Wahrheitsgehalts wurde bereits in der kurzen Darstellung (s. o.) angedeutet und wird häufig von der Forschung in Frage gestellt, obwohl das Forschungsprogramm Subjektive Theorien das Ziel verfolgt, Handlungsstrategien festzustellen und kognitive Prozesse herauszufiltern. Mandl und Huber heben hervor:

> Die Frage verfehlt den Kern des Bedeutungsproblems von subjektiven Theorien: Es ist unwesentlich, ob ein Alltags-Psychologe die ‚wahren' Zusammenhänge menschlichen Erlebens und Handelns erfasst – wenigstens für den Ausschnitt, auf den er sein Interesse richtet, entscheidend ist, ob und wie er sich in seinem Handeln von der für ihn möglichen kognitiven Strukturierung interpersonaler Beziehungen und den darin ablaufenden regelhaften Prozessen leiten oder beeinflussen lässt. Als Lehrer wird er mit dieser seiner Orientierung wieder andere beeinflussen. (ebd.: 4)

De Florio-Hansen wirft Fragen zur Klärung des Terminus der Subjektiven Theorien als auch zum Rückgriff auf die Kognitionen auf, d. h., ob es sich bei den Subjektiven Theorien um dauerhaft repräsentierte Kognitionsaggregate oder temporäre und somit instabile Kognitionen handele, welche Rolle die Dichotomie explizit vs. implizit im Hinblick auf diese Gedächtnisinhalte spiele und inwieweit solche Kognitionen handlungsleitend seien. Dabei bestehe das Problem der Definition der Subjektiven Theorien und auch des forschungsmethodischen Zugriffs auf Kognitionen fort (De Florio-Hansen 1998: 5).

Die Aussagen von Caspari (2003: 76 f.) verweisen auf die strittigen Punkte des Forschungsprogramms Subjektive Theorien im Zusammenhang mit der Validierung per se. Die Forscherin bewertet für die Realisierung ihres Vorhabens die kommunikative Validierung als problematisch und ungeeignet, ebenso wie die Handlungsvalidierung und Aggregierung, wie bereits oben kurz erwähnt wurde. Im Rahmen ihrer Interviewstudie mit den Fremdsprachenlehrenden verzichtet sie demnach auf die Validierungsphase des Forschungsprogramms mit der folgenden Argumentation: Die kommunikative Validierung sei nicht geeignet, weil die Lehrenden sich unter Rechtfertigungsdruck fühlen würden. Die Handlungsvalidierung sei nicht geeignet, weil das Erkenntnisinteresse nicht an der Festlegung einzelner handlungsleitender Kognitionen liege, sondern an der Gesamtstruktur des beruflichen Selbstverständnisses. Die Forscherin wendet sich auch gegen die Aggregierung, weil die Einzeltheorien des beruflichen Selbstverständnisses detaillierter erhoben werden müssten. Dazu komme noch der Aspekt des individuellen Charakters der Subjektiven Theorien, der eine wichtige Rolle in der Untersuchung spiele.

Dass die Möglichkeit des FST nicht in der absoluten Konsistenz, sondern oft nur ansatzweise realisiert werden könne, bestätigt auch Ines Steinke (Steinke 1999: 68). Sie erläutert, dass der Begriff Subjektive Theorien im weiten Sinne gebraucht wird, dabei ist der Bezug in praktischen Zielen und nicht im vollen Programm realisiert, oft ohne kommunikative sowie explanative Validierung. Auch Uwe Flick unterstreicht die Kompliziertheit der Vorgaben des FST und registriert die Reduktion des Programms in der methodologischen Praxis der Forscher (Flick 2010: 209).

3.2 Grounded Theory-Methodologie

Strauss, der Mitbegründer der Grounded Theory-Methodologie[77], formuliert wie folgt das Ziel und die Bedeutung der Grounded Theory (GT): GT sei weniger eine Methode oder ein Set von Methoden, sondern eine Methodologie und ein Stil, analytisch über soziale Phänomene nachzudenken. Er habe diesen Stil gewissermaßen unvollständig entwickelt aus seinen Bedürfnissen als Interaktionist und Feldforscher heraus (Legewie; Schervier-Legewie 2011: 74). Die GT unterscheide sich wesentlich von anderen qualitativen Analysemodi dadurch, dass die Forschungsschritte parallel verlaufen, d. h. die Datenerhebung, vergleichende Analyse, Theoretische Sättigung, Sortieren der Memos etc. (Strauss 1998: 53).

Die GTM wurde 1967 von den zwei amerikanischen Forschern Glaser und Strauss im Bereich der Soziologie und Pflegewissenschaft entwickelt, was als „eine machtvolle Rhetorik des Wandels vom quantitativen Kanon hin zur Legitimierung qualitativer Forschung" (Charmaz 2011: 182) hervortrat und in ihrem Buch „The Discovery of Grounded Theory" (1967) dargelegt wird. Dieses Buch sei eine Art Wegweiser und die am häufigsten zitierte Schrift der qualitativen Forschung, so die Auffassung von Günter Mey und Katja Mruck (Mey; Mruck 2011a: 9). Seit der Publikation des oben genannten Buches erlebte die GTM viele Variationen in verschiedenen Wissenschaften - der Anwendungsbereich hat sich ausgedehnt auf Gesundheitswesen, Psychologie, Politikwissenschaften, Medienwissenschaften, Erziehungswissenschaften, Pädagogik u. a. Rechnung tragend wird über die Grounded Theory nicht in der Singular-Form gesprochen, sondern über die Grounded Theory-Methodologien in der Plural-Form (Mey; Mruck 2011c: 135).

[77] Zum Begriff Grounded Theory siehe Strübing 2014: 9f.

Strauss und Corbin erläutern den Sinn und die Motive der Entwicklung solcher Methodologien wie folgt (Strauss; Corbin 1996: 9):

- die Notwendigkeit ins Feld zu gehen, um zu verstehen, was geschieht;
- der Sinn von wirklichkeitsverankerten Theorien für die Entfaltung einer fachlichen Disziplin;
- die Veränderung und Entwicklung der Phänomene der Erfahrung und Handlung;
- die aktive Rolle der Menschen bei der Gestaltung der Wirklichkeiten, in denen sie leben;
- die Betonung von Veränderung und Prozess, der Variabilität und Komplexität des Lebens; die Zusammenhänge zwischen Bedingungen, Bedeutungen und Handeln.

Grounded Theory beinhaltet nach der Auffassung von Strauss drei zentrale Punkte: theoretisches Sampling, die Art des Kodierens und ständiges Vergleichen der Phänomene und der Kontexte (Legewie; Schervier-Legewie 2011: 74). Die Grundlagen werden im Folgenden erörtert.

Theoretisches Sampling: Das Hauptprinzip besteht darin, schon nach dem ersten Interview mit der Analyse anzufangen, Memos zu schreiben, Hypothesen zu entwickeln. Das führt zu den Entscheidungen, welche Daten im nächsten Schritt erhoben werden müssen. Petra Muckel zieht einen Vergleich mit dem quantitativen Paradigma: Durch theoretisches Sampling werde das Ziel verfolgt, die Konzepte in Variation zu repräsentieren – im Unterschied zur Repräsentativität der Population (Muckel 2011: 337). Daraus lässt sich ableiten, dass im Rahmen der Datenerhebung solche Fälle betrachtet werden, die einen maximalen Kontrast aufweisen können, um die Komplexität und Vielfalt der Realität zu zeigen. Glaser und Strauss unterstreichen, dass sich die *Tiefe* des theoretischen Samplings auf die Menge der über eine Gruppe oder Kategorie gesammelten Daten bezieht (Glaser; Strauss 2010: 84). Die Daten werden erhoben, bis eine *theoretische Sättigung* erreicht wird, d. h. keine neuen relevanten Daten in Bezug auf die generierende Theorie entdeckt werden. Die Daten können unterschiedliche Formen haben: Interviews, Fragebögen, Dokumente, Protokolle, Diagramme, Statistiken etc., wichtig ist, dass sie von Bedeutung für die Fragestellung und das Untersuchungsziel sind.

Für Jörg Strübing besteht die Leitidee des *Kodierprozesses* im ständigen Vergleichen der Daten miteinander (Strübing 2004: 18). Das Kodieren sei als Prozess zu verstehen, in dem die Konzepte in Auseinandersetzung mit den empirischen Daten entwickelt werden (ebd.: 19). Es gibt drei Arten des Kodierens (offenes, axiales, selektives Kodieren), deren Realisierungsreihenfolge nicht festgelegt ist. Traditionell wird aber mit dem offenen Kodieren angefangen, indem die Daten aufgebrochen und Zeile für Zeile oder Wort für Wort kodiert werden. Aus einer großen Menge Kodes, Franz Breuer bezeichnet sie als „(vorläufige) Abstraktions- und Benennungsideen von Phänomenbeschreibungen" (Breuer 2009: 74), werden durch Sortieren und Zusammenfassen Kategorien gebildet, die den theoretischen Begriffsapparat einer generierten Theorie festlegen. Diese theoretische Struktur wird durch Eigenschaften und Dimensionen präzisiert (ebd.). Beim axialen Kodieren werden die entstandenen Kodes bzw. Kategorien zueinander in Beziehung gebracht – Strauss und Corbin (1996) entwickelten dafür ein Kodierparadigma, bei dem die Aspekte Kontextbeschreibung, Ursachen, intervenierende Bedingungen, Handlungs- und Interaktionsstrategien sowie Konsequenzen mit dem Phänomen durch strukturelle Wechselwirkungen verbunden werden. Dieses Verfahren führte zu einem methodologischen Konflikt unter den GT-Forschern. Streitpunkt war, ob das Leitmotiv der Grounded Theory – die Emergenz der Kategorien (folglich der Theorie) aus den Daten – dadurch erhalten bleibt oder ob es sich jetzt um eine forcierende Rolle des Forschers mit Hilfe des Kodierparadigmas[78] handelt (vgl. Kelle 2011; vgl. Strübing 2011). Das selektive Kodieren ordnet die Schlüsselkategorie den anderen Kategorien und Subkategorien zu. Den Prozess des Kodierens sollen Memo-Notizen begleiten, sie systematisieren die Analyse sowie Theorieentdeckung per se, bei der die konzeptuellen Kategorien oder ihre Eigenschaften auf der Grundlage von Belegen generiert werden. Glaser und Strauss führen aus, „ist die Kategorie einmal festgelegt, dienen die Belege dazu, das Konzept zu illustrieren" (Glaser; Strauss 2010: 41).

Die essenzielle Rolle im gesamten Untersuchungsprozess spielt nach Strübing der Forscher – er sei kein neutraler Beobachter, sondern ein Interpret seiner Daten und Entscheider über argumentative Ausführungen, folglich werde die entwi-

[78] Vgl. Glaser (Kodierfamilie) vs. Strauss/Corbin (Kodierparadigma).

ckelte Theorie als ein „subjektiv geprägtes Produkt" (Strübing 2004: 16) angenommen. Breuer vertritt apodiktisch dieselbe Position, nach seiner Auffassung bleibt die Objektivität „eine unrealistische Fiktion, die zu zweifelhaften Vorstellungen über wissenschaftliche Epistemologie führt. Jeder – auch der wissenschaftliche – Erkenntnisprozess ist an ein erkennendes Subjekt, dessen Positionen, Selektionen, Fokussierungen etc. gebunden" (Breuer 2009: 120).

3.3 Zur Fragestellung der empirischen Untersuchung

Im vorliegenden Forschungsvorhaben werden FSL der technischen Fachkommunikation interviewt. Sie werden aus Forscherperspektive ernst genommen und spielen die Rolle der Expertinnen und Experten. Wie in der Einleitung schon ausgeführt wurde, zwingt das Nichtvorhandensein eines Konzeptes oder einer konkreten Handlungsorientierung in der Fachsprachenunterrichtsdidaktik die FSL, anhand ihrer Erfahrungen, Kognitionen und Vorstellungen eigene Theorien und methodisch-didaktische Konzepte zu entwickeln, woraus sich die benannte Forschungsfrage ableitet, wie FSL die Kluft zwischen den fachsprachlich-didaktischen und fachlichen Kompetenzen bei der Vermittlung der technischen Fachkommunikation überbrücken und welche didaktischen Strategien sie dabei nutzen.

Die übergreifenden Fragestellungen lassen sich folgendermaßen formulieren:

Wie erteilen Fachsprachenlehrende den Fachsprachenunterricht, wenn sie keine fachlichen Elemente (Denkstrukturen) besitzen? Mit welchen didaktischen und methodischen Kenntnissen und Strategien füllen die FSL diese Lücke aus? Die zentrale Forschungsfrage lautet wie folgt: Mit welchen didaktisch-methodischen Strategien bewältigen Fachsprachenlehrende die Vermittlung der technischen Fachkommunikation? Im Fokus der Untersuchung liegt das Problemfeld, inwieweit der FSU möglich ist, und wie das Ziel des fachbezogenen Fremdsprachenunterrichts fremdsprachliche Handlungskompetenz im Fach auf- und auszubauen[79], erreicht werden kann, wenn Fachsprachenlehrende keine fachliche Ausbildung haben.

---

[79] vgl. Fearns 2007: 169.

Die bereits erwähnte Studie von Rippen (s. o.) bezieht sich auf den Aspekt des fachlichen Hintergrundwissens bei den FSL im Bereich *Technisches Englisch*, während das vorliegende Konzept sich mit der fachlichen Kompetenz der FSL im Bereich *Technisches Deutsch* befasst. Kern der Studie sind halbstrukturierte Leitfadeninterviews mit Lehrenden technischer Fachkommunikation im universitären und fachhochschulischen Bereich. Strauss und Corbin zufolge ist die Fragestellung im Forschungsprojekt eine Bestimmung des Phänomens, das recherchiert werden soll; die GT beinhalte eine Untersuchung, die handlungs- und prozessorientiert sei (Strauss; Corbin 1996: 23).

Wie Caspari formuliert, liegen Subjektive Theorien „bei Menschen nicht in ‚fertig abrufbarer' Form vor" (Caspari 2003: 92), denn im Alltag gebe es weder die Notwendigkeit noch einen Anlass, die Aspekte der Subjektiven Theorien und deren struktureller Beziehungen zu explizieren (ebd.). Es wird demnach keine Hypothese aufgestellt und überprüft. Das Ziel der qualitativen bzw. explorativ-interpretativen Forschungsstudie besteht darin, möglichst detaillierte, differenzierte, deutende Beschreibungen der didaktischen Instrumente sowie Deskriptionen des Selbstbildes der FSL bei der Vermittlung der technischen Fachkommunikation zu erhalten und auszuführen.

3.4 FST als Impulsgeber und GT als Analyseverfahren der Daten

„Studieren Sie diese Faustregeln, wenden Sie sie an, aber modifizieren Sie sie entsprechend den Erfordernissen Ihrer Forschungsarbeit. Denn schließlich werden Methoden entwickelt und den sich verändernden Arbeitskontexten angepaßt." (Strauss 1998: 33)

Die vorliegende Untersuchung geht davon aus, dass die Fragen nach den Handlungsmotiven und ihren Realisierungen im Rahmen des FSU „Technisches Deutsch" ein Format der asymmetrischen Kommunikation zwischen dem Interviewenden und Interviewten entwickeln können. Der Interviewte bzw. das Forschungsobjekt kann sich unter Druck gesetzt fühlen und zu einem Rechtfertigungsmuster neigen oder bei der Validierung die Sicht des Forschenden übernehmen, d. h. „trotz innerer Vorbehalte" (Caspari 2001: 241) zustimmen.

Während der Durchführung der Interviews wurde deutlich, dass einige Fragen die FSL in Verlegenheit brachten, denn diese wurden implizit gefragt: Wie können sie das unterrichten, was sie nicht studierten? Im Rahmen der Studie sollte geklärt werden, wie mehrmals ausgeführt wurde, inwieweit der FSU möglich ist, wenn der FSL keinen fachlichen Hintergrund aufweist. Um dieses (ethische, emotionale, psychologische) Problem zu lösen, sollte für die Dateninterpretation ein anderer Ausweg gefunden und keinesfalls Druck durch Struktur-Lege-Technik oder Kärtchen-Prinzip ausgeübt werden. Aus diesen Gründen fiel der Entschluss, das Forschungsprogramm Subjektive Theorien nicht im vollen Programm durchzuführen bzw. anzuwenden, denn für das angedachte Vorhaben sind die Validierungsverfahren des FST (kommunikative sowie explanative) nicht geeignet.

Alle Interviews wurden deskriptiv dargestellt und miteinander verglichen, nach dem Forschungsstil der Grounded Theory kodiert und interpretiert. Laut Flick eignen sich kodierende Verfahren am besten für die Auswertung der Daten, da es keine expliziten Vorgaben im Rahmen des FST gebe (Flick 2010: 209). Die Argumente für diese Auswertungsmethode sind folgende:

- Die GT beschäftigt sich mit der Komplexität der Wirklichkeit sowie mit den Überzeugungen, Kognitionen, Emotionen und Handlungen der Personen.
- Die GT wird nicht aus logischen, spekulativen Annahmen abgeleitet, sondern aus den Daten gewonnen (Glaser; Strauss 2010: 47).
- Die GT bezieht sich nicht nur auf ein Ergebnis, sondern auf den ganzen Forschungsprozess. Folglich ist sie kein fertiges, perfektes Produkt, sondern in permanenter Entwicklung begriffen (ebd.: 49).
- Die GT gewinnt mit Hilfe des Kodierens einen hohen Abstraktions- bzw. Verallgemeinerungsgrad. Durch das Kodierparadigma (nach Strauss; Cor-

bin 1996 und Strübing 2004), und zwar durch die Konstellation der Ursachen, Bedingungen, Strategien, Konsequenzen und Kontextbeschreibungen, erreicht sie Plausibilität, Nachvollziehbarkeit und Verdichtung.

- Eine wesentliche Rolle spielt die Flexibilität als Eigenschaft der GT, die Strauss folgendermaßen verdeutlicht: „Ich halte den Stil der Grounded Theory für sehr variabel. Der Vorschlag, bei bestimmten Fragestellungen abgekürzte Verfahren anzuwenden, geht genau in diese Richtung. Man muss die Methodologie an die Fragestellungen und die Randbedingungen anpassen." (Legewie; Schervier-Legewie 2011: 75). Dieses Merkmal hat für die folgende Studie eine wesentliche Bedeutung, da die Daten durch die zunächst angedachte Entscheidung für das FST als zentrale Methodologie nicht nach den Vorschriften der GT erhoben wurden (ausführlich im Kapitel 3.5).
- Im Zuge der GT wird am Ende der Datenauswertung eine Theorie bzw. eine Hypothese entwickelt, die als Annahme für die didaktische Konzeption im Rahmen der technischen Fachkommunikation fußen könnte.

An dieser Stelle soll problematisiert werden: Was bleibt vom Forschungsprogramm Subjektive Theorien – ob es eine verkürzte Version des FST ist oder es um keine Subjektiven bzw. subjektiven Theorien[80] per se geht?

Im Rahmen der Studie wird untersucht: Wie bewältigen die FSL die fachliche Kompetenz bzw. Ebene im FSU? Im Fokus stehen der FSL, seine Qualifikation, seine Professionalisierung, sein Selbstbild. Im FST sollten die Interviews im Rahmen der kommunikativen Validierung durch die Rückspiegelung der Ergebnisse an die Akteure überprüft werden. Für die FSL bedeutet dieser Schritt, sich erneut zu rechtfertigen.

Meine Überlegungen zu dieser berechtigten Frage, die zugleich eine methodologische Entscheidung für die vorliegende Untersuchung begründen, sind: Da die Studie keine Rekonstruktion der Strukturbilder der Erkenntnisobjekte vorsieht, d. h., durch den Konsens-Dialog die Kognitionsstrukturen der Erforschten nicht

[80] Caspari signalisiert in ihrer Studie mit dem kleinen ‚s', dass es sich trotz bestimmter Einschränkungen und Modifizierungen um subjektive Theorien handelt (Caspari 2001: 243).

sichert und sie durch die Handlungsvalidierung nicht überprüft, greift der Begriff *Subjektive Theorien* nicht.

Daher wurde bei der Entwicklung des Dissertationsprojekts das FST als Impulsgeber und zum Teil als Datenerhebungsmethode verwendet, aber nicht vollständig im Sinne seiner Begründer ausgeschöpft.

3.5 Zur Datenerhebung: Leitfadeninterview/Gruppeninterview

Als Datenerhebungsform wurde das halbstandardisierte Leitfadeninterview gewählt. Das Leitfadeninterview ist eine häufig praktizierte Datenerhebungsmethode in der qualitativen Forschung, weil durch die relativ offen gestaltete Gesprächssituation die subjektiven Deutungen, Emotionen, Aushandlungen und Dynamiken besser zum Ausdruck gebracht werden als in standardisierten Interviews oder Fragebögen (Breuer 2009: 63; Flick 2010: 194). Die Form des Fragebogens wurde für die vorliegende Studie abgelehnt, denn die affektiven Faktoren sind für diese Forschung genauso wichtig wie die kognitiven Entscheidungen der FSL. Das halbstandardisierte Leitfadeninterview schafft mehr Möglichkeiten, die Komplexität des Phänomens bzw. der Vermittlung der technischen Fachkommunikation darzustellen. Mögliche Widersprüchlichkeiten und Inkonsequenzen, die im Gespräch auftauchen können, sind wichtige Impulsgeber zur fachsprachendidaktischen Diskussion. Der Leitfaden fokussiert die thematischen Bereiche im Gespräch; eine Alternative für diesen Modus könnten narrative Interviews sein, in denen die Probanden eine Erzählaufforderung bekommen und eine eigene Geschichte konstruieren. Für diese Studie ist die subjektive Sichtweise zu mehreren thematischen Schwerpunkten zentral, deshalb diente der Leitfaden als Steuerungselement im Diskurs. Der Leitfaden wird als Orientierungsrahmen für die notwendigen Themenbereiche benutzt, er erleichtert zudem später die Vergleichbarkeit der Interviews bei der Auswertung (Mayring 2002: 70). Es ist hervorzuheben, dass der Interviewer einen großen Spielraum für die Gestaltung der Gesprächssituation im Rahmen des halbstandardisierten Leitfadeninterviews hat (Flick 2010: 209).

Es ist wichtig, zu verdeutlichen, dass das Gespräch als „soziale Interaktion“ (Breuer 2009: 63) zwischen der Forscherin und den Erforschten zu verstehen ist.

Es wurde versucht, einen freien Raum zu schaffen, damit sich die Gesprächspartner offen zu den angesprochenen Aspekten äußern konnten und nicht beeinflusst wurden. Der letzte Punkt ist trotzdem strittig. Breuer zufolge sind die reaktiven Effekte in den Gesprächen unvermeidlich, er kommentiert diese Tatsache wie folgt:

> Als Gesprächsteilnehmer beeinflusse ich ihn so, wie er auch mich beeinflusst. Es kann nicht darum gehen, diese Auswirkung zu vermeiden – es kommt vielmehr darauf an, mit ihr reflektiert umzugehen und sie zu einer positiven Erkenntnisquelle zu machen. (ebd.: 64)

Breuer berichtet auch über eine erfolgreiche Erfahrung hinsichtlich der Haltung der Forschenden im Interview (wenn der Forscher sowohl soziale als auch thematische Unabhängigkeit besitzt), die zum Vorschein kommt, während der Forschende vorsichtig eigene Reflexionen zur fokussierten Problematik anspricht und auf solche Weise sich „sichtbar macht" (ebd.: 64). Durch solche Gesprächsimpulse kann das Interview eine Überlegungstiefe erreichen (ebd.). Aufgrund dessen wird dieses Manöver im Rahmen der Studie angewendet, es wurden provozierende Ad-hoc-Fragen an die Probanden formuliert, wenn spürbar war, dass das Gespräch die Reflexionstiefe verliert.

In der vorliegenden Studie wurden acht halbstandardisierte Leitfadeninterviews mit acht FSL der technischen Fachkommunikation in Deutschland und ein Gruppeninterview mit vier FSL in der Türkei durchgeführt. Während der Interviews variierte die Reihenfolge der Fragen aus dem Leitfaden, weil die Probanden im anderen Kontext diesen oder jenen Problemkreis im Rahmen einer anderen Frage nach eigener Argumentationslogik behandeln konnten bzw. wollten. Situationsbedingt wurden auch Ad-hoc-Fragen gestellt, welche forschungsrelevante Aspekte betrafen.

Das Gruppeninterview zeichnet sich dadurch aus, dass sich die Teilnehmer zu einem bestimmten Thema ungestört äußern, der Interviewende soll dabei eine „Balance zwischen der (direktiven) Steuerung der Gruppe und ihrer (non-direktiven) Moderation" (Flick 2010: 249) finden. Durch das Gruppeninterview und die dynamische Konfrontation kann der Forscher tiefere Einsichten zum Problem gewinnen. Die Durchführung des Gruppeninterviews wurde nicht vorher geplant, es war der Wunsch der Fachsprachenlehrerinnen ohne FSU-Erfahrung (ausführlich im Kapitel über *FSL G, H, I, J*). In beiden Interviewarten wurde der gleiche Leitfaden verwendet.

Leitfaden

Der Leitfaden umfasst folgende Fragen:

1. *Was verstehen Sie unter Vermittlung der technischen Fachkommunikation bzw. FSU und welche Ziele streben Sie an?*

Die Frage zum Verständnis von FSU wird offen gestellt, gleichzeitig sollen die FSL konkretisieren, welche Ziele sie in ihrem FSU erreichen möchten. Dieser Punkt soll zeigen, welche Vorstellungen die FSL von der technischen Fachkommunikation haben, ob sie bei allen FSL identisch ausfallen oder ob im Gegenteil jeder FSL eigene Definitionen für das Phänomen FSU vorlegt.

2. *Unter welchen Bedingungen ist der FSU möglich/unmöglich?*

Dieser Aspekt bringt die Voraussetzungen (sprachliche, zeitliche, organisatorische, methodisch-didaktische, psychologische etc.) zum Ausdruck, welche die Effizienz der Vermittlung der technischen Fachkommunikation verdeutlichen.

3. *Wie sieht das FSU-Konzept aus? Was und wie wird (der Stoff) vermittelt? Worauf wird viel Wert in Bezug auf die Methodik/Didaktik im FSU gelegt? Gibt es goldene Regeln bei Ihnen?*

Das ist eine der zentralen Fragen im Rahmen der Studie. Sie fokussiert sich auf die methodisch-didaktischen Grundlagen bei der Vermittlung der technischen Fachkommunikation, auf die Gestaltung des FSU und auf die individuellen Konzepte des jeweiligen FSL.

4. *Unterscheiden sich die methodisch-didaktischen Ansätze zwischen dem Fremdsprachenunterricht und dem Fachsprachenunterricht?*

Da die meisten FSL aus dem Bereich Fremdsprachenunterricht bzw. DaF/DaZ kommen, basiert ihr methodisch-didaktisches Repertoire auf diesem. Ob Parallelen gezogen werden können, ob die Erfahrung aus dem Fremdsprachenunterricht hilfreich sein kann, ob die Methodik/Didaktik im FSU zentral ist, das sind Aspekte, die diese Frage umfasst.

5. *Welche Kompetenzen braucht der FSL?*

Braucht der FSL die fachliche Kompetenz oder ist es ausreichend, wenn der FSL ein umfangreiches methodisch-didaktisches Repertoire aus dem Fremdsprachenkontext besitzt? Ist die sprachliche oder die fachliche Kompetenz wichtiger für den FSL? Muss der FSL ein bestimmtes Wissen im Fach haben? Kann der FSL den FSU erteilen, wenn er nur eine von den genannten Kompetenzen besitzt?

6. *Ist der FSU möglich, wenn ihn ein FSL ohne fachlichen Hintergrund erteilt?*

Diese Frage wurde direkt gestellt, mit dem Ziel, die Subjektive Theorie der FSL zu generieren. Die FSL sollten eindeutig sagen können, ob der FSU unter solcher Bedingung möglich ist oder nicht.

7. *Wie fühlen Sie sich in ihrer Rolle bei der Vermittlung der technischen Fachkommunikation? Wie ist Ihr Selbstbild?*

Hierbei handelt es sich um eine wichtige psychologische Identitätsfrage: Wie ist die Vorstellung der FSL von sich selbst? Die Frage betrifft den Zustand der FSL: sicher/unsicher; geschützt/hilflos, selbstgewiss/ratlos, verwirrt etc.

8. *Wie bekommen Sie das Feedback von den Studierenden?*

Der FSL ist angehalten zu beurteilen, wie sich die Studierenden fühlen, ob sie zufrieden mit dem Konzept des jeweiligen FSL sind.

9. *Wie erreichen Sie Vertrauen und Akzeptanz bei den Studierenden? Inwiefern ist die Atmosphäre wichtig für Sie?*

Das Stichwort für die genannte Fragestellung ist die soziale Ebene im FSU: Ob die Akteure einander verstehen, auf welche Weise die FSL die Akzeptanz bei den Studenten erlangen, ob sie diese grundsätzlich benötigen. Die Frage gibt Anlass, darüber laut zu reflektieren.

10. *Wie sieht gelungener bzw. guter FSU für Sie aus?*

Hier werden die Kriterien des guten FSU problematisiert. Die FSL nennen Merkmale, nach denen sie einschätzen, ob ihr FSU erfolgreich ist.

Die angeführten 10 Fragen wurden in der Vorbereitungsphase konzipiert. Der Fragenkatalog wurde aber im Laufe der Studie erweitert. Nach dem ersten Interview mit dem FSL A entstand die Frage nach der *Freiwilligkeit* bei der Erteilung der technischen Fachkommunikation: Ob der Beruf des FSL eine gezwungene oder freiwillige Beschäftigung ist, welchen Ausbildungshintergrund der FSL hat, wie der berufliche Weg des Akteurs ist. Deshalb wurde die Variable der *Wahl* eingeführt und damit die neue Frage entworfen:

11. *Warum fiel Ihre Entscheidung zugunsten der technischen Fachkommunikation?*

Die nächste Frage wurde von der FSL F empfohlen. Das war das zweite Interview. Ihrer Auffassung nach sind die sozialen bzw. finanziellen Bedingungen und deren mögliche Auswirkung auf den FSU der FSL, die in den meisten Fällen als Honorarlehrkräfte arbeiten, ein wichtiger Aspekt bei der Vermittlung der technischen Fachkommunikation:

12. *Beeinflusst der strukturelle Bedingungsrahmen die Erteilung des FSU?*

Die letzten zwei Fragen entstanden als Ergebnis der Reflexionen des FSL A über die Komplexität der technischen Fachkommunikation per se. Die Antworten auf die unten ausgeführten Fragen vertiefen die Problematik des FSU aus der Perspektive der FSL:

13. *Ab welchem sprachlichen Niveau ist der FSU am besten geeignet?*
14. *Was fällt den Studierenden im FSU leicht/schwer und was fällt Ihnen bei der Vermittlung der technischen Fachkommunikation leicht/schwer?*

Die Frage nach dem geeigneten Sprachniveau für den FSU ist entscheidend, um festzustellen, ob es sich um eine bedeutende Variable im Kontext von vielen Unbekannten handelt. Gegebenenfalls spielt es keine Rolle, auf welchem Niveau die Studierenden sind, um die Fachkommunikation zu unterrichten.

Die letzte Frage präzisiert, wo die größten Schwierigkeiten sowohl für die Studierenden als auch für die FSL liegen.

3.6 Zur Datenaufbereitung und Dateninterpretation

Alle Interviews wurden nach Zustimmung der Probanden auf ein Diktiergerät aufgenommen und wörtlich im Programm EXMARaLDA[81], in Anlehnung an die Konvention DIDA (Diskursdatenbank), transkribiert. Für die vorliegende Untersuchung ist es erforderlich, die Daten sorgfältig zu transkribieren, da die Pausen, Satzunterbrechungen, paraverbale Merkmale der Akteure wichtige Hinweise für den Untersuchungsgegenstand liefern können. Die inhaltlichen sowie emotionalen Aspekte, nicht die sprachanalytischen Probleme bzw. die phonetischen Feinheiten, stehen im Vordergrund der vorliegenden Untersuchung, deshalb wurde nicht die gesprochene Form, sondern die übliche Schreibweise, d. h. Standardorthographie verwendet, weil sie den Prozess der Lesbarkeit erleichtert. Die Konvention DIDA sieht die Kleinschreibung und keine Interpunktion für die Verdeutlichung der syntaktischen Strukturen vor. Es werden Zeichen in der Partitur eingesetzt, welche die Intonation der Sprechenden sowie deren emotionale Dynamik markieren. Für jeden Gesprächsteilnehmer gibt es eine Sprecherzeile und eine Zeile für die Kommentare, in denen die Atmosphäre des Gesprächs und deren nonverbaler Interaktionsfokus pointiert werden. Jede Zeile wird automatisch nummeriert.

Folgende Konventionen werden bei der Transkription verwendet:

FSL A: Fachsprachenlehrer A

NZ: Natalya Zalipyatskikh

K: Kommentar

Zeichen	*Funktion*
*	Pause bis 3 Sekunden
**	Pause bis 5 Sekunden

81 „EXMARaLDA steht für ‚Extensible Markup Language for Discourse Annotation'. Es ist ein System von Konzepten, Datenformaten und Werkzeugen für die computergestützte Transkription und Annotation gesprochener Sprache, sowie für das Erstellen und Auswerten von Korpora gesprochener Sprache." (https://www.audiotranskription.de/transkription/weitere-transkriptionssoftware/exmaralda/exmeralda.html, 18.05.2015).

6 Sekunden Pause	Pausen, die länger als 5 Sekunden dauern, werden einfach registriert.
↓	Fallende Intonation, z. B. es war sehr monoton↓
↑	Steigende Intonation, z. B. fühlen sie sich eher als ingenieur oder als sprachenlehrer↑
(*betont*)	Der Sprecher unterstreicht mit der Intonation seinen Gedanken, z. B. (praktische erfahrung) (*betont*) Die Klammern erfüllen die Funktion als Markierer der Grenzen von bestimmten Emotionen und Handlungen, wie (Seufzen), (Lächeln), (Lachen), (langsames Sprechen), (nachdenkliches Sprechen) etc.
GROSS GESCHRIEBEN	Mit Nachdruck ausgesprochenes Wort, z. B. NEIN
(?)	Unverständlicher Redebeitrag

Abb. 3: Erläuterung der verwendeten Transkriptionszeichen

Die Datentranskription wird als erster Schritt zur Dateninterpretation betrachtet.

Parallel zum Prozess des Transkribierens wurden *Memos* erstellt, welche die analytischen, sinndeutenden Gedanken über die Daten registrieren. Die Memos, als Methode der GT, spielen eine zentrale Rolle im Rahmen des wissenschaftlichen empirischen Projekts. Beim Kodieren und bei der Verschriftlichung der wissenschaftlichen Erkenntnisse sind sie unabdingbar. Sie werden in den fließenden Text implementiert und nicht gesondert im Anhang, wie die Transkriptionen, aufgeführt.

Es werden zusätzlich *E-Mails* von den FSL und einer Professorin für die Grundlagen des Maschinenbaus, deren Vorlesung ich besuchte, als Datenquelle benutzt – nach dem Prinzip der GT ‚all is data'. Die relevanten Passagen werden in den fließenden Text inhaltlich eingebaut und nicht als Anhang angefügt. Folgende Schritte zeigen den Forschungsprozess nach Strauss (Hildebrand 2007: 36 f.):

Der Forscher stellt Fragen an die Daten, er kodiert sie, auch mit Hilfe des Kodierparadigmas.

Damit entwickelt er die Konzepte und stellt die Zusammenhänge zwischen ihnen fest. Das Kontrastieren der Fälle, die durch die neuen Daten bzw. durch Theoretisches Sampling entstehen, führt zur Überprüfung der emergierenden Theorie. Der Prozess des Kodierens sollte ständig erfolgen (auch in der Endphase der Untersuchung). Die Schlüsselkategorien sowie der Kern der Theorie entstehen durch die Einbeziehung der Konzepte. Parallel werden die Theorie-Memos aufgeschrieben, die den Forschungsprozess fixierten. Der Abschlussbericht verlangt von dem Forscher eine kreative Herangehensweise.

Strauss verdeutlicht, dass die Analyse gleichbedeutend mit der Interpretation der Daten ist (Strauss 1998: 28).

Das sind die Vorgaben, denen der empirische Teil des Projekts folgt.

Nicht vollständig nach dem Programm der GT erfolgte das Theoretische Sampling, das auf der theoretisch-heuristischen Grundlage angenommen wurde. Das bedeutet, es wurden alle möglichen Fälle bzw. FSL nach bestimmten Kriterien (siehe Kapitel 4.2) erhoben und im weiteren Schritt miteinander kontrastiert. Das erste Interview, mit dem FSL A, das im April 2013 geführt wurde, hatte hierbei einen „Erkundungscharakter" (Truschkat; Kaiser-Beltz; Volkmann 2011: 356). Das Interview bzw. die Analyse der ersten Daten und die Kategorienbildung gaben Anhaltspunkte für das weitere Sampling und fungierten als Grundlage für die theoretische Sensibilität (ebd.). Erst nachdem die anderen sieben Leitfadeninterviews und ein Gruppeninterview (Oktober bis Dezember 2013) aufgrund der gebildeten heuristischen Konzepte erhoben wurden, erfolgte eine vollständige Analyse. Wie oben ausgeführt, war die grundlegende Methode ursprünglich das FST, das ein anderes Vorgehen postuliert. Erst bei der Analyse der Interviews wurde die Entscheidung getroffen, von dem methodologischen Programm Subjektive Theorien abzuweichen.

Bevor jedes Interview analysiert wird, werden die relevanten Informationen zur betreffenden Interviewsituation und zum Interviewpartner dokumentiert. Für jedes Interview bzw. jede Geschichte wird ein Unterkapitel angelegt. Diese Kapitel repräsentieren den Prozess des Kodierens oder anders: den „Dialog mit den Daten“ (Berg; Milmeister 2011: 303; vgl. Mey; Mruck 2011d: 301; vgl. Demirkaya 2014: 221).

Wie in der Einleitung ausgeführt wurde, wird als Ergebnis der Untersuchung die Theoriegenerierung angestrebt. Strauss zufolge wird die qualitative Datenanalyse auf verschiedenen Ebenen von Explizitheit, Abstraktion und Systematisierung durchgeführt. Auf den untersten Ebenen der Abstraktion können sie deskriptiv sein und auf den höchsten Ebenen lassen sich Theorien allgemeinster Art anvisieren (Strauss 1998: 28 f.). Aufgrund dessen werden die ‚Geschichten der FSL‘ zuerst deskriptiv dargestellt, zugleich wird die abstrakte Stufe beabsichtigt. Mit Hilfe der schematischen bzw. tabellarischen Mittel sowie mit der Zusammenstellung der Formeln und der metaphorischen Auslegung werden sie systematisiert. Am Ende jedes Unterkapitels erfolgt eine Zusammenfassung, welche die wichtigsten Erkenntnisse fokussiert.

Eine zentrale Rolle für die vorliegende Studie spielt das axiale Kodieren bzw. das Kodierparadigma. Wie Udo Kelle hervorhebt:

> Dieses ‚paradigmatische Modell‘ (paradigm model) soll verwendet werden, um ein Skelett oder eine ‚Achse‘ für die entstehende gegenstandsbezogene Theorie zu konstruieren und um damit das wesentliche Ziel qualitativer Datenanalyse zu erreichen: die Untersuchung und Modellierung der Handlungs- und Interaktionsstrategien der Akteure im Feld. Eine besondere Aufmerksamkeit gilt dabei den Absichten und Zielen der Akteure und dem Prozesscharakter sozialen Handelns und sozialer Interaktion. (Kelle 2011: 241)

Mittels des axialen Kodierens in Anlehnung an Strauss/Corbin und Strübing wurden die Zusammenhänge zwischen dem Phänomen, dessen Ursachen, Bedingungen, Kontextbeschreibungen sowie den Handlungsstrategien und Konsequenzen in ein einheitliches System gebracht. Die entstandene Konstruktion unterstützte den Prozess der Theoriegenerierung.

An dieser Stelle soll das Gebot von Glaser und Strauss betont werden: „Hypothesen zu generieren heißt, sie im empirischen Material zu verankern – nicht, genug Material anzuhäufen, um einen Beweis führen zu können.“ (Glaser; Strauss 2010: 57)

3.7 Zu Gütekriterien

Die Gütekriterien für die qualitative Forschung werden immer noch in Frage gestellt und breit diskutiert (Flick 2010: 487). Von den Forschern (vgl. Mayring 2002: 142 ff.; vgl. Steinke 1999; vgl. Steinke 2007: 319 ff.) werden unterschiedliche Bewertungskriterien vorgeschlagen, die diverse Aspekte in den Vordergrund rücken. Steinke behandelt dieses Thema ausführlich und erörtert drei Positionen der Forschenden in Bezug auf die Gütekriterien der qualitativen Forschung (ebd.). Die erste Position vertreten die Forscher, die der Meinung sind, Objektivität, Reliabilität, Validität, d. h. die Kriterien der quantitativen Forschung, seien übertragbar auf die qualitative Forschung, dadurch werde das Prinzip der Einheitlichkeit der Forschung erreicht. Die zweite Position nehmen die Gegner der ersten Position ein. Diese negieren die Möglichkeit, die Kriterien der quantitativen Forschung auf die qualitative Forschung projizieren zu können, und versuchen eigene Kriterien für die qualitative Forschung auszuarbeiten. Steinke führt die häufig diskutierten Kriterien kommunikative Validierung, Triangulation, Validierung der Interviewsituation und Authentizität an. Die dritte Position lehnt Kriterien generell ab. Ihre Befürworter argumentieren mit der Philosophie des Postmodernismus, diese verdeutlicht die Unmöglichkeit, einheitliche Gütekriterien für die qualitative Forschung zu formulieren. Rainer Winter erklärt diese Auffassung wie folgt:

> Keine Methode oder Theorie hat einen universalen Anspruch auf ‚Wahrheit‘ oder auf Wissen, das mit endgültiger Autorität verbunden ist. Validität wird vielfältig, partiell und endlos aufgeschoben. (Winter 2014: 121)

Für die vorliegende Studie sind die Vertreter der zweiten Position relevant. Diese Stellungnahme wird mit folgenden Grundgedanken begründet (mit Anlehnung an Steinke 2007: 321 ff.):

- Qualitative Forschung kann ohne Bewertungskriterien nicht bestehen. Die Ergebnisse werden als Produkte verschiedener Entscheidungs- und Konstruktionsleistungen im Rahmen des Forschungsprozesses aufgefasst und bewertet.

- Die qualitative Forschung verfolgt eigene Ziele, benutzt eigene Methoden und operationalisiert nicht mit Statistik und Tests, sondern mit Interpretationen der verbalen Daten. Deshalb sind die quantitativen Gütekriterien nicht geeignet für die qualitative Studie.
- Es soll eine Entscheidung getroffen werden, welche Bewertungskriterien im Rahmen der Studie berücksichtigt werden müssen. Steinke hebt Folgendes hervor: „Dabei geht es weniger darum, einzelne Kriterien zu formulieren, wie dies häufig der Fall ist. Vielmehr ist ein System von Kriterien, das möglichst viele Aspekte der Bewertung qualitativer Forschung abdeckt, notwendig." (Steinke 2007: 322 f.)
- Es ist wichtig, zu betonen, dass die Anwendung von einem oder zwei Kriterien nicht ausreichend für die Bewertung der qualitativen Arbeit ist, es sollen stattdessen mehrere Kriterien eingesetzt werden (ebd.: 331).

Philipp Mayring zufolge (2002: 142 ff.) sollten die Bewertungskriterien den Methoden angemessen sein, dabei nennt er sechs allgemeine Gütekriterien qualitativer Forschung: *Verfahrensdokumentation*, die das Vorverständnis und das Analyseinstrumentarium darstellt sowie die Datenerhebung durchführt und auswertet (ebd.: 144 f.); *argumentative Interpretationsabsicherung*, welche argumentative Begründungen verlangt und damit die theoriegeleiteten Aspekte hervorhebt (ebd.: 145); *Regelgeleitetheit*, welche die systematische Vorgehensweise regelt; *Nähe zum Gegenstand* als zentrales Motiv der qualitativ-interpretativer Forschung zeigt, inwieweit der Forschende die natürliche Wirklichkeit und nicht Laborexperimente mit den Beforschten zeigt (ebd.: 146). Durch die *kommunikative Validierung* werden die Interpretationen des Forschenden mit den Beforschten gemeinsam überprüft (ebd.: 147). Das letzte Kriterium der *Triangulation* beinhaltet die Pluralität der Vergleichsmodelle und Perspektiven für die Untersuchung der bestimmten Fragestellung (ebd.: 147 f.).

Günter Mey, Rubina Vock und Paul Sebastian Ruppel etablieren als Gütekriterien der qualitativen Forschung[82]: *Transparenz*, d. h. angemessene Dokumentation

[82] https://studi-lektor.de/tipps/qualitative-forschung/guetekriterien-qualitativer-forschung.html (12.08.2014).

und nachvollziehbare Ausführung des gesamten Forschungsprozesses; *Intersubjektivität*, welche die Interpretationsschritte plausibel manifestiert; *Reichweite*, die zeigt, wie die theoretische Signifikanz bzw. Verallgemeinerung erreicht wurde.

In der vorliegenden Arbeit wurden die Gütekriterien von Steinke (vgl. Steinke 2007: 324 ff.) sowie die Bewertungskriterien, die Strauss und Corbin (1996) für die Grounded Theory-Studien festlegen, herangezogen.

1) Das erste Kriterium, das Steinke nennt, ist die *intersubjektive Nachvollziehbarkeit.* Sie könne durch sorgfältige Dokumentation des Forschungsprozesses (Dokumentation des Vorverständnisses, der Erhebungs- und Auswertungsmethoden, des Erhebungskontextes, der Transkriptionsregeln, der Daten, Entscheidungen, Probleme etc.) sowie durch Interpretationen in Gruppen oder durch die Anwendung kodifizierter Verfahren erfolgen (Steinke 2007: 325 f.).

2) Durch die *Indikation des Forschungsprozesses* wird bewertet, ob der gesamte Forschungsprozess der Fragestellung, Methodenauswahl, Datenaufbereitung, Sampling-Strategien, Auswertungsstrategien, Qualitätskriterien angemessen ist (ebd.: 326 ff.).

3) Die *empirische Verankerung* ist ein wichtiges Kriterium für die Überprüfung, ob die Theoriegenerierung aus den Daten emergiert wird. Dafür werden von Steinke folgende Möglichkeiten dargestellt: die Verwendung kodifizierter Verfahren; Argumentation aus den Datenbelegen; analytische Induktion; Ableitung der Prognosen aufgrund der Daten und kommunikative Validierung (ebd.: 328 f.).

4) Mit dem Kriterium *Limitation* wird der Grad der Verallgemeinerbarkeit verdeutlicht. Steinke unterstreicht: „Es ist also zu klären, welche Bedingungen minimal erfüllt sein müssen, damit das in der Theorie beschriebene Phänomen auftritt.“ (ebd.: 329) Steinke schlägt die Fallkontrastierung sowie die beabsichtigte Suche und Analyse der Fälle, welche die Hypothese bzw. Theorie negieren können, vor, um diesem Kriterium gerecht zu werden.

5) Das Kriterium der *Kohärenz* expliziert die Qualität der Theorie per se, d. h., ob sie schlüssig ist, ob Widersprüche und ungelöste Fragen offen gestellt sind (ebd.: 330).

6) Die pragmatischen Aspekte werden durch das Kriterium *Relevanz* gesichert. Auf die Relevanz der Fragestellung und der entwickelten Theorie sollte explizit eingegangen werden (ebd.: 330).

7) Das letzte Kriterium ist die *reflektierte Subjektivität*, d. h., die eigene Rolle des Forschenden soll reflektiert und zur Diskussion gestellt werden, inwieweit persönliche Aspekte die Untersuchung beeinträchtigt haben.

Wie bereits angedeutet, werden im Rahmen der vorliegenden Studie die Evaluationskriterien in Betracht gezogen, die Strauss und Corbin in Form von folgenden Fragen nach der Angemessenheit des Forschungsprozesses anbieten (Strauss; Corbin 1996: 217):

> Kriterium 1: Wie wurde die Ausgangsstichprobe ausgewählt? Aus welchen Gründen?
>
> Kriterium 2: Welche Hauptkategorien wurden entwickelt?
>
> Kriterium 3: Welche Ereignisse, Vorfälle, Handlungen usw. verwiesen (als Indikatoren) […] auf diese Hauptkategorien?
>
> Kriterium 4: Auf der Basis welcher Kategorien fand theoretisches Sampling statt? […]
>
> Kriterium 5: Was waren einige der Hypothesen hinsichtlich konzeptueller Beziehungen (zwischen Kategorien) und mit welcher Begründung wurden sie formuliert und überprüft?
>
> Kriterium 6: Gibt es Beispiele, daß Hypothesen gegenüber dem tatsächlich wahrgenommenen nicht haltbar waren? […]
>
> Kriterium 7: Wie und warum wurde die Kernkategorie ausgewählt? War ihre Auswahl plötzlich oder schrittweise, schwierig oder einfach? […].

Strauss und Corbin schlagen ferner vor, die Validität, Reliabilität und Glaubwürdigkeit der benutzten Daten sowie die empirische Verankerung der Forschungsergebnisse zu überprüfen (ebd.: 216). Zum letzten Punkt solle der Forscher folgende Fragen beantworten können (ebd.: 218 ff.):

> Kriterium 1: Wurden Konzepte im Sinne der GT generiert?
>
> Kriterium 2: Sind die Konzepte systematisch zueinander in Beziehung gesetzt?
>
> Kriterium 3: Gibt es viele konzeptuelle Verknüpfungen? […]

Kriterium 4: Ist ausreichende Variation in die Theory eingebaut?

Kriterium 5: Sind die breiteren Randbedingungen, die das untersuchte Phänomen beeinflussen, in seine Erklärung eingebaut?

Kriterium 6: Wurde dem Prozeßaspekt Rechnung getragen?

Kriterium 7: In welchem Ausmaß erscheinen die theoretischen Ergebnisse bedeutsam?

Wenn der Forscher diese Fragen beantworten kann, dann vermag er seine eigene Untersuchung zu beurteilen.

In Kapitel 4 „Empirischer Teil: Qualitative Interviewstudie mit den FSL der technischen Fachkommunikation“ wurde der ganze Forschungsprozess in den Fließtext eingewoben, in dem die Emergenz der Hauptkategorien und Konzeptentwicklung systematisch dargestellt werden. Die Ausgangsstichprobe sowie die theoriegeleitete Datenerhebung werden im Unterkapitel „Theoretisches Sampling“ erörtert, es enthält direkte Verweise auf die Kriterien und Strategien für das Rekrutieren der Probanden. Besonderer Wert wird auf das Kodierparadigma gelegt, das die Beziehungen zwischen Kategorien konzeptualisiert und den Prozess der Theoriegenerierung unterstützt. Die Kernkategorie verbindet alle Typen der FSL bzw. der Probanden, dies wird kontinuierlich bei der Auslegung des Forschungsprozesses verdeutlicht. Wichtig ist dabei, dass die Handlungen der Probanden in der Entwicklung über die Zeit gezeigt werden, damit wird dem Prozessaspekt Rechnung getragen.

Die intersubjektive Nachvollziehbarkeit wird an mehreren Stellen der Untersuchung als besonderer Forschungsansatz explizit aufgegriffen. Wie bereits angedeutet wurde, kann die Subjektivität des Forschers nicht ausgeschlossen werden. Der Forscher beeinflusst sowohl die Interviewsituation als auch die Interpretation der Texte per se – er deutet die Worte der FSL durch das Prisma eigener Vorstellungen. Wie Hans-Georg Soeffner zum Ausdruck bringt:

> Unser Wahrnehmen, Verhalten und Handeln ist immer vom Deuten begleitet. Darüber hinaus zwingt uns die fehlende Eindeutigkeit menschlichen Verhaltens zur Wahl zwischen verschiedenen Deutungsmöglichkeiten des von uns Wahrgenommenen. (Soeffner 2014: 36)

In den Passagen, in denen mehrere Lesarten möglich sind und plausibel erscheinen, werden sie transparent ausgelegt. An dieser Stelle soll auf die These von Breuer verwiesen werden: Im Endeffekt werde die Erkenntnisgewissheit kaum garantiert (Breuer 2009: 111). Deshalb wird in der Grounded Theory nicht über Fakten gesprochen, sondern über einen permanenten Veränderungsprozess.

3.8 Zwischenbetrachtung

Für die vorliegende Untersuchung wurde der qualitative Ansatz gewählt, der durch die deskriptive Darstellung mit hermeneutischer Orientierung und die analytische Systematisierung ausgeführt wurde. Für die empirische Beantwortung der wissenschaftlichen Frage „Wie bewältigen die FSL der technischen Fachkommunikation die fachliche Ebene im FSU?" wurde das Verfahren des halbstrukturierten Leitfadeninterviews mit acht FSL der technischen Fachkommunikation und ein Gruppeninterview mit vier FSL ausgewählt und im Forschungsstil der Grounded Theory in Anlehnung an Strauss; Corbin (1996) und Strübing (2004; 2008; 2014) analysiert. Für das Forschungsdesign spielt das Forschungsprogramm Subjektive Theorien keine gravierende Rolle, seine Relevanz ist aber nicht zu unterschätzen. Sie basiert in erster Linie auf meiner theoretischen Sensibilität im methodologischen Kontext als auch auf der Rolle der FSL – diese wurden als Experten im Bereich der Vermittlung der technischen Fachkommunikation wahrgenommen, die ihre subjektiven Theorien auslegen.

Die Gütekriterien wurden in einem Unterkapitel diskutiert, weil die Interpretation keine Objektivität garantierende, sondern durch eigene Subjektivität des Forschers generierende Technik ist. Aufgrund dessen wurde das Kriterium der intersubjektiven Nachvollziehbarkeit im Forschungsprozess besonders angestrebt, damit, wie Jo Reichertz (2014: 93) hervorhebt, jeder Forscher bzw. jede Forscherin solche Untersuchung mit den gleichen Methoden selbst durchführen kann und zu vergleichbaren Ergebnissen kommt. Dabei hebt er hervor:

> Das Problem der Gültigkeit war und ist für die qualitative Sozialforschung notorisch. […] Ohne Zweifel ist die intersubjektive Nachvollziehbarkeit der zentrale Wert, wenn es darum geht, die Güte einer qualitativen Forschung zu beurteilen. (ebd.: 92)

Im methodologischen Teil wird das Ziel verfolgt, den Leser auf die empirische Untersuchung vorzubereiten und die methodischen Entscheidungen sowie Vorgehensweise explizit darzustellen und zu begründen. Damit wird der Anspruch erhoben, erneut auf die intersubjektive Nachvollziehbarkeit im Rahmen der Forschung einzugehen.

Zudem werden die Konsequenzen der eingesetzten methodologischen Aspekte im letzten Kapitel, dem Fazit, aufgeworfen.

4 Empirischer Teil: Qualitative Interviewstudie mit den FSL der technischen Fachkommunikation

Nach der Leitlinie der Lesbarkeit und Nachvollziehbarkeit wurde folgende Vorgehensweise festgelegt: In dem empirischen Teil der Dissertation werden zuerst die Grundgedanken zur Fragestellung sowie Erläuterungen zum theoretischen Sampling erläutert. Danach werden die Erkenntnisse aus jedem Interview bzw. jedem Konzept bzw. jeder ‚Wirklichkeit' im Einzelnen deskriptiv dargestellt, wo die wichtigen methodisch-didaktischen Prinzipien für die Vermittlungsstrategien im FSU von dem jeweiligen FSL verdeutlicht werden. Im nächsten Schritt wird gezeigt, inwiefern sich die Konzepte der FSL ähneln oder unterscheiden, was zum abduktiven Blitz – nach der Auffassung von Reichertz – als „Ergebnis einer Haltung gegenüber Daten und gegenüber dem eigenen Wissen" (Reichertz 2011: 288) geführt hat. Die Quintessenz der Dateninterpretation bildet die Theorie, die aufgrund des Kodierparadigmas generiert wurde.

Bei der Auslegung der Konzepte wurde ein eigener Kodierstil entwickelt, bei dem die Kodes mit den Kategorien und Memos nicht als Liste dargestellt werden, sondern in den Text hineinfließen.

4.1 Metaebene der Empirie

Die vorliegende empirische Untersuchung verfolgt das Ziel, sich dem Phänomen Vermittlung der technischen Fachkommunikation aus der Perspektive der Fachsprachenlehrenden anzunähern: Wie sehen in der Realität die Konzepte des Fachsprachenunterrichts aus? Was wird unter dem Phänomen Fachsprachenunterricht verstanden? Wer ist als FSL geeignet? Welche Kompetenzen soll der FSL haben? Wie fühlen sich die FSL im FSU? Wie ist ihr Selbstbild als FSL? Mit welchen Motiven haben die FSL angefangen, die technische Fachkommunikation zu vermitteln? Wie bereit sind sie, den FSU zu erteilen? Wie viel Freude bringt ihnen der FSU? Welche Konzepte erstellen sie für den eigenen Fachsprachenunterricht? Welche Faktoren beeinflussen ihrer Auffassung nach den Fachsprachenunterricht? Im Fokus steht eine zentrale Frage: Wie bewältigen die FSL den FSU, wenn sie keinen fachlichen bzw. technischen Hintergrund haben? Im Hintergrund aber steht die Gretchenfrage: Inwieweit ist der FSU überhaupt möglich und auch effektiv, wenn der FSL keine fachliche Qualifikation hat?

Dies ist eine Reihe von Fragen, die den Fachsprachenlehrenden eine kleine Reise in sich selbst, in die eigene Biografie und die eigene Unterrichtspraxis ermöglichte. Für meine Untersuchung waren die Interviewfragen (siehe den Leitfaden) eine Art Pforten, die in die ‚Weltenräume' der Fachsprachenlehrenden führten.

Alle acht Leitfadeninterviews in Deutschland sowie das Gruppeninterview in der Türkei zeichneten sich durch Offenheit, Aufrichtigkeit, Reflexionstiefe der Interviewten sowie ihre Bereitschaft, über den oben genannten Problemkreis zu sprechen, aus. Dadurch versuchten sie, ihren Beitrag für die Fachsprachendidaktik-Diskussion zu leisten. Die Fachsprachenlehrer berichteten mit auffallendem Enthusiasmus über ihre Konzepte, erläuterten konkrete didaktisch-methodische Strategien, begründeten eigene Regeln, sprachen über persönliche Beobachtungen, Gefühle, Stimmungen. Ihr didaktisch-methodisches Verhalten zum FSU sowie ihr menschliches (und bei vielen emotional beladenes) Verhalten gegenüber den Studierenden waren ebenso wichtige Variablen für meine Untersuchung wie ihr Selbstbild und Selbstverständnis – dies alles sind Bestandteile des höchst komplexen Kontextes der Fachsprachenvermittlung. Die didaktische Kultur entwickelt sich bei jedem FSL individuell, nach eigenem, methodisch geprägtem Wertesystem.

An dieser Stelle möchte ich eine Beobachtung anführen, die im Untersuchungsprozess gemacht wurde und die zu den wichtigen Erkenntnissen zu zählen ist: Es findet kaum Erfahrungsaustausch unter den Fachsprachenlehrenden statt. Die FSL wissen nicht, was ihre Kollegen im FSU machen und welche Konzepte für die Vermittlung der Fachsprachen existieren, da es kaum Lehrwerke in der fachsprachlichen Landschaft gibt, außerdem haben sie keine Kenntnis darüber, welche Materialien die anderen FSL einsetzen. Trotzdem sind sie neugierig darauf. Viele fragten mich nach dem Interview, ob die Interviews mit den anderen FSL genauso lang dauerten und was die anderen erzählten. Bedeutsam und spannend waren grundsätzlich auch die Antworten auf die letzte Frage, „Vielleicht gibt es etwas, was Sie noch am Ende explizit sagen möchten?". Oft wollten die Fachsprachenlehrenden an dieser Stelle ihr Interesse an der Zusammenarbeit mit ihren Kollegen kommunizieren, wie es bei der FSL L der Fall war: „austausch unter kollegen […] *und auch natürlich diese vernetzung↓ insgesamt↓vernetzung↓".[83]

Die FSL F[84] dagegen bat mich, eine Frage nach den strukturellen Bedingungen an die Honorarlehrkräfte zu stellen: „Ich bewege mich hier in so einem Elfenbeinturm, fragen Sie die anderen, die auf Honorarbasis arbeiten, und den ganzen Tag den Arbeitsort wechseln sollen." Diese Frage wurde in meinen Fragenkatalog integriert und die Antworten fielen erstaunlich aus. Folgende Aussage erhielt ich von der FSL B:

> Wir [*NZ: FSL ohne festen Vertrag*] genießen die Freiheit! Wir haben mehr Zeit, um sich auf den Unterricht gut vorzubereiten. Vielleicht ist es sogar besser. Sie [*NZ: FSL mit festem Vertrag*] müssen die Artikel schreiben und wer weiß, wie sie eigene Kursgruppe ausbeuten, um daraus einen Artikel zu machen.[85]

Dies zeigt, wie isoliert die Fachsprachenlehrenden voneinander arbeiten und wie wenig sie mitunter voneinander wissen. Auf diese Weise wurde meine Forschungsodyssee für mich jedoch noch faszinierender und die Reflexionen der Lehrer fesselnder.

Die Gespräche mit den FSL per se zeigen, wie wichtig die FSL ihre Auseinandersetzung mit den gestellten Fragen und mit dem Thema generell für sich fanden. In diesem Interesse und ihrer Offenheit ist für mich eine beachtliche Solidarität der FSL mit mir erkennbar, da ich selbst auch Fachsprachenlehrerin war – ‚eine von ihnen' – die offen über ihre Erfahrungen und Gefühle in den Nachbesprechungen berichtete. Jeder Akteur wollte mich nach Kräften unterstützen – mit Empfehlungen für mögliche Fragestellungen, der Kontaktvermittlung für die Suche nach den Probanden und natürlich mit der Beantwortung der Fragen. Dies geschah keinesfalls oberflächlich und dienstbereit, sondern mit gehaltvollen Überlegungen.

---

83 FSL L: Z. 642 f.

84 Es gibt keinen Verweis auf die Interviewpassage, denn diese Aussage erfolgte nach dem Interview.

85 Es gibt keinen Verweis auf die Interviewpassage, denn diese Aussage erfolgte nach dem Interview.

Vorliegende Studie zeigt mehr als das Wissen und Handeln der Fachsprachenlehrenden (deshalb sollten die *Subjektiven Theorien* zunächst als Ausgangspunkt für ein mögliches methodologisches Forschungsprogramm dienen) – es geht vor allem um die didaktisch-methodischen Regeln, Problemstellungen, Gefühle, Selbstbilder, Überzeugungen. Corpus sind erfahrungsgesättigte Berichte, bei denen die Unterrichtserfahrung zwischen 20 Jahren, 10 Jahren und 8 Stunden variieren kann, ohne dass die Erfahrung deshalb von geringerem Wert ist. Denn genau so entsteht ein realistisches Bild: Wer unterrichtet heute die FS technische Fachkommunikation? Mit welchen Schwierigkeiten werden die FSL am Anfang konfrontiert? Wie zufrieden arbeiten die FSL? Wie professionell unterrichten sie ihrer eigenen Selbsteinschätzung nach? Wie erfolgreich ist ihr Unterricht? Der FSL K (Z. 666 ff.) formulierte den FSU sehr treffend folgendermaßen: „das einarbeiten in einen solchen fachbereich ähnlich wie das (…) einarbeiten in eine andere kultur↓jeder fachbereich hat so eigene kultur↓." Wenn das Einarbeiten in den Fachbereich wie das Einarbeiten in eine andere Kultur ist, dann gilt: Das Einarbeiten in ein didaktisches Konzept ist wie das Einarbeiten in eine andere didaktische Kultur. Folglich geht es in der vorliegenden Studie u. a. um die didaktischen Kulturen der FSL sowie ihre methodisch-didaktischen Wertesysteme.

4.2 Theoretisches Sampling

Das Theoretische Sampling wurde auf mehrere Variablen bezogen und organisatorisch in zwei Etappen realisiert.

Das erste Interview wurde im April 2013 in Sachsen mit einem erfahrenen Fachsprachenlehrer (FSL A) durchgeführt, der Technische Übersetzung für Übersetzer, d. h. für Studierende aus dem geisteswissenschaftlichen Bereich unterrichtete.

Dieses Interview, das auf der Grundlage apriorisch-theoretischer Annahmen und meines Vorwissens erhoben wurde, gilt als Ausgangspunkt der Entwicklung der Theoretischen Sensibilität für die Untersuchung. Wie Udo Kelle und Susann Kluge in ihrem Buch „Vom Einzelfall zum Typus" bestätigen, benötigt der Forscher auch in der qualitativen Forschung durchaus Vorwissen (vgl. Kelle; Kluge 2010: 28). Darüber hinaus ergänzen sie: „Ein wesentliches Merkmal qualitativer Forschung ist der heuristische Charakter des Forschungsprozesses." (ebd. 32)

Nach dem Kodieren des o. g. Leitfadeninterviews mit dem FSL A entstanden viele Konzepte, die nicht nur für das Theoretische Sampling, die weitere Datenerhebung und die nächsten Schritte entscheidend waren, sondern ebenso für die Bildung der Kernkategorie und die Generierung der Theorie insgesamt, worauf im nächsten Punkt (Kapitel 4.4.1) eingegangen wird.

Die zweite Etappe der Datenerhebung bzw. der Interviewdurchführung wurde von November bis Dezember 2013 realisiert. In der Vorschau zum dritten Kapitel, das dem methodischen Vorgehen gewidmet ist, wurde schon erläutert, dass die Datenerhebung und -analyse nicht zirkulär durchgeführt wurden[86]. Deshalb werden hier kurz die Schwerpunkte bzw. Auswahlkriterien behandelt, die sich nach dem ersten Interview herauskristallisierten.

Da der FSU unterschiedlich durchgeführt wird – und zwar im Hinblick auf unterschiedliche Wirkfaktoren, an unterschiedlichen Orten, von unterschiedlichen Lehrern mit unterschiedlichen Qualifikationen – sollten folgende Faktoren berücksichtigt werden:

- Qualifikation des Fachsprachenlehrers, d. h. seine Ausbildung und sein beruflicher Hintergrund
- Biografischer Bezug (Erfahrung) des FSL im FSU
- Interkultureller Hintergrund in Bezug auf den sprachlichen Kontext: Fremdsprache vs. Muttersprache
- Inland (Deutschland) vs. Ausland (die Türkei)
- FSL aus Neuen Bundesländern vs. FSL aus Alten Bundesländern
- Geschlecht: die Fachsprachenlehrerinnen und Fachsprachenlehrer

Im Weiteren wird die Logik des ausgeführten Theoretischen Samplings erklärt.

---

86 Ich befand mich in ähnlichen Situationen, wie sie Inga Truschkat, Manuela Kaiser-Belz und Vera Volkmann beschreiben: „Es war also kaum möglich, zunächst einen Kontakt herzustellen und erst nach dessen Auswertung wieder ins Feld zu gehen. Realistischer Weise wurden in diesem Fall die Interviews in relativ enger zeitlicher Folge geführt. Das heißt zwar keineswegs, dass nicht direkt nach dem ersten Interview mit der Auswertung begonnen wurde, aber es bedeutete doch, dass die Mehrzahl der Interviews aus Gründen der Forschungs- und Zeitökonomie zu Beginn des Forschungsprozesses geführt wurden" (Truschkat; Kaiser-Beltz; Volkmann 2011: 371).

Nach dem Interview mit dem FSL A wurde die Klassifizierung des Phänomens FSL abgeleitet: *Idealfall – Seltener Fall – Klassischer Fall.* Es schien wichtig zu sein, alle drei Typen kontrastiv zu betrachten.

Als *Idealfall* werden die Sprachenlehrer mit fachkommunikativer Qualifikation bzw. Ingenieurausbildung genannt, die alle Teilkompetenzen gemäß des Konzepts des integrativen Fachsprachenunterrichts von Baumann (2000) besitzen (siehe Kapitel 2) und sich frei in den zwei Dimensionen der Sprache und Technik bewegen. Im Interview mit FSL F geht die Akteurin auf diesen Typ ein und nennt ihn „Orchideenkombination“: „*hm ja↓werfe mal die frage in den raum↓wer hat diese orchideenkombination ingenieur und deutsch als fremdsprache↓“.[87]

Die FSL A, B, C und D gehören zu diesem Idealtyp.

Den *Seltenen Fall* repräsentieren die so genannten Quereinsteiger, die fast singulär in der Universitätslandschaft auftauchen. Dies sind beispielsweise Ingenieure, die sich im Bereich der Fachsprache betätigen und ihre fachlichen Kompetenzen hier in hohem Maße entfalten. Die sprachliche bzw. methodisch-didaktische Qualifikation in der Fachsprachenvermittlung ist zunächst jedoch zum Teil defizitär und wird autodidaktisch erworben.

FSL E gehört als Einzelfall zu diesem Typus.

Immer häufiger treffen wir im Fachsprachenunterricht aber den *Klassischen Fall* an, den Fremdsprachenlehrenden im DaF/DaZ-Bereich mit germanistischem bzw. literaturwissenschaftlichem Hintergrund und ohne fachliche Ausbildung im Ingenieurwesen.

Auf die FSL F, G, H, I, J, K und L trifft dieser Fall zu.

Das nächste Konzept, das aus den Kodes des ersten Interviews mit dem FSL A abgeleitet wurde, heißt *Biografischer Bezug (Erfahrung) des FSL im FSU.* Dieser Faktor ist direkt mit der Qualifikationsfrage (s. o.) verbunden. Die eigene Biografie beeinflusst die Strategien und das Unterrichtskonzept generell: Der FSL A ist überzeugt von der eigenen Erfahrung als Ingenieur und Technischer Übersetzer, deshalb plädiert er im FSU für die Auseinandersetzung mit dem Fachmann, damit die Studierenden in Zukunft als Experten risikolos und fehlerfrei agieren können.

---

[87] FSL F: Z. 459 f.

Er führt wie folgt aus: „* aber wenn sie diese konfrontation sozusagen mit einem ehemaligen fachmann mit einem ingenieur nicht haben↑ dann werden sie später nicht so hm eine gewisse vertrautheit damit haben↑ wie man fachleute konsultiert↑“ (FSL A: Z. 73 ff.). Die Erfahrung als FSL im FSU tauchte deutlich als selbstständige Kategorie in den Daten auf. In der folgenden Interviewpassage wird dieses Motiv expliziert: „ja es ist nicht so es ist nicht so viel mühe nach so vielen jahre zu dozieren↓ja↓ [Nachfrage NZ: es ist ihre erfahrung oder ihre ingenieurausbildung↑] FSL A: ne↓*es ist die erfahrung↓*ist die erfahrung↓“ (FSL A: Z. 454 f.).

Daher wurde *die Erfahrung* als Auswahlkriterium kategorisiert. Die FSL A, B, C vermitteln die technische Fachkommunikation über 20 Jahre. Die FSL E, F und L haben 10 Jahre Erfahrung. Die FSL D unterrichtete fünf Jahre technische Fachsprache. Der FSL K unterrichtete ein Jahr technisches Deutsch an der Technischen Universität, und die FSL G, H, I, J konnten die genaue Stundenzahl nennen – sie hatten acht Stunden Unterrichtserfahrung zum Zeitpunkt des Interviews.

Wie aus dem angeführten Zitat (FSL A: Z. 73 ff.) ersichtlich wurde, beeinflussen der *biografische Bezug* und die *berufliche Erfahrung* (auch im weiteren Sinne, nicht nur im FSU) das Konzept des Lehrers, seine didaktische Kultur und die Strategien bei der Vermittlung der Fachsprache. Diese Schlussfolgerung führte zum Ableiten des nächsten Konzeptes: *Interkultureller Hintergrund in Bezug auf den sprachlichen Kontext: Fremdsprache vs. Muttersprache*. Es ist wichtig, an dieser Stelle hervorzuheben: Jeder FSL gehört zu einer bestimmten Generation, hat einen bestimmten Universitätsabschluss, kommt aus einer bestimmten Stadt, spricht bestimmte Fremdsprachen etc. Diese Faktoren sind alle (nach dem Prinzip pars pro toto) Manifestationen ihrer Kultur. Wollte man alle mit einbeziehen, würde dies einen breiten Diskussionsraum beanspruchen, der hier aber ausschließlich auf den Aspekt der Mehrsprachigkeit des FSL eingeschränkt werden sollte. In weiteren Schritten sollte überprüft werden, ob die Mehrsprachigkeit des FSL eine wichtige Variable sein kann, da der FSL A z. B. Franzose ist, der in der DDR studierte und zunächst als Entwicklungsingenieur und danach als Technischer Übersetzer (Französisch – Deutsch) arbeitete und demnächst als Fachsprachenlehrer arbeiten wird. Für seine Biografie waren die Fremdsprachenkenntnisse also essenziell.

Aus diesen Überlegungen rückte folgende Konstellation der Figuren in den Fokus der Betrachtung:

FSL A – französischer Sprachhintergrund

FSL D – russischer Sprachhintergrund

FSL H, I – türkischer Sprachhintergrund

FSL L – polnischer Sprachhintergrund

Der interkulturelle Faktor sowie das Ziel des FSU treten einerseits als Elemente des Kontextes, in dem der FSL agiert, aber andererseits auch als Bedingungen oder Ursachen für die Entwicklung des eigenen Konzeptes bei jedem FSL auf. Nach dem Gespräch mit dem FSL A überlegte ich, ob er dasselbe FSU-Konzept französischen Kursteilnehmern vermittelt hätte und ob die Unterrichtssituation mit all ihren Komponenten im Ausland, wo die Fachsprachen „Technisches Deutsch" oder „Technische Übersetzung" unterrichtet werden, genauso aussieht oder nicht.

Das dritte Gebot der Grounded Theory besagt, es muss möglichst viel im Rahmen eines Interviews verglichen und mit unterschiedlichen Fällen kontrastiert werden. Deshalb fand ich es sinnvoll, die Fälle in Deutschland mit den Fällen in der Türkei zu vergleichen. Das Auswahlkriterium lautete also: *Inland (Deutschland) vs. Ausland (die Türkei)*. Das Gruppeninterview mit den Fachsprachenlehrerinnen G, H, I, J wurde in der Türkei geführt.

Der FSL A arbeitete wie bereits erwähnt in der DDR und promovierte zum Thema Fachsprachenlinguistik, nachdem er eine Stelle an der großen Universität in Sachsen bekommen hatte. Für mich war es wichtig, Akteure aus den Alten und den Neuen Bundesländern zu rekrutieren, dieses Kriterium wurde auch zum Teil durch den theoretischen Hintergrund vorgeschrieben. Deshalb entschied ich mich für die Konstellation: *FSL aus Neuen Bundesländern* (FSL A - Sachsen; FSL K - Thüringen) *vs. FSL aus Alten Bundesländern* (FSL B, D, E, F, L - Niedersachsen; FSL C - Nordrhein-Westfalen).

Der letzte Faktor, der den Anstoß zur Auswahl der Akteure gab, war das Geschlecht. Stereotype Vorstellungen verbinden oft Technik mit Männern, der technische Gedanke, die technische Intelligenz wird eher ihnen zugeschrieben. Aus diesem Grund stellte ich meine Untersuchungsgruppe sowohl aus *Fachsprachenlehrerinnen* (B, D, F, G, H, I, J, L) als auch aus *Fachsprachenlehrern* (A, C, E, K) zusammen.

Es soll hier erwähnt werden, dass die letzten beiden Kontraste (*FSL aus Alten und Neuen Bundesländern* sowie der Geschlechterunterschied *Fachsprachenlehrerinnen vs. Fachsprachenlehrer*) aufgrund meines Vorwissens als Sampling-Kriterien aufgenommen wurden. Die Relevanz dieser traditionellen Kategorien soll jedoch nicht vorausgesetzt werden. Die Idee war, diese Fälle zu untersuchen, und falls aus den Daten eine Signifikanz erkennbar würde, würden sie weiter berücksichtigt und analysiert. Wenn aus den Daten jedoch keine Bedeutungssignale emergierten, dann würden die o. g. Kategorien ignoriert.

In der Fachliteratur zur Grounded Theorie gibt es viele Kritikpunkte in dieser Hinsicht. Eine besonders kritische Position vertritt Glaser. Er führt Folgendes aus:

> Der erste Schritt, theoretische Sensibilität zu erlangen, besteht darin, das Forschungssetting mit so wenig vorgefassten Positionen und Vorstellungen wie möglich zu betreten – insbesondere muss auf logisch abgeleitete Apriori-Hypothesen verzichtet werden. Das zentrale Problem des jeweiligen Forschungsfeldes und dessen Grenzen müssen entdeckt werden. (Glaser 2011: 148)

Muckel vertritt eine gemäßigtere Meinung: Die theoretische Sensibilität, deren Grundgedanke die Kombination aus Wissenschaftlichkeit und Kreativität sei, werde durch verschiedene Quellen gespeist (Literaturstudium, eigene berufliche und persönliche Erfahrungen und den Forschungsprozess selbst) (Muckel 2011: 340).

Mein Ziel war es, durch das Prisma möglichst großer Kontraste und einer starken Heterogenität die Wirklichkeit bzw. Wirklichkeiten abzubilden. Corbin schreibt hierzu: „Es gibt nicht eine Wirklichkeit, es gibt mehrere ‚Wirklichkeiten', und Datenerhebung und -analyse erfordern, diese mannigfachen Sichtweisen einzufangen und angemessen zu berücksichtigen" (Corbin 2011: 166).

Mein analytischer Prozess hatte zu Anfang deutlich heuristische Strategien, was nach Auffassung von Kelle bessere Möglichkeiten bietet, um eine Theorie zu generieren. Er hebt Folgendes hervor:

> Konzepte mit niedrigem empirischen Gehalt können jedoch extrem nützlich sein, wenn das Ziel der Untersuchung eben nicht in der Überprüfung vorab definierter Hypothesen

besteht, sondern in der empirisch begründeten Entwicklung von Theorien. Denn empirisch wenig gehaltvolle Begriffe zwingen Daten eben gerade nicht in ein Prokrustesbett: Durch den Mangel am empirischen Gehalt können solche Begriffe vielmehr flexibel auf zahlreiche empirische Phänomene angewendet werden. Obwohl solche Begriffe und die mit ihrer Hilfe entwickelten Aussagen also nicht im eigentlichen Sinne „getestet" werden können, lassen sie sich als heuristische Konzepte nutzen, die wie Linsen wirken, durch die Forschende Sachverhalte und Phänomene ihres Forschungsfeldes besser sehen können. (Kelle 2011: 250)

Die Abbildung 4 zeigt tabellarisch das ausgeführte Theoretische Sampling. Hinzugefügt werden folgende Informationen: In der zweiten Spalte wurde die Länge des Interviews fixiert und in der fünften Spalte steht die Bezeichnung der Veranstaltung, die die FSL unterrichten.

Idealfall

Nr	FSL (fachlicher Hintergrund)	Geschlecht	Ort der Universität	Fachsprache	Erfahrung im FSU
1	FSL A (Maschinenbau + Promotion: Fachsprachenlinguistik) */40 Min/*	M	Sachsen	Technische Übersetzung	33 Jahre
2	FSL B (Technische Zeichnung + Technische Übersetzung) */42 Min/*	W	Niedersachsen	FS Maschinenbau mit Schwerpunkt Werkstoffkunde FS Bauingenieurwesen	Mehr als 20 Jahre
3	FSL C (Ingenieurwesen + Germanistik/Lehramt + Nebenfach: Mathematik) */49 Min/*	M	NRW	Deutsch für Naturwissenschaftler	Mehr als 25 Jahre
4	FSL D (Germanistik + Architektur) */59 Min/*	W	Niedersachsen	FS für Bauingenieure	5 Jahre

Seltener Fall

Nr	FSL (fachlicher Hintergrund)	Geschlecht	Ort der Universität	Fachsprache	Erfahrung im FSU
5	FSL E (Maschinenbau) */39 Min/*	M	Niedersachsen	Deutsch der Elektrotechnik	Mehr als 10 Jahre

Klassischer Fall

Nr	FSL (fachlicher Hintergrund)	Geschlecht	Ort der Universität	Fachsprache	Erfahrung im FSU
6	FSL F (Geschichte; Publizistik; Politikwissenschaften; DaF, Promotion) */61 Min/*	W	Niedersachsen	Schreib-Mentoring für int. Studierende der Ingenieurwissenschaften; Deutsch der Technik: Forschungskurs Wissenschaftssprache	Mehr als 10 Jahre
7	FSL L (Germanistik; DaF; Literaturwissenschaft; Philosophie, Promotion) */111 Min/*	W	Niedersachsen	Deutsch der Technik	Mehr als 10 Jahre
8	FSL K (Anglistik) */83 Min/*	M	Thüringen	Technisches Deutsch	1 Jahr
9	FSL G (DaF) */Gruppeninterview 79 Min/*	W	Türkei	FS Mechatronik	Weniger als 1 Jahr
10	FSL H (DaF) */ Gruppeninterview 79 Min/*	W	Türkei	FS Mechatronik	Weniger als 1 Jahr

11	FSL I (DaF) */ Gruppeninterview 79 Min/*	W	Türkei	FS Mechatronik	Weniger als 1 Jahr
12	FSL J (DaF) */ Gruppeninterview 79 Min/*	W	Türkei	FS Mechatronik	Weniger als 1 Jahr

Abb. 4: Theoretisches Sampling der durchgeführten Studie

4.3 Zur Interviewsituation

Alle Fachsprachenlehrer bekamen von mir eine E-Mail mit der Bitte um das Interview. Jeder Brief enthielt einen Anhang mit zwei Dokumenten: einem Leitfaden für das Interview bzw. einem Fragenkatalog und einem Forschungsexposé.

Die Treffen fanden an einem Ort statt, den die Lehrer jeweils vorgeschlagen hatten. Es war wichtig, dass sie sich in einer vertrauten Umgebung befanden, in der sie über ihre Überlegungen, Überzeugungen, Erfahrungen, Empfindungen, Zweifel und Vorstellungen ungehemmt berichten konnten. Ich bat jede Person um die Erlaubnis, das Gespräch in digitaler Form mithilfe eines Diktiergeräts aufzunehmen. Vor dem Interview gab es eine kurze Vorbesprechung (und danach oft auch noch eine Nachbesprechung, was situationsbedingt entschieden wurde), in der ich noch einmal kurz über mein Forschungsvorhaben referierte. Gemäß der wissenschaftlichen Ethik sind alle Angaben anonymisiert und die Namen der Fachsprachenzentren sowie der Universitäten werden nicht angegeben.

Jedes Kapitel trägt den Titel des jeweiligen Fachsprachenlehrenden und enthält den biografischen Exkurs mit der Antwort auf die Frage: Wie sind Sie auf die Vermittlung der technischen Fachkommunikation gekommen? Diese Informationen geben Hinweise auf die Absichten, Überzeugungen und Berufswünsche der FSL und auf eines der zentralen Merkmale, das oben behandelt wurde: *den biografischen Bezug (Erfahrung) des FSL im FSU.*

Bevor die Fälle mit den Interpretationen dargelegt werden, soll hervorgehoben werden, dass einige Interpretationsansätze zu den Fragen nach dem beruflichen Selbstverständnis der FSL F, G, H, I, J, K, L[88] und nach den Definitionen sowie Zielen des FSU der FSL B, C, E, F, K[89] bereits in zwei Aufsätzen niedergeschrieben wurden.

4.4 Idealfall: FSL A, B, C, D

4.4.1 FSL A: „man unterrichtet schwerpunktmäßig das wo man sich am wohlsten fühlt↓"[90]

4.4.1.1 Informationen zu Interview und Interviewpartner

Das Interview fand im Büro des FSL A statt. Für den Dozenten war es das letzte Semester vor dem Ruhestand. Er schlug ohne zu zögern den Termin vor und antwortete während unseres Treffens gern auf alle Leitfadenfragen.

Nach dem abgeschlossenen Ingenieurstudium in der DDR arbeitete der FSL A als Entwicklungsingenieur in einem Baumaschinenbetrieb im Rahmen eines Programms, später in einem Stahlbaubetrieb, was ihm aber nicht gefiel: Es wäre sehr monoton (FSL A: Z. 15 ff.). Dank seiner Zweisprachigkeit (Französisch, Deutsch) übersetzte er parallel Texte mit allgemeiner, technischer und wissenstechnischer Thematik und fasste den Entschluss, mit Ingenieurspraxis aufzuhören und als Übersetzer zu arbeiten (ebd.: Z. 20 ff.). Diese Tätigkeit gestaltete sich aber als „sehr sesshaft" (ebd.: Z. 25) und machte ihn im Endeffekt „nicht glücklich" (ebd.: Z. 27). Seine ehemalige Frau, eine Germanistin, vermittelte den Kontakt mit einem Universitätsprofessor und der FSL A bekam die Stelle an der Universität – von 1980 bis 2013 unterrichtete er Technische Übersetzung dort, also 33 Jahre.

88 Zalipyatskikh (2016).

89 Zalipyatskikh (i. D.): „Überlegungen zu den Unterrichtsdefinitionen und -zielen der Fachsprachenlehrenden der technischen Fachkommunikation". Forum für Fachsprachen-Forschung, Berlin: Frank & Timme.

90 FSL A: Z. 174 f.

Das Unterrichten der Technischen Übersetzung und der Technischen Fachkommunikation schließt seine *beiden Qualifikationen* ein, die später auch mit der Dissertation zu einem textlinguistischen Problem mit dem Schwerpunkt ‚Fachsprache' erweitert wurden (ebd.: Z. 35 f.). Sehr interessant waren auch folgende Kommentare des FSL A dazu, wie er aufgenommen wurde: „und die waren ja froh* weil [...] die meisten dozenten kommen aus philologie und so wenige kommen direkt aus dem ingenieurswesen ja ↑und deswegen hm habe ich diese stelle auch **gut besetzen könnte denke ich↓" (ebd.: Z. 36 ff.). Diese Phrase über die positive Einschätzung der Perspektive der Arbeitgeber zeigt, dass FSL mit fachlicher Qualifikation willkommen sind. Das ist auch dafür eine Bestätigung, dass die Kombination ‚Fach und zwei Sprachen' selten, aber wichtig für das Lehrveranstaltungsangebot der Universität ist. Sein positives Selbstbild ist offensichtlich, der FSL A fühlt sich sicher und am richtigen Platz, auch aufgrund der langen Zeit seiner Fachübersetzung. Er betont: „trotz der vielen jahren macht das spass muss ich ihnen sagen↓" (ebd.: Z. 466 f.).

4.4.1.2 Identitätsfrage: Ingenieur oder FSL?

Das ist eine Brückenfrage nach der Identität des FSL A: Identifiziert er sich eher mit der Rolle des Ingenieurs oder des Fachsprachenlehrers? Der FSL A fühlt sich als „quereinsteiger" (ebd.: Z. 45) in diesem Bereich, der sich autodidaktisch in die linguistischen Fragen eingearbeitet hat. Auf die spekulative Frage aber, wenn er nicht Maschinenbau studiert hätte, Fachübersetzung unterrichtet hätte oder nicht, kommt die hypothetische Antwort „wahrscheinlich nicht" (ebd.: Z. 171). Die Frage bezieht sich auf das Problem, ob die fachliche Kompetenz eine entscheidende Rolle bei der Berufswahl spielt. Die Antwort erlaubt es uns, zu vermuten, dass die fachliche Kompetenz sehr hohe Relevanz hat.

Anschließend präzisiert FSL A: „wenn ich überhaupt keine fachübersetzung gemacht hätte" (ebd.: Z. 171 f.), was aber unseren Erkenntnisgewinn auf eine bestimmte Weise verändert: Jetzt tritt die *Erfahrung* in den Vordergrund – Erfahrung bei der Fachübersetzung ist eine Kompetenz, die als Entscheidungsfaktor wirkt, d. h., die Erfahrung verleiht die fachlichen Voraussetzungen für die Erteilung des Fachsprachenunterrichts. Aber die spekulative Frage scheint dem FSL A nicht so wichtig zu sein, er setzt seinen Gedanken folgendermaßen fort:

„aber*verstehen sie das richtig↓es geht nicht darum und das macht natürlich jeder dozent↓* kann man sagen ja↓ man unterrichtet schwerpunktmäßig das wo man sich am wohlsten fühlt↓" (ebd.: Z. 172 ff.).

Diese These „man unterrichtet schwerpunktmäßig das wo man sich am wohlsten fühlt↓" des FSL A bildet ein zentrales Konzept für die Vermittlung der Fachkommunikation. Eine Interpretation könnte hier lauten, dass die Person aus bestimmten *Vorlieben* die Entscheidung trifft, dieses oder jenes Thema im Unterricht zu behandeln. Dies könnte zutreffen, wenn die FSL wiederum *Erfahrung* haben, denn dann besitzen sie eine gewisse Auswahl, d. h. ein gewisses Repertoire an Themen und Methoden. Folglich wären die Schlüsselwörter *Vorliebe* und *Erfahrung*. Es könnte aber auch nach folgender Lesart ausgelegt werden: **Die FSL vermitteln das, was sie können**. Wenn die Lehrkraft sich im Stoff fachlich, methodisch und didaktisch gut auskennt, fühlt sie sich wohl beim Unterrichten. Das, was wir nicht können, beraubt uns des Wohlfühlfaktors, nimmt uns die Sicherheit, stattdessen erfahren wir Stress und Desorientierung. Nach dieser Lesart sind die Schlüsselwörter *können* und *sich auskennen* und unser Fokus verlagert sich in die Dimension **Kann-Potenzial**, was eigentlich auch die Variablen *Erfahrung* und *Ausbildung* implizieren.

In diesem Kontext kann eine (familiäre) Bindung an den Fachmann hilfreich sein und als Motiv für die Entscheidung dienen, als FSL in diesem Bereich zu arbeiten. Der FSL A führt ein Beispiel an: Der Mann ist Mediziner, die Frau Germanistin oder Romanistin, deshalb entscheidet sie sich für die Vermittlung der Fachsprache Medizin. Die fachliche Unterstützung ist nützlich, aber die eigene fachliche Basis, die fachliche Kompetenz hat großes Gewicht. Er gibt in diesem Kontext ein weiteres Beispiel:

> das* ist wichtig* ist dass man* eine grundlage hat↓** bei mir ist es maschinenbau im weiteren sinne↓* also ich mache nicht nur maschinen* ich mache projekte* bauprojekte *ich mache auch hm messtechnik ich mache alles mögliche↓* automatisierungstechnik auch ein bisschen* werkstoffkunde* und so weiter (ebd.: Z. 179 ff.)

Es lässt sich folgende These über die familiäre ‚Zusammenarbeit' des Nicht-Fachmanns mit dem Fachmann formulieren: Der Fachmann arbeitet mit einem FSL ohne fachlichen Hintergrund. Die Beratung ist dabei nützlich, aber bedeutend ist das eigene fachliche Fundament.

4.4.1.3 Unterrichtsansatz: Ziele und Aufgaben des FSL A im FSU

Mit dem Attribut „*unterschiedlich*"[91], orientiert an den Unterrichtszielen, drückt der FSL A den Komplex der Vermittlungsstrategien aus. Die Vermittlungsstrategien hängen von der Veranstaltung ab, aber das Schlüsselwort zur Beantwortung der Frage ‚Ingenieur oder Sprachenlehrer im FSU' bleibt der Begriff „*sehr praxisgebunden*"[92], der zweimal wiederholt wird. Der *praxisgebundene Unterrichtsansatz* ist das Konzept, das daraus abgeleitet wurde und das für die Forschung eine hohe Relevanz hat. Der FSL A stellt den „schwammigen" (ebd.: Z. 490) Vorlesungen seine ‚konkreten' Seminare und Übungen für die Vermittlung konkreter Tools gegenüber. Damit verfolgt er das Ziel, bei den Studenten, „*ein gewisses technisches verständnis für die sachen*"[93] zu entwickeln, sie sollen verstehen, worum es in den technischen Sachverhalten geht. Dafür investiere der FSL A 20 % - 30 % der Zeit (ebd.: Z. 65 f.). In diesem Zeitraum erläutere er als Fachmann „dem niveau der studenten entsprechend höchst technische fragen" (ebd.: Z. 67), d. h. die fachlichen Inhalte sollen nach Ansicht des FSL A im FSU vermittelt werden. Die Entwicklung des technischen Verständnisses als FSU-Ziel und die Vermittlung der technischen Inhalte als Aufgabe sind nach FSL A die Grundideen des FSU, die konzeptionell wichtig für die vorliegende Studie sind. Die Notwendigkeit des ‚*technischen Verständnisses*' belegt der FSL A mit der folgenden Argumentation:

> wenn sie [NZ: Studenten] diese konfrontation sozusagen mit einem ehemaligen fachmann mit einem ingenieur nicht haben↑ dann werden sie später nicht so hm eine gewisse vertrautheit damit haben↑ wie man fachleute konsultiert ↑ (ebd.: Z. 73 ff.)

---

91 ebd.: Z. 53.

92 ebd.: Z. 55; 61.

93 ebd.: Z. 64 - Hervorh.: N. Z.

Die Begründung ist eigentlich nicht für die Ingenieure, sondern für die Übersetzer relevant, die die Zielgruppe der im Fokus dieser Studie stehenden Fachsprachenlehrenden stellen. Doch für die vorliegende Untersuchung ist diese Überlegung wichtig: Wenn die FSL keinen fachlichen Hintergrund haben, sondern reine Philologen sind, dann besitzen sie keine Verbindung mit den technischen Inhalten und als Folge mit den Fachleuten, sie sind im FSU dann in gewisser Weise hilflos. Der FSL A verweist hier direkt auf meine Situation, als FSL ohne fachlichen Hintergrund zu arbeiten, „das ist gerade ihr problem" (ebd.: Z. 76). Das heißt, nach der Auffassung des FSL A gilt gewissermaßen die Variable technisches Verständnis als Brücke zwischen den Aktanten der technischen Fachkommunikation.

Der FSL A vermittelt in seinem FSU also *die fachliche Ebene* und *die Ebene des Fachdenkens* (nach dem Modell von Baumann) und die Verschaffung des fachlichen Überblicks ermöglicht es den Studenten-Übersetzern, sich in dem kognitiven Profil zu orientieren und wie er selber formuliert: „welche technischen fragen man hm einem fachmann stellen könnte in der praxis wenn man nicht weiter kommt↓ ja↓diese diese art von kommunikation↓" (ebd.: Z. 79 ff.) Die letzte Phrase liefert uns noch den Hinweis auf eine Strategie, die im FSU des FSL A eine wesentliche Rolle spielt: die *Vermittlung von Problemlösestrategien* in der technischen Fachkommunikation, in diesem Fall das Üben der adäquaten Fragestellungen.

Das primäre FSU-Ziel ist für FSL A Folgendes:

> das primäre ziel ist↑die studenten werden in der praxis technische texte übersetzen↓ja↓und es ist das ziel ist hm* ihnen klar zu machen welche menge welche dosis an fachkenntnis braucht man* um risikolos* also* qualitativ gut* diese texte zu übersetzen (ebd.: Z. 94 ff.)

Der FSL A ist bestrebt in seinem Unterricht die Studenten für die Frage zu sensibilisieren, was zu ihrer fachlichen Kompetenz als Technischer Übersetzer gehört und was nicht. Er zieht explizit eine Grenze zwischen den Aufgaben des Fachübersetzers und denen des Fachmanns. In seinem Unterricht geht es vor allem um die professionelle *Bewusstseinsvermittlung*, um das *Selbstverständnis des Technischen Übersetzers*. Wichtig ist die explizite Behandlung der Frage: Was gehört zu den Kompetenzen und Aufgaben des Übersetzers? Dies fixiert den Rahmen, der für die Fachkommunikation fehlt, der aber in der regulären Fremdsprachenausbildung durch den Europäischen Referenzrahmen festgelegt wird. Der FSL A betont: „sie [NZ: Studenten] können nicht in allem fachleute sein↓ aber sie müssen wissen↓wann sie tatsächlich aufhören müssen zu übersetzen“[94] – das bedeutet eine *Strategievermittlung für eigene professionelle Grenzen.*

Es werden weiterhin die Ziele verfolgt, die Qualität der „risikolosen“[95], „fehlerfreien“[96] Übersetzungen zu forcieren sowie Fachleute zu konsultieren. Dreimal fixiert der FSL A diese zuletzt genannte Aufgabe des Übersetzers, d. h., der Übersetzer soll die fachliche Ebene bewältigen, um in der Lage zu sein, Fachinformationen zu liefern. Der FSL A nennt diese Strategievermittlung „methodische frage“ (ebd.: Z. 109). Er problematisiert diese Frage, die zentrale Bedeutung in der vorliegenden Studie hat, folgendermaßen: „wie weit muss ich mich in eine technische thematik einarbeiten↑damit ich tatsächlich diese fachübersetzung bewältigen kann↓“ (ebd.: Z. 110 ff.). Deshalb wurde an dieser Stelle im Interview explizit nachgefragt:

> NZ: das heißt↓ jeder entscheidet für sich (wie weit) (BETONT)
> FSL A: na ja jeder entscheidet für sich↓
> NZ: wie weit muss man im kontext sein↑
> FSL A: ja ja das wird schon problematisiert↓ (ebd.: Z. 112)

Die Problematisierung der professionellen Grenzen von Seiten des FSL hängt weiter mit den Variablen der bewussten und unbewussten Entscheidungen der Studierenden zusammen. Die Entscheidung, wie weit der Fachübersetzer sich im fachlichen Kontext orientieren soll, trifft die übersetzende Person aufgrund ihrer *Ausgangskompetenzen* und *Ansprüche*. Dafür liefert der FSL A ein Beispiel, das die Arbeitsroutine in seinem Unterricht zeigt und seine These begründet: Die Studierenden bekommen zunächst einen Text für die Übersetzung und bereiten sie vor. Der nächste Schritt ist die Fehleranalyse in den Textübersetzungen und anhand der Fehler wird klar, wo das Problem beim Einzelnen lag. Die interessante

[94] ebd.: Z. 103 ff.

[95] ebd.: Z. 106.

[96] ebd.: Z. 107.

Erkenntnis hieraus lautet, dass die Fehler aufgrund der unterschiedlichen Vorkenntnisse der Studenten stark variieren. Dies wird im Unterkapitel *Arbeit am Text* behandelt.

4.4.1.4 Vermittlung des Fachdenkens: was und wie?

Das Hauptaugenmerk in der vorliegenden Studie liegt auf der Frage nach der Methodik und Didaktik, nach der Suche der konkreten methodisch-didaktischen Grundlagen, um möglichst das volle pädagogisch wertvolle Repertoire der Vermittlung der technischen Fachkommunikation zu zeigen. Hohe Aufmerksamkeit schenkt der FSL A dem expliziten bzw. bewussten Ausbau der Arbeitsmethoden, denn die Übersetzung der Fachtexte mit einem gewissen Komplexitätsgrad sei „eigentlich nur alibi" (ebd.: Z. 189) und der Schwerpunkt des Unterrichts bildeten „bestimmte algorithmen" (ebd.: Z. 199). Die Vermittlung der Arbeitsmethoden ist das Ziel des FSL A im FSU, in dem die Fachtexte lediglich als Vorwand gelten, d. h. der Prozess, die Entwicklung der Arbeitsmethoden wird anhand der Fachtexte verfolgt. FSL A zufolge müssten die Übersetzer in den Fachtexten die Sachinhalte verstehen und die Terminologie recherchieren bzw. Fachkräfte konsultieren, dafür gäbe es Algorithmen. Der FSL A erwähnt tatsächlich nur das Methodische als Arbeitsgrundlage für die zukünftigen Studierenden. Er bestätigt, dass die Themen vergessen werden, die Texte seien nicht prinzipiell, aber blieben als Substrat, wodurch die Methodik erklärt wird. Der Übersetzer soll die Textsorte feststellen, die Problematik erkennen, die Aufgaben zuordnen. *Das Methodische*, *das methodische Wissen*, *die Routinen* und *die Algorithmen* seien zentral für den Fachmann (ebd.: Z. 203). Der FSL A vergleicht das Arbeitsverfahren des Fachmanns mit dem Mediziner, der bestimmte Symptome analysiere und infolge seines Wissens die Diagnose stelle (ebd.: Z. 206). An dieser Übertragung wird der Prozess deutlich, durch den der Fachmann ein fachliches Urteil abgibt, dabei ist die Variable des Wissens auf der Ebene des Fachdenkens von zentraler Bedeutung.

Im Kontext des Problems *das Methodische* geht der FSL A explizit auf die Begrifflichkeiten *Aufgabe* und *Probleme* ein: „probleme sind komplex↓*unstrukturiert müssen gelöst werden und die zuordnung zum bestimmten teil des problems↓

zu lösungsansätzen sind die aufgaben↓“ (ebd.: Z. 217 ff.). Auf der textuellen Ebene wird dieser Gegensatz *Problem vs. Aufgabe* wie folgt thematisiert:

> sie haben ein problem↑* und sie müssen dieses problem zerschneiden in aufgaben↓* und zu diesen aufgaben* müssen sie nach und nach* die beziehungen erstellen zu einem lösungsansatz↓und das wollen wir machen↓* und wir nehmen da einen maschinenbautext zumindest schwerpunktmäßig↓ (ebd.: Z. 220 ff.)

Für die Vermittlung des Fachdenkens benutzt der FSL A *populärwissenschaftliche Materialien*, Texte und Veranschaulichungsmaterial seien aus dem Internet bzw. von Youtube. Nach der Videovorführung erklärt der FSL das behandelte technische Phänomen. Nachdem das Thema veranschaulicht und erklärt werde, komme als Reaktion bei den Studierenden ein Wiederentdeckungseffekt, da die Themen zum Teil in der Schule gelernt wurden. Mit Skizzen an der Tafel vermittele der FSL A die *Fachinhalte* und erläutere die *Denkstrukturen* (ebd.: Z. 84).

4.4.1.5 Arbeit am Text

Der FSL A konzentriert sich auf Arbeitstexte von geringem Umfang. Das Arbeitspensum pro Semester beträgt zwölf DIN A4-Seiten, d. h. ein einseitiger Text pro Unterricht. Es ist wichtig für den FSL A, dass die Texte inhaltlich nicht so schwer sind. Er erklärt dies wie folgt: „alles was mit informatik ist nehme ich nicht↓ oder mit mikroelektronik↓alles was zu klein und nicht vorstellbar ist↓“ (ebd.: Z. 121 ff.). Je gröber der technische Prozess sei, desto verständlicher sei er, es sei möglich, ihn sich visuell vorzustellen – so wird die oben genannte technische Vorstellung gefördert. Die Studenten übersetzen den Text und die Übersetzungen dienen als Grundlage für die gemeinsame Besprechung und Fehleranalyse. Die Fehler sind wichtige Bestandteile des ganzen Prozesses der Vermittlung der technischen Fachkommunikation. Das bedeutet, der FSL soll fachliche Kompetenz haben, um Fehler zu sehen und sie zu analysieren. Sie dienen als Indikatoren der Ausgangskompetenzen und Ansprüche der Studierenden. *Die Ursachen der Fehler* müssen festgestellt werden, der FSL A führt folgende Punkte aus:

je nachdem ob sie hm *welche art sie fehler machen ob sie sinnentstellung machen↑ja↓wenn sie sinnentstellung gemacht haben* wird das ausgewertet↓ woran liegt das↑ist das ein ein ursprünglich ein falsches verständnis von rein formell sprachlichem material↑oder liegt das daran dass sie eine gewisse inferenz gemacht haben eine gewisse deduktion gemacht haben oder technische deduktion fachliche deduktion die also *daneben geht die nicht richtig war↓*ja↓ das ist natürlich *sehr unterschiedlich↓ (ebd.: Z. 131 ff.)

Die Fehlergenese ist unterschiedlich, sie hängt von den Ausgangskompetenzen des jeweiligen Studenten ab – die Beschreibung der Akteure bzw. der Studierenden ist daher der nächste Punkt in der vorliegenden Darlegung.

Es ist notwendig, zu betonen, dass die Fachsprache *komplex* ist und einen *hohen Schwierigkeitsgrad* hat, dies bestätigen auch folgende Bemerkungen des FSL A: „das ist schon schwer" (ebd.: Z. 331), „es ist generell schwer" (ebd.: Z. 332 f.), „also das ist nicht zwangsläufig dass man sehr gut ein allgemeines gespräch führen kann und trotzdem gut übersetzen können" (ebd.: Z. 344 f.). Der FSL A vermittelt die *Problemlösestrategie*, *die Strategie des Reformulierens beim Übersetzen*, dagegen solle der Student das *Umformulieren als Teilkompetenz* für sich selbst entwickeln (ebd.: Z. 396 ff.). Die Strategie des Reformulierens löst nicht nur das Problem des Verstehens der komplexen Inhalte, sondern schützt auch vor der Gefahr, wörtlich zu übersetzen. Der FSL A erstellt hierzu eigenes Konzept:

*das gegenteil von wörterlichem überstezen ist↓*aus dem text↓*die konzeption↓*die begrifflichkeit↓*herausarbeiten und das in eine zielsprache wieder rüberzubringen↓*das male ich denen richtig an der tafel auf↓* sprachebene↓*geist↓*begrifflichkeit↓[97]*das ist was sinn ein input und geht output wieder raus und das ist reformulieren↓ (ebd.: Z. 411 ff.)

Der FSL A kommentiert nicht, wie er diese drei Begriffe an der Tafel erklärt, aber aus seinen Reflexionen könnte folgende Fachsprachenphilosophie schematisch abgebildet werden, die mir wichtig zu sein scheint (siehe Abbildung 5).

---

[97] Das Konzept des FSL A „sprachebene↓*geist↓*begrifflichkeit↓" erinnert an die linguistischen Forschungen in der kognitiven Revolution von Noam Chomsky, der die Konstellation „Sprache und Geist" als Humboldts Frage bezeichnete.

Es gebe drei Ebenen, die unterste Ebene nehme ‚die Sprachebene' ein. Dies sei die Plattform der Grammatik oder, wie der FSL A sagt: „das primitivere" (ebd.: Z. 314).

Die nächste Ebene ‚Geist' liegt darüber und dient als Filter für die nächste Stufe ‚Begrifflichkeit'. Die Ebene des Geistes ist eine kognitive Ebene, sie beinhaltet die Prämissen, Interessen und die allgemeine, polytechnische Kultur der Person: Was kann sie? Was weiß sie auf dem technischen Gebiet? Die ‚Begrifflichkeit' ist die Ebene der Konfrontation mit den semantischen Feldern des Fachausdrucks, dazu gehören Funktionalität, Stilistik, Fachdenken, Grad der Fachlichkeit etc.

BEGRIFFLICHKEIT (semantische Felder; Ausdruck)

GEIST (kognitive Ebene: Prämissen – Was kann ich? Was weiß ich? Was interessiert mich?)

SPRACHEBENE (grammatische Ebene)

Abb. 5: Das Konzept des FSL A „sprachebene↓*geist↓*begrifflichkeit"

Dieses Schema ist der Versuch, die Quintessenz der fachsprachlichen Vorstellung des FSL A zu finden und zu verstehen. Wir sehen hier eine stark kognitive Orientierung, eine dominante Rolle der Individualitätsvariablen. Die untere Schicht, die Sprachebene, wird von den grammatischen Normen kanonisiert, sie bleibt als Basis für die nächsten zwei Aufbau-Strata. So könnte eine Vermutung geäußert werden, dass jede Person eine eigene Sprachwirklichkeit hat, die durch das Kann-Potenzial unter anderen Faktoren entweder ausgedehnt oder verringert werden kann. Deshalb ist der Output in der Übersetzung bei jeder Person unterschiedlich und der Input gleich, nach den Ausführungen des FSL A. Er hebt während des Gesprächs das Phänomen der Individualität jedes Fachsprachenlehrenden hervor; wie bereits thematisiert wurde, vertritt er die These: Es werde schwerpunktmäßig das unterrichtet, wo sich der FSL am wohlsten fühle (ebd.: Z. 174), wie auch die Individualität jedes Studierenden, „alle verstehen was ich meine* denke ich mal↓* aber das umsetzen ist unterschiedlich↓*jeder mensch ist anders" (ebd.: Z. 417 f.).

Diese These generalisiert den oben im Konzept ausgeführten Persönlichkeitsfaktor. Im nächsten Punkt werden nun die Merkmale des Phänomens der Individualität betrachtet: Was gehört zur Persönlichkeitsstruktur der Studierenden?

4.4.1.6 Akteure bzw. Studierende der Technischen Übersetzung

Der FSL A hat in seiner langen Zeit des Unterrichtens die Studierenden beobachtet und bemerkt, dass die Ausgangskompetenzen „*sehr unterschiedlich*" (ebd.: Z. 148) sind, es aber eine Gemeinsamkeit gibt: Die technische Fachkommunikation fällt den Studenten schwer.

Zum Phänomen *Unterschiedliches* oder *jeder Mensch ist anders* gehören viele Faktoren:

Im Rahmen der Ausbildung werden an der Universität des FSL A fakultative Veranstaltungen, so genannte „Sachfächer" (ebd.: Z. 141), angeboten, z. B. „Grundlagen von Maschinenbau". In diesen Veranstaltungen werden die technischen Inhalte vermittelt und das technische Verständnis und Gespür für die technischen Zusammenhänge für den Fachlichkeitsgrad entwickelt. Hierfür wurde ein Beispiel vom FSL A angeführt, das zeigt, wie eine seiner Studentinnen aufgrund des Mangels an fachlichen Kenntnissen in einer Prüfung durchgefallen ist. Sie gestand ein, das oben genannte Sachfach zu den Grundlagen von Maschinenbau nicht besucht zu haben, sie wollte es aber im nächsten Semester nachholen (ebd.: Z. 144 ff.). Diese Tatsache verdeutlicht zwei Aspekte: die Wichtigkeit des Sachfaches während des Studiums für die Entwicklung des technischen Verständnisses und die *zusätzliche Notwendigkeit der Aneignung technischer Kenntnisse* für die technische Übersetzung.

Das *Interesse* tritt einerseits als Faktor beim Kompetenzerwerb, andererseits als *Manifestant* der Kultur hervor, in diesem Fall *der allgemeinen polytechnischen Kultur*. Folgendes wird vom FSL A ausgeführt:

> die prämissen↓*was bringe ich mit↑*ja↓*viele sachen* das ist ja die kultur die polytechnische allgemeinkultur ist auch so ein begriff *ja↓* was kann ich* weiß ich ungefähr↑ wie die waschmaschine arbeitet↑*weiß ich wie n auto arbeitet↑*habe ich ein gefühl dafür was magnetisches feld ist↑* habe ich ungefähr solche sachen↓ja*das ist alles in der schule gewesen↓*ja↓*aber manche haben sich eben nicht dafür für physik chemie und so was

interessiert*manche eher↓ja* und wir haben leider nicht nur die studenten↑* die in der schule gut in physik↓* chemie↓* und und und was noch biologie waren↓* ja↓*wir haben welche↑ die haben sich eher für literatur↓* für belletristik interessiert↓ja↓ (ebd.: Z. 419 ff.)

Die linguistischen Disziplinen studieren in bedeutendem Maße die Personen, die sich für Literatur und Sprachen interessieren und nicht für Technik. Der FSL A bewertet auch diese Situation kritisch, denn für die polytechnische Allgemeinkultur bildet es einen gewissen Nachteil, wenn es keine Kenntnisse darüber gibt, was ein magnetisches Feld ist oder wie ein Auto funktioniert – dann falle es schwer, den Denkstil des Ingenieurs zu verstehen und folglich die technischen Texte zu übersetzen. Hierzu hat sich auch Fleck in seinem Buch „Denkstile und Tatsachen" geäußert, wie bereits im wissenschaftstheoretischen Teil ausgeführt wurde: „[…] die Verständigung eines Physikers mit einem Philologen ist schwierig […]. Sie werden aneinander vorbei und nicht zueinander sprechen" (Fleck 2011b: 263).[98]

Mit dem Faktor der polytechnischen Allgemeinkultur ist die Variable der *persönlichen Verantwortung für das gewählte Fach* verbunden. Jede Person hat eine eigenständige intellektuelle Entwicklung: Einige seien im Sprachsystem sehr unterentwickelt und machten Grammatikfehler (ebd.: Z. 311 f.). Auch die Ausdrucksfähigkeit ist sehr individuell ausgeprägt und hängt von der semantischen Sensibilisierung und kontinuierlichen Arbeit der Person ab: „synonymik" (ebd.: Z. 316), „einszueins-äquivalenz" (ebd.), lexikalische Entsprechungen in beiden Sprachen etc. Das Sprachgefühl in der Muttersprache könne bei einigen Studenten entwickelt oder unterentwickelt sein. Die Sprachkompetenz manifestiert die analytische individuelle Leistung. Wenn die Studenten „nicht richtig" (ebd.: Z. 326) lesen, führt dies zur Sinnentstellung.

Es lässt sich festhalten: Die Antwort auf die Frage, was den Studierenden leicht und was ihnen schwer fällt, zeigt den individuellen Charakter des Phänomens, d. h., jeder Student macht unterschiedliche Fehler. Der FSL A sieht jeden Studierenden, sein Potenzial, seine Leistungen etc. und habe Respekt vor ihnen, weil er

98 Siehe Kapitel 2.2.1.4.

zugibt, dass die Fachkommunikation generell schwer sei, wie es schon mehrmals wiederholt wurde.

4.4.1.7 Emotionaler Wohlfühlfaktor und die soziale Ebene

Auf die Frage, was ihm schwer fällt, nennt der FSL A nur ein Problem, korrigiert sich aber sofort, es sei kein Problem, eher „*ein emotionaler Wohlfühlfaktor*“ (ebd.: Z. 435 f.). Er lege großen Wert auf die soziale Ebene – der Unterricht brauche die Interaktion, er solle nicht monologisch, nicht einseitig sein: „wenn die nicht reden↓*wenn die keine fragen stellen* wenn die nicht beteiligen↑“ (ebd.: Z. 436 f.) Dabei bringt der FSL A die Strategien für die Lösung dieser Unannehmlichkeiten zur Sprache – er stelle selber Fragen an die Studenten oder gebe die Antwort, wenn die Frage bereits aufgeworfen wurde (ebd.). In dieser Situation ist *die Kompetenz des FSL zu antizipieren* von zentraler Bedeutung. Der FSL A ist ein Diagnostiker, wie die folgende Aussage zeigt:

> ich sagte vorher mediziner↓*wenn wenn ein student nen fehler macht↑*dann habe ich schon eine ziemlich genau vorstellung↓* warum↑* er diesen fehler gemacht hat↓* eh hm aus welchen schlussfolgerungen heraus↓ (ebd.: Z. 442 ff.)

Die Kompetenz zu antizipieren komme aus der *Erfahrung* (ebd.: Z. 454 f.). Die Variable ‚Erfahrung‘ rahmt das Gespräch ein, am Anfang und am Ende des Gedankengangs wird dieser Begriff wiederholt. Eine wichtige Erkenntnis für die Studie ist, dass die Variable *Erfahrung* zentral für den FSL A ist. Diesen Faktor verbindet er des Weiteren mit dem Kontext der Zielgruppe, deren Niveau er gut kennt, was eine zentrale Rolle bei der Klausurerstellung spielt. Damit nennt er implizit die fachliche Ebene im Modell von Baumann. Der Fachmann hat einen Überblick, er merkt, was der Student kann und was nicht. Der FSL A kenne das Niveau der Studierenden ganz gut, was sehr wichtig und vorteilhaft sei (ebd.: Z. 455 f.).

4.4.1.8 Was würde der FSL A den anderen FSL empfehlen?

Der FSL A berichtet über positive Erfahrungen in seiner Tätigkeit als Fachsprachenlehrer, deshalb wird er gebeten, den anderen Fachsprachenlehrenden Ratschläge zu geben.

Spannend ist, was er als Antwort gibt und welche Ebenen er anspricht:

> man muss den studenten immer** bisschen mut machen↓*also nicht von oben herab dozieren↓*eh man soll auch nicht den studenten den eindruck geben↑* hier hast du was zu lernen↓*und frag dich warum↓*ja↓*also nach dem motto es ist so↓*vielleicht↓*für mich das war auch eine erkenntnis↓ (ebd.: Z. 473 ff.)

Der FSL A hebt folgende Faktoren hervor:

- Den Studenten *Mut machen*, die Angst abbauen
- *Rollenverteilung: das Prinzip der Ebenbürtigkeit*
- *Pädagogische Kreativität* als Vermittlungsstrategie entwickeln.

Seine Ratschläge beziehen sich nicht auf die kognitive Ebene, über die er zuvor so viel gesprochen hat, seine Schlussfolgerung lautet z. B. nicht, die FSL sollen sich für Technik interessieren oder Ähnliches. Er gibt Ratschläge, die elementar für den Lehrer sind: Diese betreffen die soziale sowie die methodisch-didaktische Ebene – zuerst geht es um die Rollenverteilung und dann um die Vermittlungsstrategie der Fachinhalte, „nach dem Motto: es ist so", d. h., das Thema soll als Sprachrealität wahrgenommen werden. Es klingt wie eine Versöhnung mit dem komplexen Material, das nicht extra als Schwierigkeit im Unterricht dargestellt wird, die bekämpft werden soll, sondern als gegebene Realität vermittelt wird.

Der FSL fördert auf diese Weise die Überbrückung zur fachlichen Ebene, jedoch ist dies nicht ausreichend für die Vermittlung der technischen Fachkommunikation, weshalb der FSL A wie folgt ergänzt: „aber ich wollte unbedingt versuchen* den studenten*alles was sie einsehen mussten zu begründen↓" (ebd.: Z. 479 ff.).

Ich vermute, der Erfolg des FSL A liegt an der *fachlichen Kompetenz* – die Studierenden erwarten die *Begründung der behandelten Fragen*, die Erklärung des

Stoffes, die nur ein fachkompetenter Lehrer leisten kann. Durch plausible Erklärungen für alle Phänomene, die im Unterricht behandelt werden, würden die Studierenden *Tools* bekommen, um den Stoff nachzuvollziehen, um mitzudenken, um zu lernen (ebd.: Z. 484 f.).

Der FSL A ist überzeugt, es gebe wenige Sachen, die nicht systematisiert werden können (ebd.: Z. 505 f.). Die Gebote des FSL A sind: Begründen. Systematisieren. Rational erklären.

4.4.1.9 Kriterien des guten FSU

Die *Ergebnisse der Klausur* am Ende des Semesters zeigten, wie erfolgreich der FSU sei (ebd.: Z. 230).

Doch die Klausur sei nicht der einzige Faktor für das Messen des Erfolgs. Auch die *Arbeit der Studierenden*, *die Qualität der systematischen Arbeit* indiziere, ob der Unterricht gut war oder nicht (ebd.: Z. 253 f.). Ebenso liegen auf der sozialen Ebene generelle Bewertungsindikatoren des Unterrichts, z. B. gibt „eine gewisse kompetenz in der kommunikation […] zwischen dozent und student" (ebd.: Z. 259 ff.) hierüber Auskunft, d. h., welche Fragen gestellt wurden, was hinterfragt wurde etc. Das System der *Zusammenarbeit* verläuft auf vielen Ebenen, der FSL bezieht alle Leistungen in jeden Unterricht mit ein, er sieht die individuelle Leistung jedes Studierenden. Die kognitive Ebene zeigt, welche *Fehler von den Studenten* gemacht wurden, die unvermeidlich mit der geistigen und sprachlichen Entwicklung zusammenhängen, ebenso die Fehler, die mehrmals im Unterricht abgearbeitet wurden – der Faktor der Fehlertypen ist relevant für die Einschätzung des Unterrichtes (ebd.: Z. 273).

4.4.1.10 Resümee

Es ist auffallend, dass der *berufliche Weg* des FSL A und seine *Erfahrung* die Grundlage dafür schaffen, was er vermittelt sowie welches Ziel er im FSU verfolgt. Sein Unterricht findet aus der Position des ehemaligen Ingenieurs, Technischen Übersetzers, Fachmanns, Quereinsteigers sowie Diagnostikers statt, auch die Dissertation wurde zur Fachsprachenthematik geschrieben (das ist der Grund, warum der FSL A in meiner Klassifikationstabelle dem Idealfall zugeordnet wurde).

Der FSL A charakterisiert den fachsprachlichen Kontext als „schwer" (ebd.: Z. 331) bzw. „generell schwer" (ebd.: Z. 333) und entwickelt das Konzept „sprachebene↓*geist↓*begrifflichkeit" (ebd.: Z. 415; siehe Abbildung 5). Dabei stellt er die Fremdsprachenkenntnisse der Studierenden den Fachsprachenkenntnissen mit der Übersetzungskompetenz gegenüber – in dem Sinne, dass der Student zwar akzentfrei die Fremdsprache sprechen, aber nicht automatisch auf dem gleichen Niveau Fachtexte übersetzen kann. Der FSL A verfolgt das Ziel, den Studenten ein gewisses *technisches Verständnis* zu vermitteln, denn er ist aufgrund seiner Erfahrung überzeugt: Konfrontation mit einem Fachmann gebe den Studenten die nötige Vertrautheit in der Fachsprache. Das *Methodische* als Arbeitsstrategie steht im Fokus seines Unterrichts.

Der FSL A betont die kognitive Ebene sowie die Individualität beim Studium der fachsprachlichen Aspekte, d. h., die Ausgangskompetenzen, Möglichkeiten, Prämissen, Interessen und intellektuelle Leistungen der Studierenden sind unterschiedlich. Der FSL A arbeitet *fehlerorientiert*, jeder Student übersetzt den Text und anhand der Fehler beginnt die Arbeitsanalyse. Auf diese Weise wird das *Prinzip der Autonomie* gefördert: Aus der eigenen Erfahrung, in der Auseinandersetzung mit dem Text beginnt die Arbeit im FSU. Die These hieraus könnte folgendermaßen formuliert werden: Die eigene *Erfahrung* ist wichtig – auf der rezeptiven Ebene können die Inhalte verständlich sein, doch bei der Produktion treten Schwierigkeiten auf. In der technischen Fachkommunikation sollte den Studenten *Mut gemacht* werden. Der FSL A hat Respekt vor der Leistung der Studenten.

Es soll weiterhin verdeutlicht werden, dass die Technischen Übersetzer das entsprechende *technische Verständnis* haben sollten, dies könnte durch den zentralen Faktor Erfahrung erworben werden.

Die biografische Erfahrung bildet ein individuelles Fachsprachenunterrichtsverständnis aus, das zur Bildung der Unterrichtslernziele führt.

Es soll schließlich folgende Besonderheit festgehalten werden: Der FSL A identifiziert sich mit dem Mediziner und sein Unterrichtskonzept ist praxisbezogen. Die Aufgabe eines Mediziners ist es, Symptome zu analysieren und aufgrund seines Wissens eine Diagnose zu stellen, aber auch die Behandlung zu bestimmen. Auf diese Weise übernimmt der FSL A die Aufgaben eines Arztes im FSU, er entwickelt Arbeitsstrategien – Vermittlung der Algorithmen, Problemlösestrategien usw. – und gestaltet seinen Unterricht als *Praxisarbeit* und *erste Erfahrung mit dem Fachmann*. So ist der FSU für die Studenten nichts anderes als die Vorbereitung auf den Beruf.

4.4.2 FSL B[99]: „ich bin eine frau der technik"[100]

4.4.2.1 Informationen zu Interview und Interviewpartnerin

Das Gespräch mit der Fachsprachenlehrerin wurde am 6. November im Lehrerzimmer einer Universität (Niedersachsen) aufgenommen. Das Gespräch an sich dauerte 42 Minuten, jedoch hatte die Fachsprachenlehrerin ein starkes persönliches und professionelles Interesse am Problem *Fachsprachenunterricht*, sodass sie ihre Kollegin (auch Fachsprachenlehrerin, FSL D) ebenfalls überzeugte, am Interview teilzunehmen. Dabei bat sie höflich um Erlaubnis, während des Gesprächs im Raum zu bleiben und weiter mitdenken bzw. mitsprechen zu dürfen. Auffällig war der sichere Umgang mit dem oben genannten Thema. Beeindruckend und überzeugend waren die Beispiele hierzu aus ihrer vieljährigen Erfahrung als Fachsprachenlehrerin im Bereich der Ingenieurwissenschaften.

4.4.2.2 Beruflicher Werdegang der FSL B

Die FSL B positioniert sich eindeutig in der Dimension der *technischen Fachkommunikation*: „ich bin eine frau der technik" (FSL B: Z. 3). Ihre *Zugehörigkeit zur Welt der Technik* ist ihr in jeder Hinsicht bewusst und wichtig für die Vermittlung der technischen Fachkommunikation, hierauf beruht auch ihre Argumentationslinie innerhalb des Gesprächs.

Mit 14 Jahren machte sie eine Lehre als Technische Zeichnerin, in der sie die Grundlagen des Technischen Betriebs kennenlernte. Theoretische Kenntnisse wurden weiter praktisch ausgeweitet, sie übte einen technischen Beruf aus. Auch nach der Gründung einer Familie wollte sie sich weiter professionell entwickeln. „ich bin der technik treu geblieben" (ebd.: Z. 11 f.) – sagt die FSL B und be-

---

99 Miriam Saarbeck.

100 FSL B: Z. 3.

schreibt den Weg zum Universitätsabschluss: Mathematik und Elektrotechnik waren ihre Leistungsfächer am Technischen Gymnasium. Zuerst wollte sie Elektrotechnik studieren, doch dies war bei näherer Betrachtung nicht so attraktiv für sie. Im Endeffekt fand sie für sich „*eine gute kombination*" (ebd.: Z. 21) – sie studierte das Fach *Übersetzen*, und zwar *Sprachen und Technik.*

Eine *Auslandserfahrung* brachte ihr sichere Fremdsprachenkenntnisse in Englisch, Französisch war ihr mündliches Fach im Abitur, an der Universität vertiefte sie weiterhin ihr Englisch und studierte Spanisch. Parallel zu den Sprachen studierte sie *Grundlagen Maschinenbau* und *Elektrotechnik.* Nach dem Universitätsabschluss bekam sie die erste Anfrage, ob sie den *Fachsprachenunterricht Englisch für Bauingenieure* erteilen könnte.

Die FSL B fand das Angebot interessant („ja warum nicht")[101], aber problematisiert im Interview sofort das Phänomen der fachlichen Kompetenz bei der Vermittlung der Fachsprache. Sie betrachtet die Fachsprachen differenziert, *Bauingenieurwesen sei nicht Maschinenbau und Elektrotechnik*, dazu gehörten Architekten und Holzingenieure. Die erste Vermittlungsstrategie, die die FSL B erwähnt, die *Manövrierfähigkeit* („ich hab mich halt so durchgemogelt")[102], entstand als Konsequenz aus der zum Teil fehlenden Fachkompetenz und FSU-Erfahrung. Die zweite Strategie ist der methodische Ansatz (worüber der FSL A im Kontext *Problem vs. Aufgabe* spricht). Die FSL B zerlegt das Problem, segmentiert es und bringt es auf folgende Formel: *Fachsprachenunterricht Englisch für Bauingenieure – das ist Englisch plus Bauingenieurwesen* (ebd.: Z. 30 ff.). Den ersten Teil dieser Formel kannte sie, aber den zweiten Teil gewann sie erst durch die *Interaktion* mit den Studenten – was erfolgreich und vorteilhaft für alle Akteure war. In der *Interaktion* gewinnt die FSL neue Kenntnisse und die zum Teil fehlende Fachkompetenz (ebd.: Z. 32). Die Studenten finden diese Form der Fachkommunikation interessant, sie treten als *Experten* auf. Diese win-win-Situation macht allen Beteiligten der Fachkommunikation Spaß, sie ist eine direkte Andeutung eines gelungenen Fachsprachenunterrichts („das hat gut geklappt") (ebd.: Z. 33 f.). Das vorliegende Beispiel aus der Erfahrung der FSL B verdeutlicht, wie methodisch-didaktische Strategien – *Interaktion* und andere *Rollenverteilung*

---

101 ebd.: Z. 28.

102 ebd.: Z. 30.

(Studenten als Experten) – zum erfolgreichen Fachsprachenunterricht führen können. Später absolvierte die FSL B eine *Fortbildung* für eine professionelle Entwicklung als Fachsprachenlehrerin und ihre Karriere wurde durch die „weiteren kreise“ (ebd.: Z. 36 f.), also durch Lehraufträge an der Fachhochschule und an der Universität, fortgesetzt.

Die FSL B gibt an, ein anderes Lebensszenario sei für sie nicht vorstellbar, die Technik war immer dabei (ebd.: Z. 340 f.). Deshalb freut sich die FSL B, dass es heute einen *Bedarf an FSL der technischen Fachkommunikation* gibt, sie hebt hervor: „das war ja lange NICHT↓“ (ebd.: Z. 346). Dies ist ein interessanter Standpunkt, aber auch eine logische Konsequenz: Es empfinden die FSL Freude, die die fachliche Kompetenz haben, und diejenigen Selbstzweifel, die keinen fachlichen Hintergrund besitzen.

Die FSL B skizziert im Interview wie folgt eine Geschichte der Fachsprachenvermittlung und geht wieder auf ihre erste Erfahrung an der Fachhochschule ein. Fachsprache gebe es seit den 90er Jahren:

> in der fachhochschule fing das an↑die hatten das nicht fachsprache genannt↓die haben das genannt↑können sie den bauingenieuren englisch beibringen↑und dann habe ich nachgefragt ja↓aber kein urlaubsenglisch↓das brauchen die nicht↓dass die eben beruflich kommunizieren können↓und das war für mich dann klar↓es geht um fachsprache↓ […] das war kein richtiges verständnis↓und da war fachsprache auch nicht definiert↓weil es gab lehrer↑die haben mit populärwissenschaftlichen texten gearbeitet↓und es gab lehrer↓die dann stolz darauf waren↑ dass sie ganz viele fachbereiche im unterricht vereinen konnten↑und *das ist aber heutzutage keine fachsprache mehr*↓ (ebd.: Z. 347 ff. - Hervorh.: N. Z.)

Die FSL B thematisiert in diesem historisch orientierten Überblick drei sowohl für die vorliegende Studie als auch für die Fachsprachendidaktik relevante Punkte: *richtiges Verständnis* und *die Definition der Fachsprache*; *Arbeit mit populärwissenschaftlichen Texten*, *Behandlung mehrerer Fachbereiche im Rahmen eines FSU*. Darum wird es in den weiteren Unterkapiteln gehen.

4.4.2.3 Unterrichtsansatz: Ziele und Aufgaben im FSU der FSL B[103]

Es wurde offen die Frage gestellt, was die FSL B unter dem FSU versteht und welche Ziele sie darin verfolgt. Die FSL B gibt folgende Definition: „das ist wie eine weitere fremdsprache↓ also↓ das deutsch↓fachsprache deutsch↓ist wie eine weitere fremdsprache↓ […]“ (ebd.: Z. 62 ff.). Die zweimal betonte Aussage zeigt, dass die Fachsprache wie eine Fremdsprache erneut gelernt werden muss, dass sie nach eigenen sprachlichen Gesetzen funktioniert. (Der FSL A stellt ebenfalls die Fachsprache der Fremdsprache gegenüber. Die (fachliche) Komplexität, der hohe Schwierigkeitsgrad ist eine der Besonderheiten der technischen Fachkommunikation, sie trennt die Fachsprache von der Fremdsprache – Smalltalk vs. Technische Übersetzung.) Im Weiteren erklärt die FSL B die oben genannte Definition in der Form, dass diese „Fremdsprache“ etwas anderes sei, das nichts mit dem TestDaF oder der DSH zu tun habe (ebd.: Z. 64 ff.). Dies ist eine Andeutung darauf, dass die Allgemeinsprache kein Indiz für die Fachsprache ist, d. h. die Kenntnisse in der Gemeinsprache sind nicht automatisch die Kenntnisse in der Fachsprache. Die FSL B führt Folgendes aus:

> das ist wie eine weitere fremdsprache↓also↓ das deutsch↓fachsprache deutsch↓ist wie eine weitere fremdsprache↓die ich jetzt hab↑die haben alle testdaf oder dsh gemacht↑die sind teilweise gut↓ in deutsch↓aber sie verstehen nicht↓sie verstehen nicht↓also die fachbegriffe noch am ehesten↓aber wenn sie dann eine übersetzung finden↓das ist ein problem↓es gibt keine modernen wörterbücher der technik↑wo spezielle begriffe drin enthalten sind↑und und auch genauso das ist das gleiche mit den verben↓es gibt technische verben↓und das ist ein großes problem↓also zum beispiel erfolgt↓die verstehen nicht↑ was heißt erfolgt↓*und ich möchte↑ dass sie diese sprache kennen↓ und erkennen↓wenn sie sie lesen↓ und hören↓und dass sie sie auch benutzen können↓das ist mein ziel↓ (ebd.: Z. 62 ff.)

Die Fortführung des Gedankens *Gemeinsprache vs. Fachsprache* geschieht anhand der Argumentation mit der Fachlexik. Die Fachsprache hat ein eigenes Vokabular, das erlernt werden muss. Der Versuch die Fachbegriffe zu übersetzen scheitert, das Problem wird nicht gelöst, weil keine geeigneten Wörterbücher der

103 Siehe Zalipyatskikh (i. D.): „Überlegungen zu den Unterrichtsdefinitionen und -zielen der Fachsprachenlehrenden der technischen Fachkommunikation“.

Technik mit den speziellen Begriffen existieren. So wird parallel das *Problem der Fachwörterbücher* angesprochen. Das Ziel ist es, die Fachsprache zu kennen, zu erkennen, sowohl auf der rezeptiven Ebene beim Leseverstehen und Hörverstehen als auch auf der produktiven Ebene, die Studierenden sollen diese Sprache benutzen können.

Die FSL B warnt außerdem vor der *Gefahr eines falschen Verständnisses der Fachsprache* wie folgt:

> (also ich würde sehen↓ so eine gefahr↓ ist↑hm dass manche fachsprache nicht als fachsprache verstehen↓sondern wie nennt man so was↑hm was die journalisten schreiben↓das sind so populärwissenschaftliche texte↓) *(FSL spricht langsam, nachdenklich)* weil die leichter zu verstehen sind↓ da ist viel bla-bla-bla drin viel sprache↓aber das ist nicht was für das studium direkt geeignet ist↓ (ebd.: Z. 123 ff.)

Die Gefahr liege darin, dass die *populärwissenschaftlichen Texte* für Fachsprache gehalten werden, weil sie leichter zu verstehen seien. Folgende These kann als Konsequenz dieses Gedankens formuliert werden: *Mangelnde Fachkenntnisse des FSL sind ein Grund für die Flucht in die Populärwissenschaft*. Mit den populärwissenschaftlichen Materialien erteile der FSL keinen richtigen, trennscharfen FSU, der für die Studenten notwendig sei – („was für das studium direkt geeignet ist"). Mit der Methode, populärwissenschaftliche Texte im FSU zu benutzen, werde nach Auffassung der FSL B folgender Effekt erreicht: „aus einem wust von deutschen worten müssen sie sich das fachliche rausfiltern↓selber↓also das finde ich sehr-sehr umständlich↓" (ebd.: Z. 132 ff.). Die Studierenden bleiben allein beim Filtern der Fachsprache aus der Gemeinsprache, worin sie keine Experten sind und wofür sie auch nicht sensibilisiert wurden. Solch ein Fachsprachenunterricht wird eher als Scheinhilfe charakterisiert, denn die Studenten sollen lernen, komplexe Fachtexte zu lesen und nicht die Zeitung. Durch diesen ‚leichteren' Weg zum Verstehen der Texte wird ein falsches Bild der Fachsprache vermittelt. Als Fortsetzung des Gegensatzes *Fachsprache vs. Gemeinsprache* wurde die Frage aufgeworfen, welche Unterschiede zwischen dem Fremdsprachenunterricht und dem Fachsprachenunterricht bestehen. Die FSL B antwortet hierauf lakonisch: *„fachsprachenunterricht ist ja eigentlich immer fremdsprache*" (ebd.: Z.

145 f.). Ihre Argumentation bezieht sich dabei auf die Perspektive der Studierenden, die Zielgruppe des Fachsprachenunterrichts seien die ausländischen Studierenden. Aus methodisch-didaktischer Perspektive ähnele der FSU dem Fremdsprachenunterricht insofern, dass die neuen Begriffe erklärt würden, Beispiele angeführt würden, Lernmethoden benutzt würden etc. (ebd.: Z. 151 ff.).

Eine weitere Frage, die in der methodisch-didaktischen Fachliteratur auftaucht, ist die nach der Effektivität des Fachsprachenunterrichts. Der FSL B zufolge ist B2-Niveau, auch die Zwischenstufe B1/B2, nach dem Europäischen Rahmen am sinnvollsten (ebd.: Z. 94 f.). Die FSL B nennt auch einen Grund für diese Stufe, es sei nicht so „hart" (ebd.: Z. 96). Mit dem Wort „hart" wurde durch den FSL A auch die Schwierigkeit der Fachsprache beschrieben, denn die technische Fachkommunikation ist kompliziert und die Vorbereitung auf die Aneignung des Stoffes erfolgt in gewissem Grade auf der sprachlichen Ebene. Gleichzeitig räumt die FSL B ein, dass auch Fachsprachenkurse ab A1 möglich seien. Sie führt wie folgt aus:

> wenn sie mit A1 anfangen↑dann das ist hatte ich ja mehrmals ja↓mehrere semester↓mal hatte ich das↓ dann können die gut fachsprache sprechen↓ dann wissen sie aber nicht↑so (wann hast du zeit↑dann fragen sie mich↓wie ist der zeitrang↑sie fragen ganz komplizierte sachen↓die dann deutsche gar nicht mehr so gut verstehen↓gucken dann↑ wie sprichst du denn↑) *(FSL lacht)* die können das alles mit fachsprache sagen↓ich gehe jetzt in die mensa mit dem ziel↑ meinen hunger zu stillen↓das ist fachsprache↓ (ebd.: Z. 96 ff.)

Wir sehen zwei Ausdrücke, „wann hast du Zeit" vs. „wie ist der Zeitrang", die tatsächlich die unterschiedlichen Strukturen auf den lexikalisch-semantischen, grammatischen und stilistischen Ebenen in einer alltäglichen Frage zeigen. Die ‚unberechtigte' Benutzung der Fachsprache im alltäglichen Leben dient einerseits als Argument für die Definition der Fachsprache, die die FSL B postuliert – „Fachsprache ist wie eine Fremdsprache" – und begründet andererseits die Behauptung des FSL A, Fachsprachenkenntnisse seien nicht zwangsläufig Fremdsprachenkenntnisse. Die FSL B hat Erfahrung bei der Vermittlung der Fachsprachenkurse ab A1-Niveau, die vermutlich mit gewissem Erfolg funktionieren (denn sie sagt nicht, diese Fachsprachenkurse seien gescheitert), trotzdem macht sie deutlich, dass das optimale Niveau für die Vermittlung der Fachsprache in der technischen Fachkommunikation B2 sei.

4.4.2.4 Konzept der FSL B: Methodisch-didaktische Gestaltung des FSU

Die Vermittlung des Fachstoffes sei das Ziel der Vorlesung, nicht des FSU – das ist der Grundgedanke des Konzepts der FSL B. Sie hebt Folgendes hervor:

> man muss den fachstoff kennen↓damit man weiß worüber man spricht↓weil man sonst leicht davon abschweift oder irgendwie was sagt↑was nicht stimmt↓und aber ich würde nicht sagen↑dass ich den fachstoff vermittele↓das sage ich auch den teilnehmern↓es ist es gibt die vorlesung dazu↓das ist ganz was anderes die vorlesung↓als das was wir hier machen↓ich beschäftige mich mit der sprache↓die man benutzt↓um darüber sprechen zu können↓ (ebd.: Z. 332 ff.)

Explizit sagt die FSL B den Kursteilnehmern (KTN), was sie im FSU nicht behandelt: „Ich beschäftige mich mit der Sprache, die man benutzt, um darüber sprechen zu können." - Die Gemeinsamkeit zwischen den Fachsprachenlehrenden mit und ohne fachlichen Hintergrund besteht darin, dass alle die Sprache im Fokus haben. Aber welche Sprache? Da trennen sich ihre Wege…

Bei der Vermittlung der Fachsprache an der Universität legt die FSL B zwei zentrale Variablen fest: *studienbegleitendes Skript* und *die Zusammenarbeit mit den Fachexperten* bzw. mit den wissenschaftlichen Mitarbeitern aus den Fachbereichen (ebd.: Z. 40 ff.).

Das Vorhandensein der studienbegleitenden Skripte ist für die Studenten ebenso substanziell wie für den FSL. Die FSL B hebt hervor: „im allerbesten für fachsprache wenn man so skript hat das hilft studierenden auch am meisten" (ebd.: Z. 44 f.). Mithilfe von Skripten bekämen die Studenten den Bezug zur Studienrealität, die Skripte gäben Einblick in Konkretes, welcher Stoff in den Vorlesungen vermittelt werde (ebd.: Z. 45 ff.). Dies helfe ihnen bei den schriftlichen Arbeiten und Hausarbeiten. Die FSL B spricht die Probleme an, mit denen die *ausländischen Studierenden* konfrontiert werden – das Verstehen der textlastigen Vorlesungen und der Fachsprache der Technik und Ingenieure (ebd.: Z. 50 ff.). Diese Probleme, die auf der rezeptiven Ebene bestehen, versucht sie mit Hilfe von

Skripten zu bewältigen, mit denen sie im FSU arbeitet. Hier sehen wir die dritte Funktion der *Skripte*, sie *antizipieren die Schwierigkeiten*, mit denen die Studierenden während des Fachstudiums konfrontiert werden, sie treten in der Rolle des Indikators potenzieller Probleme auf.

In der nachfolgenden Passage kommentiert die FSL B den Skript-Einsatz im FSU aus der Perspektive des Lehrenden, nämlich:

> und dann mache ich werkstoffkunde A im ersten semester↓ und werkstoffkunde B im zweiten semester↓mit dem nächsten skript↓das finde ich sehr-sehr das ist optimal↓meiner meinung nach↓ (ebd.: Z. 57 ff.)

Hiermit betont die FSL B die zentrale Rolle der Arbeit mit den *Skripten*, sie sind Hauptmaterial im FSU und die positiv beladenen Wörter „sehr-sehr" und „optimal" bestätigen diesen methodisch-bewussten Gedanken.

Aus den Skripten werden auch die Texte erstellt, sie geben den Stoff für alle Niveaustufen vor, sowohl für Anfänger als auch für die Fortgeschrittenen (ebd.: Z. 77 ff.). Die Texte werden adressaten- bzw. bedarfsorientiert erstellt. Zu den Texten werden von der FSL B Übungen konzipiert, die sich auch am Sprachniveau der KTN orientieren. Auch die Typologie der Übungen hänge von ihrem Sprachniveau ab (ebd.: Z. 83 ff.).

Die FSL B arbeitet im FSU darüber hinaus mit technischen Abbildungen auf der Anfängerstufe, die Zeichnungen liefern den inhaltlichen Stoff und die primitiven sprachlichen Strukturen ermöglichen es zu beschreiben (ebd.: Z. 90 ff.).

Es lässt sich eine These ableiten, die direkten Bezug auf die Überzeugung des FSL A hat, die *Erfahrung bzw. FSU-Erfahrung sichert die Methodenauswahl*. Die FSL B hebt Folgendes hervor:

> da kann man nicht sagen↑ dass ich mit einem mit einem buch arbeite↓natürlich muss ich die grammatikregeln bearbeiten↓aber nach so vielen jahren hat man die ja auch im kopf↓oder ich sehe wo sie fehler machen↑ das muss man bearbeiten↓das↓ was sie nicht können↑das müssen wir bearbeiten↓ (ebd.: Z. 86 ff.)

Der letzte Punkt, „das, was sie nicht können, das müssen wir bearbeiten“, anders gesagt das *fehlerorientierte Unterrichten*, ist auch für das Konzept des FSL A zentral. Die FSL B entwickelt aus den Fehlern der Studierenden den Unterrichtsstoff, die Fehler sollen analysiert und beseitigt werden.

Die FSL B behauptet wie folgt, dass die größte Schwierigkeit, mit der die Studenten im FSU konfrontiert seien, die produktive Ebene sei: „sie sitzen da↓und hören↓hören zu↓und nehmen auf↓und dann fällt es ihnen aber schwer zu produzieren↓und daran muss man arbeiten↓finde ich↓“ (ebd.: Z. 156 ff.). Dieser Gedanke stimmt mit der These des FSL A überein: „alle verstehen was ich meine* denke ich mal↓* aber das umsetzen ist unterschiedlich↓“ (FSL A: Z. 417 f.). Der FSL A hat diese Schwierigkeit mit der Individualität verbunden, „jeder mensch ist anders“ (ebd.: Z. 418 f.), während die FSL B diesen Punkt mit den Antagonismen *Mathematik vs. Sprache* und *Verstehen vs. Wiederholen* verknüpft, indem sie Folgendes zum Ausdruck bringt:

> also ich kann ihnen das erklären↓sie verstehen das↓aber es ist nicht wie mit mathematik↓dass es dann im kopf fest verankert ist↓sprache lebt ja davon dass sie wiederholt wird↓wiederholen wiederholen wiederholen ist das lernen↓das finde ich wichtig↓ (FSL B: Z. 158 ff.)

Die FSL B entwickelt daraus eine Kettenreaktion von Strategien:

Erklären → Verstehen → Wiederholen

Wiederholen, Wiederholen, Wiederholen = Lernen

Abb. 6: Kettenreaktion im FSU

Wenn Wiederholen (dieses Wort wurde von der FSL B viermal gesagt und dreimal betont) gleich Lernen ist, dann ergibt sich daraus die nächste Frage: Was wird gelernt? Die FSL B ist der Meinung, die Fähigkeiten müssten trainiert werden, sie präzisiert: Hören - Aufnehmen - Sprechen. Aber es sei leichter für die Studierenden, wenn sie zuerst *schreiben*, *dann hören* und *schließlich sprechen* oder aber *hören - schreiben - sprechen* – auf jeden Fall aber solle *Schreiben vor Sprechen* trainiert werden (ebd.: Z. 162 ff.). Das ist ihre erfahrungsbasierte Formel.

Bei näherer Betrachtung wird der Unterschied zwischen FSU und Fremdsprachenunterricht auf der methodisch-didaktischen Ebene deutlich: Der Fokus im Fremdsprachenunterricht liege auf der mündlichen Wiedergabe, während der Fokus des FSU der schriftliche Ausdruck sei, so die FSL B (ebd.: Z. 165 ff.).

Den Weg zum Sprechen bahne sie mit der Vorformulierung eigener Fragen – wobei es nicht so leicht sei, zu einem Fünf-Zeilen-Text fünfzehn Fragen zu entwickeln (ebd.: Z. 170 ff.). Die Kreativität werde hier als Triebkraft benutzt, Grammatik und Wortschatzarbeit werden in die Fragen integriert. Sie kommentiert dies wie folgt:

> da kann man auch die grammatik fragen↓ wie lässt sich das am besten ausdrücken↑wenn das so und so ist↑ oder welche wendung benutzt man wenn man zum beispiel eine definition benutzt↑oder na wiedergeben möchte↑oder↑frage nach synonymen↑ (ebd.: Z. 174 ff.).

Die Arbeit mit Synonymen werde als Gelegenheit für Fachgespräche genutzt, gleichzeitig werde die Freiheit beim Umgang mit der Sprache gefördert. Die FSL B betont:

> sie können reden↓und damit setzen sich keine grenzen↓ die dürfen dann reden wie sie wollen↓sie dürfen auch mal kleinen spaß zwischendurch machen↓das ist doch in einem normalen fachgespräch auch↓damit fange ich an↓ (ebd.: Z. 183 ff.)

Hier wird gezeigt, dass die FSL B das *natürliche Fachgespräch mit seinen Besonderheiten und Mitteln als Ziel* sieht, es simuliert und dasselbe von den KTN erwartet. Auch das *Motiv der Freude* wird angesprochen, die Studierenden sollen Spaß an der Fachsprache, an der Fachkommunikation haben.

Die Arbeit verlaufe im Entwicklungsmodus, von einer Übung erfolgt der Übergang zu einer anderen Übung und zur nächsten Kompetenzerweiterung, das steigere sich dann: Sie müssten dann Abbildungen erklären, kleine Texte verfassen, eigene Texte vorlesen, die Texte austauschen und sich gegenseitig Fragen stellen, schließlich einen Vortrag halten (ebd.: Z. 186 ff.). Die FSL B verfolgt bestimmte

Strategien bei der Korrektur des Textes und beim Vorlesen der Texte der Studenten: Den Text lese nur der Freiwillige (ebd.: Z. 267 f.). So werden die Selbstständigkeit und Freiheit gefördert, jeder trifft die Entscheidung für sich, dazu wird noch die Kompetenz des sicheren Auftretens mit dem eigenen Text entwickelt („es erfordert auch mut vor anderen was eigenes zu präsentieren↓") (ebd.: Z. 268 f.). Der Preis für diesen *Mut* sei außerdem die Möglichkeit, eine Korrektur zu bekommen (ebd.: Z. 267 f.), anders gesagt, einen Schritt weiter zu kommen, etwas zu lernen. Der Student liest seinen Text vor, die FSL B und die Klasse hören zu und die FSL B merkt anschließend die wichtigen Aspekte an und geht danach auf sie ein, dabei fordert sie explizit die Aufmerksamkeit der gesamten Klasse mit der Erklärung, es sei wichtig für alle. Die Ungnade komme bei wiederholten Fehlern in Form von Ironie (ebd.: 258 ff.).

Die Strategie dahinter ist von hoher Relevanz: Was geschrieben wurde, fällt leichter zu sagen. Schon in der Anfangsphase wird das logische, ‚schriftliche' Denken mit Verbindungselementen gefördert. Bei der Strategie den eigenen Text vorzulesen kommt das *Motiv des Mutes* zum Vorschein, das der FSL A bereits ansprach, und das *Prinzip der Autonomie*, das ebenfalls für den FSL A zentral ist (siehe das Kapitel 4.4.1).

Den Studenten falle es in der Fachsprache schwer, *vollständige Sätze zu bilden* und *„die sprache wiederzugeben"* (ebd.: Z. 254), deshalb werde das *Kommunikationsspiel mit den Fragen* als Ausklang im Unterricht eingesetzt (ebd.: Z. 290 ff.), das augenscheinlich mehrere Funktionen hat: Unterhaltung, Kommunikation, Auflockerung nach den anstrengenden Textübungen und auch Überprüfung der technischen Inhalte und Entwicklung der Kompetenz, die Inhalte zusammenzufassen. Es ist wichtig, noch einmal auf die Komplexität der Fachsprache und die Bearbeitung der fachlichen Inhalte im FSU einzugehen. Die FSL B führt ein Beispiel aus dem letzten Fachsprachenunterricht an, in dem die Fragen nach den zentralen Definitionen am Ende des Unterrichts falsch beantwortet wurden, was zeigt, wie schwer die Inhalte sind, denn die Studierenden hatten zuvor alle Übungsschritte fleißig erledigt. Auffällig ist dabei auch, dass die FSL B nicht sagt, dass die Studierenden am Ende das Verb falsch verwendeten, oder das Passiv, oder die Wortfolge – es ging ausschließlich um inhaltliche Fehler (ebd.: Z. 296 ff.).

4.4.2.5 Kompetenzen des FSL

Die FSL B betont bei der Frage nach den benötigten Kompetenzen die Notwendigkeit der *sprachlichen Kompetenz*, die der FSL braucht. Mit der sprachlichen Kompetenz verbindet die FSL B die Fähigkeit, spontan auf die Bedürfnisse der Lernenden einzugehen, was eigentlich als Aspekt der *methodisch-didaktischen Kompetenz* gelten könnte. Sie führt wie folgt aus:

> also das man spontan können↓man kann sich jetzt nicht auf ein thema vorbereiten↓und sagen↑heute mache ich das thema↓sondern viel ist spontan↓und wenn man sieht↑aha das verwechseln sie wieder↓muss man das beantworten↓oder manche sind ja so clever↑und arbeiten ein bisschen im internet vor↓und dann wissen sie was↓ aber nicht richtig↓und das muss man dann ihnen auch sagen↓also ja↓und dann immer gleich beispiel parat haben↓ das wäre ganz gut↓also das verstehe ich unter fit sein↓ (ebd.: Z. 105)

Die nächste Kompetenz, die die FSL B nennt, ist die *fachliche Kompetenz* („fachlich sollte ein fachsprachenlehrer auch die sache verstehen") (ebd.: Z. 111 ff.), sie unterstreicht dabei die Notwendigkeit der fachlichen Kompetenz im Kontext mit der Anfängergruppe.

Im Fokus steht die Frage, ob der FSU mit einem FSL ohne fachlichen Hintergrund möglich ist, und die FSL B äußerte ihre Meinung folgendermaßen: Der FSU mit einem FSL ohne fachlichen Hintergrund sei möglich unter den Bedingungen, dass die Studierenden selbst Fachkenntnisse hätten und der FSL bereit sei, die Zeit zu investieren den Stoff so zu besprechen, dass die Studenten davon profitieren könnten (ebd.: Z. 114 ff.).

Die Analyse dieser Einstellung lässt uns aber Folgendes zum Ausdruck bringen: Wenn der Lernende Fachkenntnisse hat und vom Stoff des FSL profitieren soll, dann sollte das Niveau oder die Tiefe des Inhalts wirklich fachrelevant bzw. gesättigt sein. In diesem Fall folgt die Konsequenz: Der FSL soll feststellen, was den Studierenden an Kenntnissen fehlt, und diese dann vermitteln, folglich einen fachlichen Überblick haben. Ergo ist die fachliche Kompetenz in jedem Fall notwendig.

Die FSL B formuliert die Möglichkeit eines FSU, in dem Studierende mit wenig Deutschkenntnissen und ein FSL mit Fachwissen zusammenkommen. So kann die Vermittlung der Fachsprache elementar sein, weil der FSL mit seinen Fachkenntnissen die mangelnden Deutschkenntnisse der Studierenden kompensiert. Die FSL B nennt als Bedingungen für dieses Modell: Zeit, Langsamkeit, Wiederholungen (ebd.: Z. 135 ff.).

Aber die endgültige These der FSL B bleibt: *Ein FSL ohne fachlichen Hintergrund kann die FS nicht unterrichten.* Sie führt wie folgt aus: „also ich meine bei dieser einführung↑ das ist nicht so schwer↓aber wenn es dann um spezielle verfahren geht↑ oder↑ so ganz speziell↑*ja↓dann muss man schon wissen↑ was das ist↓" (ebd.: Z. 301 ff.). Die FSL B argumentiert hierfür mithilfe eines Beispiels:

> ein schweres verfahren ist sin=tan↓ sin=tan und das wissen die ausländischen studierenden nicht↓auch wenn sie ein studienkolleg besucht haben↑da kennen sie so einiges schon↓aber sin=tan kennen sie nicht↓ja↓und wenn man nicht weiß↑was das ist↓man kann sagen man kann den begriff immer benutzen↓so↑ wie er im skript steht↓aber↑das ist ein leerer begriff dann↑ wenn man nicht weiß was das genau bedeutet↓ (ebd.: Z. 304 ff.).

Die *Theorie der leeren Begriffe* der FSL B lässt sich folgendermaßen beschreiben: Wenn der FSL keine Kenntnisse von den fachlichen Phänomenen hat und sie erwähnt, dann bleiben diese Begriffe leer, sie sind nicht mit Wissen gefüllt. Folglich ist die Fachsprache, die auf solche Weise vermittelt wird, *leere Fachsprache*.

4.4.2.6 Emotionaler Wohlfühlfaktor und die soziale Ebene

Die Akteure des Fachsprachenunterrichts sind ausländische Studierende, die in den meisten Fällen entweder das Bachelor-Ingenieurstudium in ihren Heimatländern absolvierten und nach Deutschland kamen, um das Masterstudium anzuschließen, oder die im Bachelorstudium sind – hinzu kommen Doktoranden aus dem Ausland.

Die FSL B charakterisiert ihre Studenten nicht nur als motivierte, sondern auch als „fleißige" Lernende (ebd.: Z. 154 ff.; Z. 197 f.; Z. 220 f.; Z. 255 ff.). Die Studenten mit ihrer Motivation und ihrem Fleiß bilden den Wohlfühlfaktor für die FSL B, zugleich ist die Materie der Technik selbst ein Gefilde der Inspiration für sie. Die FSL B spricht nachdenklich und zugleich mit Begeisterung über die Technik und über die Fachsprache, letztere falle ihr leicht: „da bin ich in meinem element↓das ist schön↓und die interessiert das auch↓das finde ich das gut an der fachsprache↓da kommen nur leute↑ die das haben möchten↓“ (ebd.: Z. 195 ff.).

Das Erstaunliche ist, dass sich die FSL G, H, I, J gegenteilig äußern. Für sie sei es das Schwierigste am FSU, denn es kämen ausschließlich unmotivierte KTN zum FSU (siehe Kapitel 4.6.2).

Dieser Widerspruch gibt Anlass zum Nachdenken: Es ist schwer, mit einem Plenum zu arbeiten, das nicht motiviert ist und aufgrund des Anwesenheitszwangs kommt. Aber es ist interessant, wie die FSL B diese Demotivation erklärt: Wenn die KTN Englisch schlecht beherrschen, dann seien sie nicht motiviert. Sie führt wie folgt aus:

> ich mach noch business-english↓da habe ich auch↓ die müssen das machen↓da ist sogar anwesenheitszwang↓und die haben oft keine lust↓wenn man englisch nicht gut kann↑da hat man kein lust da drauf↓und dann sitzen sie da und finden das ganz doof↓das ist natürlich schwer↓ aber so was habe ich in fachsprache nicht↓fachsprache ist schön↓ (ebd.: Z. 199 ff.).

Es gibt aber auch ausländische Studierende mit defizitären Deutschkenntnissen, die trotzdem mit hoher Motivation zum FSU kommen. Vielleicht ist der Grund für die Demotivation der Studierenden im Business-Kurs Englisch darin zu suchen, dass die FSL B keine Business-Fachfrau ist, wie es bei den FSL G, H, I, J der Fall ist. Sie sind keine Fachfrauen in der Mechatronik.

Es könnte hieraus der Schluss gezogen werden, dass die Studierenden motiviert zum FSU kommen, wenn der FSL einen fachlichen Hintergrund hat.

Auffallend ist des Weiteren, dass die FSL B die Frage, was ihr bei der Vermittlung der technischen Fachkommunikation schwerfällt, mit der inhaltlichen Ebene der Fachsprache assoziiert und sofort Strategien vorschlägt, mit denen mögliche Schwierigkeiten bewältigt werden können: Der FSU soll vorbereitet, die Texte vorher gelesen, die unklaren Inhalte im Internet recherchiert und die nötige Information bei den Experten im Fachbereich geholt werden (ebd.: Z. 203 ff.). Die FSL B gibt zu, dass die Fachsprache ohne Anstrengung nicht ohne Weiteres verstanden werden kann („das ist nicht so↑ dass ich mir aus ärmel schütteln kann↓“) (ebd.: Z.

206 f.). Aber gleichzeitig ist es nicht unmöglich, im Gegenteil, es besteht hierin eine Chance, etwas Neues zu lernen (ebd.: Z. 207). Dies könnte es als *Motiv des ständigen Lernens und Lehrens* bezeichnet werden.

Ein seltener Störfaktor bei der Vermittlung der FS im FSU tritt auf, wenn die Studierenden Nebengespräche führen, aber das passiere nur in den Sommerakademien, wenn die Fachinteressen der KTN heterogen seien (ebd.: Z. 210 ff.). Aus diesem Grund wurde nachgefragt, ob die Ursache für die gute Disziplin ihr fachlicher Hintergrund sein könnte. Die FSL B lehnt dies sofort ab und bringt wieder den *Faktor der hohen Motivation* zum Ausdruck: „ne↓ich glaube weil das die studierenden interessiert↓die hören zu↓die passen auf↓aus eigenem antrieb↓das finde ich sehr angenehm↓“ (ebd.: Z. 220 ff.). Als Strategie, diesen Störfaktor zu beheben, nennt sie die Bereitschaft, das Problem *offen* zu *diskutieren*, den Raum für die Diskussionen, die nicht zum FSU gehören zu öffnen und damit eine Vertrauensatmosphäre zu schaffen (ebd.: Z. 243 ff.). Eine wichtige Erkenntnis hierbei ist, dass die FSL B die soziale Ebene anspricht, die auch der FSL A im selben Kontext andeutete. Der Wohlfühlfaktor liegt für die FSL B auch in der angenehmen Geschlechtersituation begründet, darüber spricht die FSL B mit Eifer: Ihre Zielgruppe bildeten „hauptsächlich männer“ (ebd.: Z. 357), die sachlich seien, die Frauen seien „zickig“ (ebd.: Z. 365) und machten „mätzchen“ (ebd.) – obwohl es in ihrer aktuellen Gruppe zwei Frauen gebe, die sehr nett seien (ebd.). Damit widerspricht die FSL B eigentlich ihrer zuvor vorgenommenen Verallgemeinerung auf der Geschlechterebene. Die FSL B geht auch auf den Aspekt der Größe der Gruppe ein, was ein Faktor von Bedeutung ist: Für sie sei es schwer, mit einer großen Gruppe zu arbeiten (ebd.: Z. 420 f.).

Die FSL B hat konkrete Maßnahmen und Strategien, die die soziale Ebene und die Atmosphäre im FSU stärken. Eine bewusste *Vereinfachung der Begriffe* wirke als verständliche Metapher und schaffe gleichzeitig von Anfang an eine gute Atmosphäre im Raum. Hierdurch entwickelt sich die soziale Ebene weiter. Sie führt aus:

> ich sage da nicht allgemeinsprache ist↓das was sie sprechen↓sondern babysprache↓na so↓sie sprechen babysprache↓und ingenieure haben ihre eigene sprache↓deshalb müssen sie das lernen↓wenn sie mal ingenieure sein wollen↓und ja das läuft auch gut↓ (ebd.: Z. 53 ff.)

Diese metaphorische Polarität im Ausdruck *Babysprache (Allgemeinsprache) der Lernenden vs. Ingenieursprache* dient als Einstieg in die technische Fachkommunikation. Der nächste Schritt ist die Haltung der FSL B, sie beschreibt sie folgendermaßen: „ich versuche nett zu sein, dann klappt das↓ also dafür die sind auch dankbar↓die haben bisher die erfahrung gemacht↑ah ich bin immer irgendwie hinten dran↓weil ich nicht richtig deutsch kann↓" (ebd.: Z. 230 ff.).

Die FSL B zeigt eine sehr hohe Empathie gegenüber den Studierenden, wahrscheinlich weil sie viele Jahre in Afrika gearbeitet hat, Auslandserfahrung und Lebenserfahrung (zum Zeitpunkt des Interviews war sie 70 Jahre alt) hat: Sie spürt die Sorgen der ausländischen Studierenden, denkt sich in sie hinein. Ausländische Studierende glauben nach der Auffassung der FSL B: „ich bin immer irgendwie hinten dran, weil ich nicht richtig deutsch kann". Es ist wichtig, zu betonen, dass die FSL die KTN ernst nimmt. Sie behandelt sie sehr diplomatisch, spricht über sie mit viel Pietät. Dies wird an der Wortwahl sichtbar: Sie sagt nicht, die Studenten fühlten sich so und so, sie sagt: „Die Studierenden haben die Erfahrung gemacht…". Auf Hilfe und netten Umgang[104] reagieren die ausländischen Studierenden mit Dankbarkeit: „die nehmen hilfe auch gerne an" (ebd.: Z. 236). Die FSL B betont innerhalb der sozialen Ebene und im Hinblick auf die Atmosphäre im Unterricht die interkulturelle Ebene. Die Zielgruppe im FSU bilden ausländische Studierenden, wie die FSL B sie charakterisiert, es gehe um *„unterschiedliche nationalitäten*" (ebd.: Z. 239) und *„vorurteile gegeneinander*" (ebd.: Z. 241 f.), deshalb sei für sie die *Förderung des sozialen Klimas* zentral (ebd.: Z. 238 ff.).

Zusammenfassend lässt sich sagen, dass die angenehme Atmosphäre im Unterrichtsraum einerseits das Interesse der FSL B an der Technik und Fachsprache und andererseits das Interesse der Studenten hierfür unterstützt, d. h. ihr *gemeinsames Engagement für die technische Fachkommunikation,* es ist ein gemeinsames Produkt ihrer Arbeit.

---

104 Den letzten Faktor konkretisiert die FSL B folgenderweise: „ich bin nicht ungeduldig mit ihnen […] bin freundlich […] zeige dass ich ihnen helfen möchte" (ebd.: Z. 234 ff.).

4.4.2.7 Feedback und Kriterien des guten FSU

Die FSL B berichtet, dass sie die Studierenden regelmäßig um Feedback in schriftlicher Form bittet. Sie berichtet, dass die Einschätzung positiv sei. Die Studenten fanden folgende Elemente des Unterrichts positiv (ebd.: Z. 313 ff.):

- Sie konnten im FSU sowohl die *sprachlichen* als auch die *fachlichen Kenntnisse* ausbilden – d. h., sie erwarten beide Elemente eines Ganzen: Sprache und Fachinhalte.
- „die *atmosphäre* ist prima“[105] – so kann konstatiert werden: Die Atmosphäre ist wichtig, sowohl für die Studenten als auch für die FSL.
- Die Studenten fanden den FSU ansprechend (Übungen, Filme im Internet) – die Studenten sind interessiert an der technischen Fachkommunikation und sie erwarten Engagement von Seiten der FSL.
- „die *lehrerin* ist sehr nett mit uns“[106] – der Wirkfaktor und das Verhalten bzw. die Persönlichkeit des Lehrers spielen für die Studenten eine wesentliche Rolle.

Dies sind Kriterien eines guten Unterrichts aus der Perspektive der Studierenden, d. h. das, was sie schätzen, und zwar die fachlichen, sprachlichen, didaktischen, sozialen, persönlichen und psychologischen Faktoren.

Als Fortsetzung werden die Kriterien des guten FSU aus der Perspektive der FSL B behandelt.

Das zentrale Kennzeichen für sie besteht darin, dass der Stoff von den Studierenden *„verstanden und gelernt“* (ebd.: Z. 323) werde. Sie beobachtet massive Probleme mit dem Verstehen des Materials, auch und vor allem dann, wenn die Studenten den Stoff passiv aufnehmen, ohne geistige Anstrengung („die gingen ja gar nicht mit die warten nur dass ich ihnen das reinfüttere“) (ebd.: Z. 326 f.). Das ruft Unzufriedenheit bei der FSL B hervor (ebd.: Z. 327). *„mühe und anstrengung“* (ebd.) sind wichtige Elemente beim Lernen, unterstreicht sie. Die FSL B

105 ebd.: Z. 316.

106 ebd.: Z. 318.

erwartet von den Studierenden Mitdenken, Verstehen, Lernen, Mühe, Anstrengung – so bleibt *Fleiß* als eine beachtliche Variable.

Die FSL B ist überzeugt davon, dass der *Erfolg* bei der Vermittlung und ein *sicheres Selbstwertgefühl* keine Konstanten mit gleichem Wert sind. Sie führt Folgendes aus: „das ist unterschiedlich↓und das ist wirklich oft↑nicht einfach auszumachen woran es liegt↓also ich habe schon kurse gehabt↑oh wo ich froh war↑dass es zu ende war↓" (ebd.: Z. 397 ff.). Der Erfolg ist kein stabiler Faktor, weil er von der sozialen Ebene abhängt, die ständig im Wandel ist. Deshalb gibt es hier kein Rezept, vielleicht auch keine Erklärung.

Darüber hinaus spielt im Unterricht die interkulturelle Ebene eine wichtige Rolle, wie die FSL B bereits ausführte. Sie finde z. B. die Arbeit mit Vertretern der asiatischen Kultur schwierig, zugleich aber erzählt sie von einem Einzelfall, der ihre Stereotypen brechen konnte, wir nennen dies das *Motiv der gebrochenen Stereotypen*: Studenten aus China schenkten der FSL B einen Blumenstrauß zum Abschied, was zum ersten Mal in ihrem Leben passierte (ebd.: Z. 400 ff.). Mit diesem Beispiel unterminiert sie die eigene Überzeugung, sie zeigt damit, dass die interkulturelle Ebene viel Unvorhersehbares in sich birgt.

Bei der Einschätzung des eigenen Unterrichts vergleicht die FSL B ihren Business-Englisch-Kurs mit dem Technischen Deutsch sowie die BWLer mit den Maschinenbauern und sagt: „das ist nicht so↑ dass ich nur immer erfolgreich bin↓aber bei fachsprache bin ich immer erfolgreich↓das mache ich gerne↓" (ebd.: Z. 409 ff.).

Warum sie bei der FS erfolgreich ist, wisse sie selber nicht. Sie beginnt nachzudenken, aber ihre Überlegungen scheinen ihr selbst nicht so überzeugend: „die bwl-er hm das sind vielleicht andere menschen↓" (ebd.: Z. 411 f.) – anschließend spricht sie über die stärkere Konkurrenz unter den Wirtschaftlern (ebd.: Z. 413 ff.). Die Variable *Konkurrenz* unter den BWLern könnte also relevant sein.

4.4.2.8 Was würde die FSL B den anderen FSL empfehlen?

Diese Frage wird gestellt, als das Gespräch bereits fast am Ende angelangt ist, trotzdem führt sie die FSL zu tiefen Überlegungen: Ihr Verdikt ist klar, sachlich und kompromisslos, die FSL sollten sich Fachkenntnisse „aneignen […]↓*ohne geht es nicht" (ebd.: Z. 370). Die interkulturelle und die soziale Ebene sind wichtig, aber nicht zentral. Zu den FSL ohne fachlichen Hintergrund ergänzt die FSL B wie folgt:

> die können natürlich für alles↓ was ich gesagt habe↑für die gute atmosphäre sorgen↓die können den helfen↓das können sie alles↓aber sie müssen für den fachlichen hintergrund sorgen↓bei sich selbst↓ (ebd.: Z. 370 ff.)

Die FSL sollen den Kontext verstehen und fachliche Kompetenz haben. Der FSL C spricht, wie wir später sehen werden, diesen Gedanken ebenfalls aus: FSL ohne fachlichen Hintergrund könnten helfen und eine gute Atmosphäre schaffen, die Studenten blieben höflich und freundlich, aber irgendwann kämen sie nicht mehr zum FSU (siehe Kapitel 4.4.3).

4.4.2.9 Zum Einfluss der strukturellen Rahmenbedingungen auf den FSU

Die FSL arbeiten in den meisten Fällen auf Honorarbasis, sie haben kein eigenes Büro, keine Hauptarbeitsstelle, sondern viele Nebenjobs, Sprachkurse, Integrationskurse etc., zudem pendeln viele von ihnen. Die FSL B versichert, dieses Arbeitsformat beeinträchtige den Prozess der Vermittlung der Fachsprache nicht („überhaupt nicht") (ebd.: Z. 378). Sie gibt aber ehrlich zu: „ich habe erst mit 50 mein diplom gemacht↓[…] wenn ich jung wäre↑würde ich auch danach streben↑festangestellt zu werden↓" (ebd.: Z. 379-388).

Der FSL B ist also bewusst, dass fest angestellte Lehrer bestimmte Vorteile genießen. Aber die Nachteile einer festen Stelle sind für die FSL B die Hierarchie und ihre Folgen (ebd.: Z. 381 ff.).

Die FSL B schätzt die *Freiheit* und fördert sie im FSU, deshalb ist sie mit ihrem Status zufrieden. In diesem Kontext betont sie wieder *das Motiv des Fleißes*: „man muss natürlich dann zeitweise auch viel arbeiten" (ebd.: Z. 389 f.). Aber das scheint die FSL B ohne Ärger, ohne Verdruss zu sagen, es ist lediglich eine Tatsache für sie.

4.4.2.10 Resümee

Die Vermittlung des Fachstoffes ist für die FSL B, die sowohl fachlichen als auch sprachlichen Hintergrund hat, das Ziel der Vorlesung, nicht des FSU, aber die Kenntnisse des Fachstoffes müssten vorhanden sein, um zu wissen, worüber gesprochen wird (ebd.: Z. 332 f.), d. h., sie ist davon überzeugt, dass der FSL diese ‚Fremdsprache' selbst beherrschen sollte.[107] Sie definiert die Fachsprache als „eine weitere fremdsprache" (ebd.: Z. 62 f.).

Die FSL B erweitert mit ihren Erfahrungen so auch unseren Diskurs: *Jede Fachsprache hat ihre Besonderheit* – FS Maschinenbau ist nicht dasselbe wie FS Bauingenieurwesen. Der FSL A spricht ebenfalls darüber, aber nicht so präzise wie FSL B. Im Kontext der Arbeit am Text sagt er, dass er die Texte aus dem Bereich der Informatik nicht benutze (siehe Kapitel 4.4.1).

Die FSL B kennt den Unterrichtskontext, in dem sie sich bewegt, hat klare Lernziele und einen konkreten Unterrichtsgegenstand (den die FSL ohne fachlichen Hintergrund nicht haben). Die *Erfahrung* ist für sie (wie auch für den FSL A) ein relevanter Faktor für die Vermittlung der technischen Fachkommunikation, der ihr hilft, den interkulturellen Dialog und soziale Kompetenzen im Unterricht zu fördern und ein gutes Klima zu schaffen, was direkt oder indirekt zur Motivation der KTN sowie zur Entwicklung der methodisch-didaktischen Strategien führt, die einen erfolgreichen FSU ermöglichen. Die FSL B erklärt ihre erfolgreichen Strategien zu Beginn ihrer Karriere, als sie keine *Erfahrung* hatte und keine Fachsprache Englisch für Bauingenieure kannte, damit, durch das eigene Unwissen die Studenten motivieren zu können, an der Fachkommunikation teilzunehmen und *Interaktion im Unterricht* zu initiieren.

Bei der Vermittlung der technischen Fachkommunikation entdeckte sie die für sie effektivste Vorgehensweise, das FSU-Konzept anhand der *studienbegleitenden Skripte* und der *Zusammenarbeit mit den wissenschaftlichen Mitarbeitern* aus den Fachbereichen zu erstellen. Das studienbegleitende Skript dient als Garant des Wegs, als Grundlage für die Arbeit im Unterricht, als Quelle der Texte etc.

---

[107] Wenn der FSL diese Fremdsprache vermittelt, ohne sie selbst zu beherrschen, sei dies „wie chinesisch zu unterrichten ohne chinesisch zu sprechen" (aus dem Interview mit FSL D, bei dem die FSL B auch dabei war, siehe Kapitel 4.4.4).

Ihren Wohlfühlfaktor im FSU erklärt sie durch zwei Faktoren: ihre *Identität* und *Zugehörigkeit zur Welt der Technik* („ich bin eine frau der technik" (ebd.: Z. 3), „da bin ich in meinem element" (ebd.: Z. 195)) einerseits und andererseits die *hohe Motivation der Studierenden*, sich die technische Fachkommunikation anzueignen.

Die Rahmenbedingungen spielen ihrer Meinung nach keine Rolle für die Vermittlung der technischen Fachkommunikation, während die individuelle Eigenschaft des *Fleißes* sowohl bei den Fachsprachenlehrenden als auch bei den Studierenden von großer Relevanz ist.

4.4.3 FSL C: „das ist mit sicherheit ein anderer anspruch an diese sprachvermittlung↑als ich ihn habe↓"[108]

4.4.3.1 Informationen zu Interview und Interviewpartner

Das Gespräch mit dem FSL C fand im November 2013 in seinem Büro statt. Einleitend soll auf eine Besonderheit dieses Gesprächs hingewiesen werden. Der FSL C bekam von mir einen Brief mit der Bitte um das Interview, der auch den Anhang mit dem Fragenkatalog und einem Exposé enthielt. Der FSL C wollte auf das Interview verzichten; die Gründe erläuterte er in einem Brief vom 15.11.2013, der wichtige Informationen für meine Untersuchung beinhaltet, weshalb ich ihn an dieser Stelle zeigen möchte:

> Sehr geehrte Frau Zalipyatskikh,
>
> grundsätzlich bin ich bereit, Sie bei Ihrem Vorhaben zu unterstützen. Ich möchte aber auf jeden Fall die Fragen 3 und 4 Ihres Leitfadens[109] dabei aussparen. Ich erkläre Ihnen auch gerne warum: Mein erstes Studium habe ich als Ingenieur abgeschlossen; mein zweites Studium absolvierte ich in Germanistik und Mathematik. Diese beiden Ausbildungen

---

108 FSL C: Z. 141 f.

109 Punkte 3 und 4 wurden nicht berücksichtigt:

3. Wie unterrichten Sie? Wie vermitteln Sie den Stoff? Skizzieren Sie bitte Ihr Konzept des FSU. Worauf legen Sie viel Wert in Bezug auf die Methodik/Didaktik im Fachsprachenunterricht? Gibt es goldene Regeln für Sie?
4. Unterscheiden sich die methodisch-didaktischen Ansätze zwischen dem Fremdsprachenunterricht und dem FSU?

machten und machen es mir möglich, eigene Konzeptionen für den fachsprachlichen Unterricht zu entwickeln. In diesen Konzeptionen stecken eine Menge Arbeit und Erfahrung, die ich nicht bereit bin, anderen zur Verfügung zu stellen. Wenn ich das machen wollte, würde ich mich wahrscheinlich für die Veröffentlichung eines Buchs entscheiden. Ich hoffe, Sie können meine Gedanken und Bedenken verstehen.

Mit besten Grüßen

AC

Die Hilfestellung des FSL C wurde von mir mit Dankbarkeit angenommen und das Interview wurde geführt. Trotz der fehlenden Angaben bereicherte der FSL C meine Studie mit tiefen Erkenntnissen und spielte eine bedeutende Rolle bei der Theoriegenerierung.

Nordrhein-Westfalen sei im Ingenieurbereich stark und an der Universität, an der der FSL C unterrichtet, werden technische Disziplinen angeboten, weshalb der Bedarf an technischen Deutschsprachkursen hoch sei (FSL C: Z. 2 ff.). Es habe bei der Einstellung keine Rolle gespielt, ob er oder die anderen Lehrkräfte für die technische Fachkommunikation eine Qualifikation gehabt hätten oder nicht, behauptet der FSL C, die Situation an sich habe Auswirkung darauf gehabt, dass der FSL C das Angebot hierfür bekommen habe (ebd.: Z. 11 ff.).

Der Werdegang des FSL C ist bewundernswert. Er studierte mit Freude Ingenieurwissenschaften, weil ihn die Technik interessierte, nach dem Studium arbeitete er eine Zeit lang bei Daimler-Benz. Dann habe er gemerkt, dass er das nicht sein ganzes Leben lang machen möchte und entschied sich für ein Lehramtsstudium in Germanistik und Mathematik. Er hebt hervor: „da war ich allerdings auch der einzige↓der diese kombination hatte↓“ (ebd.: Z. 19 f.). Seit dieser Zeit unterrichtet er Deutsch für Natur- und Ingenieurwissenschaftler an der Universität, nunmehr seit 25 Jahren.

Im Fachsprachenzentrum (FSZ) werden zwei Typen von Kursen für Ingenieurwissenschaftler angeboten:

- *Klassisches Deutsch für Ingenieurwissenschaftler*. Der FSL C kommentiert dies wie folgt:

die also nach erfolgreicher dsh im fachstudium sind↓promovieren↓oder im master↓oder auch bachelor↓und die auch merken dass sie sprachliche defizite in ihrem fach haben und dann ihr quasi einen sprachkurs in diesem bereich machen↓dann steht also die sprachvermittlung im vordergrund↓die sprachvermittlung von technischen texten↓ (ebd.: Z. 26 ff.)

- *Technisches Propädeutikum:* Auch hier gehe es um Sprache und Technik (ebd.: Z. 32 ff.), der FSL C beschreibt den Kurs folgendermaßen:

> aber hier steht die technik im vordergrund↓also hier vermittle ich mehr technische mathematische physikalische chemische grundlagen↓und↑in einer reduzierteren sprache↓die also auch für wenige sprachkompetentere nachvollziehbar ist↓ (ebd.)

Die Studierenden nähmen jeweils an einem von den genannten Sprachkursen teil – interessant ist hier der zweite Kurs, der für eine bestimmte Teilnehmerschaft angeboten wird: Die Studierenden stehen vor der DSH-Prüfung, sie werden erst im nächsten Semester das Fachstudium beginnen und in diesem Kurs werden vor allem technische Inhalte behandelt (ebd.: Z. 38 ff.).

4.4.3.2 Unterrichtsansatz: Ziele und Aufgaben im FSU des FSL C[110]

Der FSL C erläutert die Ziele, die er im FSU verfolgt: für ihn ist die *Vermittlung von sprachlichen Strukturen* und *Textstrukturen* zentral (ebd.: Z. 43 f.; Z. 52 ff.; Z. 70 ff.). Sein Konzept ist souverän und stützt sich nicht auf die Erklärung und Behandlung der Begrifflichkeiten, sondern basiert auf der textuellen Ebene, auf der das *technische Verständnis* der Studierenden entwickelt wird (ebd.: Z. 50). In diesem Punkt wird die Ähnlichkeit des Verfahrens mit dem des FSL A deutlich, für den das Ingenieursdenken im Vordergrund steht. Der FSL C kommentiert folgendermaßen seine Lehrerphilosophie im FSU:

> mir geht es bei dem fachsprachenunterricht darum↑komplexere technische naturwissenschaftliche texte zu verstehen↓ beziehungsweise das verständnis zu fördern↓und dabei↑ geht es mir nicht in erster linie um fachwörter↓die sind so gering im vorkommen↓dass man einfach sagen kann↑das müssen die studenten alleine zu hause mit dem wörterbuch lernen↓da ist einfach die unterrichtszeit fast zu schade↓aber es gibt halt↑wenn man technische texte untersucht↓sehr typische oder auffälligkeiten in de die sich von anderen texten unterscheiden↓und also das erschließen solcher technischen texte↑ist mir wichtig↓das trainieren wir eigentlich hauptsächlich↓es gibt andere satzstrukturen↑aber das ist relativ

110 Siehe Zalipyatskikh (i. D.): „Überlegungen zu den Unterrichtsdefinitionen und - zielen der Fachsprachenlehrenden der technischen Fachkommunikation".

weites feld↓ aber wie gesagt↓wichtig ist mir nicht die vermittlung von fachwörtern↓sondern von ganzen themengebieten↓ (ebd.: Z. 43 ff.)

Fachwörter und die lexisch-semantische Ebene allgemein seien zweitrangig, sie sollten nach dem Prinzip des Selbstlernens und durch die eigene Auseinandersetzung mit dem Lernstoff bewältigt werden. Die Texte hingegen seien viel komplexer, hier ist es schwer, sich die Textinhalte allein zu erschließen. Es geht um den Denkstil, um das Substrat des technischen Denkens, das im Text manifestiert wird. Der technische Text unterscheidet sich von anderen Texten – hierin findet sich eine Andeutung auf die Textsorten, den syntaktischen Aufbau (Satzstrukturen), die inhaltliche Logik etc. Der FSL C demonstriert dies an einem Beispiel mit mathematischen Formeln, deren Zeichensystem international aussieht (ebd.: Z. 54 ff.). Jedoch soll jede Formel versprachlicht werden, worin eine Schwierigkeit für die Studierenden liegen kann. Eine weitere Schwierigkeit kann bestehen, wenn die Formel mündlich versprachlicht wird, visuell aber nicht an der Tafel überprüfbar ist.

Die *Vermittlung der Inhalte* im FSU sei obligatorisch wie die *Erschließung der Texte*, das *Rechnen*, *Versprachlichen* und auch *Tun*, damit die Studierenden gleiche Chancen wie deutsche Studierende bekämen (ebd.: Z. 62ff.; Z. 72 ff.; Z. 383 ff.). Wir sehen hier eine Akkumulation der Ebenen, die gefördert werden: Mit der mathematischen Lösung der Aufgaben, die unbedingt versprachlicht werden müssten, werden die kognitive Arbeit gefördert, das technische Verständnis entfaltet, fachsprachliche Kompetenzen entwickelt und damit gleichzeitig die interkulturelle Ebene unterstützt – die *Chancengleichheit* bei den ausländischen und den deutschen Studierenden. Hinzu kommt implizit der *Wohlfühlfaktor des Lehrers*. Die Mathematik ist für den FSL C eine Passion, die eine hohe Relevanz im Konzept des FSU innehat – ganz nach dem Motto des FSL A, „man unterrichtet schwerpunktmäßig das, wo man sich am wohlsten fühlt“[111].

Dies sind sehr anspruchsvolle Ziele, die nur mit einer sprachlichen Voraussetzung bzw. Kompetenz mindestens über B2-Niveau zu erfüllen seien (ebd.: Z. 90 ff.).

111 Siehe Kapitel 4.4.1.

Die Argumentation des FSL C fußt in der Überzeugung, die Fachsprache sei komplex, und zwar auch für Fortgeschrittene. Er hebt hervor: „wenn man so etwas machen will↑dann darf es nicht irgendwo an jedem wort hängen↓“, sonst sei es nicht effektiv (ebd.: Z. 94 ff.)[112].

Ein interessanter Aspekt, der darüber hinaus mit dem übereinstimmt, was die FSL B zur Motivation der Studierenden und zu den strukturellen Rahmenbedingungen berichtet, tritt in der Behauptung des FSL C zutage, dass die Motivationslage bei den Studierenden gut sei (ebd.: Z. 104 ff.). Die Studenten seien nicht verpflichtet, an dem FSU teilzunehmen, das machten sie freiwillig. Das nennt er als Selbstverständlichkeit.

Auch die strukturellen Rahmenbedingungen müssten des Weiteren grundsätzlich kein Einflussfaktor sein, der FSL C hebt hervor: „die meisten lehrkräfte↑die ich habe↓sind lehraufträgler nicht festangestellt↓“ (ebd.: Z. 125 f.). Das sei die klassische Situation, dass im FSZ die Sprachlehrer auf Honorarbasis unterrichten. Er nennt aber ein anderes, prinzipielles Problem, bei dem sich der FSL C in seinen Beobachtungen offensichtlich sicher ist, da er Wörter mit generalisierender Konnotation benutzt, „alle“ und „überall“, er zweifelt nicht, verwendet keine Formulierungen wie ‘es könnten, es ist möglich‘: Das Problem bestehe darin, dass, wenn eine Person eine Ingenieurausbildung oder eine naturwissenschaftliche Ausbildung habe, sie eine gute Einstellung mit festem Vertrag überall finde (ebd.: Z. 127 ff.). Der FSL C vergleicht die Situation mit dem *Wirtschaftsdeutsch* und ist der Meinung: Für Wirtschaftsdeutsch kann leichter ein Lehrer gefunden werden als für den technischen Bereich (ebd.: Z. 132 ff.).

4.4.3.3 Konzept des FSL C: Methodisch-didaktische Gestaltung des FSU

Das Fachsprachenkonzept des FSL C beeinflussen Denkansätze und methodisch-didaktische Instrumente aus der Mathematik, Philosophie, Germanistik (Lehramtsstudium) und den Ingenieurwissenschaften (Abbildung 7). Die Auswahl an Methoden und didaktischen Entscheidungen sichert den Unterrichtswert (ebd.: Z. 170 ff.).

112 Hierin besteht auch eine Übereinkunft mit den FSL A und B: Die Kenntnisse in der Fremdsprache sind nicht automatisch die Kenntnisse in der Fachsprache.

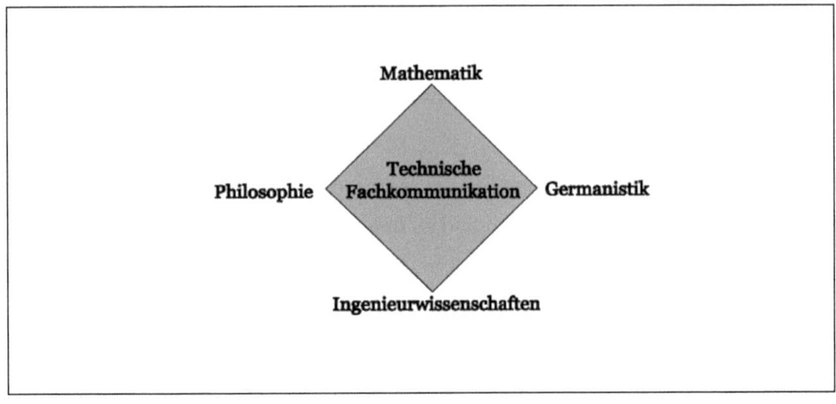

Abb. 7: Einflüsse auf das Konzept des FSL C

Der FSL C postuliert, dass es zwischen Mathematik und Philosophie Schnittstellen in den Denkansätzen und in der Logik gebe, diese benutzt er bei der Vermittlung der Fachsprache *technische Fachkommunikation*. Er führt Folgendes aus:

> wenn man zu einer mathematikvorlesung kommt↑und geht dann in eine philosophieveranstaltung↓ist man mental geistig so konzentriert↑und so geschult im denken↑dass man das wirklich sehr-sehr-sehr gut verstehen kann↓das ist dann schon eine hilfe↓und das sind natürlich sachen↑die mir dann auch bei der vermittlung immer wichtig sind (ebd.: Z. 366 ff.)

Der FSU ist mit höchst intensiven Denkprozessen verbunden. Die Mathematik spitzt im gewissen Sinne den Denkprozess zu. Die angehenden Ingenieure erwarten einen geeigneten Denkpartner, nur mit ihm macht es Spaß, nach der Lösung zu suchen, und nur jemanden, der rechnen kann, nehmen sie ernst. In diesem Format sucht man die Lösungsansätze. Im folgenden Zitat können Belege für diesen Gedanken gefunden werden:

> wenn man dann so mit ihnen entdeckt↑wie kann man dann dieses problem angehen↓und↑ das macht das ist wirklich schön↓das macht dann auch spaß↓aber↑da bin ich überzeugt↓dass kann man wirklich nur↑ wenn man das auch KANN↓also das könnte ich meinen deutschlehrerinnen nicht zumuten↓ich kann denen zwar sagen↓das ist richtig↓das ist

> richtig↓hinterher↓aber dann durfte ich ja nie eine frage stellen warum ist das denn so↓ (ebd.: Z. 374 ff.).

Hierin findet sich genau der Widerspruch der gesamten Situation eines FSU mit einem FSL ohne fachlichen Hintergrund: Die Materie wird durch Nachfragen gelernt, wenn sie in Frage gestellt und kritisch wahrgenommen wird. Aber mit einem FSL ohne fachlichen Hintergrund kann solche Vorgehensweise nicht funktionieren.

Die Mathematik stellt die Ingenieure zufrieden, weil es dort immer richtige Lösungen gibt, die Ergebnisse werden sofort sichtbar. Das verdeutlicht der FSL C wie folgt, dabei zieht er einen Vergleich mit den Geisteswissenschaften:

> wirklich für die studenten ein gutes gefühl↓das ist das schöne an der mathematik↓man weiß hinterher↑dass es richtig ist↓in den geisteswissenschaften weiß man nie↓dann kann man immer nur ahnen↑war das gut oder schlecht↓aber bei der mathematik da hat man hinterher lösungen↓das stellt immer zufrieden↓ (ebd.: Z. 404 ff.)

Ein Element im FSU von FSL C ist der Bau einer Achterbahn aus Spaghetti (Element des Konzepts *Tun*): Zuerst wird sie nach den physikalischen Größen berechnet, es wird konstruiert, ständig diskutiert und in Gruppen gearbeitet (ebd.: Z. 152 ff.; Z. 355 f.). So werden die mathematischen, physikalischen, kognitiven, technischen, sozialen und sprachlichen Kompetenzen entwickelt. Dabei hebt der FSL C hervor: „wenn so was machen will↑muss man glaube ich schon↓ eine ausbildung als ingenieur oder naturwissenschaftler haben↓sonst geht das nicht↓" (ebd.: Z. 161 f.).

Der FSL C arbeitet intensiv mit textlastigen Aufgaben im FSU: Die Studenten bekommen aktuelle wissenschaftliche Texte, bearbeiten sie in Gruppen und präsentieren die Ergebnisse im Plenum (ebd.: Z. 168 ff.). Vorher aber werden die dem Internet entnommenen Texte von dem FSL C didaktisiert und umgeschrieben, „journalisten-deutsch" (ebd.: Z. 178) wird entfernt (ebd.). Der FSL C stellt eine Gesetzmäßigkeit auf der fachlichen Ebene fest: „je größer↑oder je informierter man selbst ist↓desto größer↑oder mehr kann man sich trauen↓texte zu nehmen↓ich würde ja nie einen text nehmen↑den ich selbst nicht verstehe↓" (ebd.: Z. 181 ff.).

Der Grundgedanke dieser Aussage ist: Jeder FSL unterrichtet, wie er kann und was er kann. Das **Kann-Potenzial** dient als Maß der Dinge, als Referenzrahmen in der Vermittlung der technischen Fachkommunikation. Der FSL nimmt im FSU den Text durch, den er selbst verstehen kann.

In diesem Zusammenhang wird im Interview ein interessanter Punkt besprochen, die *Wissenschaftssprache*, die an mehreren Fachsprachenzentren angeboten wird (da sie viel verständlicher für die FSL ohne technischen Hintergrund ist). Nach der Erfahrung des FSL C entspricht die Wissenschaftssprache nicht den Bedürfnissen der Studierenden. Er artikuliert diesen Gedanken und akzentuiert dabei jedes Wort: „man kann das machen↓aber ich glaube↑dass wenn ich so an meine erfahrung denke↓den bedürfnissen der meisten studierenden nicht gerecht wird" (ebd.: Z. 311 ff.). Er begründet seine These mit einer Untersuchung, die er durchgeführt und mit einem Konkordanzprogramm ausgewertet hat (ebd.: Z. 317 ff.). Er schrieb viele große Ingenieurfirmen im Ruhrgebiet an und stellte die Frage, welche Fachzeitschriften und welche Fachbücher von den Ingenieuren abonniert und gelesen würden, und bekam hierauf umfangreiches Feedback. Danach bestellte er diese Medien, scannte sie ein und erstellte mit einem Konkordanzprogramm den hoch frequentierten Wortschatz. Er bestand aus 50 Millionen Wörtern, dabei wurden alle Wörter nach ihrer Häufigkeit angezeigt. Das Ergebnis war auffallend, der FSL C beschreibt es wie folgt:

> wenn man dann guckt↑sind diese diese harten fachwörter die jetzt für einen ingenieurberuf wichtig SIND in ihrer frequenz eigentlich sehr niedrig↓also so niedrig↑dass man eigentlich sagen muss↓es macht keinen sinn↓unterricht zu machen↓in dem man fachwörter vermittelt↓weil↑ wenn von fünfzig millionen wörter ein wort hundertmal vorkommt oder nur dreißigmal vorkommt↓hm dann muss man das nicht im unterricht lernen↓weil bis der das liest↑hat er das sowieso wieder vergessen↓ (ebd.: Z. 328 ff.)

Die Untersuchung hat gezeigt, dass die *Häufigkeit der Fachwörter im wissenschaftlichen Gebrauch* niedrig ist, darüber hinaus lieferte sie Erkenntnisse auf der *syntaktischen bzw. grammatikalischen Ebene*. Es wurde indiziert, dass die Satzstrukturen abweichend sind, dass sie sich wesentlich von anderen „normale[n]“ (ebd.: Z. 333) Zeitungen und Zeitschriften durch den Gebrauch von Passivstrukturen, des Gerundivums etc. unterscheiden (ebd.). Der FSL C schlussfolgert: Die Wissenschaftssprache zum Fach kann als ein Thema im FSU vorkommen, aber nicht als Grundlage generell, da der FSU ein anderes Ziel verfolgt. FSU sei eine Kombination aus Inhalt und Sprache, wo die Texte die Aufgaben enthalten, die gelöst werden sollen – die Wissenschaftssprache würde hierfür nicht reichen, so die Überzeugung des FSL C (ebd.: Z. 347 ff.).

Das Konzept ist also eine Frage des eigenen Anspruchs (ebd.: Z. 135; Z. 141; Z. 187; Z. 209).

Damit ist der ständige Wandel und das ständige Umdenken der eigenen Erwartungen verbunden. Der FSL C kommentiert folgendermaßen: „das ändert sich↓es gibt paar sachen↑von denen ich von anfang gemerkt habe↓das ist gut↓das halte ich auch bei↓und↑das sind teilweise einfache sachen↓und↑und viele sachen mache ich fast jedes semester neu↓“ (ebd.: Z. 203 ff.). D. h., mit dem Wandel der eigenen Erwartungen ändern sich die Materialien für den Fachsprachenkurs. Es gebe einfache Dinge, die bleiben – wahrscheinlich grundlegende Prinzipien – aber der Lernstoff verändert sich.[113] Der FSL C ist der Meinung, dass die Erwartungen der Studierenden einen direkten Bezug zu seinen eigenen Ansprüchen haben (ebd.: Z. 208 ff.). Dieses Motiv wird auch von der FSL D erwähnt: Wie der Lehrer ist, so sind die Studenten (siehe Kapitel über *FSL D*). Der FSL C sei immer auf der Suche nach neuen Ideen, zudem biete er an, was ausschließlich ein fachlich qualifizierter FSL liefern könne: Falls die Studenten Probleme mit den Texten oder Aufgaben im Fachstudium hätten, könnten sie diese dem FSL C zeigen bzw. per E-Mail schicken, er werde dann im Unterricht darauf eingehen (ebd.: Z. 213 ff.).

113 Das berichten auch die FSL D, B und L, jedoch nennen sie es anders: Die FSL B und D sprechen von *Fleiß*, während der FSL C dies *eigene Ansprüche* bzw. *eigene Erwartungen* nennt. Alle aber meinen damit die ständige gezielte Überarbeitung der Unterrichtsmaterialien.

4.4.3.4 Kompetenzen des FSL

Die Frage nach den Kompetenzen der FSL wird konzeptionell beantwortet: Wie oben ausgeführt sei es eine Frage des *eigenen Anspruchs*, den der FSL hat. Hierin steckt das *Motiv der Eigenverantwortung* des FSL für die Inhalte, die er vermittelt, sowie das *Motiv des fehlenden Referenzrahmens*. Diese Aussage stimmt außerdem mit der des oft erwähnten These des FSL A überein: „man unterrichtet schwerpunktmäßig das, wo man sich am wohlsten fühlt". Der FSL C schildert wie folgt die Situation im FSZ, die eigentlich klassisch aussieht: Die FSL, die Technisches Englisch unterrichten, seien Sprachenlehrer, die „sich dann auch irgendwann so ein wortschatz angeeignet haben↓den sie jetzt vermitteln↓und↑ das ist mit sicherheit ein anderer anspruch an diese sprachvermittlung↑als ich ihn habe↓" (ebd.: Z. 140 ff.). *Das Unterrichtskonzept und die Ansprüche bedingen die Ausbildung*, die der FSL C hat.

Die Unterrichtsarbeit mit den Lehrwerken sei mit den eigenen Ansprüchen verbunden. Es gibt laut dem FSL C auf dem Fachliteraturmarkt ein Buch (1999) vom Hueber-Verlag mit dem Titel *Aus moderner Technik und Naturwissenschaft: ein Lese- und Übungsbuch für Deutsch als Fremdsprache*. Der FSL C ist überzeugt:

> das kann jeder vermitteln↓dazu muss man nicht ingenieur oder naturwissenschaftler sein↓das könnte ich jedem lehrbeauftragten geben↓ und der könnte das machen↓ bis auf die tatsache dass es so veraltet ist↓ (ebd.: Z. 146 ff.)

Der FSU könne also auf der Grundlage eines überholten Lehrwerks gestaltet werden, bei ihm konkret müsse es aber tiefer gehen. Der FSL C kommentiert ein solches ‚Lehrwerk-Konzept' mit folgenden Überlegungen: Die Arbeit mit dem Lehrwerk bedeute, man bleibe an der Oberfläche und es dürften nie Fragen von den Studenten kommen, dann werde man sofort aufs Glatteis geführt – 90 % der Unterrichtsfälle laufe nach dem Lehrwerk-Prinzip ab (ebd.: Z. 150 ff.). Es muss auch betont werden, der hier beschriebene FSU sei ‚oberflächlich', aber trotzdem bleibe er FSU, in dem aber begrenzte Möglichkeiten in Anspruch genommen werden können.

Die Frage, ob der FSU mit FSL ohne fachlichen Hintergrund möglich ist, beantwortet der FSL C folgendermaßen: „eigentlich müsste ich sagen NEIN↓wenn man es richtig ernst nimmt↑" (ebd.: Z. 191 f.). Er begründet sein „NEIN" mit den Erwartungen der Studenten und führt ein Beispiel aus der Integralmathematik an: Am Anfang des Kurses sammeln die Lehrer in unterschiedlichen Formen die Erwartungen der Studierenden, wenn diese ernst genommen würden, könnten sie ohne fachliche Qualifikation nicht realisiert werden. In dieser Begründung werden gewisse Spielregeln des FSL C offenbar, die sogenannte *Pädagogische Fairness (Fair Play)*: „wenn ich die studenten frage↑was wollen sie machen↓und die sagen↑ muss ich auch hier das machen↓" (ebd.: Z. 199 f.).

Der FSL C bestätigt die These: *Der FSL ohne fachlichen Hintergrund kann im Unterricht nicht antizipieren.* Seine Argumentation wie folgt ist schlagkräftig, sie betrifft die Perspektive der Studierenden, ihre Motivation:

> es bleibt doch immer dann an einer oberfläche↓und↑das macht den studenten auch schnell kein spaß mehr↓weil↑das sind ja wirklich ausgebildete leute↓also wirklich viele dabei die in ihrem heimatland fertige ingenieurausbildungen haben↓und↑die kann man dann einfach nicht auf satzstrukturen abspeisen↓das ist denen zu wenig↓die sind dann höflich und freundlich und sagen nichts↓aber irgendwann kommen sie nicht mehr↓und↑weil die haben ja wirklich wenig zeit↓und wollen etwas lernen↓und↑das muss dann auch wirklich für sie relevant sein (ebd.: Z. 390 ff.)

Der FSL C ist darüber hinaus überzeugt, wenn ein Ingenieur ohne sprachlichen Hintergrund den FSU erteile, sei dies ebenfalls keine gute Ausgangssituation. Seine Argumentation betrifft die *Didaktische Reduktion als Teilkompetenz*, die gelernt werden muss. Er hebt hervor:

> das vermitteln von komplexen inhalten↓oder es beläuft ja unter diesem fachwort didaktische reduktion↓dass man also↑immer versuchen sollte↑wirklich sehr komplexe themen didaktisch so zu reduzieren↑dass sie wissenschaftlich noch korrekt sind↓aber sprachlich auch für nichtmuttersprachler verständlich sind↓und ich glaube↑dass das das wirklich sehr-sehr schwierig ist↓und↑das muss man richtig lernen↓ (ebd.: Z. 297 ff.).

Die pädagogische Ausbildung verschaffe eine sogenannte Unterrichtsvorlage: Ohne sie sei der Unterricht für die Studierenden nicht effektiv (ebd.: Z. 304 f.). Der FSL C schildert das klassische Bild und bereits angesprochene Problem der mangelnden Didaktik in den Fachbereichen: Vorne steht der Professor und vermittelt Dinge, die für die Studenten unklar sind, weil sie didaktisch nicht bearbeitet wurden. FSL C schlussfolgert, dass die *Sprach- bzw. Vermittlungskompetenz des FSL* mindestens genauso wichtig ist wie seine *fachliche Kompetenz* (ebd.: Z. 308 ff.).

4.4.3.5 Feedback und Kriterien des guten FSU

Der FSL C bekommt das Feedback der Studierenden am Ende des Kurses in Form von Fragebögen, in denen hauptsächlich Fragen der Didaktik und Methodik sowie inhaltliche Aspekte evaluiert werden. Der FSL C ist überzeugt, dass guter Fachsprachenunterricht davon abhängt, wie es ihm gelinge, die Studenten zur Mitarbeit zu *motivieren* (ebd.: Z. 248 f.).

Hier sehen wir drei Schlüsselpunkte:

- Der Ausdruck „mir gelingt" (ebd.) spricht für die *Selbstverantwortung des Lehrers* für das Handeln im Unterricht.
- Die Studenten zu „motivieren" (ebd.: Z. 249) heißt nichts anderes als die *Studenten zu aktivieren.*
- „Mitarbeit" (ebd.) bedeutet die *Zusammenarbeit*, das gemeinsame Produkt auf der sozialen, kognitiven, emotionalen Ebene.

Das nächste Kriterium eines guten FSU ist der Gegensatz *dozierende Rolle vs. Gruppenarbeit*. Die dozierende Rolle des Lehrers[114] sei nach den Worten von FSL C „für alle nicht so ein schönes gefühl" (ebd.: Z. 252). Alle sollten beschäftigt sein, der Lehrer sei da, um Ratschläge zu geben (ebd.: Z. 255 ff.).

Ein großes Motivationszeichen sei es, wenn die Studierenden am Ende des Unterrichts den Raum *nicht verlassen wollen*, es solle aber dazu angehalten werden, weil der nächste Unterricht anstehe (ebd.: Z. 257 ff.).

Der Erfolg des FSU hänge u. a. von der *Vorbereitung* ab (ebd.: Z. 262 ff.). Der FSL C definiert vorher die Lernziele, die er versucht im Unterricht zu realisieren,

---

[114] Der FSL A spricht auch davon, dass die Studenten beim Dozieren eher verloren gehen, er erwähnt diesen Faktor im Kontext des Schaffens einer guten Atmosphäre (siehe Kapitel 4.4.1).

nach der Formel: *Erfolg des FSU = definierte Lernziele + Realisierung der Ziele.* Das bestreitet aber nicht die wichtige *Rolle der Flexibilität* und *Spontaneität des Unterrichtsverlaufs.* Der Unterricht läuft oft nach seiner eigenen Logik und inneren Dynamik ab, dafür gibt es mehrere Einflussfaktoren (ebd.: Z. 267 ff.). (Darüber spricht auch die FSL B: Der FSL müsse die Kompetenz entwickeln, auf die entstandenen Probleme reagieren zu können.)

Flexibilität und *Spontaneität* des Unterrichtsverlaufs sind eigentlich die Merkmale des FSU.

Der Fachsprachenunterricht sei kein Fremdsprachenunterricht, für den die Progression als Ziel und Referenzrahmen kennzeichnend sei. Der FSL C hebt einen *Aspekt der Themenparallelität* wie folgt hervor:

> dass man sagt am anfang können die so viel↓ und am ende können sie so viel↓und es gibt so ständig die steigerung daran↓das ist ja nicht der fall↓sondern sind viele themen↓ die↑aber im prinzip parallel stehen (ebd.: Z. 271 ff.).

Das heißt, der FSU beruht auf dem inhaltlichen Gehalt und der Inhalt ist nicht nur komplex, sondern auch divers. Inhaltlich wird der Lernstoff ohne Rücksicht auf die Progression – *weil diese in der Fachsprache per se nicht existiere* – behandelt: „also man kann die dritte stunde genauso gut machen wenn man die erste nicht gemacht hat↓" (ebd.: Z. 277 f.). Die Vielfalt der Themen ist durch die Heterogenität der Gruppe und durch die Vielfalt der Fächer (Informatik, Bauingenieurwesen, Maschinenbau, Elektrotechnik) bedingt, der FSL C glaubt: „das muss ich machen↑weil ich einfach sehr viele fachbereiche ja auch hier zu decken habe↓ […] ich muss ja alle bedienen↓" (ebd.: Z. 278 ff.).

Das Ziel des FSL C sei es, jeden zu erreichen.

Im Verlauf des Unterrichts könne außerdem etwas anderes zum Vorschein kommen – und ‚das Andere' zu behandeln liegt in der fachlichen Kompetenz des FSL C, er könne sich das erlauben (ebd.: Z. 285 ff.). Über diese Kompetenz der *Pädagogischen Freiheit* im FSU sprechen auch die FSL A, B und D. Nicht erreichte Lernziele, die für eine bestimmte Unterrichtseinheit geplant wurden, haben verstecktes Potenzial – weil statt ihnen andere, vielleicht notwendigere zutage treten.

Es ist wichtig für den Lehrer, ein *Gespür für die intellektuelle Konjunktur* zu haben, der intellektuellen Atmosphäre zu folgen, den Bedarf zu erkennen.

Festgehalten werden kann die These: FSU hat keine festen Richtlinien und bleibt ein Gegenstand des *eigenen Anspruchs* (ebd.: Z. 135; Z. 142; Z. 183; Z. 187; Z. 209).

4.4.3.6 Emotionaler Wohlfühlfaktor und die soziale Ebene

Die Frage nach der Relevanz der *Atmosphäre* im Unterricht beantwortet der FSL C lakonisch, sie sei wichtig, und er zählt folgende Punkte auf, die dazu gehören (ebd.: Z. 226 ff.):

- Räume mit schöner *Einrichtung* (Holzvertäfelungen) und sehr guter *technischer Ausrüstung*, die die Bedingungen für die Gruppenarbeit erfüllen.
- 80 % der Zeit nimmt *Gruppenarbeit im Unterricht* ein, dabei sind die Gruppen international besetzt.

Der FSL C wiederholt fünfmal den Satz ‚*ich mach es gern*‘ in Bezug auf die Vermittlung der technischen Fachkommunikation (ebd.: Z. 232 ff.; Z. 235; Z. 238; Z. 240). Er erteilt den FSU freiwillig, er müsste vertragsbedingt nicht unterrichten, doch die Vermittlung von Wissen liege ihm aufgrund seines Lehramtsstudiums am Herzen. Der FSL C erteile auch gern den Kurs „Deutsch für Geisteswissenschaftler“. Mathematik jedoch ist seine Passion, er hebt hervor:

> mathematik ist so hochkomplex↑wenn man das nicht immer macht↑hm vergisst man und verlernt man das ganz-ganz schnell↓und das ist also so ein spezielles wissen↓und da bin ich ganz froh↑dass ich durch solchen unterricht auch immer mit dem training bleibe↓und die sachen einfach nicht vergesse↓das mache ich schon wirklich gerne↓anders würde ich jetzt auch nicht machen↓ (ebd.: Z. 241 ff.)

Das zeigt, dass der FSL C bewusst *hohe Ansprüche* stellt, er will den Unterricht nicht anders gestalten, er möchte alle kognitiven Kräfte in seinem FSU einsetzen und stimulieren – diesen Ansatz verfolgt er auch für sich selbst.

4.4.3.7 Was würde der FSL C den anderen FSL empfehlen?

Es gibt einen Kompromissweg, den der FSL C mit Nachdruck empfiehlt (er wiederholt dies fünfmal), wenn der FSL keinen fachlichen Hintergrund hat (ebd.: Z. 410 ff.). Es könnte eine *studentische Hilfskraft aus den einzelnen Fachbereichen* in den Vermittlungsprozess integriert werden. Er führt ein Beispiel aus der eigenen Unterrichtspraxis an, als er im Tandem mit einer Studentin aus dem Bereich Bauingenieurwesen, die sich für Sprachvermittlung interessierte, vier Semester zusammengearbeitet habe. Die Zusammenarbeit schloss die Vorbereitung und Durchführung des Unterrichts ein. Die Studentin konnte viel mehr als er über die Spezifik des Bauingenieurwesens vermitteln. Während die Studentin bestimmte Teile des Unterrichts übernahm, war der FSL C anwesend und konnte eingreifen, falls ihre didaktisch-methodischen Sachkenntnisse nicht ausreichend waren (ebd.: Z. 419 ff.).

Die Zusammenarbeit mit Experten hat nach Meinung des FSL C jedoch keine großen Chancen: Mit den Professoren sei alles viel komplexer, sie seien auch nicht so leicht zu finden und erklärten sich nicht so leicht bereit zu einer Zusammenarbeit. Aber sie könnten Empfehlungen aussprechen, wer von ihren Studenten die Vermittlung der technischen Fachkommunikation im Tandem übernehmen könnte (ebd.: Z. 432 ff.).

Interessant ist, dass der FSL C nicht davon spricht, dass die fachliche Kompetenz unbedingt von den FSL angeeignet werden sollte. Vielleicht liegt dies daran, dass er selber viele Jahre studiert und sein Konzept erarbeitet hat, um die Kompetenzen des FSL zu lernen, daran zu feilen, sie zu vertiefen. Es wäre unmöglich, alle Kenntnisse in einem Ratschlag zu subsumieren, sie müssen systematisch gelernt werden.

4.4.3.8 Resümee

Zusammenfassend lässt sich sagen, dass das FSU-Konzept des FSL C mit der Maxime ‚*eine Sache des Anspruchs*' beschrieben werden kann. Seine Ziele sehen eine *Vermittlung der sprachlich* und *fachlich relevanten Inhalte* vor, d. h. die Erschließung der komplexen technischen bzw. naturwissenschaftlichen Texte auf einer syntaktischen, textuellen, stilistischen, fachlichen und kognitiven Ebene,

Förderung des technischen Verständnisses und Lösung der physisch-mathematischen Aufgaben (beim Rechnen und Tun bzw. Konstruieren) sowie Vermittlung der technischen Inhalte. Sein Gebot im FSU lautet: Was gerechnet wird, soll versprachlicht werden (ebd.: Z. 384 f.). Das Konzept des FSL C ist das *Resultat seiner individuellen Präferenzen* (Mathematik und Philosophie), seiner *Ausbildung* und *Erfahrung*, ebenso wie dies bei den FSL A und B der Fall ist. Er führte eine Untersuchung durch, mit deren Hilfe er feststellte, dass es nicht sinnvoll ist, im Unterricht Fachwörter zu vermitteln, denn es geht um komplexe Satzstrukturen, die den deutlichen Unterschied zu anderen Texten ausmachen. Sein Konzept befindet sich im ständigen Wandel und die Erwartungen an den FSU werden ständig umgedacht – und als Folge auch die methodisch-didaktischen Materialien. Der FSL C möchte nicht im Detail über sein Konzept berichten, geht aber punktuell auf einige didaktisch-methodische Taktiken und Handlungsstrategien ein, die einen Einblick in die Bedingungen des FSU geben.

Er ist der Auffassung, der FSU mit einem FSL ohne fachlichen Hintergrund ist eigentlich nicht möglich, wenn der FSU und die Studenten mit ihren Erwartungen ernst genommen werden sollen. Der FSU sei des Weiteren auch kaum möglich, wenn der FSL Quereinsteiger sei, weil ihm die pädagogischen Kompetenzen und die Kenntnisse zur Vermittlung der sprachlichen Kompetenz fehlten, die genauso wichtig seien wie die fachliche Kompetenz, die erlernt werden müsse.

Der FSL C empfiehlt jedem, der fachlich nicht in der Lage ist, den FSU alleine zu erteilen, eine Strategie, um die fachliche Ebene zu bewältigen, nämlich: eine Person wie z. B. eine *studentische Hilfskraft* mit dem fachlichen Hintergrund und Interesse an der (Fach-)Sprache zu finden, die die fachliche Seite übernehmen kann, denn die Vermittlung der technischen Inhalte ist unvermeidlich im FSU.

4.4.4 FSL D[115]: „mir ist es wichtig↑ wirklich diese angst zu nehmen↓“[116]

4.4.4.1 Informationen zu Interview und Interviewpartnerin

Das Interview fand am 6. November 2013 im Lehrerzimmer einer Universität in Niedersachsen statt. Die FSL D nahm spontan an der Konversation teil, nachdem

115 Anne Seifert.

116 FSL D: Z. 307 f.

sie von ihrer Kollegin FSL B gebeten wurde, auf meine Fragen zu antworten. Die freundliche Art und Weise der FSL D, ihre aufrichtige Bereitschaft, zu helfen, obwohl sie in einer Stunde unterrichten sollte und keine Kenntnis des Interviewleitfadens sowie von meiner Forschung hatte, zeichneten dieses Gespräch aus. Situativ kam auch die FSL B zu Wort, sie fragte bei ihrer Kollegin nach oder äußerte ihre Meinung, was für meine Forschung und für die Dynamik des Gedankenaustauschs von großem Vorteil war. Mit dieser Form des Fachdiskurses durch die ungeplant entstandene Konstellation der Akteure erreichte die Diskussion eine besondere Tiefe. Die FSL B hatte sich ja schon im Interview, das am selben Tag stattgefunden hatte, Gedanken zu meinen Forschungsfragen gemacht, wodurch sie noch fokussierter war – und das brachte den Gesprächspartnerinnen eine große Sensibilität für die Thematik. Der Fall der FSL D ist sehr interessant, sie kommt aus Sibirien und studierte Germanistik und Architektur, wodurch sie an den Schriftsteller Max Frisch erinnert, der auch sowohl Architekt als auch Germanist war. Die FSL D verhielt sich sehr offen, engagiert und neugierig. Auf die erste Frage, wie die FSL D auf die Vermittlung der technischen Fachkommunikation kam, antwortet sie strahlend „sehr abenteuerlich" (FSL D: Z. 2), was einen spannenden Einstieg in ihre Biografie darstellte.

Die FSL D kam als Diplomphilologin nach Deutschland (sie studierte Germanistik an der Pädagogischen Universität in Krasnoyarsk), wusste aber nicht sicher, ob ihr Diplom hier auch anerkannt werden würde (ebd.: Z. 7 ff.). Das war der Grund, warum sie sich entschied, Architektur zu studieren. Mit *zwei Hochschulqualifikationen* (philologischer und technischer) arbeitete sie als Deutschlehrerin in Integrations- und Alphabetisierungskursen, bis sie zufällig im Internet die Stellenausschreibung sah:

> es wird jemand gesucht↑für den deutschunterricht↓ aber auch↑ mit dem technischen hintergrund↓dann hatte ich mir gedacht↑oh das passt irgendwie↓und dann habe ich mich beworben↓und hab diese stelle bekommen↓obwohl ich vorher auch keine praktischen erfahrungen hatte↓na↓ich habe vorher das nicht unterrichtet↓ (ebd.: Z. 13 ff.)

Die FSL D geht sofort auf die Punkte ein, die ihr halfen, die Anfangsphase ohne Unterrichtserfahrung in der Vermittlung der technischen Fachkommunikation zu bewältigen: „*die unterstützung vor ort*“ (ebd.: Z. 18). Diese bedeutet zum einen, dass die FSL D die *Materialien zum FSU* und die *Skripte* (die Themen sind laut FSL D die Grundlagen für den FSU: Der FSL analysiert sie und macht sich Gedanken über die sprachliche Seite) bekam, zum anderen beschreibt sie hiermit die *Zusammenarbeit mit den Professoren bzw. Fachleuten* aus den Fachbereichen. Dies seien Elemente, die sehr hilfreich für Personen seien, die ohne Erfahrung anfangen FS zu unterrichten (ebd.: Z. 25 f.).

Eine gravierendere Rolle spielt die *fachliche Qualifikation* der FSL D. Ihre Argumentation bezieht sich auf die Erläuterung des Lernstoffes: Der fachliche Hintergrund sei eine bessere Voraussetzung für die Erklärung der fachlichen Fragen (ebd.: Z. 26 ff.).

Das ist ihr Hinweis darauf, dass in ihrem FSU technische Inhalte vermittelt werden. In einer sehr interessanten Passage setzt sich wie folgt die FSL D automatisch in Opposition zu den FSL, die keinen fachlichen Hintergrund haben:

> und ich kann mir vorstellen↑dass die dozentinnen oder die lehrer die↑das unterrichten↓und selbst kein dieses technische wissen haben↓oder vielleicht auch die sachen nicht ganz verstehen↓dass sie schwierigkeiten haben↓dass da ist man vielleicht auch unsicher↓ (ebd.: Z. 29 ff.).

Diese Äußerung könnte ein Anzeichen dafür sein, dass die *fachliche Kompetenz* und die *Teilkompetenz des Fachdenkens* ihr die Sicherheit im FSU gegeben haben.

Die FSL D geht auf ihre Strategien im FSU ein, die vermutlich aus der eigenen Erfahrung entstanden: Eigene Lücken bzw. Fragen sollten zunächst vor dem Unterricht geklärt werden, die Fachleute könnten dabei unterstützen (ebd.: Z. 34 ff.). Dann sollten die Entscheidungen getroffen werden, ob das Thema Relevanz für den FSU habe, ob der Stoff verstanden wurde etc.[117] Wenn diese Fragen geklärt sind, folgt nach Auffassung der FSL D eine „gewisse sicherheit im unterricht↓und dann kann man auch den studenten vielleicht auch [die Sachverhalte – Anm. d. N. Z.] besser erklären↓“ (ebd.: Z. 38 f.). An dieser Stelle kann die These aufgestellt

[117] Hierin finden sich die Punkte der *fachlichen Teilkompetenz* nach dem Modell von Baumann.

werden: Je gründlicher sich der FSL auf die fachliche Seite des Unterrichts vorbereitet, desto sicherer ist sein Auftreten im Unterricht, dann kann er ihn besser substanziieren. Die fachliche Ebene hat direkten Einfluss auf das Selbstbild des FSL.

Die FSL D sieht den FSU des Weiteren differenziert (und nicht wie der FSL C als Einheit), d. h. sie unterteilt das Phänomen der Fachsprache in das sprachliche und das fachliche Problem. Dabei ist ihre betonte Bewertung „ganz schwierig" wichtig, indem sie hervorhebt: „wir haben ja zwei probleme↓einmal ist das fachproblem und dann das sprachliche problem↓das ist dann schon ganz ja↓SCHWIERIG↓" (ebd.: Z. 39 ff.).

Die Einschätzung, dass die Fachsprache schwer und komplex sei, verbindet die Aussagen aller FSL.

4.4.4.2 Unterrichtsansatz: Ziele und Aufgaben im FSU der FSL D

Die FSL D ist der Meinung, das Ziel des FSU sei die *sprachliche und fachliche Vorbereitung* der Studierenden auf das Studium. Vom allgemeinen Ziel des FSU (Studenten müssen ihr Studium bewältigen können) geht sie über zu präziseren, d. h. zu konkreten, kleineren Zielen, in deren Kontext das Stichwort ‚*Autonomie*' fällt[118]: Die Studenten müssen autonom lernen und ihre Studienschwierigkeiten und Studienaufgaben meistern können (ebd.: Z. 47 ff.). Die Abbildung 8 veranschaulicht die Ziele des FSU, die die FSL D verfolgt.

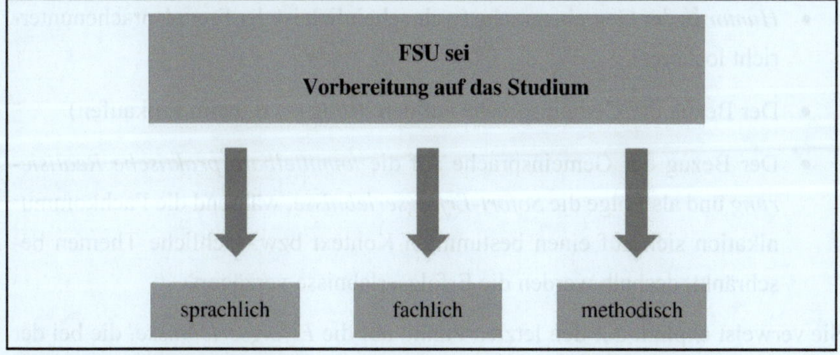

Abb. 8: Ziele des FSU der FSL D

118 Methodische Ansätze der *Autonomie* werden auch von den FSL A, C, F und L thematisiert.

Die selbstständige Bewältigung des Studiums schließe in sich die Entwicklung folgender Teilkompetenzen ein (ebd.: Z. 51 ff.):

- Fachtexte verstehen und lesen können
- Fachbegriffe nachschlagen können
- Verknüpfungen herstellen können
- Texte verfassen können
- Abschlussarbeiten schreiben können

Die FSL D fasst zusammen: Die *Selbstständigkeit* der Studenten sei ihr Ziel (das wiederholt sie dreimal), denn der FSU werde nur am Anfang des Studiums erteilt (ebd.: Z. 54 ff.; Z. 292 f.). Sie betrachtet den FSU als fachsprachliches Pendant zum Studium für die Studenten, autonom zu arbeiten. Im FSU werden den Studenten die Grundlagen vermittelt, damit sie sowohl auf der rezeptiven als auch auf der produktiven Ebene das Fachstudium bewältigen können.

Der FSU weist nach Auffassung der FSL D deutliche Unterschiede zum Fremdsprachenunterricht auf: „anders es ist↓hm die kommunikation ist ganz anders↓" (ebd.: Z. 62 f.). Die FSL D setzt sich mit dem Gegensatz *FS vs. Gemeinsprache* auseinander, dabei geht sie auf folgende *Aspekte der Gemeinsprache* ein (ebd.: Z. 63 ff.):

- Der Bezug der Gemeinsprache auf die *Emotionalität*
- *Humor* in der Gemeinsprache (wahrscheinlich ist der Fremdsprachenunterricht lockerer)
- Der Bezug der Gemeinsprache auf den *Alltag* (z. B. beim Einkaufen)
- Der Bezug der Gemeinsprache auf die *unmittelbare praktische Realisierung* und als Folge die *Sofort-Erfolgserlebnisse*, während die Fachkommunikation sich auf einen bestimmten Kontext bzw. fachliche Themen beschränkt, deshalb werden die Erfolgserlebnisse verzögert.

Sie verweist explizit auf den letzten Punkt, auf die *Erfolgserlebnisse*, die bei der FS nicht sofort zum Vorschein kommen; die FS sei für ‚Langstreckenläufer', „man muss schon längeren atem haben" (ebd.: Z. 69). Wir können vermuten, dass sich diese Aussage sowohl auf die Studierenden als auch auf die Lehrenden bezieht. Bei der Konfrontation mit dem technischen Fachtext wird der Nexus zur Notwendigkeit, Nützlichkeit, Realität nicht sofort klar.

An dieser Stelle soll erläutert werden, was nach Meinung der FSL D unter einem erfolgreichen FSU verstanden werden kann. Wenn die Person selbstständig das Studium schafft, wenn sie das Diplom oder die Urkunde bekommt, die Prüfung besteht. D. h. die FS ist für die *fleißigen* Lehrer und Studierenden (ebd.: Z. 192; Z. 201; Z. 352; Z. 379), deshalb passt der Begriff, den die FSL D ständig im Kontext der FS benutzt: „schwierig" (ebd.: Z. 41; Z. 315; Z. 325; Z. 328; Z. 358 ff.; Z. 424).

Die FSL B betont mehrmals, dass die Arbeit mit dem Skript zu einem direkten Erfolg führt (siehe Kapitel über FSL B; vgl. FSL D: Z. 78). Die FSL D berichtet in diesem Zusammenhang über zwei Typen des FSU, die sie mit der FSL B erteilt:

- Der erste FSU-Kurs bereite die Studenten auf das Studium vor – die Studenten sähen keinen Bezug zur gegenwärtigen Realität und keine praktischen Anwendungsmöglichkeiten, deshalb meint die FSL D, die Kenntnisse gingen hier „ein bisschen verloren"[119] (FSL D: Z. 80 ff.).
- Der andere FSU-Kurs laufe parallel zu den Vorlesungen, Seminaren, Laborarbeiten. In diesem Fall spürten die Studenten sofort den Erfolg, sie verstünden besser den fachlichen Kontext und was wichtig auf der pragmatischen Ebene sei – die FSL D hebt hervor: „das entlastet sie enorm" (ebd.: Z. 92 f.).

Die FSL D verweist implizit auf die Aufgaben des FSU: In der Vorlesung würden die Studenten keine Fragen nach der Lexik und deren Bedeutung stellen. Die Vorlesung habe ein eigenes Tempo, würde man den Modus vergleichen, dann würden die Proportionen folgenderweise aussehen: Was im FSU vier Stunden beanspruchen könne, würde in der Vorlesung in dreizehn Minuten behandelt (ebd.: Z. 93 ff.). Die These kann lauten: *Der FSU entfaltet bzw. präpariert die Sprache, die Vorlesung benutzt sie.*

---

119 Diesen Gedanken bestätigt die FSL J, sie ist der Auffassung, der FSU solle nicht vorangehen, nicht vor dem Fachstudium stattfinden (siehe Kapitel 4.6.2).

4.4.4.3 Konzept der FSL D: Methodisch-didaktische Gestaltung des FSU

Die Studierenden sollten in der Lage sein, *selbstständig* zu studieren, einerseits bräuchten sie dafür die fachliche Basis, andererseits solle auch die Sprache keine Barriere sein. Im FSU vermittelt die FSL D daher sowohl den Fachstoff als auch die Sprache, hierfür benutze sie die klassischen Methoden des Fremdsprachenunterrichts (ebd.: Z. 134 ff.; Z. 292 ff.). Sie glaubt aber, dass der FSU mehr *Kreativität* auf der didaktisch-methodischen Ebene beanspruche (eventuell, weil der FSU nicht so emotional beladen ist, wie sie ihn vorher charakterisierte), um Interesse zu wecken (ebd.: Z. 41 ff.; Z. 113 ff.; Z. 297).

Der nächste Punkt, der eine wesentliche Rolle für die FSL D spielt, besteht darin, die Angst der Studierenden abzubauen („diese angst zu nehmen") (ebd.: Z 302 f.). Sie differenziert ihre Aufgaben, die Vermittlung der fachlichen und die der sprachlichen Kompetenzen. Ihre Studierenden[120] hätten eine fachliche Grundlage, seien aber keine deutschen Muttersprachler, weshalb sie die Vermittlung der sprachlichen Kompetenz als Priorität betrachtet. Und ihre Aufgabe sei es, ihnen die *Angst zu nehmen* – sie sagt „diese Angst" (das Wort „Angst" wiederholt sie dreimal, das Demonstrativpronomen „diese" dabei zweimal), als ob sie weiß, wovon sie spricht (ebd.: Z. 302; Z. 305; Z. 307). Die Phrasen, die angeblich die Studierenden aussprechen: „oh das schaffe ich nicht↓das schaffe ich nicht↓das kann ich nicht↓das verstehe ich nicht↓" könnten diese Ansicht bestätigen (ebd.: Z. 306 f.). Sie identifiziert sich mit den Studierenden, zugleich fühlt sie sich sicher in der Rolle des FSL. Sie sagt Folgendes: „mir ist es wichtig↑ wirklich diese angst zu nehmen↓und↑egal auf welche art und weise↓" (ebd.: Z. 307 ff.).[121] Die FSL D führt das Beispiel der Angstabbau-Methode „schneeball" (ebd.: Z. 310) an, mit der sie versuche, jeden zu erreichen und jedem eine Chance zum Sprechen zu geben, was als Index ihrer Empathie gewertet werden kann (ebd.: Z. 309 ff.). Die

---

120 Die FSL D arbeitet in den meisten Fällen mit Masterstudierenden.

121 Am Beispiel der FSL A, B, C und D sehen wir, wie wichtig der biografische Bezug für die Methodik und Didaktik ist. Die FSL B hat mit 50 ihr Studium abgeschlossen, ihren Ansatz formuliert sie folglich in dem Mantra: ‚man muss fleißig sein', ebenso wichtig sei es ihr, im ‚eigenen Element' zu sein. Die FSL D hat einen Migrationshintergrund und als sie als Spezialistin, als Diplomphilologin nach Deutschland kam, hatte sie Zweifel, wahrscheinlich Angst, dass ihr Diplom nicht anerkannt würde – deshalb schloss sie das zweite Studium in einem völlig anderen Bereich ab. Durch das Prisma der deutschen Sprache, die nicht ihre Muttersprache ist, spürte sie eventuell selbst ‚diese Angst'.

FSL D weiß, was die Studenten fachlich brauchen, und sie spürt auf der psychologischen Ebene, was die Studenten stören könnte – in diesem Fall *Angst vor der Fremdsprache* – und geht darauf ein. Die Empathie und das Motiv der Angst finden auch im Interview mit der FSL B ihre Bestätigung, in dem sie diese Aspekte aus der Perspektive der Studierenden mit Verständnis und Respekt thematisiert: ‚Ich bin Ausländer. Deutsch ist meine Fremdsprache. Ich bin immer irgendwie hinten dran' (FSL B: Z. 231 ff.).

Wie schon mehrmals betont wurde, kommt die *Schwierigkeit der technischen Fachkommunikation* leitmotivisch in allen Interviewgeschichten vor. Auch die FSL D spricht davon, dass ihr bei der Vermittlung der FS nichts leicht falle. Dreimal betont die FSL D Folgendes: „ich mache mir immer gedanken↓ich gehe nie in den unterricht einfach so und sage↑ ich kann es↓und irgendwie erkläre ich das schon↓nein↓" (FSL D: Z. 315 ff.). Schwierig scheinen sowohl die kognitive Ebene („was ist jetzt das thema") (ebd.: Z. 317 f.) als auch die methodisch-didaktische Ebene zu sein („wie erklärst du das jetzt ihnen so↑ dass ist dann ja verständlich ist↑oder↑was für ein beispiel kann man bringen↓") (ebd.: Z. 318).

An diesem Punkt entwickelt sich ein Gespräch zwischen den FSL B und D: Folgende Nachfrage oder eher Anmerkung der FSL B bezieht sich auf bestimmte Funktionen des FSL im FSU, die nicht so schwer fallen: „ja leicht ist↑wenn du das nochmal zusammenfassen läßt↑ oder wenn sie abbildung erklären müssen↓ dann kannst du dabei sitzen und zuhören↓" (ebd.: Z. 320 ff.). Die FSL D reagiert mit dem gleichen Gedanken, mit dem sie anfing zu reflektieren, sie sei *nie entspannt im Unterricht* (ebd.: Z. 325), und argumentiert dabei wie folgt:

> du bist ja auch konzentriert↓du musst ja auch das verfolgen↑was sie jetzt beschreiben↓du musst ja auch feedback geben↓ […] wenn es gruppenarbeit ist↑dann gehe ich rum↓und helfe↓oder gebe tipps↓oder so was↓wenn es einzelarbeit ist↑gehe ich rum↓ich bin immer für fragen da↓*ich bin nie entspannt↓nie↓nie↓ (ebd.: Z. 323 ff.)

Die FSL D spricht hier über die Aufgaben des FSL im Unterricht und es lässt sich leicht vorstellen, dass es für FSL ohne fachlichen Hintergrund noch schwieriger ist, den Gedankengang der Studierenden zu verfolgen, ihnen zu helfen und Feedback zu geben.

Die FSL D bringt ein Problem zur Sprache, dessen Ursprung in mehreren Ebenen begründet liegt: Im sozialen Kontext auf der interkulturellen Ebene, dort, wo die Fremdsprache gelernt wird, konstituiere der Faktor der kognitiven Verarbeitungsprozesse, der persönlich determiniert ist, die Heterogenität. D. h. in der Lerngruppe werde ein „kern“ (ebd.: Z. 336) mit den leistungsstarken Lernenden, die vorankommen, gebildet, aber es gebe „jemand[en]“ (ebd.), der zurückbleibe. Am schwierigsten falle es der FSL D, wenn jemand nicht mithalten könne, in dieser Situation sei sie mit sich selber unzufrieden. Es ist auffällig, dass die FSL D die Verantwortung für den Erfolg jedes einzelnen Studierenden („jemand“) übernimmt, d. h., wenn jemand nicht „mithalten“ (ebd.: Z. 331) kann, dann macht ihrer Meinung nach der Lehrer etwas falsch. Ihr Ziel ist es, jeden zu erreichen, jedem zu helfen[122] (ebd.: Z. 344 f.). Die FSL D führt Folgendes aus:

> aber↑irgendwie man möchte schon↓dass sie alle erfolg haben↓ [...] auch↑wenn sie selber manchmal dazu beitragen↑dass sie diesen misserfolg haben↓trotzdem ist es schwer↑jemanden aufzugeben↓ (ebd.: Z. 344 ff.)

In diesem Punkt sind sich die FSL B und D einig. Auffällig ist der Ausdruck „dieser Misserfolg“. Es scheint wiederum so, als ob die FSL D weiß, was das ist. Darüber hinaus wird hier die Andeutung gemacht, dass es unmöglich ist, jeden zu erreichen, weil Erfolg und Misserfolg stark an den Faktor *Persönlichkeit* gebunden sind. Im Motto „jeden zu erreichen“ steckt auch ein gewisser Idealismus, der für die FSL charakteristisch ist[123].

Auf die Frage nach den Quellen der Texte und Materialien für die Vermittlung der technischen Fachkommunikation wird ein Skript bzw. ein Buch erwähnt, das von einem Professor bzw. Fachmann geschrieben wurde und das als eine der Grundlagen für seine Vorlesungen dient, des Weiteren Fachbücher, die als Resultat aus der Kooperation und Kommunikation zwischen dem FSZ bzw. den FSL einerseits und Instituten bzw. Fachleuten andererseits entstanden (ebd.: Z. 148 ff.). Dies bedeutet, dass die Fachleute, die die Vorlesungen und Seminare halten,

122 Auch der FSL C spricht diesen Gedanken an: Er müsse alle bedienen (siehe Kapitel 4.4.3).

123 FSL G, H, I, J sprechen auch darüber, wie sie den Erfolg in ihren Gruppen erleben möchten (siehe Kapitel 4.6.2).

bestimmte Basis-Fachliteratur benutzen, die die FSL für ihre Zwecke im FSU bearbeiten können.

In diesem Zusammenhang wurde die Verbindung zwischen den Fachleuten, Fachsprachenlehrenden und Studierenden hergestellt, als *Verbindungselement* fungiert die *Fachliteratur*, die Kommunikation spielt eine Schlüsselrolle (siehe die Abbildung 9). Die FSL D unterstreicht auch, dass die Beteiligung der Studierenden an der Auswahl der Fachtexte bzw. Fachthemen besonders relevant sei. Die Studenten würden gefragt, was sie studierten, welche Themen sie interessant fänden usw., und dann suche die FSL D nach den geeigneten Texten, Abbildungen etc. in der Fachliteratur (ebd.: Z. 161 ff.).

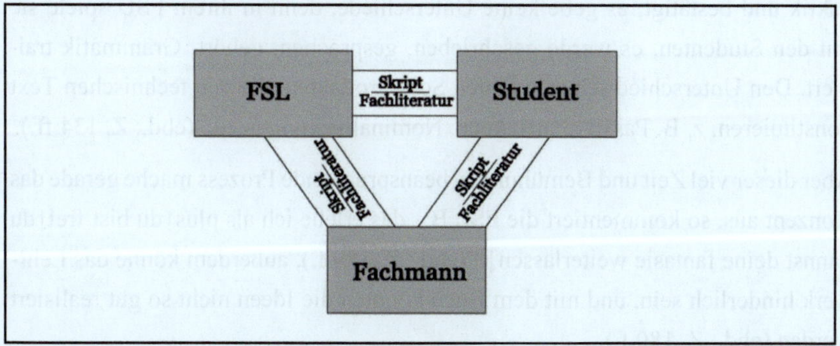

Abb. 9: Skript und Fachliteratur als Verbindungselemente

Hier liegt der Unterschied zwischen dem Fremdsprachenunterricht und Fachsprachenunterricht: Im Fremdsprachenunterricht kann der Lehrer die Themen oder die Texte aufgrund der eigenen Vorlieben, Beobachtungen und der Effektivität der Texte wählen, aber im FSU sollten hier auch von Seite der Studierenden bewusste Entscheidungen getroffen werden.

Die FSL D erörtert weiterhin: „ich kann ja einfach nicht irgendwas machen↓" (ebd.: Z. 160 f.) Die Themen und Texte sollten also zusammengetragen werden und aufgrund des Potenzials im Text (z. B. auf der grammatischen Ebene, im Hinblick auf die fachsprachlichen Strukturen und technische Verben etc., d. h., welches fachsprachliche Phänomen könnte mithilfe dieses oder jenes Textes mit hoher Effektivität erklärt werden) sollten unbedingt Übungen, Arbeitsblätter, Spiele etc. erstellt werden (ebd.: Z. 125 ff.).

Die Entwicklung der Materialien sei ein kreativer und zeitaufwändiger Prozess im FSU, der jedoch unvermeidlich sei: „ich habe noch nie nie ich weiß nicht↓keine fertige übung gefunden irgendwo↓“ (ebd.: Z. 167 ff.; vgl. ebd.: Z. 122 ff.). Dieser Umstand wird auch von der FSL B bestätigt (ebd.: Z. 168; Z. 116 ff.). Mit der Erstellung der Materialien ende der Vorgang nicht, im Gegenteil, er fange erst an: Die Materialien müssten immer wieder auf ihre „praxistauglichkeit“ (ebd.: Z. 170 ff.) überprüft werden. Sie werden nach jedem Unterricht verbessert und umgeformt (ebd.: Z. 173 ff.).

Die FSL D geht noch einmal auf die Frage nach dem Unterschied zwischen Fremdsprachenunterricht und FSU ein, jetzt mit Blick auf die Methodik und Didaktik und bestätigt, es gebe keine Unterschiede, denn in ihrem FSU spiele sie mit den Studenten, es werde geschrieben, gesprochen, gehört, Grammatik trainiert. Den Unterschied sehe sie in den Schwerpunkten, die den technischen Text konstituieren, z. B. Passiv, Partizipien, Nominalisierungen etc. (ebd.: Z. 134 ff.).

Aber dieser viel Zeit und Bemühungen beanspruchende Prozess mache gerade das Konzept aus, so kommentiert die FSL B: „das erlebe ich als plus↓du bist frei↓du kannst deine fantasie weiterlassen↓“ (ebd.: Z. 179 f.), außerdem könne das Lehrwerk hinderlich sein, und mit dem Buch könnten die Ideen nicht so gut realisiert werden (ebd.: Z. 180 f.).

Die FSL D ist mit dieser Aussage einverstanden und setzt sich wieder in Opposition zu ‚anderen Kollegen‘ (vermutlich geht es um die FSL ohne fachlichen Hintergrund), nun die Lehrliteratur und das FSU-Konzept generell betreffend: Das Lehrwerk gebe Sicherheit für die Lehrer und viele vermissten ein Buch, das „überprüft“ (ebd.: Z. 186), „getestet“ (ebd.: Z. 187) und „ausprobiert“ (ebd.) wurde. Zusammenfassend sagt die FSL D, dass die Freiheit, die sie und die FSL B schätzten, Stress für diese Lehrenden bedeuten könnte (ebd.: Z. 190 f.). Den Begriff *Stress* verbindet die FSL D zweimal mit dem Phänomen der Unsicherheit (ebd.: Z. 104 f.; Z. 191).

Die Faustregel bei der Vermittlung der technischen Fachkommunikation verdichtet sich nach der FSL D im Begriff *Fleiß* (ebd.: Z. 379 ff.). Er sei von größter Bedeutung für den FSU, nicht nur innerhalb der Vorbereitung auf den guten Unterricht, sondern auch als Botschaft an die Studierenden. „das registrieren studenten auch“ (ebd.: Z. 380), meint die FSL D. Der Grundgedanke ist nicht neu – wie der Lehrer ist, so sind seine Studenten. Dies gehöre zu den Faktoren der ungreifbaren Dinge im FSU: Wenn der FSL öfters nicht ordentlich vorbereitet zum Unterricht erscheine, dann schlage ihm irgendwann die entsprechende Reaktion der Studierenden entgegen: „warum sollen wir dann uns vorbereiten“ (ebd.: Z. 384 f.). Die FSL D ist überzeugt: Der Lehrer werde von den Studenten als Vorbild wahrgenommen, sein Auftreten bestimme ihre Einstellung sowohl zur Lehrkraft als auch zum Unterricht – und dies bilde die Basis zwischen FSL und KTN, die am Anfang besonders wichtig sei (ebd.: Z. 386 ff.). Die Studierenden sind fordernd und sie nehmen den Lehrer ernst, wenn er fleißig, wenn er kompetent ist. Sie erkennen sofort, wer vor ihnen steht. Der FSL C ist der Auffassung, dass die Studierenden auch das Resultat seiner Ansprüche seien (siehe Kapitel 4.4.3). Die FSL D drückt es anders aus, aber im Endeffekt ist die These analog: Je ernster, fleißiger, anspruchsvoller der FSL seinen Unterricht durchführe, desto ernster, fleißiger, anspruchsvoller nähmen die Studierenden den Unterricht an. Die Verbindung sei direkt und unmittelbar (ebd.: Z. 391 ff.).

Im FSU gibt es auf der fachlichen Ebene Fragen- und Themenkomplexe, die nicht spontan zu beantworten sind, aber die im Unterricht ungeplant auftauchen und als Bestandteil des Unterrichts agieren. Die Studenten sollen im Unterricht fragen und weiterdenken. Das kann oft zu einer konfusen Situation führen, weil die FSL D nicht in allen Fachbereichen bewandert ist. In diesem Fall plädiere sie für das *Prinzip der offenen Kommunikation*, nach dem sie aufgeschlossen und ehrlich sagt, das wisse sie nicht, aber sie schlage nach und nächstes Mal erkläre sie es den Studenten. Dabei sei es wichtig, das Versprechen nicht zu vergessen, weil hieran die Motivation der Studierenden hinge – sie fragen nach dem, woran sie Interesse haben (ebd.: Z. 401 ff.). Hierin besteht eine Strategie zur Bewältigung der fachlichen Ebene, die FSL B bietet noch eine Strategie für die Lösung des angesprochenen konkreten Problems an, nämlich: Jeder schlägt nach und im Plenum werden die Ergebnisse verglichen (ebd.: Z. 405 f.). Die FSL D verknüpft im methodisch-didaktischen *Prinzip der offenen Kommunikation* die fachliche und die soziale Ebene. Sie ist überzeugt davon, dass die Studierenden verständnisvoll sind, dass sie nicht erwarten, dass der Lehrer alles weiß. Deshalb solle der Lehrer fehlendes Wissen eingestehen und so den ‚*Mut zur Lücke*‘ haben – als Strategie die soziale Ebene aufzubauen (ebd.: Z. 408 f.). Sie führt wie folgt aus:

> das macht auch ein vielleicht so menschlicher und zugänglicher↓na↑wenn ich jetzt auch vorne stehe und ich weiß alles↓und ihr hier weißt nichts↓und machen wir mal↓das ist keine gute voraussetzung↓(ebd.: Z. 410 ff.)

Die FSL B schildert folgende Unterrichtssituation, die von mir als *Fachliches Handicap* bezeichnet wurde, (die FSL D nennt das Unwissen auf der fachlichen Ebene *die Lücke*, das Phänomen des Begriffs wird in der Zusammenfassung thematisiert):

> ich fand es schwer↓wenn die zum beispiel die bauingenieure↓wenn die dann so ein streitgespräch anfangen↑in irgendeinem punkt↓und werden ganz-ganz speziell↓ [...] und ich↑ und das geht an mir vorbei (ich weiß gar nicht mehr was↓) (*FSL D lacht*) (ebd.: Z. 413 ff.)

Das ist die Beschreibung einer typischen Situation, die im FSU passieren und aus den Ufern laufen kann, weil der FSL fachlich nicht weiß, wie er reagieren soll, er ist nicht mehr Herr der Situation. Hierin besteht ein zentrales Problem des FSU. Besonders interessant ist dieses Beispiel, weil es von einer FSL *mit* fachlichem Hintergrund stammt. Das ist ein Zeichen dafür, dass der *fachliche Hintergrund des FSL nicht übergreifend* ist, d. h., wenn z. B. der FSL Elektrotechnik studierte, kann er sich nur defizitär im Bauingenieurwesen auskennen.[124]

Die FSL D sieht diese Situation nicht als Bedrohung für ihre Fachkompetenz, im Gegenteil, sie könne sich zurückhalten, sie sehe in dieser Situation nur das Potenzial für die Entfaltung der Studierenden, das sei die Chance, die Angst vor der Fremdsprache zu überwinden (ebd.: Z. 428 ff.). Diese Einstellung ist natürlich mit dem Konzept der FSL D verbunden, sie sieht ihre Aufgabe in erster Linie in der sprachlichen Entwicklung und sprachlichen Förderung der Studierenden, was das Fachliche evident nicht ausschließt, es behält seinen Platz im FSU. Wenn jeder bei seiner eigenen Meinung bleibe, wenn es unentschieden sei, meint die FSL D: „das ist ja was schönes“ (ebd.: Z. 430 ff.). Der Gedanke der FSL D könnte fol-

---

124 Die Fälle der FSL A und C bestätigen diese These ebenfalls.

gendermaßen fortgesetzt werden: Jeder wird nach den Kenntnissen, nach den Antworten streben – und das ist die Aufgabe des Lehrers, die Studierenden dazu zu bringen, eigene Antworten zu finden, und auch lebenslanges Lernen zu fördern.

4.4.4.4 Kompetenzen des FSL

Der Einstieg der FSL D bei der Antwort auf die Frage nach den Kompetenzen des FSL ist auffällig: „das ist schwierig" (ebd.: Z. 102), sagt sie. Diese Phrase könnte bedeuten, dass die Benennung der Kompetenzen schwerfallen kann. Sofort nennt die FSL D die *fachliche Kompetenz*, nicht die sprachliche, dabei benutzt sie das Adjektiv „hilfreich" zweimal, einmal mit dem Adverb „wirklich": „das ist wirklich hilfreich↓und das mildert auch diesen stress↓den man selbst hat↓wenn man unsicher ist↓" (ebd.: Z. 103 ff.). D. h., der fachliche Hintergrund dient als Bewältigungsstrategie des schwierigen Stoffes und als Strategie gegen Stress. Weiterhin ist hervorzuheben, dass sie nicht sagt, dass das Wichtigste das und das sei, sie sagt sehr zurückhaltend, es sei „hilfreich", führt aber wahrscheinlich nicht automatisch zu einem erfolgreichen Unterricht.

Sie verweist auf den Schlüsselbegriff *des Fleißes*: die Bereitschaft, sich „in der gewissen materie einzuarbeiten" (ebd.: Z. 105 f.), dafür Zeit und Aufwand zu investieren sowie den Wunsch zu hegen, selbst zu lernen und offen für neue Dinge zu sein. Ohne solche Kompetenzen sei es schwer, den FSU mit Freude zu erteilen, anstelle von *Spaß* trete *Stress* (ebd.). Es ist auffällig, dass in dem Punkt *Kompetenzen* das Motiv des Fleißes zum Vorschein kommt. Die FSL B generalisiert es sogar: „das ist vielleicht auch ein bisschen streng↓aber ich finde↑ fachsprachenlehrer doch müssen fleißige leute sein↓" (ebd.: Z. 191 f.).

Die nächste Kompetenz, auf die die FSL D eingeht, wird von ihr als *„gewisse kreativität [...] oder pädagogische freiheit*" (ebd.: Z. 113 f.) bezeichnet. Der FSL arbeite in einem Kontext, in dem es kein Standardlehrwerk gebe, deshalb solle er mit einem *offenen Methodenkonzept* arbeiten können und die Bereitschaft haben, selbst Materialien zu erstellen.

Die FSL B erwähnt wieder die Kompetenz der Spontaneität beim pädagogischen Handeln, d. h., der Lehrer soll auf die Fragen der Studierenden eingehen, darauf reagieren können (ebd.: Z. 140 ff.).

Es geht um das *Motiv der Hilfe*, aber auch um die *professionelle fachsprachliche Kompetenz* – „ich bin immer für fragen da“ (ebd.: Z. 328) –, d. h. der Lehrer soll bereit sein, die Fragen der Studierenden zu beantworten. Wir erinnern uns an die Aussage der FSL D, nach der guter Unterricht dann gegeben sei, wenn der Lehrer zu dem, was er vermittelt, stehe, wenn er keine Angst vor den Fragen habe (siehe Unterkapitel *Feedback und Kriterien des guten FSU,* vgl. ebd.: Z. 265 ff.).

Es folgte die Nachfrage: Wenn der Fachsprachenlehrer keinen fachlichen Hintergrund hat, ist der Fachsprachenunterricht möglich? Darauf reagiert die FSL D mit einer allgemeinen, spontanen Replik: „ich denke es kommt darauf an“ (ebd.: Z. 354). Nach einem Moment des Nachdenkens folgt eine präzisere Erwiderung. Die FSL D lässt sich auf die angegebene Situation ein, wenn der FSL ohne fachlichen Hintergrund sei, aber offen für neue Dinge sei und sagen könne: „ich gehe mal und besuche diese vorlesung“ (ebd.: Z. 354 ff.). Die FSL B erhitzt sich darüber und spitzt die Frage mit Akzentuierung zu, dabei erinnert sie an die Bedingung: „ja↓aber die frage ist doch↑OHNE FACHLICHEN HINTERGRUND↓“ (ebd.: Z. 356 ff.). Daraus entwickelt sich wie folgt ein spannender Dialog mit kurzen Phrasen zwischen den FSL B und D:

[358]

	129 [06:32.3]	130 [06:32.4]	131 [06:34.3]	132 [06:34.4]
FSL D [v]	es ist schwierig↓		es ist sehr schwierig↓	
FSL B [v]		von mir aus unmöglich↓		das ist ja↓ wenn↑als

[359]

		133 [06:37.7]
FSL D [v]		
FSL B [v]	wenn ich chinesisch unterrichten möchte↓und kann kein chinesisch↓	

Abb. 10: Fragment aus der Transkription (Interview mit der FSL D)

Die FSL B operationalisiert mit dem kategorischen Lexem „unmöglich“ und benutzt die Metapher „Chinesisch“ für die Äußerung ihrer Meinung, während die

FSL D mit der Steigerung des Adjektivs „schwierig“ – „sehr schwierig“ – „wirklich sehr schwierig“ den FSL ohne fachlichen Hintergrund eine Chance gibt.

Es ist auch interessant, dass es der FSL D schwer fällt, sich in die Situation zu versetzen, keinen fachlichen Hintergrund zu haben (ebd.: Z. 361 ff.). Sie identifiziert sich mit ihren zwei Qualifikationen. *Die Identitätsebene* und *der biografische Bezug* spielen beachtliche Rollen, sogar in den Imaginationsräumen[125]. Nolens volens nimmt die FSL D das Beispiel des Medizindeutsch auf und stellt sich vor, sie sei FSL für Medizindeutsch ohne fachlichen Hintergrund. Zuerst sagt sie, sie würde sich nicht trauen, sich zu bewerben, dann aber, sie könnte es sich doch unter der Bedingung vorstellen, wenn sie vorher viel gelesen hätte – trotzdem schien dieser Kompromiss eher verzweifelten Charakter zu haben (ebd.: Z. 362 ff.). Für unseren Erkenntnisgewinn ist die angeführte Spekulation eine wichtige Passage – einerseits empfiehlt die FSL D den anderen FSL den Mut, ‚ranzugehen‘, andererseits sagt sie, sie selbst hätte sich die Stelle der FSL nicht zugetraut ohne fachliche Kenntnisse (ebd.: Z. 366 ff.; vgl. Unterkapitel *Was würde die FSL D den anderen FSL empfehlen?*). Diese mühsame Antwort zeigt uns, dass die FSL mit fachlichem Hintergrund die fachliche Kompetenz im Zentrum der eigenen Tätigkeit sehen.

Während die FSL B die Rolle des *Fleißes* betont, dass mit *Fleiß* doch vieles erreicht werden könne, spricht die FSL D das Thema *Freiwilligkeit bei der Erteilung des FSU*[126] an: Wenn ihr jemand sagen würde, dass sie es machen sollte, dann hätte sie sich darauf vorbereitet und es gemacht (ebd.: Z. 369 f.). Aber aus eigener Initiative würde sie das nicht tun. Sie führt Folgendes aus: „deutsch kannst du↓aber↑ den rest nicht↓*[…] das ist ein sagen wir eine barriere↓ist um zu sagen↑okay↓ich mache das↓“ (ebd.: Z. 374 ff.).

Im Hinblick auf die reale Situation betont die FSL D: Wenn sie die technische Ausbildung nicht hätte, hätte sie sich um diese Stelle nicht beworben – „wirklich nicht“ (ebd.: Z. 372 f.).

125 Auch die FSL B sagt in ihrem Interview, sie könne sich schwer ein anderes Szenario im Beruf vorstellen (siehe Kapitel 4.4.2).

126 Vgl. mit FSL F (siehe Kapitel 4.6.1).

An dieser Stelle kann geschlussfolgert werden: Wenn die FSL D abstrakt philosophiert, das heißt, wenn sie wie im letzten Punkt an keine konkrete Person als FSL ohne fachlichen Hintergrund denkt, dann bezeichnet sie die Situation als „schwierig“, „sehr schwierig“, „wirklich sehr schwierig“. Aber wenn sie ihre eigene Person in dieses Szenario imaginiert, sagt sie eindeutig: Ohne fachlichen Hintergrund hätte sie sich nicht beworben. Sie kann sich folglich nicht so gut vorstellen, wie der FSU mit einem Lehrer ohne fachlichen Hintergrund funktionieren könnte.

4.4.4.5 Zum Einfluss der strukturellen Rahmenbedingungen auf den FSU

Die FSL D gibt zu, wirtschaftlich gesehen sei es nicht profitabel, als FSL auf Honorarbasis zu arbeiten, aber die *persönliche Verantwortung für den Unterricht* sei zentral. Sie führt wie folgt aus:

> wenn ich mein honorar oder meinen stundensatz nehme↑und meine unterrichtszeit und meine vorbereitungszeit zusammenrechne↑da bin ich vielleicht bei drei euro (stundensatz↑) (*FSL D lacht*) so↓na↑das ist aber ich KANN nicht in den unterricht reingehen↓und schlampig sein↓*FSL B:* nein↓wir wollen erfolg haben↓ (ebd.: Z. 202 ff.)

Wir sehen in dieser Logik puren Idealismus statt Wirtschaftlichkeit, aber auch die Verantwortung dafür, dass die Studenten sich auf die FSL und deren Hilfe verlassen, wie die FSL D expliziert (ebd.: Z. 208 ff.). Sie hebt hervor:

> geld spielt natürlich eine rolle↓aber das ist nicht das wichtigste↓sonst wenn ich jetzt nur die finanzielle seite betrachten würde↑eigentlich es ist überhaupt nicht wirtschaftlich↓ [...] dann eigentlich muss ich kann ich diesen job gar nicht mehr machen↓wenn ich nur drauf wert legen würde↓ (ebd.: Z. 211 ff.)

Die FSL B stellt anschließend die finanzielle Situation des *wir* (FSL auf Honorarbasis) dem *Leben der Anderen* (FSL mit fester Stelle) gegenüber, nämlich:

> und wenn du dir überlegst↑die anderen↓die können wochenlang krank sein↓kriegen es bezahlt↓haben wochenlang urlaub im jahr↑kriegen das bezahlt↓kriegen weihnachtsgeld↑kriegen urlaubsgeld↑das fällt bei uns ja alles weg↓ (ebd.: Z. 215 ff.)

Die FSL D fügt hinzu, dass die Fahrzeiten nicht berücksichtigt werden, das Fahrgeld werde nicht bezahlt und resümiert die Aufzählung selbst wie folgt: „das heißt wir bekommen ja nur praktisch das geld für den unterricht↓na↑wenn ich jetzt so viertel nach drei anfange↑und viertel vor fünf aufhöre↑das ist ja mein verdienst sozusagen↓“ (ebd.: Z. 219 ff.).

In diesem Punkt stimmen die Meinungen der FSL B, C, D, F, L überein: Die strukturellen Rahmenbedingungen beeinflussen die Vermittlung der technischen Fachkommunikation kaum.

4.4.4.6 Emotionaler Wohlfühlfaktor und die soziale Ebene

Die FSL D antwortet auf die Frage, wie sie sich als FSL fühlt, nicht mit ‚gut‘, sondern mit „ganz gut“ (ebd.: Z. 223). Später erweitert sie diese lapidare Antwort mit den Ausdrücken „ganz glücklich“ (ebd.: Z. 224) und „wirklich viel Freude“ (ebd.). Das zeigt, dass sie sich nicht fehl am Platz fühlt – im Gegenteil, der FSU ist ihr Territorium, ihr Bereich[127]. Diese Gegenüberstellung, ‚wir und die Anderen‘, kommt oft zum Vorschein, sie ist ein Zeichen dafür, dass die FSL B und D hier Unterschiede sehen – sowohl bei der finanziellen Situation, als auch bei der professionellen, aber das stört sie offenbar nicht. Sie sind vom Unterrichtsprozess begeistert.

Wenn es eine Prioritätsliste gäbe, dann wäre für die FSL D die Vermittlung der technischen Fachkommunikation Nummer Eins, denn sie erteilt nicht nur Fachsprachenkurse, sondern auch Alphabetisierungskurse sowie Deutschkurse und kann den Unterrichtsprozess vergleichen (ebd.: Z. 226 ff.).

Die FSL D meint auch, dass der fachliche Hintergrund das *Selbstverständnis* beeinflussen könnte und die Vermittlung der technischen Fachkommunikation

[127] ‚*Das ist das, was wir wollen*‘, sagen die FSL mit fachlichem Hintergrund. ‚*Das ist das, was wir nicht wollen*‘, sagen indirekt die FSL ohne fachlichen Hintergrund.

„leichter“ (ebd.: Z. 230) oder „anders“ (ebd.: Z. 229) (aus)falle. Aber sie ist überzeugt davon, dass der Faktor *Motivation der Studierenden* entscheidend sei (ebd.: Z. 232 f.). Die hohe Motivation der Studierenden beeinflusse das Selbstverständnis der FSL (siehe Abbildung 11).

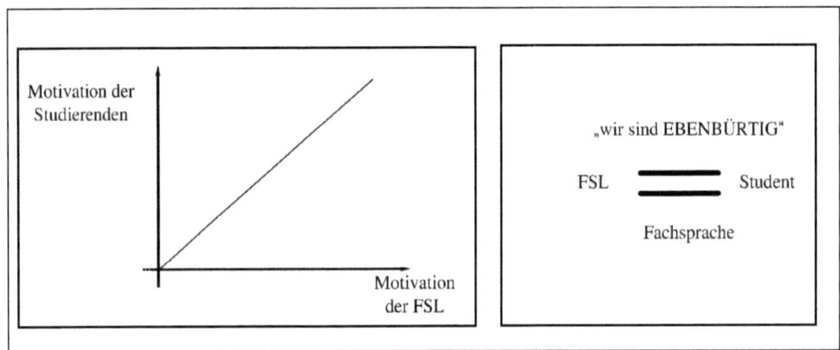

Abb. 11: FS als gemeinsames Thema: „das, was uns beide bewegt“

Die FSL D vergleicht die Unterrichtssituation im Fremdsprachenunterricht in dieser Hinsicht mit dem FSU: Im Fremdsprachenunterricht wisse sie nie, wie das Thema von den Studierenden wahrgenommen werde, jede Person sei anders, aber im FSU hätte sie mit den Studenten ein gemeinsames Thema (ebd.: Z. 238 ff.).

Die FSL ohne fachlichen Hintergrund verstehen die Schönheit der FS nicht, weil es für sie *leere Begriffe* sind, deshalb hat das Thema FS für sie keine Anziehungskraft, im besten Fall hätten sie Interesse, aber keine Begeisterung[128]. Wir entdecken hier das *Prinzip der Ebenbürtigkeit, des gemeinsamen Interesses.* Die technische Fachkommunikation verlangt ein solches Format der Ebenbürtigkeit, denn dort treffen sich Fachleute, die einander auf gleicher Augenhöhe begegnen. Den emotionalen Wohlfühlfaktor der FSL D verstärke auch der *Einklang (Gleichgewicht) zwischen Geben und Nehmen*, sie lerne viel von den Studenten (ebd.: Z. 240 ff.).

---

128 Die Begeisterung trat bei der FSL F auf, weil sie ihr Konzept selbst entwickelte – und zwar in der Forschung. Sie formuliert die Quintessenz ihres Konzepts folgendermaßen: „Ich habe Fragen – sie haben Fragen – wir finden es gemeinsam raus“ (siehe Kapitel 4.6.1).

Die FSL D charakterisiert ihre Studierenden als „sehr-sehr motiviert - sehr“ (ebd.: Z. 243) und „fordernd“ (ebd.) und den FSU als „nie langweilig“ (ebd.: Z. 244). Das gibt Anlass zum Nachdenken: Sind die Studierenden so motiviert, weil sie den Bezug zum Studium bzw. zur Realität erkennen? Oder weil sie vorne einen qualifizierten FSL sehen, der sich in beiden Dimensionen frei bewegt – kommt daher diese *fordernde* Stimmung? Die geschilderte Atmosphäre zeigt einen deutlichen Unterschied zu der, die die FSL G, H, I, J beschreiben – sie sprechen von Langweile, die wegen der Schwierigkeit der FS aufkomme (siehe Kapitel 4.6.2).

Die FSL D kann diese Tatsache nicht erklären, für sie sei die soziale Ebene eine eher „unbewusst[e]“ (ebd.: Z. 247) Ebene. Was ihr dagegen bewusst sei, seien folgende Aspekte, die sie bildhaft „eine spirale“ (ebd.: Z. 250 f.) nennt: Durch den freundlichen Umgang auf Augenhöhe mit den Studierenden sowie engagiertes Unterrichten ohne Bedingungen bekomme die FSL D viel zurück, wovon sie auch profitiere – nicht finanziell, sondern intellektuell, und das ist ihr bewusst, das bringt ihr viel Freude.

Ich komme auf die entworfenen Fragen zurück und wage zu vermuten, dass die fachliche Kompetenz der FSL D eine bedeutende Rolle für die fordernde Atmosphäre in ihrem FSU spielt. Die FSL D gebe alles, was sie könne (ebd.: Z. 249), d. h., ihre Kompetenzen motivieren die Studierenden, nach immer neuen Kenntnissen zu fordern.

4.4.4.7 Feedback und Kriterien des guten FSU

Die FSL D baut bewusst ein Vertrauensverhältnis zu den Studierenden auf. Dafür braucht sie ständig ihr Feedback. Hier wird das *Prinzip der Offenheit* und der *offenen Kommunikation* vermittelt – die Studierenden werden direkt um Vorschläge gebeten und die FSL D bleibt dabei aufgeschlossen für jeden Kommentar. Durch die Realisierung der guten Ideen der Studenten lerne auch die FSL D selber viel. Wenn aber die Einfälle der Studierenden nicht realisiert werden könnten, dann versuche die FSL D die Gründe zu erklären, warum der Vorschlag abgelehnt werde. Solche Form der Kommunikation sei für die Studenten akzeptabel (ebd.: Z. 253 ff.). Es gebe darüber hinaus eine Alternative zur offenen mündlichen Kommunikation, die KTN könnten sich auch anonym äußern.

Offene Kommunikation → Vorschlag der Studierenden → Realisierung (Handlung) → Freude für alle Akteure

Abb. 12: Prinzip der Offenheit und der offenen Kommunikation

Dieses Schema (siehe Abbildung 12) erinnert an die ‚Spirale', (über die die FSL D spricht), in der im Endeffekt jeder Akteur eine Genugtuung erfährt: Der FSL lernt etwas Neues, der Student fühlt sich beteiligt und gehört. Die Atmosphäre ist vertrauensvoll, fördernd, intellektuell. Dieser Umstand ist mit dem *Motiv der Freiheit* verbunden, jeder ist frei, eigene Ideen auszusprechen und die anderen zur Diskussion aufzufordern. So entsteht eine offene, freie Stimmung im FSU.

Die FSL D vermittelt dennoch ein realistisches Bild des Unterrichts, sie hebt hervor: „wir sind lehrer↓und wir sind dann eine stufe höher↓" (ebd.: Z. 271). Die vorhandene Asymmetrie ist der FSL D durchaus bewusst, es gebe eine Lehrkraft mit bestimmten Aufgaben, wie es von den Studierenden auch gewünscht werde: Der FSL solle Noten und Feedback geben, Kritik äußern, seine Kenntnisse weitergeben – anders gesagt, es gibt Normalitätserwartungen, die den guten Unterricht sichern.

Die FSL D markiert ihren Unterricht mit dem Attribut „immer gut" (ebd.: Z. 262), was als kategorisch bezeichnet werden kann. Die FSL D ist sicher und selbstbewusst in ihrer Unterrichtstätigkeit. Aus ihrer Argumentation könnte eine Formel herausgelesen werden, eine Bedingung des guten Unterrichts – sie führt Folgendes aus:

> wenn der lehrer auch hinter dem steht↑was er unterrichtet↓das ist für mich ein guter unterricht↓das heißt↑ es ist hm*ja das ist dann irgendwie nicht aufgesetzt↓nicht künstlich↓oder man hat auch nicht diese angst↑o gott o gott↓jetzt kommt die frage↑die ich nicht beantworten kann↓ (ebd.: Z. 265 ff.)

Hierin liegt ein direkter Hinweis auf die Professionalisierung, auf die Qualität des Lehrers, auf seine fachliche Kompetenz. Folglich kann die These lauten: Eine fachlich kompetente Lehrkraft macht guten Unterricht. Oder: Eine fachlich kompetente Lehrkraft macht *immer* guten Unterricht.

Die FSL B fragt bei der FSL D nach, ob ‚der gute Unterricht' nur aus der Perspektive des FSL betrachtet werden sollte oder eher vom Standpunkt der Studierenden aus (ebd.: Z. 278 ff.). Die FSL D entwickelt hierzu eine Formel des guten Unterrichts, sie ist überzeugt, guter Unterricht solle von *beiden Standpunkten* betrachtet werden:

Guter Unterricht = gute Vorbereitung (FSL) + **guter Verlauf** (FSL/St.) + **gutes Ergebnis** (St.)

Guter Unterricht (FSL/St.) = **Gutes Ergebnis**

Abb. 13: Formel des guten Unterrichts von der FSL D

Die darauf folgende Anmerkung der FSL B in Form einer Nachfrage spielt hier eine wichtige Rolle, und zwar ob nicht das entscheidende Merkmal das objektive Kriterium bleibe, ob der Stoff verstanden und gelernt wurde oder nicht. Die FSL D justiert daraufhin ihre Formel, es sei ein richtiger Hinweis, das Ergebnis zähle im Endeffekt (ebd.: Z. 285).

Die FSL D erwähnt auch die anderen Faktoren im privaten, psychologischen, gesundheitlichen Bereich, die den Unterricht beeinflussen können, sie betreffen die *soziale Ebene* und treten als Nebenwirkungen im Unterricht auf. Sie verhalte sich verständnisvoll in diesen Momenten, nehme die Studenten ernst, trotzdem erteile sie den Unterricht weiter (ebd.: Z. 286 ff.). Dies ist ein Zeichen dafür, dass gemacht wird, was gemacht werden soll – das Beste aus der gegebenen Situation –, und auch dafür, dass der Unterricht trotz freundschaftlicher Atmosphäre und dem Verständnis der FSL D Unterricht bleibt.

4.4.4.8 Was würde die FSL D den FSL empfehlen?

Die FSL D fordert zur Arbeit und zur Akzeptanz der Herausforderung auf, „einfach ran an die sache" (ebd.: Z. 349), und spricht über den *Abbau der Berührungsängste*: „sie sollen sich trauen einfach diese neue aufgabe zu übernehmen" (ebd.: Z. 350 f.). Hier sehen wir das *Motiv des Mutes* und der *Angstbekämpfung*, für die sie sich in ihrem FSU-Konzept einsetzt. Dabei appellieren beide FSL an den *Fleiß* ihrer Kollegen: „sie sollen auch bereit sein diese zeit und die arbeit zu investieren“ (ebd.: Z. 351 f.).

4.4.4.9 Resümee

Die These der FSL D, die sowohl einen germanistischen als auch einen technischen Hintergrund hat, ist prosaisch und sehr ernüchternd: Wenn der Lehrer die Sachverhalte selber versteht, kann er sie besser erklären (ebd.: Z. 27 ff.).

Jeder FSL erlebt die Situation, in der er etwas nicht weiß, was zur fachlichen Kompetenz gehört. Folglich entwickelt jeder eigene Strategien, wie er fehlendes Wissen (*Lücken, fachliches Handicap*) ausgleichen kann, um die Ziele des FSU (*sprachliche, fachliche sowie methodische Vorbereitung* der Studierenden auf das Studium) zu erreichen. Der FSU der FSL D bringt deutlich zum Vorschein: Die technische Fachkommunikation zu vermitteln fällt schwer, und zwar auch den FSL mit fachlichem Hintergrund. Wenn der FSL eine technische Qualifikation hat, bedeutet dies nicht, dass er automatisch den gesamten technischen Bereich (Bauingenieurwesen, Elektrotechnik, Maschinenbau, Informatik, Mechatronik etc.) abdecken kann.

Die FSL D formuliert für sich die Aufgabe, nicht nur das *Sprachliche und Fachliche zu vermitteln*, sondern auch die *Angst vor der Fremdsprache* bei den Studenten abzubauen. *Mut* ist eine zentrale Variable in ihrer Theorie des FSU, zudem spricht sie von *Fleiß* und der Entwicklung des ‚*längeren Atems*‘, um Erfolgserlebnisse in der technischen Fachkommunikation zu haben. Für die Studenten bedeutet Mut die Auseinandersetzung mit der Fachsprache, er führt zur Entwicklung der sprachlichen Kompetenzen, zum selbstständigen Lernen. Für die FSL bedeutet Mut, die Herausforderung der technischen Fachkommunikation anzunehmen. Zuerst soll die Furcht bewältigt, dann gehandelt werden, d. h. fleißig sein, sich vorbereiten, viel lesen, mit Fachleuten zusammenarbeiten. Die FSL D kam als Diplomgermanistin nach Deutschland, aber aufgrund von Zweifeln, dass ihr Diplom nicht anerkannt wird, studierte sie Architektur. Vielleicht sah sie sich als Nicht-Muttersprachlerin selbst mit Angst und mit anderen Schwierigkeiten konfrontiert und verfolgt deshalb das Ziel des Angstabbaus in so hohem Maße.

Zentral ist, dass die Studenten laut FSL D motiviert und fordernd zum FSU kommen, sie verlangen und erwarten viel von ihr. Da die FSL D fachliche Kompetenzen hat, hat das Thema *Fach*sprache für sie einen besonderen Anreiz – wie es auch bei den Studenten der Fall ist. Die Fachkenntnisse und das Interesse am Thema machen sie *ebenbürtig*, hierdurch bewegen sie sich auf gleicher Wellenlänge, was einen entscheidenden Einfluss auf die *soziale Ebene* und die *Atmosphäre im Unterricht* hat. Wichtig ist festzuhalten: Der FSL soll hinter dem stehen, was er unterrichtet, er übernimmt die *Verantwortung für den Lernprozess, für den FSU.*

Paradox erscheint die Empfehlung der FSL D für die anderen FSL: „ran an die Sache" und der euphemistische Ausdruck, es sei „wirklich sehr schwierig", die technische Fachkommunikation ohne fachlichen Hintergrund zu vermitteln. Bei der Spekulation, ob sie bereit wäre selber den FSU zu erteilen, wenn sie das Fachliche nicht studiert hätte, kommentiert sie, sie hätte sich *freiwillig* um die Stelle nicht beworben. Übertragen auf ihre eigene Person scheint diese Situation für sie ausgeschlossen zu sein.

Eine weitere wichtige Erkenntnis für die Studie ist schließlich, dass die *Identitätsebene* und der *biografische Bezug im FSU* eine dominierende Rolle spielen können.

4.4.5 Zwischenbetrachtung

Die Analyse der Interviews mit den FSL, die zum Idealfall gehören, manifestieren viele Gemeinsamkeiten, die hier zusammengefasst werden sollen.

- Grundlegend für die weitere Forschung im Rahmen des vorliegenden Dissertationsprojekts gilt die von den interviewten FSL aufgestellte These, die sie aber unterschiedlich begründen: Die Vermittlung (sowie die Aneignung) der technischen Fachkommunikation ist so komplex, dass weder Sprachlehrer noch Quereinsteiger bzw. Ingenieure einen FSU, falls er ernst genommen werden soll, erteilen können. Für die Vermittlung der technischen Fachkommunikation braucht der FSL nicht nur fachliche Kompetenz, sondern auch pädagogische bzw. methodisch-didaktische und sprachliche bzw. fachsprachliche.

- Die technische Fachkommunikation ist ein Sammelbegriff – die FSL B, C, D (indirekt verweist darauf auch der FSL A, wenn er sich in Bezug auf die Wahl der Fachtexte äußert) betrachten aber jede FS differenziert. D. h., jede Fachsprache hat ihre Besonderheit, wenn die Lehrperson Maschinenbau studierte, bedeutet das nicht, dass sie automatisch die Sachverhalte aus der Elektrotechnik auf Anhieb verstehen kann. Aufgrund dessen fällt die technische Fachkommunikation nicht nur den Studierenden schwer, sondern auch den FSL mit fachlichem Hintergrund.
- Die dritte These ergibt sich aus der Analyse der vorgestellten Interviews: Die Ausbildung, der berufliche Weg, die Erfahrung sowie der Persönlichkeitsfaktor der Lehrperson (Grad der Verantwortung und eigene Ansprüche hinsichtlich des Lern-/Lehrprozesses, Fleiß, Interessen etc.) beeinflussen das Konzept der FSL und deren Aufgaben im FSU. Das Konzept ist dabei kein stabiles Konstrukt, sondern ein kontinuierlicher Prozess.
- Die Ziele der FSL im FSU werden auf die fachliche, sprachliche und methodische Vorbereitung der Studierenden ausgerichtet – der praktische Bezug spielt eine essenzielle Rolle dabei.
- Die FSL A, B, C und D gestalten den Unterricht auf der Basis der Interaktion mit den Studierenden – handlungs- und kommunikationsorientiert.
- Von den FSL wird das Prinzip des autonomen Lernens bei den Studierenden gefördert.
- Der FSU hat einen hohen Komplexitätsgrad auf der kognitiven Ebene, deswegen bemühen sich die FSL, den affektiven Faktor zu beeinflussen, nämlich: den Studierenden Mut zu geben, sich die technische Fachkommunikation anzueignen.
- Die Studierenden der FSL B, C, D kommen hoch motiviert und fordernd zum FSU.
- Der Wohlfühlfaktor der FSL ist sehr stark ausgeprägt, sie fühlen sich zugehörig zur Welt der technischen Fachkommunikation sowie ebenbürtig mit den Studierenden der Ingenieurwissenschaften. Sie machen den FSU gern

und ein anderes berufliches Szenario können sie sich nicht vorstellen, ihr berufliches Selbstverständnis hat eine durchaus positive Ausprägung.

Es muss zudem festgehalten werden, welche weiteren Thesen die FSL postulierten, denen hohe Aufmerksamkeit in der Untersuchung aufgrund ihrer Relevanz für die ausgeführte Forschungsfrage geschenkt wird:

- Die FSL D formuliert folgende Hypothese hinsichtlich der Erfolgserlebnisse im FSU: Die Vermittlung der technischen Fachkommunikation verlangt längeren Atem bei den Akteuren, die Erfolgserlebnisse kommen nicht so schnell wie im Fremdsprachenunterricht im Falle der Gemeinsprache.
- Die FSL B gibt einen wichtigen Hinweis für die methodische Ebene, nämlich: Das Schriftliche soll vor dem Mündlichen kommen, es fällt den Studierenden leichter, zuerst die Sachverhalte schriftlich festzuhalten und dann das Aufgezeichnete mündlich zu produzieren.
- Der FSL C schlägt eine Kompromisslösung für die FSL ohne fachlichen Hintergrund vor: den FSU im Tandem mit einer studentischen Hilfskraft aus der Fakultät für Ingenieurwissenschaften mit dem Interesse an Fachsprache zu erteilen.

Diese Erkenntnisse werden im späteren Verlauf mit den Zwischenergebnissen aus der Analyse der weiteren Interviews verglichen.

4.5 Seltener Fall: FSL E

4.5.1 FSL E: „finde ich nur von der sprache gekommen wäre↑wäre das sicherlich problematischer gewesen“[129]

4.5.1.1 Informationen zu Interview und Interviewpartner

Die FSL F fragte ihren Kollegen, den FSL E, ob er bereit sei, an meinem Interview teilzunehmen. Er war spontan einverstanden und beantwortete meine Fragen in seinem Büro.

[129] FSL E: Z. 24 f.

Dieses Interview verlief anders, seine Reaktionen, Logik und Schwerpunkte unterschieden sich von den Reaktionen der anderen FSL, mit denen ich sprach.

Der FSL E studierte Maschinenbau, wie er selber den Zeitrahmen charakterisierte, als der Arbeitsmarkt für Ingenieure nicht so gut gewesen sei (FSL E.: Z. 7 ff.), arbeitete seit 2002 im Sprachbereich und unterrichtete zunächst Deutsch für Aussiedler und Integrationskurse, später technische Fachkommunikation im Rahmen eines Projekts, in dem Technik-Studenten aus asiatischen Ländern sprachlich gefördert wurden. Der FSL E sei die einzige Person in der Sprachschule, die das konnte, mit Maschinenbaustudium als Hintergrund gewesen (ebd.: Z. 11 ff.). Damals wurde auch der erste Kontakt zum Sprachenzentrum an der Universität geknüpft, wo der Kurs „Deutsch der Elektrotechnik" vakant war. Dies ist eine sehr wichtige Stelle, der FSL E geht sofort auf das Problem Fachsprachenvermittlung ein: „mit maschinenbau im hintergrund kann man das sicherlich auch halbwegs abdecken" (ebd.: Z. 17 ff.). (Einerseits steht hier das Wort „sicherlich", und andererseits „halbwegs" – die Erkenntnisse aus den dargelegten Interviews bestätigen diese These: Wenn eine Lehrkraft Maschinenbau studierte, bedeutet das nicht, dass sie Deutsch für Elektrotechnik unterrichten kann, aber trotzdem ist diese Person im technischen Kontext. Er studierte Maschinenbau, empfindet sich aber trotzdem als geeignete Person für die Stelle des FSL für Elektrotechniker[130].) Der FSL E unterrichtete auch einen Fachsprachenkurs für Naturwissenschaftler (Chemiker), was ihm nach eigener Aussage keine Schwierigkeiten bereitete, da Maschinenbau mit Chemie einige Schnittstellen habe und seine Schulkenntnisse ihn unterstützten (ebd.: Z. 20 ff.). Interessant ist, dass der FSL E sich in der folgenden Aussage in die Rolle eines FSL ohne fachlichen Hintergrund versetzt: „finde ich nur von der sprache gekommen wäre↑(wäre das sicherlich problematischer gewesen) (*FSL E lächelt*)" (ebd.: Z. 24 f.). In dieser Auffassung erkennen wir die Skepsis des FSL E zur Problematik *FSL ohne fachlichen Hintergrund.*

---

130 Dies ist ein weiteres Beispiel für die These, dass Fachleute die technischen Bereiche differenziert betrachten: Maschinenbau, Elektrotechnik, Bauingenieurwesen und Informatik fallen für sie nicht unter den Sammelbegriff „Technikbereich" (siehe Kapitel 4.4.2).

4.5.1.2 Unterrichtsansatz: Ziele und Aufgaben im FSU des FSL E[131]

Auf die Frage, was das Ziel bei der Vermittlung der FS sei, beginnt der FSL E aus der Perspektive der Studierenden zu antworten und weist darauf hin, dass die Gruppen heterogen seien – die Studierenden kämen aus unterschiedlichen Bereichen und es sei schwer, ein Thema zu finden, das gemeinsamen Interessen entspreche (ebd.: Z. 27 ff.).

Der FSL E ist überzeugt, dass die Studierenden selbst ihr eigenes Fachvokabular entwickeln sollten, er führt wie folgt aus: „wenn sie sich mit speziellen themen befassen↑dann haben sie ein eigenes vokabular↓was sie sich selber erarbeiten müssen“ (ebd.: Z. 30 f.). Als Beispiel nimmt der FSL E die deutschen Ingenieure, die die englischen Übersetzungen von bestimmten Begriffen bräuchten, diese aber nicht zu finden seien – „also das ist dann lernen im job im studium nebenher↓irgendwann irgendwo schnappt man es auf↓und baut man (?)eigenes wörterbuch zusammen↓“ (ebd.: Z. 33 ff.). Auf diese Weise gehört der Aufbau des Fachsprachenvokabulars zur eigenen intellektuellen Leistung[132]. In der Antwort liegt ein gewisser Widerspruch: Einerseits sagt der FSL E, dass der FSU nicht für die Vermittlung der Fachwörter da sei, aber andererseits berichtet er wie folgt genau darüber, über die Vermittlung der technischen Begriffe und deren Erschließung sowohl auf der lexikalischen als auch auf der methodischen Ebene in seinem Unterricht:

> die einheiten der deutschen sprache vermitteln↓komplizierte komposita↓begriffe↓was bedeutet das↓dass man so ein bisschen rein detektivisch rangeht↓hm sich den sinn von wörtern zu erschließen↑ die ja unbekannt sind↓ (ebd.: Z. 36 ff.)

Im Fokus stehe nicht nur die Lexik, sondern auch die „*strategie*“ (ebd.: Z. 49), mit deren Hilfe der Sinn der neuen Wörter erschlossen werden könne (ebd.: Z. 48 ff.). Dabei nehme der FSL E *Texte aus den populärwissenschaftlichen Quellen*,

---

131 Siehe Zalipyatskikh (i. D.): „Überlegungen zu den Unterrichtsdefinitionen und -zielen der Fachsprachenlehrenden der technischen Fachkommunikation“.

132 Davon ist auch der FSL C überzeugt, aber mit einer anderen Argumentation (siehe Kapitel 4.4.3).

weil sie übergreifender seien, sowie aus Fachveröffentlichungen und Forschungsvorhaben (ebd.: Z. 43 f.). Der Umstand, dass der FSL E Texte über aktuelle Entwicklungen im FSU benutzt (z. B. aus Spiegel-online oder Zeit-online), „ohne gleich zu sehr in die technik hineinzugehen“ (ebd.: Z. 54), ist bemerkenswert, denn er sieht den Unterschied zwischen den Textsorten, den stilistischen und lexikalisch-semantischen Ebenen, aber verwendet absichtlich populärwissenschaftliche Texte („auch wenn der sprachgebrauch dadurch etwas anders ist↓als in den fachveröffentlichungen auf jeden fall“) (ebd.: Z. 55 f.).

Der FSL E definiert den FSU als *eine Erweiterung des Fremdsprachenunterrichts* und argumentiert für seine These mit der sprachlichen Voraussetzung der Lernenden. Wenn sie mit A2- oder schwachem B1-Niveau teilnähmen, dann mache es wenig Sinn, die Fachsprache aufzubauen, denn ihnen fehle die sprachliche Basis (ebd.: Z. 57 ff.). Die sprachliche Voraussetzung für den Fachsprachenkurs *Deutsch der Elektrotechnik* ist laut FSL E folglich das Niveau B2, mindestens aber B1. Er unterstreicht im Kontext der sprachlichen Kenntnisse der Studierenden die heutige Tendenz, es sei besser geworden: „damit kann man dann auch arbeiten mit den leuten↓ sie sind grammatikalischen↓ wissenschaftssprachlichen strukturen bewandert“ (ebd.: Z. 69 ff.). In diesem Zitat sehen wir einen Verweis darauf, dass für die Aneignung der technischen Fachkommunikation eine bestimmte *Basis der grammatischen und wissenschaftssprachlichen Kompetenzen* notwendig ist.

Der FSL E geht des Weiteren auf die Besonderheiten der technischen Fachkommunikation ein: Technisches Deutsch sei exakt, informativ, komprimiert und solle verständlich sein (ebd.: Z. 72 ff.).

4.5.1.3 Konzept des FSL E: Methodisch-didaktische Gestaltung des FSU

Das Konzept sieht nach den Worten des FSL E folgendermaßen aus:

> wichtig ist das↑was die studenten↑die bei mir sitzen↓brauchen↓was ist das konzept↓ich hab mir schon überlegt↓muss ich ein konzept haben↑ich hab das natürlich irgendwo versteckt im kopf ein konzept↓aber da ich halt nicht von der didaktik komme↑sondern ein quereinsteiger bin↓wächst das irgendwie meistens anders heran↓*ich sehe↓wo die pro-

bleme liegen↓ich versuche darauf einzugehen↓das ist in kursen auch teilweise ein bisschen unterschiedlich↓aber es gibt auch immer wieder überschneidungen↓und versuche den leuten etwas mitzugeben↓was ihnen dann ein bisschen weiter hilft↓ (ebd.: Z. 75 ff.)

Bei der Formulierung des Konzepts kommt beim FSL E der *Denkstil* des Ingenieurs zum Vorschein: problemorientiertes Denken. „wichtig ist das↑was die studenten↑die bei mir sitzen↓brauchen", die Unterrichtsphilosophie des FSL E liegt in dieser These begründet: Nicht der Lehrer solle den Studenten etwas vermitteln, sondern die Studierenden kämen mit ihren Problemen und er löse sie ad hoc. Dabei beschreibt der FSL E die Bedürfnisse der Lernenden weder konkret noch differenziert, obwohl er bestätigt, er orientiere sich am Bedarf der Studierenden. Mit der Frage „muss ich ein Konzept haben?" schließt sich der FSL E aus der Diskussion aus. Da er ein Quereinsteiger sei, müsse er kein Konzept haben, bei ihm sei die Situation anders. Der FSL E versucht im Rahmen seiner Unterrichtsphilosophie den Bedürfnissen der Studierenden zu entsprechen. Er merkt, dass die Probleme der Studierenden in den Kursen unterschiedlich sind, aber trotzdem gebe es Gemeinsamkeiten. Sein Ziel ist es, „den Leuten etwas mitzugeben, was ihnen dann ein bisschen weiter hilft". Dabei wird nicht klar, wo es helfen soll, im Studium oder im Arbeitsleben.

Der FSL E entdeckt die vorhandenen Probleme durch die *offene Kommunikation* mit den Lernenden: Die Studierenden äußerten ihre Wünsche und es werde am Anfang jedes Kurses eine Umfrage durchgeführt, in der die Lernenden die Schwerpunkte benennen, der FSL E führt hierzu Beispiele an: grammatikalische, thematische, fachthematische, sprachliche Aspekte sowie Interessen (ebd.: Z. 84 ff.). Mithilfe dieser Umfrage verschaffe sich der FSL E einen Überblick darüber, wo die Hauptprobleme liegen (ebd.: Z. 91 f.). Sein Unterrichtsansatz ist *problem- und lernerorientiert*.

Der FSL E benutze kein Lehrwerk, weil es keins gebe, ausgenommen dem Lehrwerk aus dem Hueber-Verlag, das nicht mehr aufgelegt werde (ebd.: Z. 93 ff.). Einerseits vermisst der FSL E Lehrliteratur für den FSU, andererseits versteht er, warum es keine gibt. Die Entstehung eines Lehrwerks hält er für unwahrscheinlich, denn die Auflagen seien zu gering. Er könnte sich vorstellen, dass es sinnvoller wäre, selbst ein Buch zu konzipieren, aber dafür fehle ihm der Idealismus, mit dem Buch könne kein Geld verdient werden, es sei „nicht für den broterwerb“ (ebd.: Z. 98 ff.). Außerdem sei er sich unsicher, ob sich dieser Aufwand dann letztendlich lohne, denn die Technik und Themen entwickelten sich schnell weiter, das Buch würde nicht lange aktuell bleiben (ebd.). Der FSL E spricht das Thema ‚*Broterwerb*‘ als Variable im Kontext der Vermittlung der technischen Fachkommunikation an, das im Vordergrund stehe (ebd.: Z. 99 f.). Dies könnte daran liegen, dass er keine Lehrerausbildung hat, sondern Ingenieur ist, der die Situation per se sachlicher und pragmatischer einschätzen kann. Er hat von Anfang an auf die Tatsache verwiesen, dass er zu schlechten Zeiten auf dem Arbeitsmarkt als Ingenieur ausgebildet wurde. Auf diese Weise tritt die Variable ‚Broterwerb‘ als Motiv der Grundversorgung (finanzielle Vorteile) auf und kann dem Idealismus der FSL B und D (3 Euro Nettoverdienst in Verbindung mit dem Leitsatz „wir wollen erfolg haben“)[133] gegenübergestellt werden. Die FSL B, C und D (Lehrer mit technischer Ausbildung) berichten, wie viel Zeit sie in die Erstellung der Materialien und in ihre Konzeption investieren. Vielleicht können diese unterschiedlichen Positionen damit begründet werden, dass sie dank bestimmten pädagogischen Kompetenzen die Tiefe bzw. die Bedürfnisse der KTN sehen können: Die Ansprüche bedingen die Ausbildung, wie der FSL C berichtet. Da der FSL E keine pädagogische oder sprachliche Ausbildung hat, sieht er die Lernziele deshalb möglicherweise nicht differenziert und betrachtet die Probleme aus dem gleichen Grund durch das Prisma des finanziellen Pragmatismus. Eine andere Lesart könnte lauten, dass die Ansprüche nicht durch die Qualifikationen entstehen, sondern die persönlichen Charaktereigenschaften der konkreten Person widerspiegeln.

Im Kontext der Bedingungen des FSU spricht der FSL E die Frage der Unterrichtszeit an, die der FSL C ebenfalls problematisiert. Die Bachelorstudiengänge hätten kompakte Studienpläne, die den Studierenden die Flexibilität und Zeit nähmen (ebd.: Z. 107 ff.).

133 FSL D: Z. 204 ff.

In Bezug auf die Unterrichtsphasen gebe es kein einheitliches Schema, das immer beibehalten werde, d. h., der Verlauf des Unterrichts variiere. Folgendes Zitat demonstriert einen eher spontanen Charakter, den aus einem plötzlichen Impuls entstandenen Unterricht. Der FSL E führt aus:

> letztes mal da haben wir einfach mal grammatik gemacht↓ich hab sie bombardiert mit ganzer mischung an möglichen um zu sehen↓wie sie damit umgehen können […] also↑ich hab nicht gesagt↓was sie genau machen↓einfach den satz vorgegeben↓so sagt mal anders↓und↑die leute verschiedene möglichkeiten sehen↓um das umzuformulieren↓ (ebd.: Z. 136 f.)

Der In-Vivo-Kode „*Mischung an Möglichen*“ zeigt indirekt das Gegenteil davon, was die FSL D in ihrem FSU verfolgt – sie kann „irgendwas“ (FSL D: Z. 161) gerade nicht machen. Es könnte behauptet werden, dass es sehr wohl möglich ist, „irgendwas“ zu machen – die Hürden aber bestünden hier in den eigenen Ansprüchen des Lehrers (die abhängig sind davon, was er kann) und in seiner Verantwortung für den FSU. Der FSL E ist zufrieden mit seinem oben dargestellten Unterricht und damit kommt das *Motiv der eigenen Ansprüche* zum Vorschein („also↓das*war*recht* erfolgreich↓ alle haben mitgemacht↓es gab auch eine kleine diskussion dabei↓**also**dann sind sie durchgekommen↓falls noch fragen sind↑“) (FSL E: Z. 141 ff.).

Auffallend ist, dass der FSL E für die Studierenden zu Beginn keine Lernziele formuliert, „um zu sehen, wie sie damit umgehen können“. Seine Lehrerhaltung ist bemerkenswert, denn die Erklärung der Aufgabenstellung ist im Unterricht in der Regel zentral, hierin besteht eine große Schwierigkeit für die Studierenden (darüber sprechen FSL F, G, H, I, J, L). Der FSL E vermeidet diese Phase absichtlich („ich hab nicht gesagt↓was sie genau machen↓einfach den satz vorgegeben↓so sagt mal anders↓“).

Der FSL E stellt die Aufgaben als ergänzendes Angebot ins StudIP oder die KTN schicken ihre Textprodukte über das System und bekommen die Korrektur zurück.

Im Zentrum des Unterrichts steht häufig ein nicht zu langer Text. Die Arbeit daran verläuft auf der lexikalischen, begrifflichen und schriftlichen Ebene. Die Studierenden schreiben eine Zusammenfassung des Textes, was der FSL E als große

Herausforderung für sie sieht: Der Sinn des Textes soll allgemein wiedergegeben werden, ohne auf die Details einzugehen (ebd.: Z. 156 ff.). Damit thematisiert der FSL E das Problem der *Wissenschaftssprache* und der *schriftlichen Produktion im FSU.*

Dieses Konzept enthält einen für uns interessanten Punkt, der FSL E möchte nicht auf die technischen Details eingehen, er möchte die populärwissenschaftlichen Texte oder Passagen aus Fachveröffentlichungen oberflächlich im Unterricht behandeln, allgemeine grammatikalische Erscheinungen trainieren und die Fachlexik nicht spezifizieren. Gleichzeitig spricht er zweimal darüber, wie schwer es sei, ohne technischen Hintergrund die FS „Technisches Deutsch" zu unterrichten. Bei der Analyse dieses Interviews kommt die Frage auf: Warum berührt der FSL E als Ingenieur diese technische Spezifik nicht und beschränkt den Unterricht auf ein populärwissenschaftliches Niveau? Seine Argumentation findet sich in dem Gedanken – mit den populärwissenschaftlichen Texten kämen die Studierenden schnell zu Diskussionen, „gerade für die asiaten" (ebd.: Z. 163) sei dies sehr wichtig, und führt als Beispiel das Thema *Erneuerbare Energien* an (ebd.: Z. 160 ff.). Der FSL A entwickelt mithilfe der populärwissenschaftlichen Texte das technische Verständnis der Studenten – in diesem Fall Geisteswissenschaftlern, die eher schöngeistige Literatur lesen als technische Texte. Der FSL E hingegen benutzt die populärwissenschaftlichen Texte, um den mündlichen Ausdruck zu forcieren.

Die Antwort des FSL E auf die Frage nach dem FSU-Konzept fällt am kürzesten im Vergleich zu den anderen FSL aus:

> schwer↓da ich quereinsteiger unterwegs bin↓mache ich mir schon viele gedanken darum↓aber↑hm habe natürlich dann nicht das konzept ausgearbeitet↓was es irgendwo liegen muss↓im fokus↓also das habe ich so↓nicht greifbar (ebd.: Z. 175 ff.)

Diese Antwort belegt die These des FSL C, die didaktische Kompetenz sei genauso wichtig wie die fachliche – dem FSL E fehlen die didaktisch-methodischen Grundlagen. Es können hier zwei Lesarten entwickelt werden: Entweder hat der FSL E bestimmte Schwierigkeiten bei der Formulierung der eigenen Lernziele, der Unterrichtsziele sowie des FSU-Konzepts oder der Schwerpunkt seines Konzepts liegt auf der *Spontaneität* und dem *Prinzip der Offenheit.*

4.5.1.4 Kompetenzen des FSL

Der FSL E ist überzeugt davon, dass FSL *fachliche Kompetenz* haben sollten, er verstärkt seine Meinung mit dem Adverb „sicherlich“ (zweimalige Nennung) (ebd.: Z. 179 ff.).

Der FSL E vergleicht sich permanent mit den FSL ohne fachlichen Hintergrund, vielleicht, weil ich mich als eine solche vor dem Interview und im Brief vorgestellt habe. Auf jeden Fall ist er sicher: „ich glaube↑rein aus der sprache kommen↓das ist schwierig“ (ebd.: Z. 180 f.). Seine These lautet: Ein wenig fachlicher Hintergrund ist unabdingbar (ebd.: Z. 190 f.).

Bei der Argumentation geht er auf die Ebenen *Wissenschaftsdeutsch zum Fach* und *textuelle Dimension* ein: Wenn der FSL selbst Arbeiten im Rahmen des Ingenieurstudiums verfasst habe, dann habe er eine Vorstellung davon, wie sie aussehen, und könne diese Kenntnisse auch vermitteln, damit die Studenten „das handwerkszeug“ (ebd.: Z. 199) für die Beschreibung der technischen Inhalte erhalten.

Die Studenten hätten *Schwierigkeiten bei der Textproduktion* – sowohl im schriftlichen als auch im mündlichen Bereich. Er hebt Folgendes hervor:

> eigene arbeit zu beschreiben↓das eigene was man da erforscht oder rausgefunden hat↓verständliche vernünftige genaue exakte worte zusammenzufassen↓das ist ein problem für sie (ebd.: Z. 204 ff.).

Der FSL E ist der Meinung, die *sprachliche Kompetenz*, die *Unterrichtserfahrung* sowie der *didaktische Hintergrund* seien von Bedeutung (ebd.: Z. 208 ff.).

Auf diese Weise kommen wir zur Formel des FSL E:

FSL = Fachliche Kompetenz + Sprachliche Kompetenz + Unterrichtserfahrung + Didaktischer Hintergrund

Abb. 14: Notwendige Kompetenzen des FSL

Dem FSL E sei bewusst, dass ihm die *didaktische Kompetenz* fehle, aber er denke, er habe sie zum Teil dank seiner *Erfahrung* („learning by doing")[134] erworben und mache viel *intuitiv* (ebd.: Z. 214).

4.5.1.5 Zum Einfluss der strukturellen Rahmenbedingungen auf den FSU

Das Interview fand im Büro des FSL E statt. Ein eigenes Büro bekam er für andere Projekte, sonst arbeitet er freiberuflich als FSL über Lehraufträge auf Honorarbasis, es handelt sich also um die typische Situation des FSL bezüglich der strukturellen Rahmenbedingungen. Unter diesen Voraussetzungen habe er nicht so viel Zeit, um den FSU besser vorzubereiten (ebd.: Z. 274 ff.). Hierin besteht zum einen ein deutlicher Unterschied zu den Worten von FSL B und D, die behaupten, die Honorarbasis ermögliche mehr Freiheit und mehr Chancen, den Unterricht besser vorzubereiten[135]. Zum anderen widerspricht dies der spekulativen Meinung von FSL C und FSL L, die bestätigen, die Rahmenbedingungen spielten keine Rolle für die Vermittlung der technischen Fachkommunikation[136].

Das *Motiv des Broterwerbs* wird erneut zum Ausdruck gebracht, der FSU sei ein Broterwerb und kein Hobby. In dieser Hinsicht hebt der FSL E Folgendes hervor:

> man könnte sicherlich noch viel besser vorbereiten↓auch dokumentieren↓auch konzepte mal wirklich zu papier bringen↓wenn das alle qual bezahlt würde↓*dafür ist aber die zeit nicht da↓der kühlschrank muss voll werden (ebd.: Z. 275 ff.)

Hier könnte die Andeutung enthalten sein, dass der FSL E aus finanziellen Gründen dazu gezwungen war, den Beruf zu wechseln. Er benutzt das Wort „*Qual*", während die FSL A, B, C und D sehr glücklich in diesem Bereich erscheinen: „das ist das, was wir wollen", sagt die FSL B[137]; „anders würde ich nicht machen",

---

134 ebd.: Z. 209.

135 Siehe Kapitel 4.4.2 und 4.4.4.

136 Siehe Kapitel 4.4.3 und 4.6.4.

137 FSL D: Z. 223 f.

bestätigt der FSL C[138]; der FSU sei die „Nummer Eins" für die FSL D[139]; „trotz der vielen Jahren macht das Spaß" erklärt auch der FSL A[140].

4.5.1.6 Emotionaler Wohlfühlfaktor und die soziale Ebene

Auffallend ist, dass der FSL E auf die Frage, wie er sich als FSL fühlt, nicht sagt: „Ich fühle mich sehr wohl!", oder: „das macht mir viel Spaß!", er sagt sehr diskret und reserviert: „da fühle ich mich relativ wohl↓also ich hab da keine probleme↓" (ebd.: Z. 214 f.). Der FSL E zeigt, dass er die Unterrichtssituation steuert und im Griff hat – wie er es selber formuliert: „mein gewinn da technische themen↓auf den tisch kommen↓wo ich gezielt nachfrage" (ebd.: Z. 215 f.). Auffällig ist hier, dass der FSL E nicht eindeutig sagt, dass er sich sicher fühle. Das Selbstverständnis des FSL E besteht in einer Abhängigkeit von seinem technischen Hintergrund, von der *fachlichen Kompetenz*.

Der FSL E ergänzt gern, dass er nicht nur den FSU erteilt, sondern auch Allgemeinsprache unterrichtet, um sein Kompetenzrepertoire zu zeigen. Er führt ein Beispiel an, bei dem er den Studierenden im Studienkolleg Leseverstehen und Textproduktion beibringt (ebd.: Z. 223 ff.).

Der FSL E knüpft das Thema der *Motivation der Studierenden* an die fachliche Kompetenz des FSL (wie auch die FSL G, H, I, J).

FSL mit fachlichem Hintergrund → interessante Fachdiskussion → Motivation der Studenten

Abb. 15: Woher kommt die Motivation bei den Studierenden?

Wenn der Lehrer keinen fachlichen Hintergrund habe, dann fehle ihm „*gewisse technische affinität*" (ebd.: Z. 236), er könne kein interessantes Diskussionsthema anstoßen, deshalb sei es leicht möglich, dass seine Themenwahl für die Studierenden langweilig sei (ebd.).

138 FSL C: Z. 246.

139 FSL D: Z. 228.

140 FSL A: Z. 466 f.

Die soziale Ebene und das Vertrauensverhältnis zu den Studierenden fielen ihm nicht schwer. Mit dem *Prinzip der Offenheit und offenen Kommunikation* sowie mit dem *Mut, eigene Lücken zuzugeben*, baue er Vertrauen auf (dasselbe sagen die FSL B und D). Gleichzeitig ist es seine Strategie, den *Studierenden Mut zu machen*, ihre Lücken offen zu zeigen. Er kommentiert es folgendermaßen:

> können sie das nochmal erklären↑ich verstehe das nicht↓denn ich bin dummer maschinenbauer↓das ist e-technik↓da kann ich nix davon↓also einfach mal auch zuzugeben oder offen zu zeigen↓ihr steckt so tief im fach drin↓das weiß ich nicht↓das kann ich gar nicht wissen↓ (ebd.: Z. 353 ff.)

Wenn in der Gruppe eine Frage entsteht und die kompetente Antwort vom FSL spontan nicht gegeben werden kann, dann solle sie unbedingt nachgeliefert werden. Diese Strategie benutzt der FSL E ebenso (ebd.: Z. 361 f.), wie die FSL B und D.

Die „klientel“ (ebd.: Z. 122) des FSL E seien (hauptsächlich) Masterstudenten, Bachelorstudenten und einige Promotionsstudenten. Der FSL E geht sofort auf die *interkulturelle* sowie *soziale Ebene* ein: Es gebe viele Studierende aus China, die eher zurückhaltend und deutlich schwächer seien, aber er versuche trotzdem alle in den FSU zu integrieren (ebd.: Z. 123 ff.).

Der deutliche Unterschied zu dem FSL A, der die Passivität der Lernenden als Problem ansieht, ist hier anzumerken, er fühle sich nicht wohl in einer solchen Gruppe. Für den FSL E ist dies dagegen eher der Normalfall. Der Erfolg des Unterrichts von FSL A, C, F und auch von FSL H, I, J ist die Beteiligung der Lernenden am Unterrichtsprozess, die Fragen der Studierenden sind Indikatoren des Erfolgs. Für den FSL E reicht es, wenn die Lernenden anwesend sind, und falls sie zu seinem Unterricht kommen, ist das ein Zeichen für ihn, dass sie „zufrieden“ (s. u.) sind (wie auch für den FSL K) – dabei sein heißt zufrieden sein. Vielleicht meint er damit aber auch nur die chinesischen Studierenden. Die folgende These ist jedoch in jedem Fall vielsagend:

jemand der sehr halt mehr konsumieren will↓und sich weniger beteiligen↓das ist auch in ordnung↓ *hauptsache↑ wenn sie da sitzen↓scheint das ja irgendwie auch zufrieden↓also nehmen sie auch was mit (ebd.: Z. 130 ff.)

In dieser Auslegung wird auch *das Motiv der eigenen Ansprüche*, das FSL C thematisiert, deutlich. Für den FSL C ist die Beteiligung eine wichtige Bedingung für den FSU, er möchte alle dazu motivieren, zusammenzuarbeiten, deshalb laufe 80 % des Unterrichts im Format der Gruppenarbeit ab. Die FSL A, B, C, F, L plädieren darüber hinaus für *Autonomie*, jeder solle die intellektuelle Arbeit leisten. FSL C und FSL D ist es wichtig, wie viel Arbeit bzw. *Fleiß* der FSL im Unterricht von den Studierenden verlangt. Die Studierenden sind das Resultat der eigenen Ansprüche – wie der Lehrer, so die Studierenden. Im FSU versucht der FSL E alle in den Prozess mit einzubeziehen, aber wenn sie nicht wollen, sei die Hauptsache: Sie sitzen da.

Der FSL E erwähnt keine Aspekte, die den Studierenden im FSU leichtfallen, dabei betont er nicht, die FS per se sei schwer, was für die anderen FSL (A, B, C, D, G, H, I, J, L) als eine Art Ausgangssituation fungiert. Schwierigkeiten bereitet die *produktive Ebene*, wie der FSL E betont: „schwierigkeiten haben die studenten häufig bei der formulierung↓wenn sie wirklich eigene worte benutzen sollen↓um etwas darzustellen↓wiederzugeben" (ebd.: Z. 324 ff.). In diesem Zusammenhang ist der Gedankengang des FSL E auffällig, in dem er ‚technisch' überlegt, als ob er eine Waschmaschine bedienen will, die eigentlich betriebsbereit ist, aber nicht funktioniert:

dann sollen sie es machen und können das nicht↓dann frage ich mich↓so das handwerkszeug haben sie↓ich habe das überprüft↓oder nochmal nachgeliefert↓wieso funktioniert das doch nicht↓ […] dann frage ich mich↓wie schaffe ich es denn diesen link da herzustellen↓die haben das wissen↓um die sprache↓um die grammatik↓und um den aufbau↓aber bekommen es nicht hin↑es dann anzuwenden↓was fehlt da↓wieso klappt das jetzt nicht↓einige können das↓aber bei manchen ist da ein gewisses problem vorhanden↓ (ebd.: Z. 331 ff.)

Der FSL E beobachte das gleiche Problem auch im allgemeinen Sprachunterricht, er vermutet, dies könnte ein „*individuell[er]*" (ebd.: 341) Ansatz sein, aber auf jeden Fall bleibe für ihn dieses kognitive Phänomen rätselhaft. Die *Verarbeitungskompetenz zu vermitteln*, falle ihm schwer (ebd.: Z. 347 ff.).

4.5.1.7 Feedback und Kriterien des guten FSU

Der FSL E beschreibt die äußeren Merkmale im Unterrichtsraum, die für ihn als Signale der Aktivität des Publikums gelten (ebd.: Z. 253 ff.):

- Intellektuelle Beteiligung der Studierenden
- Frequenz und Art der Fragen

Dabei berücksichtigt er die interkulturelle Ebene, die asiatischen Studierenden können wie erwähnt eher zurückhaltend sein. Zentral für die Zusammenarbeit sind folgende Signale der Studierenden:

- vorhandenes Interesse
- Wissensdurst
- der Wille zum Lernen
- keine Angst, Fragen zu stellen

Die Strategie des FSL E lautet: Er versuche von Anfang an, die Scheu zu nehmen (ebd.: Z. 260). Hier findet sich eine Gemeinsamkeit mit FSL A und FSL D, die sich bemühen, den Studierenden *Mut zu machen*. Der FSL E geht auf den Punkt *FSU vs. Vorlesung* ein, wenn er davon berichtet, dass er die Studierenden dazu auffordere, die Chance für Fragen im FSU zu nutzen, was eine Gemeinsamkeit mit den FSL B und D darstellt. Die Vorlesungen sind für die Vermittlung der Inhalte vorgesehen, während der FSU für die Aneignung der Sprachstrukturen, Fragestellungen, Zweifel etc. da ist.

Im FSU lasse der FSL E Freiraum für die Fragen, die nicht im Kontext der technischen Fachkommunikation auftauchen („wo der schuh drückt“) (ebd.: Z. 264). Vielleicht ist der FSU hier dem Fremdsprachenunterricht ähnlich. Die Atmosphäre ist sehr wichtig für die Fachsprachenförderung, das betonen alle FSL, die an dieser Studie teilnehmen.

Nur die Reaktion der Studenten liefert dem FSL E den Eindruck eines erfolgreichen Unterrichts. Es gibt keine Zielsetzung, keine Selbstkritik, keine objektiven Zeichen außer der Aktivität der Studenten – was auch die anderen FSL erwähnen.

Vergleichen wir diese Antwort mit der Antwort des FSL C („es hängt davon ab, wie es mir gelingt, die Studenten zur Mitarbeit zu motivieren")[141]. Beide FSL sprechen über die gleichen Variablen, *Mitarbeit* bzw. *Beteiligung* und *Motivation der Studierenden*, aber die Gründe hierfür gehen auseinander. Für den FSL E liegt die Verantwortung für den Erfolg des Unterrichts bei den Studenten, bei dem FSL C liegt diese Verantwortung bei ihm selbst. Die FSL D habe ebenfalls ein schlechtes Gefühl, wenn sie nicht jeden erreiche, wie auch die FSL B, die zugibt, dass es schwer sei, jemanden aufzugeben[142]. *Das Motiv der Verantwortung* ist hier wichtig, sie wird unterschiedlich empfunden.

4.5.1.8 Was würde der FSL E den anderen FSL empfehlen?

Entweder verstand der FSL E die Frage nicht, oder war die Frage zu offen formuliert, oder drehte er einfach das Thema um. Die ausgeführte Frage beantwortete er folgendermaßen: „hm↓*tja↓* ich kenne so niemanden↓der fachsprachenlehrer mit fester stelle ist↓es scheint auch alle zwar gefragt zu sein↓*und es ist schwierig↓auch da teilweise die leute zu akquirieren↓" (ebd.: Z. 284 ff.). Das sind hier eher Merkmale des Berufs FSL, dieser sei geschätzt, aber es gebe nicht so viele FSL auf dem Bildungsmarkt. Wenn sie an einer Institution arbeiteten, werden die gepflegt und für längere Zeit behalten (ebd.: Z. 288 ff.). Dabei problematisiert der FSL E den Sachverhalt auf der Verwaltungsebene, er wünsche sich einen „*vernünftigen vertrag*" (ebd.: Z. 296 f.), der es ihm ermöglichen könne, die Sommerfachsprachenkurse zu übernehmen, was er mit dem aktuellen Vertrag nicht machen könne.

4.5.1.9 Resümee

Das Konzept des FSL E ist offen, seine Grundlagen basieren auf *Spontaneität* und *Lernerorientierung*, dabei fehlen exakt formulierte Unterrichtsziele. Daher gibt es kein explizites Konzept, mit dem er den FSU durchführt. Der FSL E kommt zum Unterricht und befragt die Studierenden, was sie sich wünschten, wo sie Probleme hätten. Daraus schöpft er Lernziele für seinen FSU. Er stellt sich selber die rhetorische Frage, ob er ein Konzept haben müsse und antwortet, er sei Quereinsteiger,

141 Siehe Kapitel 4.4.3.5.

142 Siehe Kapitel 4.4.4.

habe kein Sprachlehrerdiplom, die Didaktik fehle ihm und er setze sich deshalb intuitiv und mithilfe seiner Erfahrung mit dem FSU auseinander. Der FSU sei für ihn eine *Erweiterung des Fremdsprachenunterrichts*, für den eine sprachliche Voraussetzung zwischen B1 und B2 notwendig sei.

Der FSL E verortet die Probleme der Studierenden auf der produktiven Ebene – sowohl im schriftlichen als auch im mündlichen Ausdruck – und versucht mit überwiegend *populärwissenschaftlichen Texten*, aber auch mit Fachtexten die Produktivität der Studierenden zu verbessern. Es falle ihm trotzdem schwer, die Studenten zum Sprechen zu bringen („dann sollen sie es machen und können das nicht↓").

Der FSL E ist Ingenieur, seine Ausbildung und Erfahrung als Deutschlehrer in den Integrationskursen bilden die Grundlage seines FSU. Dabei ist er nicht dazu bereit, Zeit und Bemühungen zu investieren, um ein Konzept aufzubauen und methodisch-didaktische Strategien zu entwickeln, sein Motto ist „learning by doing".

Er spricht die finanzielle Realität der Lehrer ohne festen Vertrag an, welche kaum Chancen für den Zeitaufwand lasse, den zumindest die FSL B, C und D obligatorisch für eine hinreichende Vorbereitung auf den FSU halten.

Der Aufbau der sozialen Ebene und des Vertrauensverhältnisses falle ihm schließlich leicht, dabei thematisiert er die interkulturelle Ebene in Bezug auf reaktives Verhalten der Studierenden aus asiatischen Ländern. Der erfolgreiche Unterricht sei für ihn erreicht, wenn die Beteiligung und das Interesse der Studierenden vorhanden seien.

4.5.2 Zwischenbetrachtung

Der Seltene Fall, der nur durch einen FSL E vertreten ist, zeigt viele beachtliche Gemeinsamkeiten, aber auch erhebliche Unterschiede mit dem Idealfall.

Folgende Analoga lassen sich festhalten:

- Die Vermittlung der technischen Fachkommunikation erfordert bei den FSL fachliche und (fachwissenschaftlich) sprachliche, methodisch-didaktische Kompetenz sowie Unterrichtserfahrung, d. h. pädagogische Kompetenz.

- Die technische Fachkommunikation umfasst Ingenieurdenken und sämtliche Kenntnisse aus allen Ingenieurwissenschaften, die der FSL mit fachlichem Hintergrund nicht unbedingt hat – wie im Falle des FSL E, er studierte Maschinenbau, aber verstehe nicht so viel aus dem Bereich der E-Technik. Trotzdem besitzen die FSL mit Ingenieurhintergrund die Basis für den jeweiligen FSU.
- Die Ausbildung, der biografische Weg sowie der Persönlichkeitsfaktor prägen das Konzept des FSL, das Konzept ist dabei ein sich verändernder Prozess.
- Der FSL unterrichtet das, was er kann.
- Der FSU ist eine Erweiterung des Fremdsprachenunterrichts, d. h. die Deutschkenntnisse der Studierenden sollten sich auf einem Niveau zwischen B1 und B2 bewegen. Die Deutschkenntnisse sind wichtig, aber werden nicht gleichgesetzt mit den fachsprachlichen Inhalten.
- Die Ziele des FSU haben auch einen fachlichen, sprachlichen bzw. fachwissenschaftssprachlichen und methodischen Bezug.
- Der (offene) Unterricht ist kommunikativ und lernerorientiert.
- Ein zentraler Aspekt auf der affektiven bzw. sozialen Ebene im FSU ist, die Angst der Studierenden abzubauen und ein Vertrauensverhältnis zu entwickeln.
- Der Wohlfühlfaktor ist nicht so intensiv wie bei FSL A, B, C und D, aber trotzdem fühlt sich der FSL E einbezogen und nicht unwohl im Kontext der Vermittlung der technischen Fachkommunikation.

Darüber hinaus soll noch auf folgende Aspekte hingewiesen werden, die sich aus der Analyse des Interviews mit dem FSL E ergeben und keine Ähnlichkeit mit oder sogar einen Widerspruch zu den FSL A, B, C und D zeigen:

- Der Einsatz der populärwissenschaftlichen Literatur hat zum Ziel, den übergreifenden Bezug herzustellen und nicht in die fachliche Tiefe der technischen Inhalte einzutauchen, nicht wie bei dem FSL A – das technische Verständnis bei den Studierenden der Geisteswissenschaften zu entwickeln. In dieser Hinsicht entsteht die Frage: Warum soll in diesem Fall eine Lehrkraft mit fachlichem Hintergrund den FSU erteilen? Der FSL C filtert die Journalistensprache aus den Texten und beabsichtigt das Gegenteil – nicht auf der Oberfläche des Textes zu bleiben.

- Es ist ersichtlich, dass die Methodik und Didaktik sowie das Konzept des Unterrichts intuitiv nicht aufgebaut werden können. Der FSL C stellt eine Hypothese auf, die im Fall des FSL E Unterstützung findet: Der Quereinsteiger kann keinen FSU erteilen, ihm fehlen die pädagogische Ausbildung, „das muss man richtig lernen“ (FSL C: Z. 297).
- Die strukturellen Rahmenbedingungen und das Motiv des Broterwerbs spielen für den FSL E eine durchaus große Rolle für die Konzepterstellung des FSU, was die FSL B, C und D negieren.

4.6 Klassischer Fall: FSL F, G, H, I, J, K, L

4.6.1 FSL F[143]: „ich muss mein konzept vermitteln↓dann ist das selbstläufer↓“[144]

4.6.1.1 Informationen zu Interview und Interviewpartnerin

Das Interview fand im Büro der FSL F statt. Dies war das zweite Gespräch mit ihr, das erste Interview hatte vor einem Jahr stattgefunden – im Dezember 2012. Damals ging es auch um die Vermittlung der Fachsprache: Es wurde von mir eine Bedarfserhebung durchgeführt, in der ich die Perspektiven dreier Akteure der technischen Fachkommunikation (Fachsprachenlehrer, Fachmann bzw. Professor für Informatik, Student der Informatik/Telematik) einander gegenüberstellte[145]. Ich fand das Konzept der FSL F beeindruckend, deshalb bat ich sie um das Interview im Rahmen der vorliegenden Studie.

Die FSL F studierte und promovierte im DaF-Bereich. Sie gab beim ersten Gespräch folgenden Kommentar zu meiner Studie: „Das ist gut, dass Sie dieses

143 Dr. Astrid Balde.

144 FSL F: Z. 364.

145 Siehe Gladitz et al. 2014.

Thema problematisieren. Wenn ich jetzt meine Dissertation geschrieben hätte, dann hätte ich bestimmt zu dem FSU geschrieben – es gibt so viele Fragen“[146].

Die Wahl oder *Freiwilligkeit bei der Erteilung des FSU*[147] ist der erste Kode, der im Interview mit der FSL F bei der Analyse fixiert wird (FSL F: Z. 6 ff.). Die *Wahl* der Vermittlung der technischen Fachkommunikation wurde laut FSL F eher aus den Umständen heraus getroffen, sie geschah weder aus Affinität zur Technik noch aus Interesse daran, eher als eine Konsequenz der sich ergebenden Bedingungen, da keiner den technischen FSU erteilen wollte. Es ist auffällig, dass die FSL F das Problem mit dem (zweimal gesagten) Indefinitpronomen „keiner“ (ebd.: Z. 7) verallgemeinert und mit dem Attribut „ganz banal“ (ebd.: Z. 6) versieht, welches indizieren könnte, dass eine solche Situation nicht nur in diesem Fachsprachenzentrum auftritt, sondern auch in anderen FSZ möglich ist.

Es ist auffallend, dass die FSL ohne fachlichen Hintergrund Berührungsängste haben, d. h., sie reagieren auf der emotionalen Ebene, die Technik wirkt erschreckend. Mit der Erfahrung kommen dann die Erkenntnisse und ihre Reaktionen verlagern sich auf die reflektierende Ebene: die Schwierigkeit der technischen Fachkommunikation wurde unterschätzt. Am Anfang haben wahrscheinlich die FSL, die noch nicht damit begonnen haben, den Unterricht vorzubereiten, in der Phase der Auswahl der FS andere Vorstellungen (wie die FSL G und J vor dem Kurs vermuteten, es sei praxisbezogen[148]). Mit der Zeit wird die Komplexität des Unterrichtsfaches begriffen und die FSL F bemerkt, sie „würde das jetzt nicht mal einfach zack zusagen↓ wie früher↓“ (ebd.: Z. 30).

4.6.1.2 Unterrichtsansatz: Ziele und Aufgaben im FSU der FSL F[149]

Für die FSL F ist die *Begrifflichkeit* der Disziplin ein guter Einstieg in das Thema der Vermittlung der technischen Fachkommunikation (ebenfalls für den FSL C,

146 Es gibt keinen Verweis auf die Interviewpassage, denn die Aussage erfolgte nach dem Interview.

147 Vgl. FSL D (siehe Kapitel 4.4.4).

148 Vgl. FSL G und J (siehe Kapitel 4.6.2).

149 Siehe Zalipyatskikh (2016); siehe Zalipyatskikh (i. D.): „Überlegungen zu den Unterrichtsdefinitionen und -zielen der Fachsprachenlehrenden der technischen Fachkommunikation“.

der die Bezeichnung seiner Fachsprachenkurse thematisiert). Die FSL F bevorzugt nicht den Begriff *technische Fachkommunikation*, sondern die Begriffe „*technische kommunikation↓oder fachliche kommunikation↓*" (ebd.: Z. 16 f.). Dabei unterrichte sie keine technische Kommunikation/fachliche Kommunikation, das betont sie, sie erforsche die *Fachwissenschaftssprache für Ingenieure* zusammen *mit den Ingenieuren* auf hohem Niveau (ebd.: Z. 348 f.). Ihr Ansatz sei die niveauvolle Zusammenarbeit mit den Akteuren, die drei Rollen zugleich innehaben: Student, Forscher, Publizist, und zwar auf Augenhöhe nach den Richtlinien der wissenschaftlichen Ethik. Damit verfolgt die FSL F bei den Studierenden das Ziel der Entwicklung der Studierfähigkeit, in ihrem Unterricht wird ein für das Studium nötiges sprachliches Rüstzeug, ein Instrumentarium gefördert – nach dem Motto: Die Sprache sei Mittel zum Zweck (ebd.: Z. 18 ff.).

Nach Auffassung der FSL F liege zwischen dem FSU und dem Fremdsprachenunterricht ein Unterschied in Bezug auf das *Sprachniveau* und als Konsequenz unterscheide sich auch die *Lehrerrolle*. Sie führt Folgendes aus:

> je höher das niveau↑also jetzt auch fachsprachlich↓desto stärker verändert sich die rolle der lehrenden↓es wird immer es geht immer mehr in richtung moderator↓auf augenhöhe↓wir lernen voneinander↓ (ebd.: Z. 564 ff.)

Hieraus können wir ableiten, dass die FS als eine *Erweiterung der Fremdsprache* interpretiert wird.

4.6.1.3 Konzept der FSL F: Methodisch-didaktische Gestaltung des FSU

Das Konzept der FSL F hat keinen für einen traditionellen Unterricht typischen Rahmen. Sie schildert:

> ich muss sie packen↓also meine didaktik ist↑ich muss sie motivieren↓ich muss mein konzept vermitteln↓dann ist das selbstläufer↓ich muss vermitteln↓ dass das kein kurs ist↓dass das ein treffen ist↑bei dem man auch mal nicht kommen muss↓ (ebd.: Z. 364 ff.)

In dieser Passage sehen wir nicht nur eine bemerkenswerte Bezeichnung für ihre Veranstaltung – sie nennt sie „*Treffen*", die für uns nicht nur als In-vivo-Kode fixiert wird, sondern auch auf Variablen von hoher Relevanz verweist, nämlich *Selbstständigkeit* und *Freiheit* – den Studierenden ist es freigestellt, zum Unterricht zu kommen. Am Anfang des Kurses versuche die FSL F den Studierenden ihr spezielles Konzept zu vermitteln, damit sie wüssten, was von ihnen verlangt werde[150], daraus folge dann die Motivation für das selbstständige Arbeiten und die eigene quantitative Untersuchung. Wenn sie dieses Konzept akzeptierten, würden die Studierenden autonom arbeiten, dadurch entwickele sich die Gruppe der Forschenden. Nach dem Projekt werden die Forschungsergebnisse in Form einer technischen Schreibdokumentation sowohl auf der Internetseite der Universität als auch auf der des Verlags publiziert.

Um das wissenschaftlich orientierte Konzept der FSL F darzustellen, soll ihr Gedankengang hier ausgeführt werden. Sie reflektiert wie folgt:

> vielleicht ist passiv gar kein problem↑[…] wie viele denken noch↑ wissenschaftssprache ist passiv↓nominalisierungen↓ partizipialkonstruktionen↓bla-bla-bla↓nicht bei mir↓bei mir ist fachwissenschaftssprache komposita↓also thema bindestrich↓anführungszeichen↓denglish↓na↓ diese ganze literatur ist auf englisch↓ausländische studenten ein chinese liest auf englisch↓denkt vielleicht auf chinesisch↓schreibt auf deutsch↓was kommt dann am ende raus↑bei einer time-limit-verfahren↑time-limit groß↑zusammen↑mit bindestrich↑in anführungszeichen↑und so↓das ist fachwissenschaftssprache↓also die verändert sich↓oder sie es muss überhaupt neue regeln gefunden werden↓ und diese starre form der grammatiken so ist es↓liebe leute↓ ist nicht mehr zeitgemäß↓aus meiner sicht↓ (ebd.: Z. 394 ff.)

In diesen kritischen Reflexionen der FSL F erkennen wir neue Variablen für unsere Studie: *Aktualität der grammatischen Normen in der Wissenschaftssprache*, *Orthographie der englisch-deutschen Fachbegriffe*, die *Muttersprache* als Einflussfaktor im Prozess der Aneignung der Fachwissenschaftssprache, *Englisch* in der technischen Fachkommunikation, *Denkprozesse* in der technischen Fachkommunikation. Die FSL F wirft eine rhetorische Frage auf der kognitiven und der interkulturellen Ebene auf: Welches Sprachprodukt folgt als Resultat aus den Sprachtätigkeiten (Lesen - Denken - Schreiben), die in den unterschiedlichen

---

150 Das ist die klassische Unterrichtsmethode – die Zielsetzung des Kurses und die Aufgabenstellung zu erklären.

Sprachen (Englisch - Chinesisch - Deutsch) ausgeführt werden? Mit ihrem eigenen Konzept zeigt die FSL F, dass der Anknüpfungspunkt von solchen Sprachmischungen im technischen Zusammenhang (z. B. Begriffe wie Time-Limit-Verfahren etc.) die Erforschung der Fachwissenschaftssprache mit angewandten Zielen sein könnte, bei der die Studenten anhand eines kleinen linguistischen Problems innerhalb des technischen Kontextes für die Sprache sensibilisiert würden. Die FSL F stellt eine interessante (wahrscheinlich für viele FSL eine polemische) Frage, ob Passiv kein Problem in der technischen Fachkommunikation sei (was in allen Fachsprachenkursen oft als ein zentrales Thema etabliert wird), damit plädiert sie für die Erforschung der konkreten fachsprachlich relevanten Probleme im quantitativen Paradigma.

An dieser Stelle soll die oben erwähnte *Rollenverteilung* verdeutlicht werden. Sie ist ein Teil der Didaktik im Konzept der FSL F. Die FSL F hebt hervor:

> die didaktik besteht darin↓eine ganz hohe motivation und einen ganz großen forscherdrang↓durch diese methode↑[…] durch diesen ansatz der einstimmung in der ersten stunde↓das muss ich rüberbringen↓und auch so die rollenverteilung↓ich habe fragen↓sie haben fragen↓wir finden das gemeinsam raus↓ (ebd.: Z. 377 ff.)

Die FSL F verweist auf die *Ebenbürtigkeit* zwischen den Studierenden bzw. Forschenden und ihr – die Variable, auf die ebenfalls die FSL D Gewicht legt.

Das Treffen der Akteure kann folgendermaßen dargestellt werden: Die FSL F kommt aus der Sprachdisziplin und bewegt sich hin zur Schnittstelle Fachsprache, aus der Gegenrichtung treten ihr die Studierenden mit ihrer technischen Perspektive entgegen (vgl. Gladitz et al. 2014: 156). Ihr Treffpunkt ist die Fachsprache. Hierhin tragen alle Akteure ihre Fragen und versuchen sie miteinander wissenschaftlich zu klären.

Die Schwerpunkte der FSL F sind einerseits die Schreibberatung („*Schreibmentoring*“), also bedarfsorientierte Konsultation für die Studierenden mit Fokus auf dem Schreiben, und andererseits der Forschungskurs („*Forschungswerkstatt*“).

4.6.1.3.1 Schreibmentoring

Die FSL F stellt fest: Jede Fachwissenschaftssprache hat eine eigene Spezifik, die erlernt und nicht gemischt werden sollte. Sie nimmt folgenden hypothetischen Fall an:

> kommt jetzt hier eine architekturstudentin rein und sagt↑können sie mir beim schreiben helfen↑würde ich sagen NEIN↓weil ich diese FACHWISSENSCHAFTSSPRACHE nicht kenne↓oder ich müsste mich einarbeiten↓ (ebd.: Z. 45 ff.)

Über einen solchen Fall berichtet die FSL B, als sie die falsche Interpretation der Fachsprachenvermittlung thematisiert. Ihre Kritik bezieht sich dabei auf die FSL, die sich auf mehrere Fachbereiche im Unterricht konzentrieren[151].

Die FSL F berät die Studierenden beim Schreiben der Master-, Doktor- und Hausarbeiten im Ingenieurbereich individuell.

Sie ist überzeugt, dass mit der *Erfahrung* die Aneignung der *Denkelemente* („die denke")[152] im Kontext der Fachwissenschaftssprache käme. Sie setze sich mit den angehenden Ingenieuren auseinander, sie arbeite mit ihnen, indem diese ihr die technischen Inhalte erörterten: Nach zehn Jahren könne sie viel verstehen (ebd.: Z. 50 ff.).

Die FSL F kann zwar nicht alle Fragen beantworten, doch sie sammelt sie in einer Datei mit dem Namen „*gute frage*" (ebd.: Z. 84). Im Forschungskurs werden diese Fragen dann quantitativ von den Studierenden untersucht, wie bereits thematisiert wurde.

4.6.1.3.2 Forschungskurs[153]

Der Forschungskurs ist für Nichtmuttersprachler, obwohl die Fachsprache sowohl für Muttersprachler als auch für Nichtmuttersprachler relevant sei (ebd.: Z.

151 Siehe Kapitel 4.4.2.

152 FSL F: Z. 51; Z. 538.

153 Siehe Zalipyatskikh (2016); siehe Zalipyatskikh (i. D.): „Überlegungen zu den Unterrichtsdefinitionen und -zielen der Fachsprachenlehrenden der technischen Fachkommunikation".

318 ff.; Z. 323 ff.). Die FSL F bedauert diesen Umstand, denn es gebe in beiden Gruppen Personen, die Sprachempathie hätten[154]. Die strukturellen Bedingungen erlaubten aber nicht, dass Muttersprachler an solch einem Kurs teilnähmen, sie könnten für ihn keine ECTS-Punkte bekommen (ebd.: Z. 327 ff.).

Die sprachliche Voraussetzung für diesen Kurs ist C1 und nach Auffassung der FSL F seien Punkte am Ende des Kurses keinesfalls ein leichter Verdienst (ebd.: Z. 331 ff.).

Die Zielgruppe der FSL F bestehe vor allem aus Masterstudenten, weniger aus Doktoranden und Bachelorstudenten, denn erstere besäßen fachliches Wissen und seien reif, lernerfahren und erwachsen (ebd.: Z. 354 ff.).

Die FSL F versteht ihren Kurs als Einladung an die Studierenden, Fragen auf der *textuellen, stilistischen, textsyntaktischen, lexikalisch-semantischen Ebene* gemeinsam zu klären und zusammen zu recherchieren. Sie führt hierzu aus:

> ich merke dass studenten viele fragen haben↓ich kann die alle nicht fundiert oder professionell beantworten↓ ich möchte das aber↓und ich lade sie ein↓mit mir zusammen diese fragen zu beantworten↓ indem wir in texten von deutschen recherchieren↓nach den antworten↓ (ebd.: Z. 151 ff.)

Dieser Ansatz wird wie bereits erwähnt in der ersten Sitzung explizit erklärt, weil die Studierenden den elektronischen Kommentar zur Veranstaltung in den meisten Fällen nicht lesen[155]. Sie handelten aus pragmatischen Gründen, sie bräuchten ECTS-Punkte und ihnen reiche das Wort Technik in dieser Etappe (ebd.: Z. 148 ff.; Z. 157 ff.).

Die erste Unterrichtseinheit bzw. Vermittlung des Konzepts gilt als Sondierungsphase und auch als Versuch des Aufbaus der sozialen und fachlichen Ebene. Die FSL F versuche herauszufinden, wer Interesse an der Sprache habe, wer bereit sei, selbstständig zu forschen (ebd.: Z. 283 ff.).

---

[154] Das ist eine Parallele zur These des FSL C, es gebe sehr gute Leute, die Sprachempathie hätten und geeignet für das Lehrertandem im FSU seien.

[155] Hier wird eine der Besonderheiten des Denkstils der Studierenden der Ingenieurwissenschaften indiziert: Sie lesen nicht gern Texte. Diese Hypothese soll geprüft werden.

Die Vermittlung des Konzepts sieht folgendermaßen aus: Die typischen Schwierigkeiten der Studierenden der Ingenieurwissenschaften (aus der Datei *„Gute Frage*") werden von der FSL F tabellarisch systematisiert, ein *Textcorpus* aus authentischen Materialien, z. B. Dissertationen und Forschungsberichten, erstellt und die Phänomene zu erkennen gegeben (ebd.: Z. 193 ff.). Dabei sind die fachsprachlichen Probleme nicht hochkomplex, es geht um einfache Phänomene, die aber signifikant für die technische Fachkommunikation sind, z. B. Wortpaare wie ‚Anordnung/Position' oder ‚präzise/genau' u. a. So beeinflusst sie einerseits die *Motivation der Studierenden*, ihren *Forschergeist*, sie zeigt ihnen die Probleme, die jeden von ihnen betreffen, und sie macht deutlich, dass sie diese Probleme nicht allein lösen kann. Dadurch wird aber andererseits ein gewisser *Forschungsplan* für die Studierenden entwickelt, sie sollen durch Textcorpora diese Phänomene kategorisieren und Regeln entdecken, die für alle wesentlich sind.

In dieser ersten Sitzung werden die Studierenden sprachlich sensibilisiert. Sie werden nicht gefragt, was sie vom FSU erwarten, die FSL F zeigt ihnen einfach den Problemkreis auf, das Arbeits- bzw. Forschungsfeld. Mit dem *Prinzip der Offenheit* in Bezug auf die eigene Rolle und die eigenen Kompetenzen erzeugt sie des Weiteren eine wissenschaftliche, freie Atmosphäre (d. h., das Konzept der FSL F sei ein ruhiges Projekt, wenn den Studenten die Aufgabe klar sei, kämen sie, öffneten den Textcorpus und forschten. In bestimmten zeitlichen Abständen, in zwei-drei Wochen komme der junge Forscher freiwillig nach vorne an die Tafel und berichte im Plenum, was er herausgefunden habe) (ebd.: Z. 640 ff.). Die FSL F führt ein Beispiel an, bei dem sich ein Student spontan meldete und direkt eine Frage stellte, die zur Datei „Gute Frage" gehörte. Dieses Beispiel verweist auf die Unmittelbarkeit eines solchen Unterrichtsstils, die Resonanz kommt sofort. Sie führt folgendermaßen aus:

> ein student hat in der letzten woche hat gefragt↓ er hat oft gelesen↓ das ziel ist es↓komma↓muss da eigentlich das es sein↑eine sehr gute frage↓die ich auch gerne beantworten könnte↓also durch diese übung sage ich mal (ebd.: Z. 250 ff.)

Nach der Darlegung ihres Ansatzes fragt sie ihre Studierenden, ob sie das Konzept verstanden und daran Interesse hätten bzw. ob sie noch weitere Kommentare äußern wollten. Dabei stellt die FSL F immer wieder fest, dass nicht alle bereit sind, in dem von ihr konzipierten Modus zu arbeiten (ebd.: Z. 169 ff.; Z. 265 ff.)

Ein Semester lang wurden im Rahmen des Forschungskurses wissenschaftliche *Aufgabenstellungen* analysiert, denn diese intellektuelle Leistung falle den Studierenden sehr schwer (ebd.: Z. 108 ff.). (Die FSL G, H, I, J und L geben zu, dass es den Studenten schwer falle, Aufgabenstellungen zu verstehen, dies müsse intensiv trainiert werden.) Die FSL F denkt, dass diese Kompetenz besonders relevant für Ingenieure sei, ihre Arbeit beginne mit der Aufgabenstellung (ebd.: Z. 105 ff.).

Es wurde zusätzlich der Kurs „*Ratgeber*" angeboten, der die Studierenden aber überforderte. In diesem Seminar sollten alle Ratgeber der Technischen Fakultäten der Universität analysiert werden, z. B. wie ein Abstract oder eine Einleitung geschrieben werden etc. Die FSL F konkretisiert weder die Inhalte des Kurses noch die Gründe der Überforderung der KTN (ebd.: Z. 191 ff.).

Die kurz beschriebenen Kurse der FSL F zeigen ihr fachwissenschaftssprachliches Repertoire und ihre solide Erfahrung in diesem Bereich.

Es gibt einen weiteren wichtigen Aspekt in der Konzeptphilosophie der FSL F, die *Lehrersprache*: Der Lehrer im Raum bleibt ein Lehrer, obwohl sich die FSL F kein einziges Mal so nennt und eigentlich nicht unterrichtet, sie positioniert sich klar als *Expertin für Sprache* (ebd.: Z. 567; Z. 513). Ihre Lehrersprache[156] ist *lernerorientiert* und einfach gehalten, so bleibt der pädagogische Prozess verständlich. Sie betont Folgendes:

> stichwort metasprache↓ich versuche nicht einmal das wort verb↓ substantiv↓ partizipialkonstruktionen zu benutzen↓nur wörter↓wortpaare↓ja↓weil meine klientel sage ich mal oder meine studis wollen ja auch keine germanisten oder linguisten werden↓ (ebd.: Z. 515 ff.)

[156] Vgl. FSL B (siehe Kapitel 4.4.2).

Mit dem ausgeführten Konzept erzeugt die FSL F ihrer Meinung nach eine geeignete Plattform für fachwissenschaftssprachliche Diskussionen zur Vermittlung von Fachsprachen (ebd.: Z. 585 ff.).

Sie berichtet begeistert über einen Vortrag, den sie bei einer Konferenz hörte. Die Vortragende war eine Corpusforscherin, deren Thesen lauteten: Alle sollten mit Corpora arbeiten, denn Corpora spiegelten die Sprachrealität wider; Lehrende, Forscher und Publisher sollten enger zusammenarbeiten (ebd.: Z. 601 ff.). In diesen Postulaten findet die FSL F die Unterstützung für ihre fachwissenschaftssprachliche Unterrichtsphilosophie.

Als Indikator des guten Unterrichts gelten bei der FSL F, ebenso wie bei dem FSL C, *Forscherinstinkt* und der *Wunsch, die Untersuchung fortzusetzen*, trotz Unterrichtsende (ebd.: Z. 636 ff.).

Zusammenfassend sollen zwei Prinzipien des Konzepts der FSL F unterstrichen werden: *Corpusorientiertes Arbeiten* und *Rollendefinition* (ebd.: Z. 612 ff.). Des Weiteren zeichnet sich das Programm durch große *Offenheit und Freiheit* aus. Die FSL F ist überzeugt, den Studenten gefiele dieses Konzept: „dies offene konzept sei gut↓diese freiheit↓" (ebd.: Z. 559). Die Bedeutung der Freiheit wird sehr hoch eingeschätzt und bleibt der rote Faden des Gesprächs (ebd.: Z. 575 f.; Z. 586). Die FSL F nennt ihr Projekt „deutsch als fremdsprache ohne das↓ ohne druck↓ angst↓ und stress↓" (ebd.: Z. 560 f.).

4.6.1.4 Kompetenzen des FSL

Die Frage nach den Kompetenzen des FSL[157], ob er einen fachlichen Hintergrund haben sollte, wurde in allen Interviews konsequent gestellt. Auf diese Frage antwortet die FSL F wie folgt:

> ja↓ ja↓ ja↓das ist all der zentralen fragen↓ […] wer hat diese orchideen-kombination ingenieur und deutsch als fremdsprache↓ […] also es gibt diese menschen in der regel nicht↓die werden irgendwie geformt↓und entweder sie steigen dann wieder aus↑ oder sie bleiben dabei↓ (ebd.: Z. 457 ff.)

[157] Nach diesem Interview, das zeitlich das zweite innerhalb der Studie war, wurde die Frage anders formuliert: Welche Kompetenzen braucht der FSL? Diese Formulierungstransformation beeinflusste die Antwort der FSL F.

Die Metapher „Orchideen-Kombination“, die schon einmal erwähnt wurde, ist ironisch markiert und drückt etwas Ideales, Verträumtes, fast Utopisches aus. Eine solche Kombination sei selten anzutreffen – wichtig ist, obwohl dieser Gedanke banal wirkt: Sie sei immer mit der *persönlichen Biografie* verbunden (ebd.: Z. 461 f.). Die FSL F ist überzeugt, es sei eher reiner *Zufall*, Leute mit zwei Qualifikationen zu finden.

Wie dargestellt wurde, ist die FSL B davon überzeugt, dass der FSL wissen müsse, was der im FSU vermittelte technische Inhalt bedeute. Wir können diese These umformulieren: Wenn der Inhalt nicht vermittelt wird, ist es nicht notwendig, den technischen Bereich zu kennen. Die These der FSL F lautet entsprechend, dass sie die technischen Inhalte nicht wissen müsse, weil sie diese nicht unterrichte bzw. insgesamt keinen Unterricht im eigentlichen Sinne erteile. Die FSL F hebt hervor:

> das ist nicht anmaßend↓das ist eine ganz klare differenzierung↓wenn man sich mit fachwissenschaftssprache beschäftigt↑muss ich nicht wissen↓was ein piezoelektrischer effekt ist↓[…] wie geht das↑das liegt das hängt jetzt natürlich mit dem konzept zusammen↓ weil ich unterrichte ja NICHT↓ (ebd.: Z. 496 ff.)

Interessant ist, dass die FSL F als einzige FSL nicht die Meinung vertritt, dass es ohne Fachkenntnisse eher unmöglich sei, als FSL zu arbeiten, oder dass sie die fachliche Grundlage vermisse. Sie spricht wie folgt über eine ganz andere Dimension, und zwar über die *soziale Ebene* und die *Rollenverteilung*:

> wenn der unterricht nur ansatzweise so konzipiert↑dass das vermittelt wird↓ICH SPRACHE und EXPERTIN↓dann würde ich ins schwimmen kommen↓ICH↓ in meiner schreibberatung noch an diesem forschungskurs sage ich ganz klar↓SIE-FACH↓ICH-SPRACHE↓und zusammen jetzt in diesem forschungskurs wir alle sprache↓wir beschäftigen uns alle mit der sprache↓ (ebd.: Z. 510 ff.)

Der Kombination *FSL als Vertreter der Sprache* und *Studenten als Vertreter des Faches* wird noch der Fachexperte zugeordnet, so werde ein Dreieck gebildet (siehe Abbildung 16) (ebd.: Z. 533 ff.).

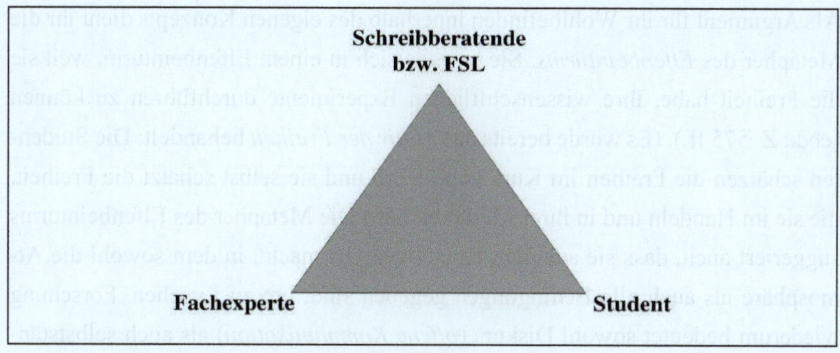

Abb. 16: Dreieck in der Fachwissenschaftssprache

Auf die direkte Frage, ob ihr die fachliche Kompetenz überhaupt nicht fehle, antwortet die FSL F, dass dies nicht der Fall sei, sie vermisse jedoch die *Denkweise der Fachleute* (was genau genommen ein Pendant zur fachlichen Kompetenz ist) (ebd.: Z. 537 ff.). Die FSL differenziert *Fachkenntnisse* und *fachliche Denkweise*, das Erste brauche sie nicht im Rahmen ihres Konzepts, das Zweite indes schon, aber sie glaube, dass sie sich diese „*denke*" (ebd.: Z. 536) *autodidaktisch* und durch ihre *Erfahrung* angeeignet habe. Hier entsteht eine Spiegelsituation zu dem FSL A: Er glaubt, durch *Erfahrung* und *Autodidaktik pädagogische Kompetenzen* ausgebildet zu haben.

4.6.1.5 Emotionaler Wohlfühlfaktor und die soziale Ebene

Die FSL F entwickelte ihr *DaF-ohne-DAS-Konzept* aufgrund ihrer pädagogischen Wertvorstellungen und Kompetenzen: Sie akkumuliert darin das, was im Bereich ihrer Fähigkeiten liegt. Das, was wir leisten können, macht unser Selbstverständnis stark – die FSL F bestätigt diese uns bereits bekannte These: „durch mein konzept fühle ich mich sehr gut↓" (ebd.: Z. 595 f.).

Die FSL F möchte den Erfolg bei den Studierenden sehen, wie auch die FSL B, D, G, H, I, J. Hierzu gelangt sie u. a. durch die Pflege der *sozialen Ebene*, durch die *offene Kommunikation* mit den Studierenden. Es sei wichtig für die FSL F, dass die Studenten mit ihr kommunizierten, denn sie seien Partner, und am Ende sollte sowohl ein Produkt entstehen als auch die gemeinsame Zufriedenheit (ebd.: Z. 370 ff.).

Als Argument für ihr Wohlbefinden innerhalb des eigenen Konzepts dient ihr die Metapher des *Elfenbeinturms*: Sie bewege sich in einem Elfenbeinturm, weil sie die Freiheit habe, ihre wissenschftlichen Experimente durchführen zu können (ebd.: Z. 575 ff.). (Es wurde bereits das *Motiv der Freiheit* behandelt: Die Studenten schätzen die Freiheit im Kurs von FSL F und sie selbst schätzt die Freiheit, die sie im Handeln und in ihrer Methodik hat.) Die Metapher des Elfenbeinturms suggeriert auch, dass sie aus dem Kurs einen Ort macht, in dem sowohl die Atmosphäre als auch alle Bedingungen gegeben sind, um zu forschen. Forschung wiederum bedeutet sowohl Diskurs (*offene Kommunikation*) als auch selbstständige intellektuelle Leistung (*Autonomie*) (ebd.: Z. 640 ff.).

4.6.1.6 Resümee

Zusammenfassend lässt sich festhalten: Die FSL F problematisiert bewusst den Begriff technische Fachkommunikation und versucht mit ihrem Konzept den Begriff *Fachwissenschaftssprache* zu etablieren, dabei betont sie, dass sie die technische Fachkommunikation nicht unterrichte. Damit handelt es sich hier um ein besonderes Projekt im Kontext der Vermittlung der technischen Fachkommunikation.

Das Ziel der FSL F besteht in der *Studierfähigkeit der KTN*, dabei betrachtet sie die *Sprache als Mittel zum Zweck*. Die Schwerpunkte ihres FSU sind *Schreibmentoring* und *Forschungskurs* – hier erforscht sie zusammen mit den Nicht-Muttersprachlern (Voraussetzung für diesen Kurs ist C1) die Phänomene der technischen Fachkommunikation auf der lexikalisch-semantischen, textsyntaktischen, stilistischen, textuellen Ebene mit Fokus auf der Fachwissenschaftssprache. Die Aufgaben des Forschungskurses bestehen in der Beantwortung der fachwissenschaftssprachlich relevanten Fragen (wie z. B. Worin liegt eigentlich der Unterschied zwischen „Test“ und „Versuch“, „erwünscht“ und „gewünscht“, „alle“ und „jede“? Solche Fragen, die von der FSL F „gefühlt“ beantwortet bzw. korrigiert werden, sind die Schwerpunkte ihres Forschungskurses (ebd.: Z. 63 ff.; Z. 69 ff.)). Dafür sammelt sie das *Textcorpus* mit den wissenschaftlichen Texten der Muttersprachler, die als Grundlage für die quantitative Recherche dienen. Die FSL F schafft eine Forschungsatmosphäre, erklärt die Spielregeln bzw. das Konzept und dann arbeitet jeder *autonom* – ihr Konzept sei ein *Selbstläufer*.

Für sich erkennt sie darüber hinaus die zentrale Aufgabe, die Studenten dazu zu *motivieren*, die Fragen durch eigene Untersuchungen selber zu beantworten (*motivieren* bedeutet auch für die Sprache *sensibilisieren*). Ihre These lautet: Wenn jemand *motiviert* ist, kann er *autonom* arbeiten (ebd.: Z. 365 ff.). Die Prinzipien *Autonomie* und *corpusorientiertes Arbeiten* unterstützen die *Freiheit* und *offene Kommunikation* – darauf basiere die FSL F ihr *DaF-ohne-DAS-Konzept*, d. h. DaF ohne Druck, Angst und Stress.

Die Ergebnisse der Studierenden werden von der FSL F nachbereitet und publiziert, hierzu bekommen alle freien Zugang.

Die definierte Rolle der Akteure ist wesentlicher Bestandteil des Programms, *Rollenverteilung* und klare Positionierung ersetzen für die FSL F die *fachliche Kompetenz*, die sie nach eigener Aussage nicht vermisst: Die Studenten sind Experten im Fach, die FSL F ist Expertin für die Sprache. Durch das Konzept *Unterricht ohne Unterrichten* fühlt sich die FSL F in der Dimension der Fachwissenschaftssprache wohl, sie vermisse zwar die *Denkweise der Ingenieure*, aber durch *Autodidaktik* und *Erfahrung* eigne sie sich diese an.

4.6.2 Gruppeninterview mit FSL G, H, I, J: „wir denken, ein Interview zu viert wäre aus diversen Gründen sinnvoller"

4.6.2.1 Informationen zu Interview und Interviewpartnerinnen

Das Interview fand im Dezember im Lehrerzimmer an einer Universität in der Türkei statt. Hinderlich war der Zeitfaktor, es gab nur eine Gelegenheit, alle FSL zu versammeln, und zwar während der Pause: Hätte das Gespräch länger gedauert, hätten die Lehrkräfte das Gespräch verlassen und in den Unterricht gehen müssen. Das Interview besteht aus zwei bedingten Teilen – im ersten Teil waren nur zwei Fachsprachenlehrerinnen (G und H), im zweiten jedoch alle vier (G, H, I, J).

Wie im Kapitel über das Theoretische Sampling ausgeführt, wurde das Gespräch nicht mit jeder Fachsprachenlehrerin im Einzelnen durchgeführt, sondern als Gruppeninterview. Dies war der Wunsch der Lehrerinnen, den sie mir in einem

Brief geäußert hatten. Die Gründe dafür sind in folgender Passage[158] aufgeführt, die ich hier ohne Änderungen übernehme:

> In der Tat gestaltet sich unsere Arbeit in diesem Fach sehr schwierig!
>
> Ich habe mich gestern mit einer Kollegin zu ihrer Email ausgetauscht. Selbstverständlich würden wir sie unterstützen, aber wir denken, ein Interview zu viert wäre aus diversen Gründen sinnvoller; Wir mussten denn FSU kürzen und haben somit noch nicht viele Stunden gehalten, wir sind alle Anfänger und wir planen unseren FSU zusammen, um uns austauschen zu können, da wir Anfänger sind….etc.. Wenn ihnen das zuspricht, sehen wir uns im Dezember.

Der Wunsch der Lehrerinnen, zu viert am Interview teilzunehmen, war für mich verständlich, weshalb ich nicht auf der geplanten methodischen Vorgehensweise beharrte. Im Gegenteil, ihr Vorschlag und ihre Bereitschaft, meine Studie zu unterstützen, waren mir sehr willkommen. Was bei mir Bewunderung ausgelöst hat, war die Aufrichtigkeit der Lehrerinnen im Gespräch, die Offenheit ihrer Emotionen, Gedanken und Einstellungen. Im Diskussionsraum herrschte starke Solidarität auf der emotionalen Ebene, Teamgeist und Ambition: Die Gruppe war um den Erfolg im FSU bemüht, aber aus bestimmten Gründen erlebte sie in dieser Zeit eher Verzweiflung und Enttäuschung, ohne dabei jedoch den Glauben an ein positives Resultat aufzugeben.

Alle vier Lehrerinnen besitzen DaF-/DaZ-Erfahrung, haben bisher jedoch nur acht Stunden im FSU verbracht. Nach der Analyse des Interviews konnte ich ihren Wunsch, während des Gesprächs zusammenzubleiben, besser nachvollziehen: Die FSL sprachen offen über ihre Probleme, wären sie dabei allein gewesen, hätte es als Scheitern, als Niederlage interpretiert werden können. In dieser Konstellation wurde der Problemkomplex der Vermittlung der technischen Fachkommunikation jedoch substanziell dargelegt.

Bei der Darstellung der Interviewsituation wurde oben von mir das Wort Solidarität verwendet, was keinesfalls bedeutet, dass die FSL in allen Fragen einig wa-

---

158 Aus der E-Mail vom 21.11.2013.

ren: Wenn eine Lehrerin ihre Erfahrungen ausführte, dann überlegten sich die anderen, ob die Situation in ihrem FSU bzw. ihre Einstellungen hierzu identisch aussähen oder nicht. In diesem Kontrast entstand eine gewisse intellektuelle Dynamik im Gespräch, jeder reflektierte allein und zugleich zusammen. Für die vorliegende Studie ist es ein Gewinn, die Erfahrungen der unbewanderten Fachsprachenlehrenden einbeziehen zu können: Die Berichte der FSL G, H, I und J zeigen, wie sich die Lehrkräfte im FSU fühlen, mit welchen Problemen sie am Anfang konfrontiert werden, mit welchen Gedanken sie zum FSU kommen, wie sie den FSU gestalten und konzipieren, und wie die Studierenden auf sie reagieren. Die ersten Schritte bei der Bewältigung der fachlichen Ebene sind im folgenden Gruppeninterview zentral.

4.6.2.2 Die Wahl der FS Mechatronik und die ersten Erkenntnisse der FSL

Die FSL G unterrichtet DaF seit drei oder vier Jahren und in einer bestimmten Periode auch berufsbezogenen Deutschunterricht (FSL G, H, I, Ja: Z. 6 ff.). Dabei habe sie durch das Unterrichten von verschiedenen Nationalitäten Erfahrungen auf der interkulturellen Ebene gewonnen. Die Vermittlung der technischen Fachkommunikation sei ein Bestandteil des Programms. Die FSL G dachte zunächst, die FS Mechatronik sei *leichter* als Jura zu *vermitteln*, bei der FS gehe es um die Wortschatzvermittlung und wenn die Lernenden das physikalische Grundverständnis hätten, dann wäre es für sie vorstellbar (ebd.: Z. 17 ff.).

Die FSL H unterrichtet DaF das vierte Jahr und, wie oben dargestellt wurde, die FS Mechatronik das erste Jahr. Sie verdeutlicht, Mechatronik wäre vorgeschrieben, sie hätte keine andere Wahl (ebd.: Z. 27 ff.). Aus Interesse wollte die FSL H eigentlich die FS Jura bekommen – sie argumentiert hier aus einer *persönlichen Perspektive*, was sie für sich wollte, was für sie interessanter wäre, und nicht aus der *Perspektive der Vermittlung* (aus der Perspektive der Lehrerin), wie beispielsweise die FSL G. Die FSL H vergleicht die FS Jura mit der FS Mechatronik: Sie finde FS Jura schwieriger, weil sie viel „interpretationsfähigeres" (ebd.: Z. 30) habe, aber inhaltlich interessanter als die FS Mechatronik.

Die FSL G wählte die FS Mechatronik, weil sie die Vorstellung hatte, Mechatronik sei leichter als Jura und Wirtschaft. Ihre 8-stündige Erfahrung zeigt, wie sie es selber formuliert: „dass es leichter [ist] als jura↑denke ich vielleicht schon↓aber als wirtschaft* glaube ich jetzt nicht unbedingt“ (ebd.: Z. 39 ff.).

Aus der Perspektive der Studierenden sei die FS Wirtschaft interessanter, meint die FSL G und kommentiert wie folgt: „also ich denke↑wirtschaft ist irgendwie interessanter für die studenten auch↓*weil mechatronik das ist irgendwie ja↓sie sind halt da↓es ist nichts praktisches↓man lernt einfach nur die wörter↓“ (ebd.: Z. 40 ff.).

Damit bestätigt sie die These der FSL B und D sowie des FSL C: Wenn die Studierenden keinen Bezug zur Realität sehen, haben sie kein Interesse. Wenn die Studenten die FS nicht interessant finden, werden die FSL, die keinen persönlichen Bezug zu den technischen Inhalten haben (wie uns die Gründe für die Wahl der FS bei den FSL G und H zeigen), ebenfalls demotiviert sein. Die FSL können keine inhaltliche Substanz der technischen Fachkommunikation bzw. Alternativen anbieten, nur das Vokabular (*„man lernt einfach nur die wörter↓*“), mit dem die Studenten nicht viel anfangen können. Mit dem Wort „nur“ könnte eine Parallele zur These der FSL B gezogen werden, wenn sie über die *leeren Begriffe* spricht.

Die FSL G kommentiert folgendermaßen die ‚Leichtigkeit‘ der FS Mechatronik, die ohne Anstrengung nicht zu vermitteln ist:

> weiß nicht↓*also ich denke es ist leichter als jura↓ja↓aber leicht fällt es mir trotzdem nicht↓*ich muss auch vorher immer noch erst einlesen in die sachen↓ich hab selber keine ahnung von atom oder so↓und dann ja↓lese ich mich da ein↓stelle das vor↓auch mit wörtern↓und dann sagen die studenten↑zum beispiel hm das haben wir in der grundschule gelernt↓wie das funktioniert↓oder so↓man denkt sich toll↓ (ebd.: Z. 43 ff.)

Diese Passage zeigt uns, dass der FSU der FSL G große Mühe bereitet und die Vorbereitung allein keinen Erfolg garantiert: Im Gegenteil, die FSL G investiert Zeit, arbeitet sich in die Materie ein und plant die Aufgaben, die sich für die Studierenden im Endeffekt als bereits gelernter Stoff herausstellen. Interessant ist hier die (verständliche) Reaktion der FSL G, sie ist frustriert, weil ihre Bemühungen keine effektiven Ergebnisse im Lernkontext bringen.

Die FSL ohne fachlichen Hintergrund können das Potenzial der Studierenden nicht objektiv einschätzen, sie spüren, dass die Studierenden viel mehr als sie im Bereich der Naturwissenschaften wissen, aber trotzdem sollen sie den Unterricht konzipieren. Sie bereiten sich auf den Unterricht vor, um danach im Unterrichtsraum vor den Studenten zu stehen, die auf das *Unterrichtsmaterial* wie auf ein *funktionsloses Relikt aus der Schulzeit* reagieren.

Die FSL G befasst sich wie folgt mit der *Rolle des FSL als Experte* im FSU im Rahmen der Auseinandersetzung mit der Problematik, dass die Vermittlung der FS Mechatronik scheinbar leicht sei:

> und man ist eigentlich überhaupt nicht der experte↓sondern man denkt sich↑die studenten wissen eigentlich eher schon viel mehr als man selbst↓und man muss sich dann verkaufen als der mechatronikexperte↓was sowieso ganz schnell auch gescheitert ist↓ich glaub seit der ersten stunde oder so↓ (ebd.: Z. 49 ff.)

Darauf reagiert die FSL H mit dem Widerspruch, sie wollte sich nie als Expertin verkaufen (ebd.: Z. 52 f.). Die FSL G wiederholt das *Motiv des Scheiterns*, sie gibt zu, dass die Strategie, vor dem Publikum als Expertin aufzutreten, eher primitiv und leicht zu entlarven sei (ebd.: Z. 53 ff.). Ihre Schilderung ist dabei bemerkenswert – es sei mit einem Theater vergleichbar: Der FSL ist wie ein Schauspieler, der eine Maske trägt, die Studenten bilden das Publikum, das ‚die Maske' herunterreißt.

Für die FSL G ist die Vorbereitung auf den FSU einerseits ein Lernprozess, sie wiederholt dreimal die Phrase „ich muss mich zuerst noch einlesen"[159], und andererseits eine *Identitätssuche*, die Suche nach der eigenen Rolle im Unterricht. Sie neigt zur Lehrerrolle im klassischen Sinne, obwohl sie eigentlich davon überzeugt ist, dass sie keine Mechatronik-Expertin ist, aber sie braucht ein Rollenbild, mit dem sie sich identifizieren kann. Sie weiß, dass die Rolle der Expertin nicht passt und trotzdem findet sie in dem Moment keine passende Partie, denn sie fühlt sich für den Unterricht verantwortlich.

---

159 ebd.: Z. 44; Z. 45; Z. 48.

Die FSL H sucht nicht nach einer ausgeprägten Rolle für sich, sie erteilt einen *wortschatzorientierten Fachsprachenunterricht* und expliziert ihn für die Studierenden. In dieser Explikation sichert sie sich und ihre professionellen Grenzen. Sie führt wie folgt aus:

> bei mir ist es dann eher so↑dass ich den studenten bewußt machen wollte↓so es geht hier um den wortschatz↓mir ist es klar↑dass sie viel mehr können in der hinsicht physik und mathematik↓und weiß ich nicht was↓die sind in allen fächern schon sehr viel besser als ich↓ist auch gut so↓mir geht es darum↑dass sie die deutschen entsprechungen dazu halt haben↓das ist sehr viel mehr wortschatzarbeit eigentlich↓aber↑ich muss mich auch einarbeiten in das thema↓klar↓ich möchte dann auch vorher wissen↑wovon ich eigentlich rede↓ (ebd.: Z. 55 ff.)

Sowohl die FSL G als auch die FSL H vermitteln den Wortschatz, den sie verstehen. Eine solche Unterrichtsphilosophie vermittelt uns auch der FSL A mit der bekannten These: „man unterrichtet schwerpunktmäßig das, wo man sich am wohlsten fühlt".

Folgende Tatsache scheint interessant zu sein: Die FSL H betont, dass sie sich nicht als eine Expertin verkaufen möchte. Sie wolle aber im FSU die deutschen Entsprechungen vermitteln, d. h., sie wählt für sich die Rolle der Expertin der deutschen Lexik. Die Rolle der Lehrerin ist schwer von der Rolle der Expertin zu trennen, hier entsteht ein gewisser Konflikt: Einerseits bestätigt die FSL G, man müsse sich als Mechatronik-Expertin verkaufen, aber andererseits finden sie alle es lächerlich – und trotzdem behandelt sie die Fachlexik im FSU.

Die FSL J unterrichtet DaF seit zwei Jahren und bezeichnet sich als haptische Person, als praxisorientiert, deshalb entschied sie sich für die Mechatronik (FSL G, H, I, Jb: Z. 556 ff.).

Die FSL I mit einer DaF-Erfahrung von fünf Jahren wollte gern FS Jura unterrichten, da sie Grundkenntnisse in diesem Bereich hat, aber bei der Verlosung bekam sie die FS Mechatronik (ebd.: Z. 560 ff.).

4.6.2.3 Unterrichtsansatz: Ziele und Aufgaben im FSU der FSL G, H, I, J

Die FSL G definiert den FSU folgenderweise:

> kurze wiederholung von so physikalischen eigenschaften […] dazu die wortschatzvermittlung↓ und↑im idealfall↑ dass sie […] in ihren eigenen worten aber natürlich auch mit dem fachvokabular […] sagen können↑was da passiert […] (FSL G, H, I, Ja: Z. 64 ff.)

Wir sehen, der FSU wird als eine Wiederholung von naturwissenschaftlichen Kenntnissen (merkwürdig ist: nicht als *Lernen*, sondern als *Wiederholen*) verstanden, als Vermittlung des Fachvokabulars, bei der die Sprachproduktion als Idealfall betrachtet wird (hierin besteht eine Andeutung auf die Schwierigkeit dieser Ebene).

Die Ziele des FSU stellt die FSL G folgenderweise dar:

> die ziele sind ja eigentlich↑hm*wortschatz schon so weit denen zu vermitteln↑dass wenn dann das studium tatsächlich beginnt↓dass sie da schon ein bisschen vertrauter sind↓und nicht mehr so ganz erschlagen werden von den fremden wörtern↓ (ebd.: Z. 71 ff.)

Die Ziele der FSL G stimmen mit den Zielen der FSL B, C, D und F überein, das Wichtigste sei die *Studierfähigkeit der Studierenden*. Laut der FSL F ist die Sprache Mittel zum Zweck. Für die FSL G ist die *Lexik ein Mittel zum Zweck*. Diese Unterschiede können durch den Umstand erklärt werden, dass die FSL F sich mit den Studierenden auf hohem sprachlichem Niveau (C1) beschäftigt, während die FSL G (sowie H, I und J) den Studenten von A1 bis B2 die FS vermitteln, sie werden also zusätzlich auf der sprachlichen Ebene mit dem *Problem der Heterogenität* konfrontiert. Die FSL G skizziert wie folgt eine Unterrichtssituation, in der ein Student mit B1 in einem Raum mit überwiegend A1-Studenten sitzt: „er sitzt dann da↓eher gelangweilt↓während die anderen wiederum gar nichts verstehen" (ebd.: Z. 80 f.). Die FSL G geht dabei auf ein Problem ein, das die Unterrichtsmaterialien betrifft, die die FSL als Grundlage für den FSU bekommen und die sehr schwer für die A1-Studierenden seien (ebd.: Z. 84 ff.).

Die FSL H verfolgt folgende Ziele im FSU: Grammatik- und Wortschatzvermittlung, Arbeit mit Lesetexten und Hörverstehen (ebd.: Z. 87 ff.). In der kurz dargelegten Auffassung der FSL H (s. u.) sehen wir stark ausgeprägte Merkmale des Fremdsprachenunterrichts, dabei ist auffällig, dass ihr FSU einen *rezeptiven, le-*

xikalisch orientierten Charakter hat. Die FSL H unterstreicht den Begriff Wortschatzvermittlung (ebd.: Z. 92). Es ist bemerkenswert, dass die FSL H die Grammatik der Allgemeinsprache erwähnt („das ist ein bisschen so eine wiederholung dessen↑was man im normalen unterricht gemacht hat↓aber↑da verwenden wir dann eher die fachwörter↓statt die anderen wörter↓die alltäglichen sachen [...]“[160]), nicht die grammatischen Phänomene, die für die technische Fachkommunikation kennzeichnend sind – was wahrscheinlich damit zu tun hat, dass die FSL G, H, I und J die FS ab A1-Niveau unterrichten: Die FS (hier: Fachlexik) wird in die Gemeinsprache implementiert.

Die FSL I definiert den FSU folgendermaßen:

> fachsprachenunterricht ist da eigentlich basiswissen↓terminologisches basiswissen zu vermitteln↓was ist der inhalt↓welche wörter werden mir demnächst begegnen↓und↑was muss ich darunter verstehen↓ (FSL G, H, I, Jb: Z. 587 ff.)

Anschließend nennt sie ihre Ziele: Die Studierenden sollten im FSU *technische Inhalte* verstehen und *terminologisches Wissen* erwerben (ebd.: Z. 590 ff.).

Für die FSL J sind Deutsch und FS verschiedene Phänomene. Die FS sei eine Kombination aus der deutschen Sprache und dem Thema bzw. Fach Mechatronik. Die FSL J bezeichnet diese Kombination als „ganz anderes feld“ (ebd.: Z. 573), Deutsch sei Kommunikationssprache, eine Art Basis, aber inhaltlich handele es sich um Mechatronik (ebd.: Z. 578 f.). Die FS ist der Aufbau und Deutsch dient als Basis. Deshalb ist für die FSL J die sprachliche Voraussetzung für die Studierenden B1, was auch die anderen FSL bestätigen. Ihre These begründet die FSL J wie folgt:

> vielleicht ein B1-niveau wäre voraussetzung↓weil es eigentlich nicht darum gehen sollte↑die sprache zu lernen↓sondern↑es sollte darum gehen das fach zu lernen↓oder diese wissenschaft ja an sich jetzt die etwas über mechatronik zu lernen↓neues vokabular↓wortschatz↓solche sachen (ebd.: Z. 596 ff.)

---

[160] ebd.: Z. 88 ff.

In diesem Zusammenhang schlussfolgert die FSL J, dass nicht die Vermittlung von Deutsch im Vordergrund stehen sollte, sondern die der FS. Sie entwickelt ihren Gedanken weiter: Lernende mit der Sprachstufe A1 seien sprachlich gehemmt beim Formulieren ihrer Probleme, Interessen und Ideen, während der Student mit B1-Niveau alle Inhalte verstehe, im Unterricht desinteressiert sei und sich zurückhalte, da er keine Gesprächspartner für sich sehe (ebd.: Z. 604 ff.; Z. 612 ff; Z. 626 f.).

Diese Stellungnahme bestätigt auch die FSL I. Die Studenten mit einer höheren sprachlichen Niveaustufe beteiligten sich kaum und blieben passiv im FSU. Die FSL G und H erklären dasselbe Phänomen mit dem Wunsch der Studierenden, sich nicht zu profilieren, und sprechen damit das Thema der *Rollenverteilung im FSU* an. Die Studenten mit dem sprachlichen Niveau A1 trauen sich nicht sich zu äußern, während die Studenten mit B1-Niveau den Unterricht „stillschweigend" (ebd.: Z. 633) ertragen. Die Studenten mit A2-Niveau seien eher „die sichere mitte" (ebd.: Z. 635), die mehr oder weniger aktiv blieben, aber dazu könnte auch der Faktor der Individualität beitragen, mutmaßt die FSL J.

4.6.2.4 FSU „wie so eine farce↓wie so ein unwirklicher unterricht↓"[161]

Für die FSL G ist die Trennlinie zwischen dem FSU und dem Fremdsprachenunterricht die *Motivation der Studierenden*: Sie bezeichnet den FSU „wie so eine farce↓wie so ein unwirklicher unterricht↓" (FSL G, H, I, Ja: Z. 101 ff.). Dabei illustriert sie das eigene Verhältnis zum FSU folgendermaßen: Am Anfang habe sie sich unter Stress gefühlt, wie viel sie lesen solle, denn sie habe keine Vorstellung von den technischen bzw. naturwissenschaftlichen Inhalten. Aber mit jeder weiteren Unterrichtseinheit habe sie gemerkt, dass das Interesse bei den Studierenden fehle, und auch ihre eigene Motivation sei dadurch gesunken. Deshalb wolle sie nicht mehr so viel Zeit in die Vorbereitung des FSU investieren, weil sie sehe, dass die Studenten auf jeden Fall nicht motiviert seien (vgl. FSL G, H, I, Jb: Z. 30 ff.).

Der FSU wird als „eine Farce", als ein „unwirklicher Unterricht" bezeichnet. Beide Seiten entwickeln am Unterricht kein Interesse und keine Empathie für die

161 Siehe Zalipyatskikh (2016).

Position des anderen, eher Entfremdung. Die FSL spüren, dass sie in der ersten Stunde gescheitert sind, weil sie keine Mechatronik-Expertinnen sind. Trotzdem erwarten sie ein starkes Interesse von Seiten der Studierenden, stattdessen kommen die „schwerfällig[en]" Studierenden[162] entweder überhaupt nicht zum Unterricht oder mit „ausdrucklosen gesichtern"[163] und beteiligen sich kaum daran.

Die FSL G hat den Eindruck, der FSU sei eine Karikatur, denn (FSL G, H, I, Ja: Z. 102 ff.):

- Die Studierenden versäumen den FSU, weil sie ihn langweilig finden und keinen Bezug zur Realität sehen.
- Aus organisatorischen Gründen wurde eine ungünstige Uhrzeit festgelegt (der letzte Unterricht am Freitag).
- Sie sprächen kaum, weil sie es nicht wollen. Der FSU sei eine erzwungene Maßnahme. (Wahrscheinlich denken die Studierenden, dass sie gekommen sind, sei schon genug der Bemühungen.)
- Die Wortschatzarbeit wird eher passiv angenommen (obwohl es eine aktive intellektuelle Leistung sein sollte).
- Während des FSU entsteht sowohl bei den FSL als auch bei den Studierenden der Gedanke: Wann sind die 50 Minuten um?[164]

Die FSL kommen aus dem Bereich der Sprachvermittlung, viel wird auf der emotionalen Ebene verhandelt. (Alle FSL, die an dieser Studie teilnehmen, sprechen davon, wie wichtig das Atmosphärische ist.) Die FSL H betont, sowohl für die FSL als auch für die Studierenden entstehe beim FSU ein „anderes gefühl" (ebd.: Z. 116 ff.) im Raum, weil die Bedingungen der neuen Unterrichtssituation eine wesentliche Rolle spielten.

---

[162] FSL G, H, I, Ja: Z. 108.

[163] FSL G, H, I, Ja: Z. 106 f.

[164] Es könnte sein, dass die Frage „Wann sind die 50 Minuten um?" subjektive Motive hat, aber ich fragte explizit nach, ob der Unterricht nur 50 Minuten dauert, worauf die FSL H antwortete: „eigentlich schon" (ebd.: Z. 113 ff.). In dieser Ironie zeigt sie: Es reicht eigentlich. Der Unterricht wird eher als Qual empfunden.

- Die *Heterogenität im FSU*: Die A1-Studierenden bleiben schüchtern, denn ‚die anderen können besser Deutsch'.
- Als Folge entsteht eine andere *Gruppendynamik* im Unterrichtsraum, die gerade für neue Lehrer, die einmal pro Woche für einen 50-minütigen Unterricht erscheinen, zu Schwierigkeiten führen kann.

Die FSL G und H arbeiten mit den Methoden des Fremdsprachenunterrichts und erleben andere Reaktionen der Studierenden. Die FSL H unterstreicht ihre Gefühlsebene folgendermaßen: „ich fühle mich↑ muss ich ehrlich sagen↓fühle mich in meiner eigenen klasse schon sehr viel wohler↓als im fachsprachenunterricht↓" (ebd.: Z. 126 ff.).

Es wäre interessant, herauszufinden: Fühlen sich die FSL fremd in den neu gemischten Gruppen, weil sie dort FS unterrichten und sich selbst nicht mit der Vermittlung der technischen Fachkommunikation identifizieren (im Sinne von „was bin ich hier", wie sich z. B. FSL L fragt)[165] oder weil die Gruppen nur einmal wöchentlich und damit sehr selten zusammenkommen?[166]

Die FSL G resümiert ihren Zustand mit folgender Aussage: „der fachsprachenunterricht↓ genau↓das ist so wie die zwangsstunde in der woche↓[…] das ist immer so↓uff↓bringe was hinter uns leute und dann↑*(hab s wochenende↓)" (ebd.: Z. 128 ff.). Dabei äußert sie, dass sie sich nicht unwohl fühle, sie finde lediglich keinen Gefallen am FSU: „aber↑ich bin doch mal froh↓wenn er um ist↓also ich freue mich NIE darauf↓also ich denke schon eher ↑ach↓ heute fachsprachenunterricht ↓na ja↓jetzt gucke ich mir mal das an↑" (ebd.: Z. 133 ff.). Wir sehen hier, dass die FSL G den FSU wirklich als eine „Zwangsstunde" empfindet, der FSU ist eben ein Bestandteil des Programms und ihre Tätigkeit als FSL kommentiert sie eher fatalistisch: „ach↓ heute fachsprachenunterricht↓na ja↓jetzt gucke ich mir mal das an↑".

Die FSL J beschreibt ihre Einstellung zum FSU ähnlich wie die FSL G: Am Anfang habe der FSU Spaß gemacht, aber jetzt sehe sie ihn eher als Notwendigkeit an und keinesfalls als eine kreative Entfaltung. Der Grund dafür liege auch an der

165 Siehe Kapitel 4.6.4.

166 Die anderen FSL arbeiten auch in diesem System, der FSU findet einmal pro Woche statt, dafür aber mit 90 Minuten, d. h. 40 Minuten länger.

fehlenden Motivation und schwachen Lerndisziplin der Lernenden (FSL G, H, I, Jb: Z. 220 ff.). Die FSL J berichtet des Weiteren über die typische Situation, wenn die Studierenden ihre Hausaufgaben nicht gemacht hätten und den Unterricht massiv versäumten, dann sinke auch ihre Motivation (ebd.: Z. 229 ff.).

Die Abbildung 17[167] zeigt den direkt proportionalen Zusammenhang zwischen der Motivation der FSL und der Studierenden, über den die FSL G, H, I und J berichten.

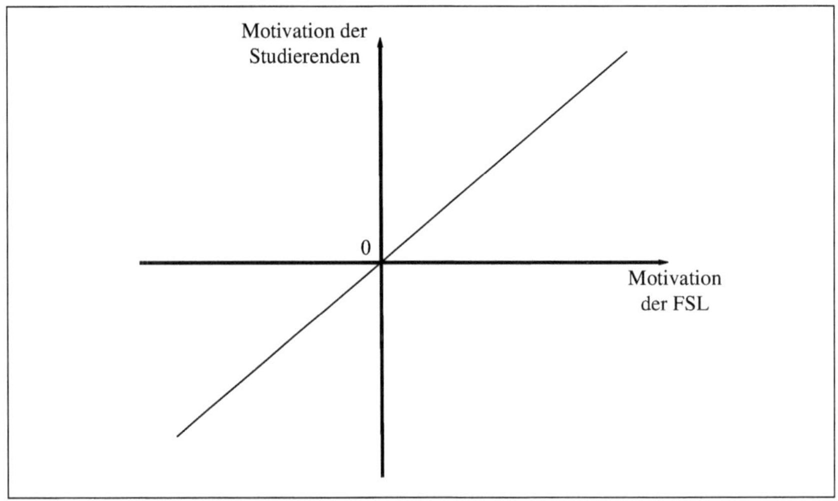

Abb. 17: Direkt proportionale Verhältnisse zwischen den FSL und Studierenden

Die FSL H fasst zusammen, was die FSL unternähmen, um diese Schwierigkeiten zu bekämpfen, nach dem Motto: „dabei haben wir auch uns einiges einfallen lassen […] aber↑das hat nicht viel gebracht↓" (ebd.: Z. 231 ff.):

- Sie hätten ein *Experiment* mit Salz und Pfeffer durchgeführt.
- Sie hätten *Power Point Präsentationen* und *Videos* vorbereitet.
- Sie hätten die *Zusatzmaterialien abwechslungsreicher* gestaltet.

Die Bemühungen der FSL haben fast keine positiven Auswirkungen auf die Motivationsdynamik, der FSU ist nicht interessant für die Studenten.

[167] Vgl. mit Abbildung 11 und FSL D (siehe Kapitel 4.4.4).

Da es kein anderes Lehrwerk gibt und das für diesen Fachsprachenkurs konzipierte Zusatzmaterial als schwierig empfunden worden sei, hätten die FSL leichtere und verständlichere Unterrichtsgrundlagen angeboten. Aber die Motivation habe sich trotzdem nicht eingestellt – seit dem ersten Unterrichtstag. Mit der Phrase „aber das hat nicht viel gebracht“ drückt sich ihre *Hilflosigkeit* bei der Vermittlung der technischen Fachkommunikation aus.

Das Problem liegt offensichtlich in der Motivation – dies könnte u. a. auch auf die interkulturelle Ebene zurückzuführen sein – und in der fachlichen Ebene der FSL. Die FSL G zieht eine Parallele zwischen dem Deutschunterricht und dem FSU: Die Studenten nähmen beides als „lockere vorzeit“ (ebd.: Z. 284 ff.) an.

Wie bereits oben erwähnt, finden die FSL die *Atmosphäre* sehr wichtig, doch die *soziale Ebene* wird nicht automatisch aufgebaut. Die FSL G kommentiert ihre Beziehung zu der Gruppe im FSU folgendermaßen: „sie sehen uns auch nur eine stunde↓die wollen irgendwie gar nicht mit uns reden↓habe ich den eindruck↓und deshalb↑fühle ich mich auch nicht↓ich möchte mit ihnen auch nicht anbiedern↓“ (ebd: Z. 358 ff.). Die FSL G benutzt die Pluralform des Personalpronomens, „wir“, sie sagt nicht: Die wollen nicht *mit mir* reden. Das ist ein Verweis darauf, dass die Situation bei den FSL H, I und J ähnlich aussieht.

An dieser Stelle entsteht wieder die Frage, ob die soziale Ebene und Motivation von der fachlichen Ebene des FSL abhängen.

4.6.2.5 Kompetenzen des FSL

Auf die Frage nach den notwendigen Kompetenzen bei den FSL antworten die Anwesenden gleichzeitig mit „*Fachkompetenz*“ („das wäre das Wichtigste“) (siehe Abbildung 18). Mit ihr sei die Motivation der Studierenden wie auch ihr Bild einer positiven und qualifizierten Lehrkraft verbunden, die Autorität ausstrahle (ebd.: Z. 237 ff.).

[237]	
NZ [v]	angesprochen↑aber ich stelle direkt die frage↓welche kompetenzen braucht der
[238]	

		80 [09:47.4]	81 [09:48.6]
FSL G [v]			ja↓
FSL H [v]			fachkenntnisse↓die wir
FSL I [v]			ja↓das wäre das
FSL J [v]		fachkompetenz↓	
NZ [v]	fachsprachenlehrer↓aus ihrer perspektive↓		

[239]

		82 [09:48.7]	83 [09:51.6]	84 [09:51.7]
FSL G [v]			genau↓	
FSL H [v]	nicht haben			
FSL I [v]	wichtigste↓			
FSL J [v]		ja↓weil damit kommt die motivation↓		wenn einer dafür

[240]

		85 [09:52.6]
FSL G [v]		ja↓und die
FSL J [v]	begeisterung findet↑weil er davon ahnung hat↓kann er anstecken↓	

[241]

FSL G [v]	studenten auch wissen↑dass diese person wissen hat↓bei uns↑wissen sie was

[242]

FSL G [v]	würden jetzt die mädchen uns erzählen↑also↓ich fände es auch richtig gut↑wenn

Abb. 18: Fragment aus dem transkribierten Gruppeninterview mit den FSL G, H, I und J zur Frage nach den FSL-Kompetenzen (FSL G, H, I, Jb: Z. 237-242)

Die Fachkompetenz ist zentral für die FSL G, H, I und J. Mit der Fachkompetenz und mit den Fachkenntnissen („die wir nicht haben"/„das wäre das Wichtigste") wird die Motivation der Studierenden verbunden. Die These der FSL J, „wenn einer dafür Begeisterung findet, weil er davon Ahnung hat, kann er anstecken", hat einen direkten Bezug zu der These des Physikers und Romanciers Snow (Snow 1987b: 73), deren Kern das Verstehen des Sinns und der Schönheit der naturwissenschaftlichen Inhalte betrifft: „Was wissen Sie vom zweiten Gesetz der Thermodynamik?"[168]

Die FSL G stellt eine Verbindung zwischen dem Fachwissen des FSL auf der einen Seite und seiner Autorität und der Motivation der Studierenden auf der anderen Seite her. Sie setzt ihren Gedanken weiter fort und ist in ihrer Verzweiflung davon überzeugt, dass die Fachsprache in den Händen der Fachleute mit DaF-Erfahrung liege, weil sie die Studierenden motivieren könnten (FSL G, H, I, Jb: Z. 242 ff.). Die Wahrscheinlichkeit dieser These bestärkt der bereits oben beschriebene Fall des FSL E: Er ist Fachmann (Maschinenbauer) mit DaF-Erfahrung und kann die Studierenden motivieren – er kann jedoch nicht die FS vermitteln, ihm fehlen die methodisch-didaktischen Instrumente.

Die FSL G, H, I und J arbeiteten mit 18- bis 20-jährigen Studierenden, die vor allem Abwechslung und Veranschaulichung im Unterricht bräuchten (ebd.: Z. 250 f.). Die FSL haben kein fachliches Repertoire, sie befinden sich im engen Korsett der konzipierten Fachlexikvermittlung. Damit kommt das *Motiv der leeren Begriffe* zum Vorschein, worüber die FSL B und C sprechen. Wenn die Begriffe einfach vermittelt werden und dahinter keine Fachkenntnisse stehen, dann bleiben sie leer, das erkennen die FSL in der Türkei in gleichem Maße. Darüber hinaus unterstreicht diese These die Aussage der FSL I: „wie bei allem ist↓wenn man etwas lang will man etwas konkretes sehen↓also leere worte haben ja keinen sinn↓" (ebd.: Z. 251 ff.).

Der FSL hat allgemein viel Einflussvermögen im FSU, er kann sowohl motivieren als auch demotivieren. Die FSl J erwähnt eine Phrase von ihrem Studenten: Vielleicht müsse er etwas anderes studieren (ebd.: Z. 280 f.). Aus dieser Phrase wird nicht ersichtlich, aus welchem Grund der Student über seinen Wunsch spricht, den Studiengang zu wechseln. Es könnte daran liegen, dass der FSU nicht so attraktiv für ihn erscheint, oder auch daran, dass seine persönliche Neigung zu den

[168] Siehe Kapitel 2.2.1.1.

technischen Inhalten bei näherer Betrachtung geringer ist, als gedacht. Auf jeden Fall bekommt in der Situation, in der ein Student minimale Fachkenntnisse hat, das Gebot der FSL B eine besondere Gewichtung: Was der FSL im FSU vermittele, müsse fachlich korrekt sein[169].

Auf die Frage, ob der FSU möglich sei, wenn der FSL keinen fachlichen Hintergrund habe, reagieren alle FSL positiv: „es ist möglich"; „wir machen"; „wir machen es"; „wir machen es ja" (ebd.: Z. 291). Die FSL haben die Hoffnung, dass guter FSU bei ihnen noch stattfinden kann. Die FSL J denkt über den Erfolg nach (wie auch die FSL B und D), sie reflektiert folgendermaßen und versucht dabei trotzdem objektiv zu bleiben: „ich glaube↓wir versuchen das beste daraus zu machen↓ *aber↑ *und ich glaube dass es auch positive momente gibt↓aber↑ moment überwiegen die negativen […] also↑es kommt nie ein erfolg↓" (ebd.: Z. 294 ff.). Sie führt einige Beispiele an, in denen zumindest kleinere Erfolge erkennbar werden. Sie betreffen oft die grammatischen Phänomene, die im Deutschunterricht durch den *Wiederentdeckungseffekt* zum Vorschein kommen (ebd.: Z. 299 ff.). Auffallend ist hier u. a., dass es so klingt, als ob Grammatik nicht zähle, vielleicht weil es den FSL keine Mühe kostet. Ein Erfolg wäre bereits dann gegeben, wenn die Studierenden die fachliche Ebene manifestieren könnten, die sie im FSU lernen.

Die Hoffnung der FSL H hängt am Faktor *Zeit*, sie denkt, der mangelnde Erfolg könnte daran liegen, dass sie noch nicht so viele Unterrichtsstunden hatten (ebd.: Z. 303). Diese Hoffnung ‚übernimmt' auch die FSL J, die zuvor bereits die sehr kurze Zeitspanne ihres FSU hervorgehoben hatte (ebd.: Z. 303 ff.). Das ist interessant: Intuitiv bzw. indirekt heben hier die FSL die *Erfahrung* hervor, den Faktor, den auch der FSL A als Hauptkomponente der Vermittlung der technischen Fachkommunikation benennt.

Die FSL G, H, I und J ziehen Vergleiche zwischen den Studierenden der Mechatronik, Jura und BWL: Weil sie diese im Deutschunterricht jeden Tag beobachten, bekommen sie auch Feedback zu den Lerneffekten und Meinungen der Studierenden. Sie stellen fest: Die Wiederentdeckungsphänomene („aha-effekte"[170])

---

169 Siehe Kapitel 4.4.2.

170 FSL G, H, I, Jb: Z. 318.

seien meistens bei den BWL- und Jura-Studenten zu erkennen. Die FSL I erklärt dies mit der fehlenden Relation der Mechatronik zur Realität (ebd.: Z. 313 ff.), während die FSL J einen anderen Faktor nennt: Die Mechatronik-Studenten fänden den FSU langweilig. Sie führt Folgendes aus:

> also ich frage die studenten dann immer↓ich frage sie↑was sie gelernt haben↓dann erzählen sie zum beispiel über jura↓meistens ah ja↓das rechtssystem↓und die bwl-er sagen auch↑ja↓[…] wir haben viel mit geld gelernt oder so↑und ich muss sagen↓bei den mechatronikern↑ das ist wirklich immer so↓sie sagen meistens↑ mm war langweilig↓ (ebd: Z. 319 ff.)

Die FSL J geht davon aus, dass die Studierenden mit dem Attribut „langweilig" „schwer" meinen (ebd.: Z. 323 f.). Von mir wurde hierzu eine Störfrage als Anstoß zu weiteren Reflexionen gestellt: Vielleicht finden die Studenten Mechatronik wirklich langweilig, im klassischen Sinne? Aber die FSL J bleibt bei ihrer These, sie behauptet, sie hake bei den Studierenden nach und als Antwort käme: *Vokabular* und *Aufgabenstellung* (ebd.: Z. 342). Das heißt, genau die Hauptaspekte, die die FSL G, H, I und J vermitteln, werden als schwer empfunden – sie können jedoch nichts Anderes anbieten.

Nach Auffassung der FSL G, H, I und J ist der FSU unter folgenden Bedingungen auch dann möglich, wenn der FSL keinen fachlichen Hintergrund hat: *Gutes Wissen* bei den Lehrern (hierin besteht eigentlich ein Widerspruch – ohne fachlichen Hintergrund, aber mit Wissen, es geht mit anderen Worten um eine *fachliche* Kompetenz); eine *hohe Toleranzschwelle* im Falle demotivierter Studenten (d. h. eine *soziale* Kompetenz); ausreichend *abwechslungsreiches Material* (ebd.: Z. 346 ff.).

4.6.2.6 Zusammenarbeit mit den Fachleuten

Es gebe keine Zusammenarbeit mit Fachexperten und kaum Kommunikation mit ihnen. Von den FSL sei der erste Schritt hierzu unternommen worden, um Büchertipps zu bekommen, aber es sei eher ergebnislos geblieben, weil sich die Universität in der Aufbau-Phase befinde und es keine umfangreiche Bibliothek gebe

(FSL G, H, I, Ja: Z. 147 ff.; FSL G, H, I, Jb: Z. 528 ff.). Als Ankerpunkt bleibe für die FSL das *Zusatzmaterial*[171] (ebd.: Z. 168 f.).

Auf die Frage, ob die FSL den Diskurs mit den Fachleuten vermissten, äußert die FSL G eine interessante sowie merkwürdige Überlegung. Sie fragt sich, was die Fachexperten eigentlich anbieten könnten, und kommt für sich zu dem Ergebnis, dass sie lediglich die inhaltliche Ebene erklären und Themen bzw. Informationen filtern könnten; und diese Aspekte könnten die Lehrerinnen selbst übernehmen: Die inhaltliche Ebene könnten bei Wikipedia nachgelesen werden und das Filtern der Informationen machten die FSL „nach [ihrem] gefühl" (FSL G, H, I, Ja: Z. 158 ff.).

Zu den ausgeführten Reflexionen von FSL G könnten folgende Lesarten entwickelt werden: Einerseits kommt die These des FSL C zum Ausdruck, die FS sei eine Frage der eigenen Ansprüche. Es könnte aber so sein, dass es den FSL G, H, I, J reicht, wenn sie die Informationen bei Wikipedia nachschlagen, vielleicht, weil sie absichtlich minimalistische Sprachmittel verwenden wollen. Sie unterrichten die FS ab A1-Niveau.

Die Antwort der FSL G ist zum einen merkwürdig aufgrund ihrer Skepsis („ich weiß nicht↓ob das [Zusammenarbeit mit den Fachleuten – Anm. d. N. Z.] wirklich was bringen würde↓ganz ehrlich↓")[172], zum anderen wird damit die These der FSL D bestätigt: Die FS sei für Langstreckenläufer. Die technische Fachkommunikation sei ein Projekt, das längeren Atem benötige[173]. Sowohl die FSL F als auch die FSL L arbeiten seit über 10 Jahren an ihren Konzepten und haben selbst sehr viele Fragen, die sie mit den Fachleuten klären möchten. Die FSL L sagt, sie habe am Anfang selber das Konzept für ihren FSU entwickeln wollen, den Bedarf, mit den Fachleuten zu sprechen, habe sie erst später mit zunehmender Erfahrung entwickelt[174].

---

171 Dieses Zusatzmaterial wurde an der Universität Bielefeld erstellt. Es handelt sich um Übungen und Aufgaben für die FS Mechatronik mit Orientierung an den sprachlichen Stufen von A1 bis B2, die anhand von Skripten und Fachbüchern entwickelt wurden.

172 FSL G, H, I, Ja: Z. 164.

173 Vgl. FSL D (siehe Kapitel 4.4.4).

174 Vgl. FSL L (siehe Kapitel 4.6.4).

4.6.2.7 Lehrwerk im FSU

Der Kurs findet in der Türkei statt, das erschwere die Situation der Anschaffung der Lehrmaterialien, die Möglichkeit, im Buchladen etwas Relevantes zu kaufen, sei kaum gegeben (FSL G, H, I, Jb: Z. 187 ff.). Die FSL J spricht über den Wunsch, vereinfachte Erklärungen der technischen Inhalte aus der Kinderliteratur zu nehmen (ebd.: Z. 190 ff.). Damit geht sie auf das Problem der *fachlichen Reduktion* ein, die eigentlich nur der Fachmann durchführen kann. Darüber berichtet wie oben dargestellt der FSL C: Die Inhalte sollen so vereinfacht werden, dass sie essenziell mit der Thematik übereinstimmen, dabei aber verständlich sind.

Diese Situation – komplizierte Zusatzmaterialien ohne Alternativen – schafft die Voraussetzung für die *Erstellung eigener Materialien.* In diesem Zusammenhang entwickelt die FSL J eine These, die als *Strategie zur Bewältigung der fachlichen Ebene* gelten kann: Wenn die Materialien selbstständig erstellt würden, dann gäben sie den FSL eine gewisse Sicherheit (ebd.: Z. 194 ff.).

Die FSL G vermisst das Lehrwerk in der FS Mechatronik nicht, während die FSL H es sehr wohl vermisst (FSL G, H, I, Ja: Z. 165 f.).

Die FSL mit fachlichem Hintergrund vermissen das Lehrwerk wiederum nicht[175], sie betrachten das Fehlen eines Lehrbuchs nicht als Manko, sondern als Erweiterung des Arbeitsfeldes für eigene Kreativität und Freiheit, während die FSL ohne fachlichen Hintergrund Unterstützung in etwaigen Lehrwerken suchen.

Es scheint sich die Tendenz in der technischen Fachkommunikation abzuzeichnen, dass es gewissermaßen unvermeidlich ist, Unterrichtsmaterialien selber zu erstellen.

4.6.2.8 FSU-Konzept der FSL G

Die FSL G schildert ihr FSU-Konzept folgendermaßen: Sie zeichne das Thema der Sitzung als Oberbegriff an die Tafel, frage die Studenten nach den Assoziationen bzw. Wörtern, die thematisch passten, danach zeige sie einen Kurzfilm und

175 Siehe FSL B, C, D.

als Schlussphase stelle sie entweder eine bestimmte Aufgabe oder es gebe Partnerarbeit, bei der Wortschatzerklärungen mithilfe von Kärtchen durchgeführt werden (FSL G, H, I, Jb: Z. 5 ff.).

In diesem FSU-Konzept bleibt die *Wortschatzvermittlung* in der Tat im Fokus der Vermittlung der technischen Fachkommunikation, dabei nimmt der Film im Unterricht einen wichtigen Platz ein – er erfüllt die Funktion des Informationsträgers und der Visualisierung. Die Sozialformen wechseln sich ab: Vom Plenum über die Partnerarbeit zur Einzelarbeit. Eine Hausaufgabe kommt nicht in Frage: Als die Studierenden einmal eine Hausaufgabe bekommen hätten, hätten sie den nächsten Unterricht versäumt (ebd.: Z. 16 ff.).

Auf die Frage nach dem Zeitaufwand bei der Vorbereitung antwortet die FSL G: „mittlerweile nicht mehr so lange“ (ebd.: Z. 30 ff.). Die Vorbereitungszeit investiert sie in die Entwicklung der Wortspiele für die Wortschatzarbeit und in die Suche nach einem geeigneten Film.

4.6.2.9 FSU-Konzept der FSL H

Die FSL H benutzt nach eigenen Angaben das *Zusatzmaterial* als Grundlage im FSU, sie zeige Filme, die nicht so lang und auch nicht so schwer für das Hörverstehen seien, trainiere das Leseverstehen und die Wortschatzarbeit. Dabei unterstreicht sie das *Prinzip der Kreativität* für den Aspekt der *Fachlexikvermittlung* und wiederholt erneut die These, die für ihr Konzept zentral ist, „weil das ist das einzige↑was wir denen bieten können […] die wörter↓die da neu kommen↓und die sie dann auch gebrauchen werden in ihrem studium↓dass es wenigstens hängen bleibt↓“ (ebd.: Z. 48 ff.).

Auf die Frage, ob sich die FSL H auf den FSU freue, ob er ihr Spaß mache, antwortet sie nach einer Pause folgendermaßen:

> hm**na ja↓nicht immer↓manchmal ist es tatsächlich so↑dass man man bereitet sich mit großer freude vor und denkt↓ja dieses mal wird es ganz gut↓[…] und dann kommt es bei den studenten gar nicht an↓und das ist das ist schon frustrierend↓ (ebd.: Z. 52 ff.)

Frustration kommt aufgrund der fehlenden Motivation der Studenten auf, die die Erwartungen der Lehrerin nicht erfüllen. Statt Freude am FSU empfinden die FSL G und H Entmutigung und Desillusionierung. Wir können an ihren Ausführungen eine *psychologische Kettenreaktion im FSU* beobachten: Wenn etwas schwer ist, demotiviert dies die Studierenden, und wenn die Studierenden demotiviert sind, frustriert dies die FSL. Die *Langeweile* wirkt wie ein *Abwehrmechanismus gegen die Komplexität der FS*. Wahrscheinlich ist sie für die Studierenden auch eine Art intellektueller Stress, wie die FSL I sagt: „weil sie nicht über nötigen wortschatz und struktur verfügen […] sie haben ideen im kopf↓aber↑sie können es nicht verschriftlichen" (ebd.: Z. 64 ff.).

Die Frage: „Ist es nicht sinnvoll, die FS auf der Stufe A1 zu vermitteln?" verneint die FSL I eher, „ne nicht unbedingt" (ebd.: Z. 69 f.). Sie beschreibt den Verarbeitungsprozess des Lernstoffs bei den Studierenden, wie sie die Aufgabenstellung in den Zusatzmaterialien zu verstehen versuchen. Dann übertragen sie das Verstandene in die türkische Sprache, um die Antwort zu formulieren, und aus der türkischen Sprache zurück ins Deutsche. Dieser Prozess ist sehr mühsam und erfordert *Fleiß* bei den Studierenden (ebd.). Das Motiv des Fleißes thematisiert auch die FSL B.

4.6.2.10 Welche Faktoren beeinflussen den FSU?

FSL H nennt den ersten Faktor, den *sprachlichen Hintergrund*. Ihre These ist: Auf dem A1-Niveau sei es sehr schwer, zum Teil unmöglich, die Fachsprache zu vermitteln. Wenn die Studenten die Texte nicht verstehen könnten, dann blockten sie ab, sie machten nicht weiter. Da die Gruppe heterogen sei, freue sich die FSL H, dass es ein paar KTN gebe, die doch einen Schritt weiter seien (ebd.: Z. 86 ff.).

Die Heterogenität der Studierenden rettet in der beschriebenen Situation den Unterricht. Darüber hinaus werden mit dieser Aussage unsere Vermutungen zur Blockierung, zur intellektuellen Lähmung der Studierenden bestätigt. Die FSL G nennt die FS für die Studierenden *„doppelhürde"* (ebd.: Z. 93), dabei geht sie auf die produktive Ebene ein, wobei die FSL H über die rezeptive Ebene spricht, d. h. die Studierenden haben Schwierigkeiten auf beiden Ebenen (ebd.: Z. 92 f.).

Die FSL J thematisiert den nächsten Faktor, die *Motivation.* Sie reflektiert laut: Eigentlich müsse der FSU als Einstieg und Vorbereitung auf das Mechatronik-Studium die Studenten motivieren, aber es habe nicht funktioniert (ebd.: Z. 95 ff.). Die Erwartungen der Studierenden sind nach Meinung der FSL J eher praktisch orientiert (wie auch ihre eigenen, deshalb entschied sie sich für die FS Mechatronik) und man solle die Studenten bei der Einführung mit Filmen oder mit praktischen Übungen begeistern. Dazu berichtete am Anfang des Interviews die FSL G über ihren Versuch, genau dies als Zugang zu den KTN zu nutzen – etwas Praktisches zu machen. Sie habe im FSU ein Experiment mit Salz und Pfeffer durchgeführt, das ohne große Begeisterung von den Studierenden angenommen worden sei. Sie verstehe, dass die Studenten Maschinen oder Roboter basteln wollten, worauf die FSL H eindeutig reagiert – das könnten sie noch nicht bieten (FSL G, H, I, Ja: Z. 137 ff.).

Die FSL J äußert einen interessanten Gedanken zur Rettung der Motivationslage bei den Studierenden. Sie sehe, dass zu den Jura-Studenten der Professor für Jura komme und interessante Beispiele aus der Rechtswissenschaft diskutiere, und stellt die Frage, wann ein solcher „*mechatronik-guru*" (FSL G, H, I, Jb: Z. 111) ihre KTN aufleben lasse und sie motiviere. Hier fällt auf, dass sie Hilfe von Seiten des Faches erwartet und nicht von den eigenen Leistungen im FSU, wahrscheinlich, weil sie wie die FSL G und H schon desillusioniert zum FSU kommt. Auf meine Nachfrage, ob die Studierenden so eine Fachperson begrüßen würden, antwortet die FSL G, dass die Studierenden auf die Fragen der FSL kaum antworteten (ebd.: Z. 112 ff.). Die FSL H befürchtet zudem, dass die Studierenden mit dem Besuch eines Fachmannes überfordert wären. Die FSL J bleibt mit dieser Idee also eher allein (ebd.).

Die Interviews zuvor wurden mit FSL durchgeführt, die in den meisten Fällen Masterstudenten in Deutschland unterrichten. Diese haben bereits konkrete Vorstellungen davon, was sie studieren und warum sie studieren, was sie im Unterricht fragen, worum sie bitten können, wie wichtig Initiative ist etc. Anders gesagt, ihr Habitus ist in Studienfragen aktiver. Die Studierenden in der Türkei und das Universitätsbild, das uns die FSL G, H, I und J präsentieren, sind anders, ebenso die Lerntraditionen und das Unterrichtsverhalten. Hier spielt die *interkulturelle Ebene* eine wichtige Rolle, mit der der *Motivationsfaktor* verknüpft ist. Die

FSL J führt ein markantes Beispiel zur *fehlenden Weitsicht* der Studierenden im Studium bzw. im Beruf an, nämlich:

> wenn man sie fragt↑was denkst du↓was wirst du später mal wo wirst du später mal arbeiten↑sagen sie alle↓in der fabrik↓aber wenn man sie genau fragt↑ja↓wo denn genau↑na↓bei porsche↓und was wirst du da machen↑dann sagen sie↓na↓das wissen wir noch nicht↓das müssen wir noch lernen↓also↓sie haben auch gar keine perspektive↑was eigentlich so ein mechatronik-studium beinhaltet↓[…]*das fehlt ihnen↓glaube ich↓die weitsichtigkeit der perspektive↑was sie wirklich mal lernen werden↓im studium↓ (ebd.: Z. 119 ff.)

Durch die defizitären Vorstellungen vom Fachstudium seitens der Studierenden sei es schwer, die FS zu vermitteln. Wie die FSL B bereits zitiert wurde, ist der Realitätsbezug zentral im FSU. Wenn die Studierenden keinen Realitätsbezug im Unterricht erkennen, ist er weniger effektiv.

Die FSL H hebt die *Grundkenntnisse der Studierenden in den Naturwissenschaften* (Physik, Mathematik) als positiven Aspekt bei der Vermittlung der technischen Fachkommunikation hervor, diese Basis sei für sie sehr praktisch, d. h., auf der inhaltlichen Ebene sind sie die Experten im FSU, was als dritter Faktor festgehalten werden kann (ebd.: Z. 119 ff.). Die FSL H ist davon überzeugt, dass es ihr dank der fachlichen Basis in den Naturwissenschaften leichter falle, den Studenten die Sprache zu vermitteln. Es könnte sein, dass es den FSL ohne fachlichen Hintergrund reicht, wenn die Studenten tatsächlich lediglich die Basis, die elementaren Dinge kennen. Eine andere Lesart könnte sein, dass die technische Fachkommunikation auf dem sprachlichen Niveau A1 und mit minimalen fachlichen Kenntnissen der Studierenden anders vermittelt werden sollte.

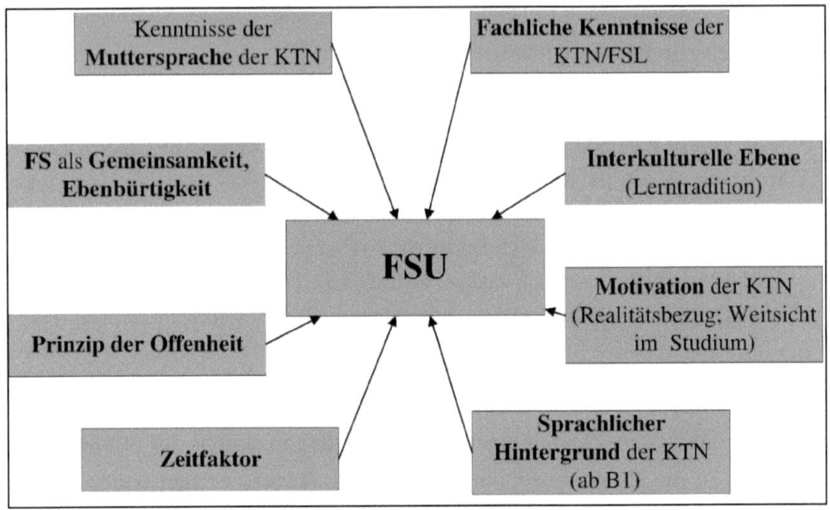

Abb. 19: Einfluss der Faktoren auf den FSU

Die FSL G, H, I und J sind sich in der Antwort auf die Frage „Was fällt den Studierenden schwer?“ einig: die *Aufgabenstellung* zu *verstehen* (ebd.: Z. 147).

Es ist auffällig, dass sie ausgebildete DaF-Lehrerinnen sind, sie sehen die Probleme der Studierenden, ihr Bewusstsein dafür ist hoch. Wenn wir die Antworten von diesen FSL mit den Antworten des FSL E vergleichen, dann sehen wir, wie wichtig die Sprachlehrerausbildung im FSU ist. Die Aufgabenstellung ist zentral im FSU, sie muss erläutert und verstanden werden, sie ist nicht selbsterklärend.

Wenn die Aufgabenstellung von den Studierenden nicht verstanden wurde, bewältigt die FSL J diese Situation mit folgenden Strategien: Die Erklärung erfolge mehrmals innerhalb der Gruppen im Einzelnen und, falls sie keine positive Resonanz erhalte und den Sachverhalt nicht in der Muttersprache verbalisieren könne, werde der fortgeschrittene Student darum gebeten, das Anliegen auf Türkisch zu erklären (ebd.: Z. 148 ff.). Das ist ein Argument für die *Komplexität der FS*, hier spielt es keine Rolle, in welcher Sprache der Verstehensprozess erfolgt, wichtig ist, dass die Aufgabe verstanden wird.

Die FSL I nennt zwei ineinandergreifende Faktoren (*gemeinsame Sprache mit den Studierenden* – in diesem Fall Türkisch – und *Zeit*), denen eine hohe Gewichtung bei der Vermittlung der technischen Fachkommunikation zukomme (ebd.: Z. 364

ff.). Mit der Zeit entwickele sich bei den Studenten Vertrauen und Akzeptanz gegenüber den FSL. Die Zeit ist als Faktor relevant, weil die Studenten mit der deutschen Sprache nicht vertraut sind, sie trauen sich nicht sich zu äußern. Die türkische Sprache ist hier ein Verbindungselement zwischen den FSL und Studierenden (*Vorteil der Muttersprache*) und wenn die FSL kein Türkisch spricht, dann erschwert sich dadurch die Kommunikation im Unterrichtsraum. Die technische Fachkommunikation erfolgt sowohl in der Muttersprache als auch in der Fremdsprache. Den Vorteil haben hier die muttersprachlichen FSL (I und H). Die FSL H kommentiert ihre Beziehungen zur Gruppe, die zum Teil auch dank der türkischen Sprache funktioniere, folgendermaßen:

> also ich bin kein mechatroniker↓das wissen sie ganz genau↓und dass ich da auch nicht alles immer ganz korrekt wissen kann↓ und will↓das wissen die auch↓wie gesagt↑die helfen mir auch schon zum teil auf türkisch weiter↓ und dann↓ach ja↑so ist es↓ja↓stimmt↓und dann↓ja wie das auf deutsch heißen kann↑das das das machen wir dann gemeinsam halt↓ (ebd.: Z. 381 ff.)

Die *gemeinsame Muttersprache* hilft den Kontakt zu den Studierenden aufzubauen, ihr Vertrauen zu gewinnen. Sie gleicht vieles aus – in diesem Fall das Unwissen des FSL. Die FSL H setzt damit den Gedanken weiter fort, den auch die FSL D und F thematisieren, und zwar *FS als Gemeinsamkeit*, *Ebenbürtigkeit*. Die FSL I betont einen weiteren Faktor, der von vielen FSL (B, D, E, F, K, L) als zentrale Kategorie betrachtet wird, das *Prinzip der Offenheit*: Wenn sie den Stoff nicht verstehe, dann gestehe sie das offen und ehrlich den Studenten (ebd.: Z. 373 ff.).

Begriffe wie *Selbstbestätigung* und *Identität im FSU* sind sowohl für die FSL als auch für die Studierenden bedeutsam. Alle Akteure suchen nach der eigenen Rolle im Unterricht und in der Kommunikation. Die Studierenden freuen sich, wenn sie etwas beweisen oder fachlich Relevantes sagen können. Die FSL I meint: Die Studenten fühlen sich in der Rolle der Experten bestätigt, dabei spielt keine Rolle, auf welcher Sprache sie die Fachinhalte dem FSL erklären (ebd.: Z. 386 f.).

Die FSL J verbindet das *Prinzip der Offenheit* mit dem *Verständnis* der Studierenden[176]. Sie führt Folgendes aus:

> merke ich von anfang an↓dass da so eine so ein verständnis↓für da ist↓ich habe das von anfang auch gesagt↑ich bin da kein profi drin↓und das ist so unmotivierend für euch↓aber eigentlich lernen wir halt deutsch immer noch↓wir lernen halt fachvokabular auf deutsch↓und die sind wirklich trotzdem geduldig↓und versuchen zuzuhören↓auch wenn sie es nicht verstehen↓ (ebd.: Z. 390 ff.)

Wenn der FSU auf der sprachlichen Anfangsstufe erteilt wird, ist es besonders schwer, wenn zwischen den Lernenden und Lehrenden keine gemeinsame Sprache existiert. Den FSL J und G fehlt dieser Vorteil, deshalb ist der Unterricht bei ihnen weniger kommunikativ. Die Lernenden sprechen kein Englisch, was die Sache für die FSL ohne Türkischkenntnisse zusätzlich erschwert – die FSL J bezeichnet für sich und FSL G solch eine Unterrichtssituation als „blockade" (ebd.: Z. 399). Sie bestätigt jedoch, wie schon oben festgehalten wurde, dass unter den Studierenden Verständnis für die fehlenden Fachkenntnisse der FSL herrsche. Hier erkennen wir einen interessanten Widerspruch, die Studierenden scheinen laut dieser Aussagen sehr wohl aufmerksam im Unterricht zu sein, sie versuchen zuzuhören und alles aufzuschreiben.

Die Abbildung 19 zeigt zusammengefasst alle von den FSL G, H, I und J genannten Faktoren, die den FSU beeinflussen können.

4.6.2.11 Was fällt den FSL schwer?

Die FSL G habe *kein Interesse an Physik*, deshalb könne sie die Inhalte nicht mit Enthusiasmus vermitteln (ebd.: Z. 162 ff.).

Die FSL I spricht die *fachliche Ebene* an, ihr fehlten die erforderlichen Vorkenntnisse in der Mechatronik. Zur Bewältigung der fachlichen Ebene führt sie verschiedene Strategien an: selbst die Bedeutung herausarbeiten; sich selbst den Stoff

---

176 Die FSL D nennt solch eine Erscheinung, wenn der Lehrer Mut hat, seine Lücken den Studenten zu gestehen, die Ausprägung der *Menschlichkeit* (siehe Kapitel 4.4.4).

erklären; für sich selbst die Informationen verarbeiten, um sie weiter zu vermitteln (ebd.: Z. 156 ff.).

Die FSL J nennt das Stichwort „*vorwissen*“ (ebd.: Z. 165). Fehlendes *Vorwissen* bringe als Konsequenz weitere Probleme mit sich, und zwar das *Gefühl, ertappt zu werden* und wie sie es selbst formuliert:

> dass man irgendwo eine lücke hat↑die man nicht geschafft hat zu füllen↓weil man gar nicht weiß↑wo man gucken soll↓[…]die arbeit mit dem […] material↓funktioniert an sich so gut↓aber↑man weiß immer rechts und links kommt ja eigentlich noch mehr wissen↓und dann denkt man↑was ist jetzt↑wenn jetzt einer fragt↓und dann sitzt man da und denkt sich hm↓ (ebd.: Z. 165 ff.)

Diese Schilderung ist die Beschreibung des Zustands eines FSL ohne fachliche Kompetenz. Auffällig ist dabei ein interessanter Widerspruch, einerseits plädiert die FSL für das Prinzip der Offenheit und finde unter den Studierenden Verständnis, andererseits hat sie Angst, erwischt zu werden.

Wenn der FSU auf einem Lehrwerk basiert (in diesem Fall auf dem Zusatzmaterial), dann funktioniert er zwar (was auch der FSL C bestätigt), wie die FSL J anmerkt. Der FSL C bezeichnet eine solche Unterrichtssituation mit dem Attribut „oberflächlich“, in ihr dürften keine Fragen der Studierenden aufkommen[177].

Die FSL ohne fachlichen Hintergrund neigen zu einem methodischen Manöver, das als Strategie zur *Bewältigung der fachlichen Ebene* dient und das die FSL J wie folgt beschreibt:

> wenn es dann um fehler geht↑wenn die zum beispiel hört↓da kann man schnell mal fragen oder ablenken↓hm da hat er das und das gesagt↓wie können wir das besser sagen↓oder wie ist das richtig↑und dann sind wir schon wieder auf der deutschen ebene↓und haben eigentlich die mechatronik schon verlassen↓*(so nach dem motto↓) (*FSL J lacht*) ich glaube↑da handeln wir uns dann auch weil↑das wissen wir dann↓das können wir dann↓* (ebd.: Z. 171 ff.)

177 Vgl. FSL C (siehe Kapitel 4.4.3).

Die FSL suchen hierdurch einerseits nach einem Ausweg aus der Unsicherheit und andererseits nach dem Arbeitsfeld, nach dem Handlungsort sowie nach der Bestätigung („das wissen wir“/„das können wir“). D. h., wenn sich ein Student äußere, dann mache er sprachliche Fehler, worauf der FSL dann blitzschnell reagiere – weil es sich hierbei um sein Territorium handele. Die FSL J fühlt sich mit dieser Strategie *sicher*.

Die FSL G, H, I, J äußern bestimmte Wünsche, um sich die fachliche Ebene anzueignen. *Fortbildungen* seien bei ihnen erwünscht, um die *Grundkenntnisse in der Mechatronik* zu erwerben und auch die *Fachliteratur* kennenzulernen, entweder innerhalb eines *Seminars* oder eines *Vorbereitungskurses* (ebd.: Z. 177 ff.).

Die passive *Teilnahme an den Einführungsveranstaltungen* für die Mechatronikstudenten könnte auch die Fachsprachenlehrer für die fachlichen Themen sensibilisieren und als Quelle der Materialien für den FSU dienen, diesen Vorschlag macht die FSL H (ebd.: Z. 204 ff.).

Die *Kommentare der kompetenten Person* zu jeder Lektion in den Zusatzmaterialien könnten laut FSL G den Lehrkräften sowohl inhaltliche Erklärungen geben als auch die Logik der aufeinanderfolgenden Lektionen zeigen, so würde ein fachlicher Überblick erworben (ebd.: Z. 209 ff.). Dieser Beitrag ist interessant, denn die FSL G sagte am Anfang, sie vermisse keine Gespräche mit dem Fachmann, denn die FSL könnten selber bei Wikipedia alle notwendigen Informationen nachschlagen. Aber im Laufe des Gesprächs kommt sie auf die Idee, doch Ratschläge und Kommentare beim Fachmann einzuholen.

Auch *Bilder und Videomaterialien* sind bei den FSL G, H, I und J begehrt (ebd.: Z. 217 ff.). Zu den Zusatzmaterialien sollten *Lehrerhandreichungen* und *Arbeitsmaterialien* für den FSL in einfacher Auslegung vorhanden sein (ebd.).

4.6.2.12 Kriterien des guten FSU

Erfolgreicher Unterricht schließt in sich für die FSL I *Satzbildung* und *Wortschatzaneignung* ein (ebd.: Z. 458 ff.).

Für die FSL H ist der FSU erfolgreich, wenn sie *aktive Teilnahme*, *Interesse* und *Lust* auf die technische Fachkommunikation bei den Studierenden erlebt (ebd.: Z. 462 ff.).

Die FSL G sieht den erfolgreichen FSU im *aktiven Verarbeitungsprozess* auf der *kognitiven* und *sozialen* Ebene (ebd.: Z. 464 ff.).

Die FSL J nennt sowohl die offensichtlichen Merkmale, wie die *aktive Teilnahme* und die *Bemühungen* der Studierenden, als auch die indirekten Merkmale, wie z. B. Kommentare von Kollegen oder Studenten über *Erfolgserlebnisse*. Für sie sei auch die *produktive* Ebene bei den Studierenden von großer Bedeutung, die nicht nur die technischen Inhalte zum Ausdruck bringe, und ebenso die *kognitive* Ebene, wenn sie bei den Studenten die bewusste Wahrnehmung des Lernstoffs beobachten könne (ebd.: Z. 477 ff.).

Diese Kommentare zur kurzen persönlichen Definition des erfolgreichen FSU zeigen, dass die FSL G, H, I und J sich als Deutschlehrerinnen fühlen, sie können den Deutschunterricht nicht vom FSU trennen. Die Anmerkung der FSL J verdeutlicht diesen Gedanken explizit:

> wenn man manchmal auch zum beispiel schüchterne schüler hat↓und dann↓*erklärt er auf einmal ein wort↑was nicht unbedingt mit mechatronik zu tun hat↓ aber er erklärt seine vorstellung in einem satz↓und ich weiß zum beispiel↑ dieser schüler ist relativ schwach↓in einer anderen klasse↓und dann kann ich das der kollegin erzählen (ebd.: Z. 481 ff.)

4.6.2.13 Zum Selbstverständnis der FSL G, H, I, J[178]

Ihr Selbstbild beschreibt die FSL G mit Ironie wie folgt:

> *(also↓*ich sehe mich ein bisschen*ja↓*weiß nicht↓aber muss manchmal innerlich bei mich selbst ein bisschen schmunzeln↓was ich da gerade tue↓was ich gerade tatsächlich mechatronik unterrichte↓) (*FSL G und H lächeln*) also↓ich kann mich selbst nicht so ganz ernst nehmen↓ (ebd.: Z. 488 ff.)

Die FSL H wehrt sich gegen eine Deutung ihres Selbstbildes: „gute frage↓*ich glaube ich denke gar nicht darüber nach↓das will ich gar nicht↓" (ebd.: Z. 491 f.)

---

178 Siehe Zalipyatskikh (2016).

und hebt hervor: „na↓ich erzähle auch nirgends↓dass ich einen fachsprachenunterricht habe↓oder so↓ja dass ich mechatronikunterricht sozusagen↓ (das erzähle ich nirgends↓) (*alle lachen*)“ (ebd.: Z. 508 ff.). Die FSL H denkt nicht an die eigene Rolle im FSU und erzählt es niemandem, sie schämt sich aufgrund ihrer fachlichen Inkompetenz. Das Ganze scheint eher wie eine Farce auf sie zu wirken, wie auch auf die FSL G und J. Besonders merkwürdig erscheint hier ihre Wortwahl: Im Nebensatz fehlt das Verb – „dass ich Mechatronikunterricht sozusagen“ – sie sagt nicht „erteile“. (Die erste Interpretation könnte sein, dass für die FSL H Deutsch eine Fremdsprache ist und sie aufgrund der Aufregung das Verb vergessen hat. Aber sie war nicht aufgeregt, sie sprach ruhig und überlegt, ihr Deutsch war einwandfrei.) Aus diesem Fehlen des Verbs lese ich eher ihre Hilflosigkeit, sie wagt nicht zu sagen ‚ich unterrichte FS Mechatronik‘. (Dabei könnte eine Parallele zur FSL F gezogen werden, sie problematisiert die Begrifflichkeit und ‚schützt sich‘ auch vor dem Ausdruck ‚die technische Fachkommunikation unterrichten‘.)

Es ist nicht leicht, eine plausible Lesart für diese aufrichtigen und daher wertvollen Antworten zu finden. Auffallend ist, dass die beiden Selbstbilder eine Gemeinsamkeit haben, sowohl die FSL G als auch die FSL H wollen die Selbstreflexion vermeiden, weil die Frage „Wer bin ich im FSU?“ schwer zu beantworten ist. Es könnte auch sein, dass der FSU für sie lediglich ein Bestandteil des Programms ist, er ist eine Notwendigkeit, die durchgeführt werden muss, und es macht keinen Sinn, darüber nachzudenken.

Die FSL J fühlt sich im FSU als *Deutschlehrerin*, sie hebt hervor: „ich glaube↑man steht trotzdem als deutschlehrerin vor der klasse↓“ (ebd.: Z. 492 f.). Dabei stimmen ihr die FSL H und I zu. Die FSL J erklärt ihr Selbstverständnis folgendermaßen:

> ich sehe mich da würde ich mich nicht als spezialistin↓oder expertin↓irgendwie (*FSL H: ne*) oder in diesem sinne sehen↓ja↓und wie gesagt↑man ist glaube ich froh↓wenn man einfach dann↓hm ins deutsche eigentlich wieder↓also in den daf-bereich so ein bisschen abrutscht↓weil da fühlt man sich dann einfach sicher↓ (ebd.: Z. 495 ff.)

Die FSL G entlarvt mit ihrer Wortwahl („das Absurde“[179], „Farce-Gefühl“[180] (zweimalige Nennung), „das komische Gefühl“[181], „unwirklicher Unterricht“[182]) sowohl das Verhältnis zum eigenen FSU als auch die eigene Rolle darin. Sie kann sich nicht ernst nehmen und sie will sich nicht ernst nehmen. Solange sie in der Dimension der Vermittlung der deutschen Sprache bleibt, ist sie kompetent und ernst, aber beim Übergang in die Fachsprache kommen „das Absurde“ und das „Farce-Gefühl“ auf (ebd.: Z. 500 ff.).

Die FSL I antwortet auf diese Frage nicht direkt, ihr Kommentar klingt zunächst wie eine Rechtfertigung, als ob sie versteht, dass sie im FSU etwas falsch macht (in ihrem Beispiel die Behandlung der grammatischen Phänomene der Gemeinsprache). Doch sie bringt hierdurch unbewusst ihr Selbstbild zum Ausdruck, indem sie andeutet, dass ihre Bemühungen vergeblich seien und sie statt FSU Deutschunterricht erteile. Sie führt Folgendes aus:

> bei mir↓*also ich↓wie auch meine kolleginnen versuche mich auch so gut wie es geht↓so weit ist in meiner macht* steht↓gut auf den unterricht vorzubereiten↓aber↑wenn ich dann sehe↑dass sie zum beispiel eine aufgabestellung nicht verstehen↓erwische ich mich dabei↓wie ich wieder auf den normalen deutschunterricht verrutsche↓da sehe ich mich auf einmal↑(an der tafel stehen und sich interessieren oder sich beschäftigen schreiben↓und dann was machst du jetzt↑aber das muss man auch tun↓damit sie die aufgabestellung überhaupt verstehen können↓)*da denke ich mir↑ja↓gut↓ich glaube↓ich bin im falschen film↓(die reflexivverben in mechatronik) (ebd.: Z. 512 ff.)

Eine gute Vorbereitung bedeutet keine Garantie für einen fachlich orientierten FSU. Der Deutschlehrer bleibt Deutschlehrer, sein Denkstil ist sprachlich orientiert. Die Reflexivverben und die Rektion der Verben scheinen wichtiger als die technischen Inhalte zu sein – gleichzeitig fungiert diese Schwerpunktsetzung als Abwehrmechanismus. Sie ‚rutscht‘ bewusst und unbewusst auf die Ebene der Gemeinsprache, auf die Ebene der eigenen Kompetenzen („aber das muss man auch

[179] ebd.: Z. 507.

[180] ebd.: Z. 500; Z. 102.

[181] ebd.: Z. 504.

[182] ebd.: Z. 102.

tun↓damit sie die aufgabestellung überhaupt verstehen können" versus „erwische ich mich dabei↓wie ich wieder auf den normalen deutschunterricht verrutsche↓da sehe ich mich auf einmal↑(an der tafel stehen und [...] schreiben↓").

Die FSL G, H, I und J finden die eigene Rolle als FSL nicht überzeugend, absurd, unwirklich, fast karikaturesk. Es ist merkwürdig, dass die Studierenden den FSU ebenso nicht ernstnehmen, für sie ist es eine eher freiwillige Teilnahme. Die FSL J[183] erinnert sich an eine Rückmeldung eines Studenten, die zum Teil das Ausgeführte bekräftigt: „ein student hat neulich gesagt↓frau janzen↑ist sehr gut im deutsch↓aber↑nicht in mechatronik↓" (ebd.: Z. 523 f.).

4.6.2.14 Resümee

Zum Schluss soll zusammengefasst werden, dass die FSL G, H, I, J ohne fachlichen Hintergrund und ohne Vorkenntnisse im FSU, aber dafür mit Erfahrungen in DaF an der neuen Universität in der Türkei die FS Mechatronik unterrichten. Ihre Studenten bestehen aus 18- bis 20-Jährigen mit einem sprachlichen Niveau ab A1. In ihrem FSU-Konzept, dessen Ziel es ist, die Studierenden in deutscher Sprache auf ihr Studium ab dem nächsten Studienjahr vorzubereiten, dominiert die lexikalisch-semantische Ebene sowie eine grammatische Orientierung. Die FSL sind einerseits mit dem massiven Problem der *fehlenden Motivation* der Studierenden konfrontiert, von denen der FSU lediglich als fakultative Veranstaltung wahrgenommen wird, was als Konsequenz die Demotivation der FSL selbst nach sich zieht (dieser Faktor unterscheidet die FSL G, H, I und J von anderen FSL, mit denen ich die Interviews durchführte. Die Motivation ist in diesem Fall nicht selbstverständlich und nicht als Ist-Zustand vorhanden. Das Problem liegt sowohl auf der *interkulturellen*, der *sozialen* als auch auf der *fachlichen* Ebene).

Andererseits kämpfen sie auch selbst mit der *Komplexität der technischen Inhalte* und mit der Didaktisierung der schwierig konzipierten Zusatzmaterialien, die sie als Grundlage für den FSU verwenden, um ihn den Erfordernissen der Zielgruppe optimal anzupassen. Dabei verlieren sie nicht die Hoffnung, dass der FSU mit FSL ohne fachlichen Hintergrund möglich ist, sie heben hervor: „wir schwimmen noch am strohhalm im wasser↓[...] und der strohhalm heißt mechatronik" (ebd.:

183 FSL J – Maria Janzen.

Z. 293 f.). Als notwendige Bedingungen für diese Möglichkeit nennen sie das Wissen für sich und die Vielfalt der Materialien, was eigentlich ein Widerspruch per se sein könnte, denn *Wissen* im FSU bedeutet zumindest zum Teil *fachlicher Hintergrund.* Ihrer Auffassung nach spielt der *Zeitfaktor* eine wesentliche Rolle, sowohl für sie als FSL, was die Variable *Erfahrung* impliziert, als auch für die Studenten, die nach der Meinung der FSL I langsam ‚auftauen' (ebd.: Z. 367). Die FSL G, H, I und J bewältigen die fachliche Ebene dadurch, dass sie *selber die Unterrichtsmaterialien erstellen*, hierdurch gewinnen sie ein Gefühl der *Sicherheit.* Darüber hinaus setzen die FSL H und I die *Muttersprache* Türkisch in der technischen Fachkommunikation ein, um das Vertrauen der Studierenden zu gewinnen.

Bei der Beschreibung des eigenen FSU und der Darstellung des *Selbstverständnisses* verwenden sie eine interessante Wortwahl sowie bemerkenswerte Metaphern („das Absurde", „Farce-Gefühl", „wie im falschen Film", „komisches Gefühl" etc.), was ein Hinweis dafür sein könnte, dass sie die eigene Rolle in der Vermittlung der technischen Fachkommunikation noch nicht für sich definiert haben – die Studierenden könnten das spüren und nehmen deshalb den FSU der FSL G, H, I und J apathisch und teilnahmslos an.

Für die Passivität der Studierenden sehen die FSL die Gründe in der Mechatronik, die wenig Bezug zum realen Leben im Vergleich zu Jura oder Wirtschaft habe. Die Folge dieser Stellungnahme ist die Überzeugung der FSL I, dass sie den Studenten nur *leere Worte* statt praktisch orientierten FSU anbieten könnten. Der erfolgreiche FSU ist für die FSL G, H, I und J mit der *aktiven Teilnahme* der Studierenden verbunden, mit ihrem *Interesse* und ihrer *Motivation.*

4.6.3 FSL K: „manchmal fühlt man sich wie ein miserabler dompteur“[184]

4.6.3.1 Informationen zu Interview und Interviewpartner

Das Interview wurde im Dezember 2013 im Büro des FSL K durchgeführt, das er mit seiner Kollegin, FSL für FS Medizin (Englisch) und Technische Fachkommunikation (Englisch), teilte. Sie war sporadisch im Büro während unseres Gesprächs, trotzdem versuchte der FSL K sie in unseren Diskurs einzubeziehen und für seine Gedanken Zustimmung bei ihr zu finden. Auffallend war in diesem Gespräch, dass der FSL K sich gern polemisch äußerte und weit für seine Antworten ausholte. Er zeigte die Neigung, eher im Allgemeinen zu sprechen, und er zog keine offensichtliche Trennlinie zwischen seinen Erfahrungen in DaF, Berufssprache und in der Vermittlung der technischen Fachkommunikation.

Der FSL studierte Anglistik und sammelte langjährige Erfahrung als Berufssprachenlehrer (über 10 Jahre), in der Vermittlung der technischen Fachkommunikation sowie als Dozent an der Universität positionierte er sich jedoch als Anfänger.

Wie oben beschrieben charakterisiert die FSL F die *Wahl der technischen Fachkommunikation* mit dem Attribut „ganz banal“ (FSL F: Z. 6), dies bestätigt auch wie folgt der FSL K, dabei verweist er auf den hohen Bedarf an FSL:

> im insitut hier sicherlich mehr bedarf an dozenten existiert↓als dozenten vorhanden sind↓*und↑ es ist sicherlich auch so↑dass es unter den kollegen*hm nicht ganz so viel den drang gab↑unbedingt technisches deutsch beziehungsweise technische kommunikation deutsch zu unterrichten↓ (FSL K: Z. 5 ff.)

Der FSL K wurde an der Universität gefragt, ob er die technische Fachkommunikation vermitteln kann, was er mit den Worten bejahte: Es werde irgendwie nicht schief gehen (ebd.: Z. 12 f.).

---

184 FSL K: Z. 484.

4.6.3.2 Konzept des FSL K: Methodisch-didaktische Gestaltung des FSU[185]

Der FSL K definiert den FSU wie folgt:

> es ist der versuch↑*hm fachliche inhalte↓ und das bewußtsein dafür↑mit welchen sprachlichen mitteln diese fachlichen inhalte kommuniziert werden↓zu vermitteln↓oder zumindestens bei den studenten irgendwie dafür ein gefühl zu erwecken↑dass da außerhalb der allgemeinen sprache unterwegs ist↓ (ebd.: Z. 23 ff.)

In der Definition sehen wir Variablen, die schon von anderen FSL genannt wurden: *Sensibilisierung für die fachsprachlichen Phänomene* und *Vermittlung der fachlichen Inhalte*.

Die ausgeführte Definition des FSU ist im Einklang mit der Definition des FSU von Fearns[186]. Auf die Fragen, was er im FSU vermittele und wie er dabei vorgehe, antwortet er, sein Unterrichtskonzept sehe wie „ein noch etwas unkoordiniertes ausprobieren↓" (FSL K: Z. 29) aus. Er erklärt dies damit, dass er neu an der Universität und nicht mit allen Abläufen an dieser Institution vertraut sei, auch die Anforderungen und Ansprüche der Fachbereiche seien ihm noch nicht bekannt (ebd.: Z. 30 ff.).

Er sieht die enge Verbindung zwischen der Vermittlung der technischen Fachkommunikation und den strukturellen Rahmenbedingungen, dies wird in einer E-Mail ersichtlich, den er mir am Tag nach dem Interview schickte. Anbei ist eine Passage aus der E-Mail[187]:

> Nach dem Kurs ist mir noch eingefallen, dass ich etwas zum Themenfeld ‚institutionelle Umgebung/Art des Vertrages' hinzufügen sollte: Unabhängig von der Art des Vertrages zwischen Universität und Dozent benötigt es Kontinuitäten […]. Zugleich sehe ich eine Art „Obergrenze" der Kontinuität bei 5 bis 10 Jahren in solch einem Themenbereich. Zum einen ist eine längere Kontinuität aufgrund organisatorischer Veränderungen in Personal,

---

185 Siehe Zalipyatskikh (i. D.): „Überlegungen zu den Unterrichtsdefinitionen und -zielen der Fachsprachenlehrenden der technischen Fachkommunikation".

186 Siehe Kapitel 1.

187 E-Mail des FSL K vom 5.12.2013.

Studienordnungen und institutionellen Strukturen selten gegeben, zum anderen tritt aber nach ca. 5 Jahren ein erhöhtes Maß an ‚Gewöhnung' ein, d. h. es kommt zu einem vermehrten Unterrichten ‚nach Schema F'/‚auf autopilot'. An diesem Punkt ist ein organisatorischer Zwang zu Reflexion und damit verbundener Überarbeitung der eigenen Lehre wünschenswert.

Das Konzept seines FSU erstellt der FSL K selbst und kommentiert es lakonisch: Er habe die Freiheit für die Vermittlung der technischen Fachkommunikation bekommen und eine bunte Mischung im Kurs „Technisches Deutsch" in Bezug auf Sprachniveau der Gruppe und Fachbereiche (ebd.: Z. 45 ff.; Z. 115 ff.). Aus ihnen wolle er zwei Gruppen bilden, um die Vermittlung der technischen Fachkommunikation spezifischer zu gestalten. Sie würden aufgeteilt in Gruppe A, dazu gehörten die Studierenden, die Elektronik, Elektrotechnik und informationstechnische Prozesse studieren, und Gruppe B mit den Studierenden der Fächer Maschinen- und Holzbau (ebd.: Z. 108 ff.).

Was die sprachliche Voraussetzung im FSU angeht, ist die Begrifflichkeit des FSL K merkwürdig – er differenziert die Sprachstufen in „a-niveau" (ebd.: Z. 68) und „b-niveau" (ebd.: Z. 73). Wichtig ist festzuhalten, der FSL K ist überzeugt, dass es nicht sinnvoll sei, die FS ab A1- sowie A2-Niveau zu unterrichten. Seine nächste Aussage markiert eine wichtige Tendenz: Die FSL ohne fachlichen Hintergrund mit weniger Erfahrung sind sich oft sicher, dass der FSU ab B1-Niveau funktioniere (FSL G, H, I, J, K), während die FSL mit fachlichem Hintergrund dieses Niveau nicht optimal finden, bestmöglich seien B2 und C1 (FSL B, D, C). Seine These begründet der FSL K folgendermaßen: Es sei nicht unbedingt notwendig, alle grammatischen, idiomatischen Finessen einer Sprache zu beherrschen, um in die Fachkommunikation einzusteigen (ebd.: Z. 71 ff.).

Ein großer Vorteil für den FSU besteht laut dem FSL K in der *sprachlichen Selbstständigkeit* sowie in *gemeinsamen Interessen*, d. h., wenn die Gruppe nicht so heterogen ist und die Studierenden aus gleichen oder ähnlichen Studiengängen kommen. Über die eigene Einstellung zur Vermittlung der technischen Fachkommunikation spricht er mit Optimismus wie folgt: „ich profitiere davon↑eine monopolstellung zu haben↓(ich bin im moment der einzige↑der das macht↓)und↑ein angebot machen↑ist vermutlich besser↓als kein angebot haben↓" (ebd.: Z. 91 ff.).

Unbestritten, es ist einerseits eine angenehme Position für den FSL, wenn die Studierenden keinen Vergleich haben. Andererseits bringt diese Situation aber bei objektiver Betrachtung auch Schwierigkeiten für den FSL mit sich, denn es fehlt am *Erfahrungsaustausch* sowie an Impulsen und Vorstellungen aus anderen Konzepten. Aber der FSL K sieht dies als Vorteil.

Er wählt selbst die Themen aus, die im FSU behandelt werden. Er benutzt die Lehrwerke (von Buhlmann/Fearns, Russisch-deutsches Lehrbuch für Ingenieure, Fachbuch für Chemie, populärwissenschaftliche Texte u. a.), die er als Impuls- und Ideengeber betrachtet, und nimmt die Übungen und Texte daraus.

Im Kontext der Vermittlung der technischen Fachkommunikation postuliert der FSL A die These über schwerpunktmäßigen Unterricht, der dem FSL *Sicherheit* gewähre: „man unterrichtet schwerpunktmäßig das, wo man sich am wohlsten fühlt". Der FSL K bezieht nun eine ähnliche Stellung, wählt hierfür aber stärkere Worte: „man macht lieber das↓(wo man sich weniger damit blamiert↓)" (ebd.: Z. 176 f.). In dieser interessanten Wortwahl findet sich eine Andeutung darauf, worüber die FSL G, H, I und J so intensiv sprechen. Wichtig erscheint hierbei, dass die FSL ohne fachlichen Hintergrund und ohne Erfahrung versuchen ihr *Selbstbild* zu pflegen.

Aus der Aufzählung der vom FSL K benutzten Bücher und aus den Kommentaren und Argumenten, auf die er zurückgreift (ebd.: Z. 122 ff.; 134 ff.; 139 ff.), lässt sich schließen, dass das Konzept des FSL K lexikalisch-semantisch, grammatisch und textuell orientiert ist. Es tritt auch eine Gemeinsamkeit mit dem FSL E auf, wenn der FSL K Folgendes sagt: „unten strich weiß man erst nach der dritten woche↓wirklich was für die studenten überhaupt relevant ist↓" (ebd.: Z. 148 f.). Das heißt, der FSL K arbeitet wie der FSL E *bedarfsorientiert* – was er bei seinen Studenten als Manko identifiziert, bearbeitet er in seinem Unterricht.

Der FSL K arbeitet nicht intensiv mit Fachleuten, es sei eher ein Austausch zum allgemeinen Überblick, wer was mache (ebd.: Z. 152 ff.). Er konzipiert sowohl den FSU als auch die Kontrollarbeiten selbst, dabei lässt er das Modul Mathematik aus, weil es Bestandteil des DSH-Programms ist und die Studenten damit vertraut sind. Er betont: „ich hab eine mischung für mich gemacht↓" (ebd.: Z. 155 ff.; Z. 182 ff.; Z. 205).

Es ist erneut auffällig, dass die FSL ohne fachlichen Hintergrund und ohne Erfahrung kaum Zusammenarbeit mit den Fachleuten praktizieren, sie entwickelt sich erst später. Am Anfang können sie den Bedarf an einem Kontakt mit den Fachleuten nicht verstehen, darüber spricht die FSL G und die FSL L bestätigt, dass sie zuerst allein anfing, ihr Konzept zu erstellen. Den Zusammenhang zwischen den Experten aus den Fachbereichen und dem eigenen FSU habe sie erst später angefangen herzustellen.

Der FSL K erstellt auch die Aufgabenblätter selbst und entwickelt nach dem DSH-Prinzip die Übungen, in denen die Studierenden Sätze und wissenschaftssprachliche Strukturen umwandeln sollen (z. B. Passivstrukturen, indirekte Rede und andere fachsprachlich relevante Phänomene), dabei integriert er in diese Sätze die Fachvokabeln und damit wird der Fachwortschatz geübt (ebd.: Z. 188 ff.).

Darüber hinaus wird die *Präsentation* über ein von den Studenten selbst gewähltes Thema als Bestandteil des Konzepts des FSL K genannt. Folgende Anforderungen werden dabei an die Präsentationen und an die Vortragenden gestellt: Es solle mündlich referiert, thematisch ein Prozess beschrieben und visualisiert sowie verteidigt werden, d. h., sie sollten auf alle Rückfragen reagieren können (ebd.: Z. 207 ff.). Der FSL K begründet sein Konzept wie folgt: Es werden dabei die sprachlichen und fachlichen Kompetenzen entwickelt, wie Satzbildung, Einsatz geeigneter Fachbegriffe, Aussprachetraining (ebd.: Z. 228 ff.).

Die Präsentationen werden nach dem folgenden Prinzip bewertet: „von allem ein bisschen↓von allem ein bisschen↓“ (ebd.: Z. 237 f.). Die inhaltliche Relation wird dabei außer Acht gelassen. Der FSL K hebt hervor:

> also ich bewerte nicht die richtigkeit des inhaltes↓ich gehe auf den punkt richtigkeit des inhaltes nicht ein↓die studenten können mir dann großen blödsinn erzählen↓es kann passieren↓ich merke es nicht↓*ich kann nicht einfach in allen bereichen gleichzeitig fit sein↓ (ebd.: Z. 238 ff.)

Bewertet würden *Nachvollziehbarkeit*, *Vorbereitung*, *Bemühung* der Studierenden (die auch FSL H als Kriterium heranzieht), *Vortragsweise* bzw. Blickkontakt, *sprachliche Korrektheit*, *Aussprache*, *Sprachgeschwindigkeit* (ebd.: Z. 241 ff.).

Der FSL K ist überzeugt, dass sein Unterricht hilfreich in den oben genannten Punkten sei. Er führt Folgendes aus:

> und das ist etwas↓was man denke ich ganz gezielt besprechen kann↓gezielt üben kann↓und↑hm das ist der bereich↑wo ich vielleicht noch am ehesten etwas nützliches beitragen kann↓im vergleich zu fachlichen inhalten↓dort bringe ich denen wahrscheinlich nichts wirklich passendes bei↓dort kann ich nur an themen arbeiten um dort ein bisschen mehr gespür für fachvokabular zu legen↓ (ebd.: Z. 263 ff.)

Der FSL K definiert den FSU zunächst als die *Vermittlung der fachlichen Inhalte* und spricht hier nun darüber, dass er eben das nicht machen kann. Außerdem gehören die Aspekte, bei denen er sich nützlich fühle, eher zu den Fragen der *Kommunikation allgemein* und der *Wissenschaftssprache*.

4.6.3.3 Ohne Lehrwerk – Mit Lehrwerk

Es wurde die Frage gestellt, ob der FSL K bei sich die fachliche Kompetenz und das Lehrwerk für den FSU vermisse. Der FSL K geht auf die zweite Frage ein. Für ihn sei das Fehlen des Lehrwerks „ein ganz zweischneidiges schwert" (ebd.: Z. 271 ff.), es sei sowohl eine Gefahr als auch ein Reichtum. In diesem Punkt polemisiert der FSL K über zwei Seiten, dabei sagt er nicht, ob er als FSL das Lehrwerk vermisse. Er nennt die Vorteile, die man mit Hilfe des Lehrwerks gewinnen könne:

- das Lehrwerk als Garant, als Rettungsring: „etwas↑wo man sich daran festhalten kann↓" (ebd.: Z. 273 f.)
- Lehrwerk als Gebrauchsanweisung, als Kompass, als Partitur: „dann kann ich mich mit diesem lehrwerk von kapitel zu kapitel durchhandeln↓" (ebd.: Z. 275 f.)
- Lehrwerk als Versteck, als Fluchtweg: „es wird nicht sofort offensichtlich↑dass ich keine anhnung habe↓und damit kann ich irgendwie dadurch kommen↓" (ebd.: Z. 276 f.).

Kein Lehrwerk im Unterricht, die Situation, mit der er durch seine Erfahrung vertraut sei, sei aber ein Reizfaktor und eine Herausforderung per se (ebd.: Z. 282 f.).

Ich wage diesen Gedanken folgendermaßen zu interpretieren: Jeder Lehrer will sich verwirklichen, sich als Bestandteil des Prozesses wahrnehmen. Deshalb neige der FSL K selbst zur Herausforderung, oft zur Improvisation, zur „geistige[n] Anwesenheit“ (ebd.: Z. 285), zur Freiheit (was auch die FSL B, C und D im Unterricht schätzen). Und wie jede Freiheit wohnt dieser pädagogischen Freiheit eine Gefahr inne, und zwar, dass die Lernsituation mit dem FSL ohne fachlichen Hintergrund in die falsche Richtung geht. Diese Phrase des FSL K verweist darauf deutlich: „die chance dass es schief geht↓ist ziemlich groß↓“ (ebd.: Z. 287 f.).

4.6.3.4 Meister - Geselle - Lehrling

Auf die Frage, ob der FSL K die fachliche Kompetenz vermisse, antwortet er mit der Gegenfrage: Wie werde der Fachmann definiert (ebd.: 292). Dabei zitiert er das Sprichwort: „meister ist der was ersann↓geselle ist wer etwas was kann↓lehrling ist jedermann↓“ (ebd.) und versucht mit dieser Logik auf den Punkt der *fachlichen* Kompetenz einzugehen – oder vor ihm zu fliehen. Der FSL K sei Lehrling – ebenso wie die Studierenden (ebd.: Z. 293 f.). Er sei kein Meister (ebd.: 294 ff.); interessant ist, dass er die Studenten nur als Lehrlinge betrachtet, obwohl sie eigentlich Meister sein könnten. Später erwähnt er, dass sie fachlich mehr wüssten als er (ebd.: Z. 298 ff.).

Damit wollte er wahrscheinlich zeigen: Philosophisch gesehen sind wir alle Lehrlinge, das ganze Leben lang. Der Geselle bleibt in der Auslegung des FSL K undefiniert.

Der FSL K dreht die Frage schließlich um:

> die frage ist↓nicht ob man fachmann sein muss für mich↓sondern↑ ob das fachwissen was man hat↑ ausreicht↓ um mit der fachsprache und mit den fachinhalten zu arbeiten↓also ich kann über maschinenbau sprechen↓über maschinenbau nachdenken↓ohne selbst eine maschine bauen zu müssen↓ (ebd.: Z. 303 ff.)

Daraus folgt, dass der FSL ein Grundwissen zum Fach besitzen sollte. Wenn dies der Fall wäre, dann sei der Punkt für den FSL erreicht, wenn er „mitreden“ (ebd.: Z. 313) könnte. Nach Auffassung des FSL K sei es ein Soll-Zustand für den FSL, danach müsse er streben. Aus dieser Philosophie bleibt unklar, wo er sich selbst positioniert, ob er diesen Punkt erreicht hat oder nicht (ebd.).

Der These des FSL C zufolge ist der FSU eine Frage des eigenen Anspruchs und der FSL K findet es für sich ausreichend, wenn er mitreden kann.

Der FSL K ist durch seine Erfahrung mit Berufssprache Englisch überzeugt, mit *Interessenvielfalt* und *Neugier* werde die Kluft in der fachlichen Kompetenz gefüllt (ebd.: Z. 332 ff.; Z. 418 ff.).

Der FSL K ist der Meinung: Der FSL soll sowohl Methodik und Didaktik als auch fachliches Wissen im FSU einsetzen (ebd.: Z. 322 f.). Die Abbildung 20 zeigt dies in der Formelsprache.

Didaktik/Methodik + Fachliches Wissen = FSU

Abb. 20: FSU-Formel des FSL K

4.6.3.5 Die Theorie des Netzes

Der FSL K verbindet mehrere Variablen bzw. Faktoren, die für die Vermittlung der technischen Fachkommunikation relevant seien, zu einem funktionierenden *Netz* (ebd.: Z. 386).

Die strukturellen Rahmenbedingungen – er bezeichnet sie als „*institutionelles lehren und lernen*" (ebd.: Z. 337) – wirken nach einer bestimmten Dynamik. Die Bedingungen führten oft dazu, dass die fachliche Kompetenz weniger wichtig sei als die Flexibilität; also *pädagogische Flexibilität (Agilität) vs. fachliche Kompetenz.*

Die Erfahrung spielt im FSU eine große Rolle, das weiß er als Prüfer in der Handelskammer mit 10-jähriger Erfahrung (ebd.: Z. 376 ff.; Z. 378 ff.). Sie bringt die Erkenntnisse und Aktanten (mit jedem Semester vermehren sich die Kontakte mit verschiedenen Personen, Kollegen und Studententutoren, die FSL werden mit neuen Büchern auseinandergesetzt etc.), die für die Vermittlung der technischen Fachkommunikation wesentlich sind. Die Erfahrung schafft eine Plattform für die gezielte Suche (ebd.: Z. 369 ff.)[188]. Folgende Aktanten werden von dem FSL K erwähnt: Der FSL mit seinen Kompetenzen, Interessen, Erfahrungen sowie seiner Professionalisierung durch autodidaktisches Lernen; Studenten; Kollegen; Fachliteratur.

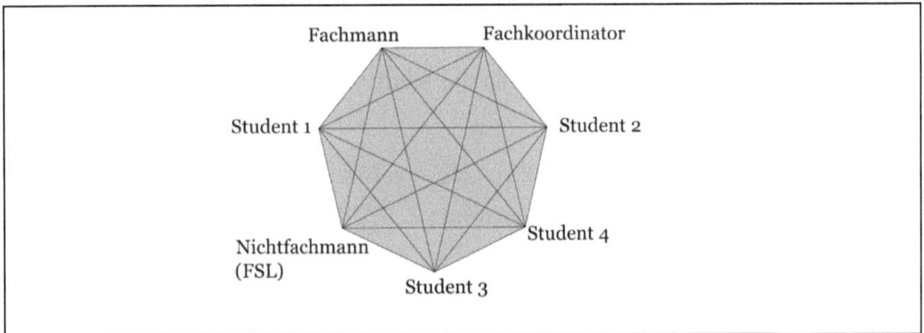

Abb. 21: Netz in der technischen Fachkommunikation

Das beschriebene *Netz* wird in der Abbildung 21 dargestellt. Das Netz hat keine Hierarchie, jeder Aktant kann mit jedem anderen kommunizieren und in Kontakt treten. Damit diese Verbindungen funktionieren können wie eine ‚redundante Stromversorgung' (weil jeder von jedem lernt, jeder gibt jedem das Potenzial zum Nachdenken und Handeln), brauchen die Aktanten die gemeinsame Sprache[189]. Der FSL ist wie ein Postbote, er kann den Brief ‚ungeöffnet' weiterleiten, d. h. die Frage ins Auditorium weitergeben, ohne sie selbst zu beantworten.

Sowohl die Studenten als auch der FSL bleiben ‚Lehrlinge', d. h., sie finden fast die gleichen Gegebenheiten im FSU vor wie der FSL K – er gibt zu, er lerne viel von den Studenten, während diese von ihm lernten (ebd.: Z. 408 f.). Der ‚Strom' (in unserem Fall: Ideen, Fragen, Antworten etc.) wird von allen Akteuren in der Interaktion produziert. Die Signale kommen von allen Aktanten.

Inhaltlich konzentriert sich der FSL K auf die Bereiche, in denen er Kenntnisse sowie Interesse hat und mitreden kann (ebd.: Z. 394 f.). Das ist eine eindeutige Bestätigung der These des FSL A, „man unterrichtet schwerpunktmäßig das, wo

188 Dies hat auch die FSL L indiziert. Mit der Erfahrung bekommt der Weg konkrete Konturen, wo und was gesucht werden muss (vgl. FSL L, Kapitel 4.6.4).

189 Diese Sprache fehlte zum Teil bei den FSL G und J.

man sich am wohlsten fühlt". Die Ursache für diese Strategie zur Bewältigung der *fachlichen* Ebene ist der *Abwehrmechanismus, die Selbstabsicherung im FSU.*

Der FSL K berichtet über eine weitere didaktische Strategie, mit deren Hilfe er die fachliche Ebene meistert, und zwar über die Entwicklung der *sprachlichen Dynamik durch Small-Talk*. Er führt wie folgt aus:

> mit ein paar guten fragen können sie den anderen stundenlang reden halten↓solange sie nur hinreichend interessiert sind↑der andere ihnen das interesse abnimmt↓ und sie zumindestens so viel mitdenken zeigen↑dass bei dem anderen das interesse zum vortragen halten bleibt↓ (ebd.: Z. 397 ff.)

Auf diese Weise treibt der FSL K eine Art Spiel: Er überlegt sich zwei bis drei Fragen und stellt sie, dabei fingiert er Interesse. Diese Strategie erinnert an das Motiv der Maske und des Theaters, es entstehen Assoziationen mit „der Farce" und dem „unwirklichen Unterricht", d. h. mit den Zuschreibungen, die die FSL G und J vornehmen[190]. Der FSL E berichtet ebenfalls über Fragen, die er den Studenten stellt, um sie einerseits zum Sprechen zu bringen und andererseits hierdurch die soziale Ebene aufzubauen und ihr Vertrauen zu gewinnen[191].
Dem FSL K ist es vor allem wichtig, dass der Student spricht, er hebt hervor: „ich kann aus guten gewissen interessiert sein↓in den meisten fällen interessiert mich es wirklich↓das netz funktioniert zumindestens so weit↑" (ebd.: Z. 404 ff.). Das Interesse des FSL K bringe die Studierenden also dazu, so viel wie möglich zu sprechen.
Diese Strategie wirft Fragen auf: Es geht um den Dialog zwischen dem Studenten und dem Dozenten, letzterer versucht eine monologische Rede bei dem Studierenden zu stimulieren. Falls aber der Student Hilfe bei der Formulierung bräuchte, wie könnte der Lehrer helfen? Ist der Student danach mit seiner Rede zufrieden? Lernt er dabei etwas Neues?

---

190 Vgl. FSL G, H (siehe Kapitel 4.6.2).

191 Vgl. FSL E (siehe Kapitel 4.5).

Der FSL K gibt zu, Small-Talk funktioniere zwischen den Studenten nicht immer (ebd.: Z. 402), d. h. auch das Netz funktioniert nicht immer.

Vielleicht möchte der FSL K glauben, dass sein Interesse den Studierenden motiviere, stundenlang zu reden – vielleicht antwortet dieser ihm aber vor allem deswegen, weil er der Lehrer ist. Dies ist eine sehr kritische Lesart, die tatsächlichen Umstände der angeführten Situation könnte nur eine Unterrichtsbeobachtung zeigen.

Nach der Philosophie des FSL K steht das Interesse einer Person in enger Beziehung mit der aktuellen Situation, in der sich diese Person befindet (ebd.: 413 ff.).

Die *fachlichen Kenntnisse* im technischen Bereich werden im Gespräch durch die technischen *Interessen* ersetzt (ebd.: Z. 418 ff.).

Die Vorbereitung auf den FSU nehme laut FSL K unterschiedlich viel Zeit in Anspruch, ab einer halben Stunde und länger (ebd.: Z. 422 ff.). Er erklärt diese Differenz dadurch, dass die Vorbereitungszeit vom Thema und von den Materialien abhängig sei. Hierin besteht ein Unterschied zu den anderen FSL (G, H, I, J, L). Sie geben zu, dass sie zunächst Zeit für sich bräuchten – für das Eintauchen ins Thema, um selber zu verstehen, worum es geht – und dann erst für die Erstellung des Unterrichtsplans. Beim FSL K ist die Vorbereitung auf den konkreten Unterricht gerichtet, was den eigenen Anspruch widerspiegelt, worüber der FSL C spricht.

Folgende Strategie benutzt der FSL K, um allen Studierenden aus den verschiedenen technischen Bereichen *thematisch* gerecht zu werden: Nach seiner Auffassung sei die Werkstoffkunde für seine KTN aus allen Studienfächern relevant, deswegen wähle er sie als ein gemeinsames Kernthema („pure metaebene") (ebd.: Z. 436 ff.). Diese Strategie könnte folgendermaßen erklärt werden: Die Entscheidung, mit einem Thema (in diesem Fall Werkstoffkunde) alle Bereiche abzudecken und damit auf der universalen Ebene zu bleiben, erlaubt es, viele Studenten zu erreichen und gleichzeitig fachlich nicht in die Tiefe gehen zu müssen, was auch zur *Strategie der Selbstabsicherung* gehören kann.

Auf die Frage nach der Atmosphäre antwortet der FSL K auf bemerkenswerte Weise, seine Replik unterscheidet sich von der der anderen FSL. Er ist überzeugt, dass die Atmosphäre nicht forciert werden könne, damit begründet er seine *Theorie des Netzes*. Jede Gruppe entwickele eine eigene Dynamik. Die *soziale* Ebene, „menschliches miteinander“ (ebd.: Z. 512), spielt eine große Rolle für den FSL K, er spürt sie und spricht mit seinen KTN über die Atmosphäre.

4.6.3.6 Kompetenzen des FSL

Der FSL K hält folgende Kompetenzen für den FSL für notwendig:

> sprachlich natürlich fit sein↓wenn er eigener sache nicht sicher ist das bringt nix↓sollte zumindestens fachliche grundkenntnisse haben↓**und sonst vermutlich eine ziemlich große bereitschaft↑sich auf all den wahnsinn einzulassen↓*ich glaube↓diese flexibilität die bereitschaft sich auf eines einzulassen↓ist mindestens genauso wichtig wie alles andere↓ (ebd.: Z. 460 ff.)

Wir erkennen hier die folgenden drei Kompetenzen:

- *Sprachliche* Kompetenz
- Fachliche Grundkenntnisse, d. h. *fachliche* Kompetenz
- Bereitschaft zur *Flexibilität*

Die Wortwahl des FSL K ist interessant: Der salopppe Ausdruck „Wahnsinn“, bezogen auf den FSU, zeigt einerseits die Schwierigkeit des Arbeitsfeldes und andererseits die Entfremdung des FSL K von der technischen Fachkommunikation. Es wurde ebenso die Frage gestellt, ob die *Unterrichtserfahrung* eine Rolle in der Vermittlung der technischen Fachkommunikation spiele. Der FSL antwortet, dass dieser Faktor wesentlich sei, und geht in seiner Begründung auf die *soziale* Ebene ein (ebd.: Z. 471 ff.). Der Lehrer beobachte immer die Stimmung, die Reaktionen auf die Themen sowie die Wahrnehmungen der Studierenden und könne darauf rechtzeitig einwirken (ebd.: Z. 480 ff.).

Der FSL K wurde nach seiner Position zu dem Thema gefragt, ob der FSU mit einem FSL ohne fachlichen Hintergrund möglich sei. Der FSL K äußert sich prinzipiell und argumentativ wie folgt:

> wenn er gar keinen null fachlichen hintergrund hat↓vermutlich nicht↓**[...]hm**fachsprachlicher unterricht hat viel mit fachbegriffen und konzepten zu tun↓jeder fachbegriff hat einfach konzept im hintergrund↓**wenn ich begriffe verwende ohne die konzepte dazu zu kennen↓*hätte ich also luft (ebd.: Z. 652 ff.)

Mit dieser Antwort entsteht eine Kluft zwischen der Theorie des FSL K und seiner Praxis und damit ein Widerspruch in seiner Argumentation. Er sagt, die *Interessen* ersetzten einerseits die *Fachkenntnisse*, andererseits hält er sein Unterrichtskonzept für nützlich in den Fragen der Wissenschafts- und Gemeinsprache. Seine These könnte also so lauten: Wenn der FSL im technischen Bereich breit gestreute Interessen hat, dann ist der FSU möglich. Stattdessen spricht der FSL K über die Fachbegriffe und Konzepte, die die FSL ohne fachliche Qualifikation sicherlich nicht kennen. Er fügt hinzu: „das einarbeiten in einen solchen fachbereich ähnlich wie dass ich einarbeiten in eine andere kultur↓jeder fachbereich hat so eigene kultur↓" (ebd.: Z. 666 ff.).

Diese Antwort lässt Fragen offen: Wenn der FSL K über den FSU im Allgemeinen und nicht über den eigenen spricht, dann neigt er zu Idealvorstellungen, er favorisiert das Eintauchen und die Aneignung des Fachwissens, bei der Darstellung seines eigenen FSU-Konzepts spricht er jedoch über die ‚weichen' Variablen „Interessen" und „menschliches Miteinander".

4.6.3.7 Zum Selbstverständnis des FSL K[192]

Obwohl der FSL K zu Beginn des Interviews sein Konzept als „unkoordiniertes ausprobieren" (ebd.: Z. 29) bezeichnet, was auf den unsicheren Umgang mit dem Thema *Vermittlung der technischen Fachkommunikation* hinweisen könnte, stellt er seinen FSU als funktionierendes *Netz* (s. o.) dar, was wir als ein überzeugendes Programm auslegen können. Es könnte die Vermutung geäußert werden: Als Konsequenz daraus fühlt er sich durch die positiven Ergebnisse in seiner Rolle bekräftigt. Auf die Frage nach seinem Selbstbild antwortet der FSL K nach einer kurzen Pause in der dritten Person mit dem Indefinitpronomen „man":

192 Siehe Zalipyatskikh (2016).

> **(manchmal fühlt man sich wie ein miserabler dompteur) (*FSL K lacht*)↓einer↑ der das nicht wirklich kann↓** […] wahrscheinlich wie bei einem dompteur dann gilt↑dann frechheit siegt↓wenn man versucht↑sicherer zu sein↓oder zu erscheinen↑als man eigentlich ist↓gibt es gewaltig weiter↓ja↑zugleich↑**zugleich*braucht es aber ein gewisses maß auch an ehrlichkeit↓ was die eigenen kompetenzen angeht↓*also ich kann keinem studenten in einem technischen deutschkurs was vorbluffen↓dass ich mehr kann als sie↓das merken sie in erster stunde dass ich das nicht kann↓ja↑also dort muss ich ganz ehrlich↓die karten auf den tisch legen↓muss sagen↓so sieht es auch↓das geht↑ das geht nicht↓und darauf lege ich einen wert↓**also insofern ist es diese mischung↓diese mischung aus einer gewissen offenheit miteinander↑die in diesen*fachsprachlichen fachinhaltlichen fachkommunikationskursen funktionieren muss↓als auch ein stück weit die erfahrung↓also die erfahrung ist sehr nützlich↓ (ebd.: Z. 484 ff.)

Der FSU funktioniert also nach Meinung des FSL K durch das Mischen verschiedener Strategien: Dompteur-Habitus; Frechheit; Offenheit (Ehrlichkeit); Erfahrung.

Die *Erfahrung* verbindet der FSL K mit der *sozialen* Ebene, wie bereits thematisiert wurde („menschliches Miteinander").

Bemerkenswert ist, dass der FSL K weder Fachwissen noch irgendwelche didaktischen Aspekte an dieser Stelle erwähnt, obwohl er viel darüber spricht (siehe Abbildung 20).

Was fällt dem FSL K bei der Vermittlung der technischen Fachkommunikation nun leicht, was schwer? Es falle ihm leicht, ein Risiko einzugehen, die soziale Ebene aufzubauen, breite Interessen zu entwickeln. Nicht leicht falle ihm das Strukturieren sowie Improvisieren (im letzten Punkt bemerkt er, dass dies nicht bedeute, dass er es nicht mache). Zwei Dinge fesseln an dieser Antwort die Aufmerksamkeit, zum einen beginnt der FSL K mit den Aspekten des FSU, die ihm leichtfallen, vor allem die soziale Ebene; zum anderen erwähnt er die fachliche Seite kaum. Diese Tatsache ist schwer zu deuten, es könnte sein, dass die von ihm genannten Variablen „Risiko" und „Interesse" das Motiv der fachlichen Kompetenz in sich verstecken, d. h., der FSL K riskiert, Fachgespräche zu führen, ohne sich vorzubereiten, aber zeigt dabei sein Interesse am Thema.

Die Frage, ob sich der FSL K für einen *fleißigen Lehrer* halte, dreht er um, und spricht über den Faktor „Spaß" (ebd.: Z. 632 ff.). Deshalb wird nachgefragt, ob dies bedeute, dass ihm der FSU Spaß mache, worauf er nicht eindeutig antwortete: „aber es sollte spaß machen↓" (ebd.: Z. 646 ff.). Der FSL K argumentiert, dass wenn der FSU ihm keinen Spaß bringe, er sich eine andere Arbeit suchen müsse.

4.6.3.8 Feedback und Kriterien des guten FSU

Es ist offensichtlich, dass die FSL ohne fachlichen Hintergrund und ohne Erfahrung bewusst oder unbewusst nach der eigenen Rolle im FSU suchen. Oft fühlen sie sich nicht am richtigen Platz, wie „im falschen Film", wie es die FSL I formuliert (FSL G, H, I, Jb: Z. 512 f.), deshalb versuchen sie die *soziale* Ebene bewusst zu entwickeln (z. B. durch Integrierung der Muttersprache). Der FSL K eruiert durch *Fragebögen* die soziale Ordnung, „menschliches Miteinander", und erhält Feedback durch die nonverbalen Merkmale. Er ist der Überzeugung, dass Informationen hierüber nicht unbedingt verbal mitgeteilt werden müssten. Er hebt Folgendes hervor:

> die masse läuft auf sehr niederschwellige kommunikation ab↓ [...] wie interessiert macht da jemand seine arbeit↓ oder sehe ich lauter gesichter↑die fragezeichen im gesicht haben↓also daran wie jemand an die arbeit geht↓ (FSL K: Z. 527 ff.)

Für die Fragebögen wählt der FSL K bestimmte Studierende aus, die nach seiner Beobachtung am Unterricht interessiert sind, und bittet sie, ihm Feedback schriftlich zu geben. Er entwickelt keine Fragebögen mit differenzierten Fragen in den Bereichen der Fachinhalte oder der Didaktik/Methodik, sondern hält die Fragen allgemein: Was sei gut/schlecht gewesen? Was könnte besser sein? (ebd.: Z. 540 ff.).

Die Tatsache, dass der FSL K nur bestimmte Personen bittet, die Fragebögen auszufüllen, ist schwer zu interpretieren. Die FSL J bereut, dass sie kein Türkisch spricht, sie möchte die Meinungen, Ideen und Kommentare (nicht zuletzt die Frustration) der Studierenden hören, so könnte sie auch ihre Wünsche besser verstehen. Dies unterstreicht auch die FSL F, es sei für sie wichtig, dass ihre Studierenden mit ihr kommunizierten, während der FSL K nur einen Teil seiner Studenten dahingehend befragt. Einerseits spricht der FSL K über das *Prinzip der Offenheit*, andererseits möchte er es aber nicht immer anwenden – was auf seine

Unsicherheit indirekt verweisen kann. Das könnte als Paradox bezeichnet werden, der FSL K berichtet über ein relativ erfolgreiches Konzept des Netzes und deshalb entsteht an dieser Stelle die Frage: Warum fragt er nicht alle Teile des Netzes, wie gut es läuft? Über die Antworten zu seinen Fragebögen äußert er sich nicht konkret. Er führt wie folgt aus:

> es war relativ differenziert↓ […] es gab eine mischung↓es gab sicherlich einiges wo ich noch was tun muss↓wo ich noch was lernen muss↓hm es gab einiges was bereits mit haken dahinter erledigt gilt↓es ist okay↓[…]es ging ein bisschen um themen↓aber vorrangig↑**hm um fragen des miteinanders↓um die kommunikation miteinander↓[…]also ich sag mal der wichtigste bereich war↑die problematik der jeweiligen ordnungshaltung↓ (ebd.: Z. 550 ff.)

Nach folgenden Kriterien schätzt der FSL K ein, ob der Unterricht erfolgreich war oder nicht:

- „kaufmännische zufriedenheit" (ebd.: Z. 589 ff.)
- Begrüßung auf dem Campus von Seiten der Studierenden
- Bereitschaft der Studierenden, länger im Raum zu arbeiten, als der Unterricht dauert
- ob die inhaltlichen Unterrichtsziele erreicht wurden
- Test am Ende des Semesters.

Die ersten drei Kriterien liegen auf der *sozialen* Ebene. Die FSL F, G, H, I, J, L, D, B, C sprechen ebenfalls über den Faktor *Zufriedenheit*. Das ist ein sehr wichtiger Indikator des Erfolgs, er ist eng mit dem Motivationsfaktor verknüpft, d. h. mit dem dritten Merkmal (Bereitschaft der KTN trotz Unterrichtsende weiter zu arbeiten). Auffällig und zugleich neu ist der zweite Punkt, ihn hat noch keiner der FSL im Rahmen dieser Studie erwähnt. Der FSL K sucht auch außerhalb des Klassenraums nach der Akzeptanz aus der Perspektive der Studierenden.

Für die Frage, ob die inhaltlichen Unterrichtsziele erreicht wurden, sind vor allem die *methodisch-didaktische* und *fachliche* Ebene relevant.

Auch den letzten Punkt, *Test als Anzeichen für eine bestimmte Entwicklung im FSU*, nennen einige FSL in dieser Untersuchung.

4.6.3.9 Resümee

Der FSL K, ausgebildeter Anglist, hat seit ungefähr einem Jahr eine feste Stelle an der Universität, in der er die technische Fachkommunikation für die ausländischen Studierenden unterrichtet (sowohl Master- als auch Bachelorstudenten). Er positioniert sich als Anfänger in der Rolle des Fachsprachenlehrers. Zum Zeitpunkt des Interviews hat er nur eine Gruppe von Studenten, die unterschiedliche technische Fächer studieren, was der FSL K als Störfaktor für einen effektiven FSU sieht. Er möchte die Vermittlung der technischen Fachkommunikation dadurch spezifischer gestalten, dass er zwei Gruppen bildet und die Schwerpunkte so besser verlagert. Er ist des Weiteren der Meinung, dass der FSU, dessen Ziele er in der *Sensibilisierung für die fachsprachlichen Phänomene* und der *Vermittlung der fachlichen Inhalte* sieht, auf „B-Niveau" effizienter erfolge, denn die *sprachliche Selbstständigkeit* der Studierenden sei ein Pendant zur technischen Fachkommunikation.

Sein Konzept, das er als „ein noch etwas unkoordiniertes Ausprobieren" bezeichnet, wird durch das Schema des *Netzes* dargestellt und ist *lexikalisch-semantisch*, *grammatikalisch* und *textuell* orientiert. Es werden dabei die Themen gewählt, „wo man sich weniger damit blamiert". Die *soziale* Ebene („menschliches Miteinander"), *Interessen*, *Erfahrung* (in Bezug auf die soziale Ebene), *Flexibilität*, *Fachkenntnisse* und *Sprachkenntnisse* sind die Variablen, die seiner Meinung nach für die Vermittlung der technischen Fachkommunikation relevant sind. Interessant sind die Widersprüche auf der argumentativen Ebene im Hinblick auf die *fachliche* Kompetenz des FSL. Zuerst sagt er, dass es reiche, wenn der FSL mitreden könne, dann, dass die Interessen die Fachkenntnisse ersetzen könnten, zuletzt, dass die Fachkenntnisse obligatorisch seien. In diesem Zusammenhang sind die gewählten Metaphern und seine Wortwahl auffällig, z. B. die Beschreibung des Selbstverständnisses als „miserabler Dompteur", „vorbluffen", „Frechheit siegt".

Feedback erhält er sowohl aus der „niederschwelligen Kommunikation“ als auch durch Fragebögen mit offenen Fragen nach dem sozialen Klima, die er an bestimmte Personen, die im FSU engagiert sind, mit der Bitte verteilt, sie auszufüllen.

Für sich selbst wählt der FSL K folgende Kriterien, nach denen er den Erfolg seines FSU misst: „Kaufmännische Zufriedenheit“, Akzeptanz seiner Person außerhalb des FSU, Lust auf Arbeit trotz der abgelaufenen Unterrichtszeit, Erreichbarkeit der Unterrichtsziele, Test am Ende des Semesters.

Kennzeichnend für dieses Gespräch waren die Lust des FSL K auf das Gespräch, zugleich aber auch seine eher evasiven Reaktionen auf die Fragen sowie seine z. T. widersprüchlichen Antworten. Der FSL K spricht tendenziell sehr allgemein und es wird nicht klar, ob er den FSU meint oder seine Erfahrungen generell in der Vermittlung der Gemein- oder der Berufssprache – oder ob er philosophiert oder bewusst polemisiert. Die zentrale Frage war: Wie konzipiert der FSL seinen FSU? Geht er auf die Bedürfnisse und Erwartungen der Studierenden ein oder unterrichtet er nach einem festgelegten Programm bzw. auf Basis von Fachtexten und Themen, die er selbst erarbeitet hat? Die Antworten des FSL K hinterlassen hier gemischte Gedanken und eine Konsequenz dieses Interviews besteht darin, dass die Entscheidung getroffen wurde, auf das Forschungsprogramm Subjektive Theorien als methodische Grundlage zu verzichten[193].

4.6.4 FSL L: „ich gehe richtung hm* wissenschaftssprache oder *fachwissenschaftssprache […]* also die die richtige fachkommunikation da will ich das gar nicht machen↓“[194]

4.6.4.1 Informationen zu Interview und Interviewpartnerin

Das letzte Interview fand im Büro der FSL L im Dezember 2013 statt. Die FSL L antwortete langsam und formulierte ihre Gedanken vorsichtig, obwohl sie mit dem Thema FSU vertraut ist und die technische Fachkommunikation seit über zehn Jahren an einer Universität in Niedersachsen unterrichtet. Sie studierte Germanistik und DaF, promovierte in der Literaturwissenschaft und besitzt 18 Jahre

193 Ausführlich im Kapitel 3.

194 FSL L: Z. 84 ff.

Erfahrung in der DaF-Vermittlung. Zum Zeitpunkt des Interviews hatte sie eine feste Stelle als Lektorin für Deutsch als Fremd- und Fachsprache.

Die Vermittlung der technischen Fachkommunikation begann für die FSL L mit dem Schwerpunkt *Hörverstehen* im Rahmen des FSU mit Studierenden aus unterschiedlichen Fachrichtungen. Der Kurs wurde als fakultativ angeboten. Das Konzept für den FSU musste die FSL L selbst entwickeln, es gab keine Vorgaben, kein Curriculum, kein Standardlehrwerk, keinen Lehrplan (FSL L: Z. 33 ff.).

Bei der Frage, wie die FSL ihr Konzept entwickelte, nimmt sie die Perspektive der Lehrerin ohne Erfahrung und ohne fachlichen Hintergrund ein und berichtet über die emotionale Dimension dieser Situation: die Verlorenheit in Bezug auf *didaktisch-methodische* Aspekte; die Schwierigkeiten aufgrund der *Unwissenheit im technischen Bereich*; die Orientierungslosigkeit vor dem Hintergrund der *Heterogenität* der Gruppen (ebd.: Z. 35 ff.). Die Bewältigung der genannten Probleme beschreibt sie als „*entwicklungsprozess*“ (ebd.: Z. 40 ff.). Darunter versteht sie die Strategien der Überwindung der Schwierigkeiten im FSU – und zwar überwiegend auf der *fachlichen* Ebene –, die zur Gestaltung ihres Konzeptes führten.

4.6.4.2 Konzept der FSL L: Methodisch-didaktische Gestaltung des FSU

Die FSL L versteht unter FS folgendes:

> eine spezialisierung↓eine eine einschränkung↓auf nicht einschränkung↓ aber konzentration NUR auf bestimmte*hm fast fertigkeiten oder grammatikaspekte oder ja↓so was also das ist schon etwas spezielles↓anders als allgemeinsprache↓) (ebd.: Z. 224 ff.)

An dieser Definition fällt auf, dass die FSL L über „etwas Spezielles“ spricht, deshalb ist für sie die Zusammenarbeit mit ‚speziellen Menschen‘ wichtig, zu denen sie sich nicht zählt (ebd.: Z. 86 ff.). Interessant ist auch, dass sie nicht die inhaltliche Ebene erwähnt, nur die „Grammatikaspekte“ und „Fertigkeiten“, was damit erklärt werden könnte, dass sie sich im FSU auf die Sprache konzentriert.

Folgende Strategien wurden von der FSL L für die Entwicklung des FSU-Konzepts verfolgt (ebd.: Z. 40 ff.):

- gezielte, kontinuierliche Arbeit – „semester für semester" (ebd.: Z. 40) – mit Orientierung an den *Bedürfnissen der Gruppe*

- langsame Kontaktaufnahme mit den Studienkoordinatoren bzw. *Fachleuten*

- *Erarbeitung des Konzepts*: Das ist der erste Schritt, mit dem die FSL ohne fachlichen Hintergrund und ohne FSU-Erfahrung anfangen. Die Gründe können unterschiedlich sein: Wahrscheinlich schämen sie sich, mit den Fachleuten über die Probleme zu sprechen, oder sie sehen (wie die FSL G berichtet) keinen Sinn in der Zusammenarbeit mit ihnen. Sowohl die FSL G, H, I, J und L als auch FSL K sprechen über die selbstständige Erstellung der Unterrichtskonzepte. Die Erkenntnis, dass zwischen dem FSU und dem Fach bzw. den Fakultäten eine Anbindung erfolgen muss, kam der FSL L erst später während des Entwicklungsprozesses (ebd.: Z. 45 ff.).

- *Analyse der Lehrwerke* und *Literatur zum Fachunterricht* mit dem Ziel, Hilfestellung zu bekommen und relevante Beispiele zu finden

- *Erstellung von Übungstypen*, die denen ähneln, die in der Fachsprachenliteratur angeführt werden.

Die FSL L hat für sich das Prinzip des Variierens der Aufgaben und Übungen für die verschiedenen Fächer gewählt, um die Bedürfnisse der KTN abzudecken (ebd.: Z. 54 ff.).

Sie gibt zu, dass es unmöglich sei, jeden zu erreichen, trotzdem habe sie nicht den Eindruck, dass jemand unzufrieden sei, im Gegenteil – die Studierenden fühlten sich gut versorgt mit bestimmten Übungstypen im technischen Kontext und der Wortschatzarbeit. Bei der Evaluation machten sie auch einige Bemerkungen zur Themenerweiterung für das FSU-Programm (ebd.: Z. 57 ff.).

Der *Entwicklungsprozess* gibt tiefere Einblicke in die *Arbeit mit den technischen Texten*: Erst mit der Zeit habe sie angefangen mit authentischen Texten zu arbeiten (ebd.: Z.66 ff.). Die FSL L benutzt Diplom- und Abschlussarbeiten der Studierenden aus den Ingenieurwissenschaften, also authentische Texte z. B. vom Frauenhofer Institut sowie Ausschnitte aus den Vorlesungen für das Hörverstehen zwecks deren Präparierung aus der Perspektive der *Wissenschaftssprache*. Das

Konzept wird von ihr bewusst auf der Grundlage der *Fachwissenschaftssprache bzw. Wissenschaftssprache* gestaltet. Sie hebt Folgendes hervor:

> also ich versuche*ich gehe richtung hm*wissenschaftssprache oder*fachwissenschaftssprache zu gehen↓*also die die richtige fachkommunikation da will ich das gar nicht machen↓ […] hm weil ich ich sehe mich nicht als experte↓*ich habe kein technisches fach studiert↓ (ebd.: Z. 84 ff.)

An dieser Stelle erkennen wir erneut die These des FSL A, man unterrichte schwerpunktmäßig das, wo man sich am wohlsten fühle. Die FSL L indiziert mit ihrer Antwort, um die „*richtige Fachkommunikation*" zu unterrichten, müsse der Lehrer einen fachlichen Hintergrund haben. Wie auch die FSL H und F verdeutlicht sie den Studierenden bewusst die Aspekte, die sie im FSU behandelt. Sie fügt hinzu:

> die sprache zu dem jeweiligen FACH↓*aber*nicht die vermittlung des FACHwissens↓also fachwissen wird schon vermittelt INdirekt↓*ich konzentriere mich auf die sprache↓ die gebraucht wird↓ (ebd.: Z. 89 ff.)

Die Schwerpunkte im FSU liegen bei ihr auf der Segmentierung und Analyse von Texten, wie z. B. Abstracts, d. h., was sie beinhalten, welche Gemeinsamkeiten und Unterschiede es zwischen Abstracts in der Informatik, Elektrotechnik und dem Maschinenbau gibt, wie der Text sprachlich strukturiert ist etc. Durch diese Analyse bekomme der Student „das allgemeine gerüst" (ebd.: Z. 103 ff.), das er weiter für eigene Arbeiten benutzen könne, indem er beispielsweise selbst ein Abstract schreibe (ebd.).

Die FSL L vermittelt eher Arbeitsstrategien zu *methodischen Aspekten*, den Algorithmus der Vorgehensweise bei der Textanalyse, was deutliche Gemeinsamkeiten mit dem Konzept des FSL A aufweist. Folgende Strategien kommuniziert sie zur Behebung der Probleme beim *Textverständnis*: Sie integriere die Studierenden in den Analyseprozess und schlage vor, den Fachinhalt nicht zu beachten und sich auf den „HINTERgrund" (ebd.: Z. 109) zu konzentrieren („*welche aussage hat diese diese textsorte abstract was steckt dahinter↑") (ebd.: Z. 107 ff.). Bei der Recherche wird zuerst die Frage *was* und dann die Frage *wie* fokussiert. Erstere umfasst die Problemstellung im Text, Ziele, Aufgaben und Methoden, während die Wie-Frage auf die sprachliche Ebene (Verben, sprachliche Strukturen und Mittel etc.) abzielt. Diese Analysetechnik bringt den Studierenden das Konzept der FSL L näher, das nach folgendem Prinzip funktioniert: Es ist nicht unbedingt notwendig, den Inhalt zu verstehen, denn der sprachliche Hintergrund des Textes zeigt die Struktur, die die KTN für ihr eigenes Fach „füllen" (ebd.: Z. 116) könnten.

Es lässt sich festhalten, dass bei der Aufgliederung des Textes und dessen konsekutiver Strukturauslegung sowie sprachlicher Analyse zwar die Grundgedanken des Textes ermittelt werden, die fachlichen Inhalte jedoch nicht detailliert begriffen werden können.

Das Ziel des *bedarfsorientierten* Konzepts der FSL L, das für die Studenten gedacht ist, die in der Schreibphase ihrer Abschlussarbeiten sind, liegt darin, die Studierenden für die wissenschaftlichen Textsorten zu sensibilisieren (ebd.: Z. 122 ff.).

Die FSL L ist von der Notwendigkeit der *Zusammenarbeit mit Fachleuten* überzeugt. Der FSL, der keine technische Ausbildung hat, müsse eng mit dem jeweiligen Fach oder mit den Fächern zusammenarbeiten, in denen Bedarf für den FSU festgestellt werde, d. h., was die Studierenden auf der sprachlichen Ebene können sollten (ebd.: Z. 134 ff.). Die Experten der Fachbereiche kennen die Anforderungen an die Studierenden, die Prüfungen, deren Formen und die tendenziellen Schwierigkeiten, mit denen die Studenten konfrontiert werden, und wo ihnen geholfen werden kann. Deshalb arbeitet die FSL L eng mit den Fachkoordinatoren zusammen. Diese lieferten ihr notwendige Informationen und gäben ihr gewisse „signal[e]" (ebd.: Z. 141), wie z. B., dass in diesem oder jenem Fach darauf hingewiesen werde, es solle wenig geschrieben und als Abschluss eine Präsentation gehalten werden.

Die FSL L berücksichtigt drei Perspektiven – alle Akteure der technischen Fachkommunikation werden genannt (siehe Abbildung 16), um ihren Kurs zu konzipieren (ebd.: Z. 156 ff.):

- die *Hinweise* oder *Signale aus den Fachbereichen*, die für die FSL L eine genauere Beschreibung des Fachkurses bedeuten (z. B. welche Schwerpunkte er beinhaltet, welche Kompetenzen bei den Studierenden verlangt werden etc.)
- die eigene Expertise aus der Perspektive der Sprache – die Feststellung der *Bedürfnisse* der Studierenden
- der letzte Schritt für die Konturierung des Handlungsfeldes im FSU sei für sie schließlich die *Befragung* der Studierenden am Anfang des Fachsprachenkurses in Bezug auf ihre Erwartungen, Probleme, Motive, Wünsche etc.

Bei der Zusammenarbeit mit den Fachexperten habe die FSL L das Gefühl, dass sie zu wenig Wissen und keinen Überblick über das Fach und die Zusammenhänge habe, deshalb sei sie den Fachkoordinatoren für ihre Hinweise dankbar. Die FSL L konkretisiert einerseits die Zeitpunkte für die Zusammenarbeit mit dem Fachkoordinator: Die intensive Phase sei die Vorbereitung des Kurses oder wenn sie etwas ändern wolle (ebd.: Z. 170 ff.). Andererseits führt sie auch die Vorteile dieser Kooperation aus:

- Der Fachassistent liefere Beispiele eigener Übungen und Aufgabentypen, dabei zeige er seine Vorgehensweise, die Perspektive des Fachmannes und gebe Ratschläge.
- Er führe Beispiele an, die die FSL L im Unterricht verwenden kann.

U. a. aus diesem Input bereitet sie ihre Unterrichtseinheiten vor, dabei wird ihr *Sicherheitsgefühl* durch die *Zusammenarbeit* mit dem Fachmann gestärkt, daraus schöpfe sie *Selbstvertrauen* (ebd.: Z. 196 ff.).

Die FSL L erwähnt noch eine weitere Konsequenz der *Zusammenarbeit*, und zwar die Perspektive der Studierenden, die die *Verzahnung* aller Akteure der technischen Fachkommunikation sehen. Sie erklärt: „für die studierenden ist das auch wichtig weil sie wissen weil sie ja wissen es gibt eine ZUSAMMENarbeit↓ also das ist nicht so abgekoppelt sondern es ist verzahnt verbunden“ (ebd.: Z. 204 f.). Die Abbildung 22 zeigt die Ursachen und Konsequenzen der Zusammenarbeit zwischen dem FSL und Fachmann.

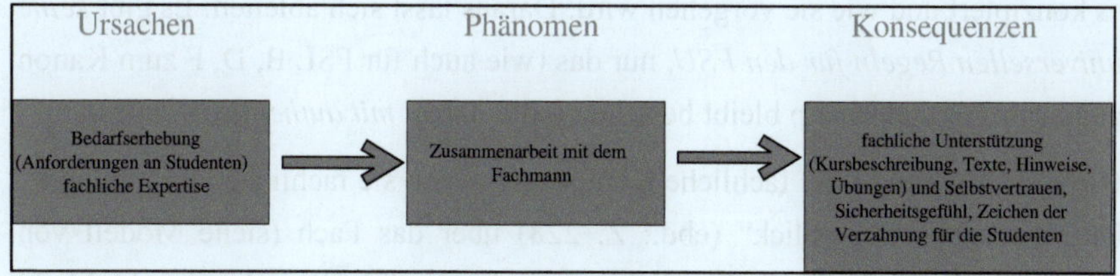

Abb. 22: Ursachen und Konsequenzen der Kooperation zwischen FSL und Fachleuten

Die Vorbereitung auf den Unterricht dauert bei der FSL L lange. Wenn das Kurskonzept fehle, dann sei die Arbeit sehr intensiv, denn die Materialien müssten erst gefunden werden, die methodisch-didaktischen Bearbeitungen erst erfolgen, die textuelle Analyse durchgeführt werden etc. (ebd.: Z. 367 ff.).

Die FSL L orientiert sich bei der Auswahl der Texte und Themen an folgenden Merkmalen (ebd.: Z. 389 ff.):

- Interessen der Studierenden
- Aktualität des Textes
- ihrem eigenen Kann-Potenzial
- dem sprachlichen Potenzial des Textes (Berücksichtigung sowohl der inhaltlichen als auch der sprachlichen Seite).

Die FSL müssen ihrer Meinung nach *Fleiß* aufbringen, wie auch die FSL B und D betonen. Die FSL L schildert wie folgt:

> wenn ich so an die erste etappe denke↓hm das war ein WAHNSINNarbeit↓wenn ich nur eine unterrichtseinheit bearbeitet hatte und VORbereitet hatte↑dann hatte ich dafür manchmal die halbe ja↓mehr als eine halbe woche dafür gebraucht↓ (ebd.: Z. 411 ff.)

Die methodisch-didaktischen Regeln der FSL L hängen vom Kurs und dessen Konzept ab, das Hauptprinzip bleibt jedoch immer das gleiche: die *Arbeit mit authentischen Texten* aus den jeweiligen Fächern (ebd.: Z. 216 ff.).

Es fällt auf, dass die FSL L die Frage nach den methodisch-didaktischen Faustregeln bei der Vermittlung der technischen Fachkommunikation sehr vorsichtig und nachdenklich behandelt. Zentral ist für sie das, was sie im Kurs vermittelt, wie sie es konzipiert und wie sie vorgehen wird. Daraus lässt sich ableiten: Es gibt *keine universellen Regeln für den FSU*, nur das (wie auch für FSL B, D, F zum Kanon gemachte) Grundprinzip bleibt bestehen – die *Arbeit mit authentischen Texten.*

Die FSL L vermisst die fachliche Kompetenz, wenn sie fachliches Wissen hätte, hätte sie einen „überblick" (ebd.: Z. 228) über das Fach (siehe Modell von Baumann). Da sie in ihrem Kurs jedoch vor allem auf die Sprache eingeht, bleibt das Fachliche am Rande, in diesem Fall vermisse sie das Fachwissen nicht. Trotzdem bereite das Hörverstehen Schwierigkeiten für sie auf der fachlichen Ebene, dann beziehe sie ihre Studierenden in die Lösung der Probleme ein (ebd.: Z. 231 ff.).

Die FSL F zeigt deutlich eine Wechselwirkung auf der sozialen Ebene zwischen dem Lehrer und den KTN, sie betrachtet ihre KTN auf Augenhöhe, sie seien für sie Forscher und Fachexperten[195]. Solch eine *Rollenverteilung* ist auch im FSU der FSL L vorhanden, wenn das Fachliche erwartet wird, sehe sie sich als „ein teil der gruppe" (ebd.: Z. 242 f.) und versuche aus der Perspektive der sprachlichen Analyse das Problem zu lösen. In solchen Situationen sage sie den KTN offen, dass sie es nicht wisse (ebd.: Z. 259 ff.). Die FSL L plädiert für das *Prinzip der offenen Kommunikation* und spricht die Studierenden als Experten an, die sich mit dem behandelten Aspekt im Studium befassen. Falls eine Frage weder durch den FSL noch durch die Studierenden geklärt werden kann, wird sie zu einer Art *Hausaufgabe für alle Akteure* des FSU[196].

4.6.4.3 Kompetenzen der FSL L und Aufbau der Arbeitsatmosphäre im FSU

Die Reflexionen der FSL L sind sehr beachtlich, sie beantwortet die Frage nach den notwendigen Kompetenzen des FSL nicht mit Blick auf einen etwaigen Idealzustand, sondern hat einen pragmatischen und realistischen Ansatz. Sie führt hierzu aus:

---

195 Über die Rollenverteilung sprechen auch die FSL B, D, F, H.

196 Vgl. FSL B und D (siehe Kapitel 4.4.4).

> die fähigkeit hm sich einen überblick über bestimmte abläufe im jeweiligen fach zu verschaffen↓also studienfach↓der dozent müsste SCHON versuchen hm*engagement zu zeigen↓*und sich für das das fach oder die fächer die er unterrichtet auch hm ja↓das verstehen des faches an**ja↓ anpeilen↓das bedeutet eigentlich dann der nächste schritt dass man den regelmäßigen kontakt hat zu den fachvertretern auch↓* um diesen überblick auch zu bekommen↓regelmäßige gespräche↓ austausch↓hm material auch↓ (ebd.: Z. 270 ff.)

Hier sehen wir den hohen Anspruch, sich in erster Linie mit dem Fach auseinanderzusetzen, und zwar so, wie es unter den angeführten Bedingungen realistisch und möglich ist. Die FSL L leitet diese Kompetenzbeschreibung aus der eigenen Erfahrung und den eigenen Prätentionen ab, sie appelliert an das Engagement der FSL und an ihre Bemühungen, das Fach zu verstehen und mit den Fachleuten zu sprechen. Hier wird das *Motiv des Fleißes* und der Bemühung seitens des FSL thematisiert.

An dieser Stelle kann eine Verbindung zur Metapher der FSL D über den Langstreckenlauf hergestellt werden, die FSL L ‚läuft' zehn Jahre auf diesem Weg und entdeckt ihre Grenzen in der *Wissenschaftssprache zum Fach*, die eine überschaubare Teilnehmerschaft hat. Hier handelt es sich um die Studierenden, die die wissenschaftliche Arbeit erfassen sollen. Wie der FSL C in dieser Hinsicht postuliert, würde ein solches Konzept den meisten Studenten nicht gerecht. D. h., ein FSL ohne fachlichen Hintergrund, aber mit großer Erfahrung konzipiert einen bestimmten Kurs aufgrund seiner Kompetenzen, der aber eine relativ geringe Reichweite haben kann. Dabei ist es wichtig, hervorzuheben, dass die Zusammenarbeit der FSL mit dem Fachvertreter und den Studenten zum Langstreckenlauf dazugehört, d. h. alle Akteure laufen auf der ‚Rennbahn' der Fachsprache und unterstützen einander (siehe Abbildung 23).

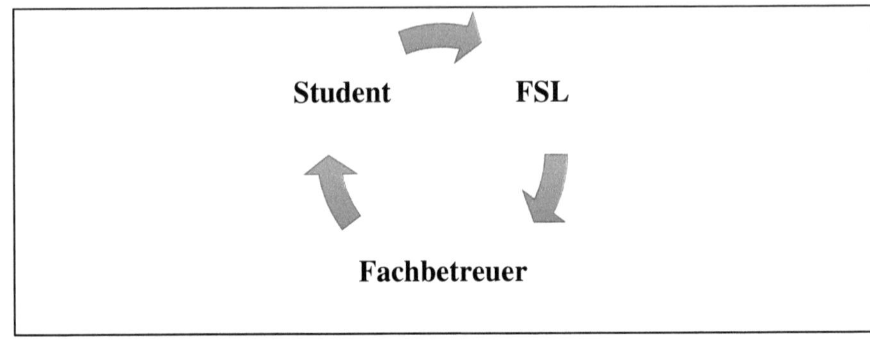

Abb. 23: Langstreckenlauf im FSU

Auf die Frage nach der Bedeutung der *Atmosphäre im FSU* zeigt die FSL L eine interessante Denkweise, sie spricht aus der Position der Studierenden: Die Atmosphäre entstehe nicht auf der sozialen Ebene, sondern auf der fachlichen, pragmatischen, intellektuellen Ebene, auf der *Arbeitsebene*. Sie werde dadurch geschaffen, dass die Probleme, Wünsche und Erwartungen der Studierenden angesprochen werden (ebd.: Z. 290 ff.). Die Atmosphäre wird hier durch den praktischen Bezug definiert und so durch die Ergebnisse erreicht.

4.6.4.4 Zum Selbstverständnis der FSL L[197]

Das *Selbstverständnis* der FSL L ist *die Folge ihres langjährigen Entwicklungsprozesses* und der *Erfahrung der eigenen Grenzen* in der technischen Fachkommunikation. Sie hebt hervor:

> also ich fühle mich nicht wie eine hm FACHfrau in bezug auf ein bestimmtes fach↓ dann weiß ich dass ich eben nur mit einer komponente in den unterricht komme und zwar mit dieser sprachlichen komponente↓ und da fühle ich mich sicher↓ (ebd.: Z. 317 ff.)

Die FSL ohne fachlichen Hintergrund und ohne Erfahrung erstellen ihr Konzept selbst, der Schwerpunkt liegt dabei zunächst auf der Vermittlung des Fachlichen

197 Siehe Zalipyatskikh (2016).

(bzw. Fachvokabular, technische Inhalte etc.)[198]. Aber mit der Zeit und mit zunehmender Erfahrung verschiebt sich der Schwerpunkt des FSU. Es ist unmöglich, das zu unterrichten, was nicht verstanden wird, wo der Lehrer sich unsicher fühlt und sich nicht richtig positionieren kann. Die FSL L führt wie folgt aus:

> wo ich dann später irgendwie reifer geworden bin wo ich gesagt habe so↓mein schwerpunkt ist die sprache zu dem fach und nicht das das fachwissen alleine↓sondern hm eben ich arbeite mir einer anderen METHODE↓ hm und so konzipiere ich auch meinen unterricht↓das ich eben mich nicht eben dann verwickle in sachen↑ die ich nicht leisten kann↓hm und ich denke da war so eine REIFUNG auch bei mir↓ dass ich dann eben so dass ich jetzt zum schluss komme und sage so↓hier ist diese linie↓*da ist mein bereich↓und da drin fühle ich mich gut↓ (ebd.: Z. 344 ff.)

Das Ergebnis dieses Prozesses ist ihr Wissen darüber, was sie kann und was sie nicht kann, ihr Selbstbewusstsein führt zur Entwicklung des Selbstbildes und letztlich zu ihrem Konzept, es ersetzt jedoch nicht die fachliche Ebene im FSU. Auffällig ist, dass es der FSL L wichtig ist, die eigene Rolle und deren Funktion im FSU den Studenten mitzuteilen, sie sei *Expertin für die Sprache* und die Kursteilnehmer seien die *Experten* (oder „FAST experten“)[199] *für das Fach*. Dadurch gewinne sie ein sicheres Selbstbild (ebd.: Z. 320 ff.).

Das Selbstbild der FSL L ist abhängig von der *Rollenverteilung*. Die FSL mit wenig Erfahrung betrachten ihr Selbstbild hingegen in Abhängigkeit von den Kompetenzen, die ihnen fehlen, deshalb ist es bei ihnen meistens mit negativen Assoziationen verbunden (siehe FSL G, H, I, J, K).

Die *Zusammenarbeit mit den Fachkoordinatoren* ist von hoher Relevanz für die *Entwicklung des Selbstbildes* der FSL L: Die Gespräche mit den Experten verschaffen ihr einen Überblick über die Fächer, sie hat hierdurch Kenntnis darüber, was die Studierenden auf der sprachlichen Ebene brauchen. Diese Informationen bekommt sie zwar auch von den Studierenden, diese wissen aber nicht immer,

---

198 Darüber sprechen die FSL G, H, I, J und K.

199 ebd.: Z. 322.

was sie konkret vom FSU erwarten[200]. Das FSU-Konzept entsteht durch das Zusammenwirken aller Aktanten: Fachleute, FSL, Studierende. Das Wissen, wer welche Rolle erfüllt, und die klare Vorstellung darüber, worin der eigene Beitrag besteht oder bestehen sollte, erschaffen das Selbstbild. Die FSL L betont:

> dieser unterschied gibt mir dann eine gewisse sicherheit↓also bodenständigkeit im unterricht↓also wenn ich von vorne mir sage was erwarte ich von mir↑dann ja↓das tut dann einfach gut↓ja↓so sprachlich↑ okay dann kann ich sehr viel machen↓ (ebd.: Z. 326 ff.)

Wie schon erwähnt wurde, ist laut der FSL L ihr Selbstbild das Resultat ihrer Erfahrung und ihres Reifeprozesses (Entwicklungsprozesses) und kann daher als Resultat ihres Konzepts – und nicht als dessen Ursache – gelten. Sie hebt hervor:

> als ich angefangen hatte hm zu also deutsch der technik oder technisches deutsch zu unterrichten dann hatte ich dieses gefühl↓ich konnte mich nicht einordnen was bin ich denn eigentlich↑also ich bin hm ich hatte nichts technisches studiert↓wie kann ich dann diese informationen vermitteln↑und ich denke es lag DARAN↓ dass also an an dem konzept des unterrichts selbst↓ (ebd.: Z. 339 ff.)

Zusammenfassend lässt sich ableiten: Die Variable der *Erfahrung* (Reifung, Entwicklungsprozess) akkumuliert in sich die Variablen des *Konzepts*, der *Methoden*, *Handlungsstrategien* sowie des *Selbstbildes* (siehe Abbildung 24).

---

200 Das ist die Schlussfolgerung der Bedarfserhebung, die 2012 durchgeführt wurde (Gladitz et al. 2014).

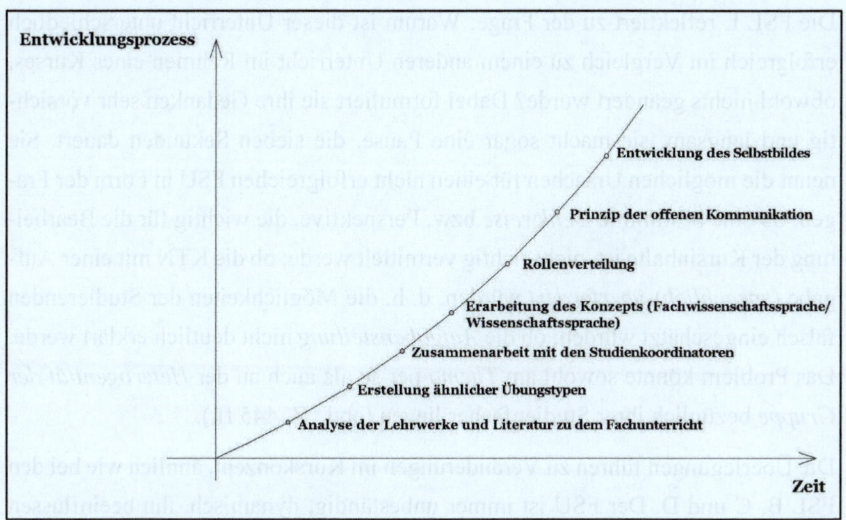

Abb. 24: Entwicklungsprozess der FSL L

4.6.4.5 Emotionaler Wohlfühlfaktor und Kriterien des guten FSU

Der FSU mache der FSL L „mittlerweile“ (ebd.: Z. 429) Spaß. Dieser *Spaß* ist Bestandteil ihrer *Erfahrung*, mit der *Sicherheit*, wie mit bestimmten Dingen umgegangen werden müsse (ebd.). Die FSL L ist offen in ihrer Antwort, sie gibt zu, dass sie sich freue, wenn sie einfach DaF unterrichte. Deshalb könnte der Spaß im FSU eher so etwas wie *Genugtuung* oder *Zufriedenheit* bedeuten, während der DaF-Unterricht der FSL L *Genuss* bringt („TROTZDEM genieße ich wenn ich zum beispiel dann einen kurs für austauschstudierende machen könnte“) (ebd.: Z. 434 f.).

Die FSL L vergleicht den FSU mit dem Fremdsprachenunterricht in Bezug auf die *Kommunikationsfreiheit* und führt Folgendes aus: „man hat nicht so viel ausweichmöglichkeiten↓wie bei einem allgemeinunterricht↓denke ich↓das ist so das ist sehr konkret↓gezielt↓“ (ebd.: Z. 437 ff.). Der FSU bleibt für sie starr, er ist sehr stark strukturiert und muss minutiös vorbereitet werden.

Die FSL ohne fachlichen Hintergrund können ihrer Fantasie keinen freien Lauf lassen. Sie bleiben in dem Korsett, das sie für sich vorbereitet haben. Trotzdem hat der FSU genau wie der Fremdsprachenunterricht unterschiedlichen Erfolg.

Die FSL L reflektiert zu der Frage: Warum ist dieser Unterricht unterschiedlich erfolgreich im Vergleich zu einem anderen Unterricht im Rahmen eines Kurses, obwohl nichts geändert wurde? Dabei formuliert sie ihre Gedanken sehr vorsichtig und langsam, sie macht sogar eine Pause, die sieben Sekunden dauert. Sie nennt die möglichen Ursachen für einen nicht erfolgreichen FSU in Form der Fragen: ob eine bestimmte *Denkweise* bzw. Perspektive, die wichtig für die Bearbeitung der Kursinhalte ist, nicht richtig vermittelt werde; ob die KTN mit einer Aufgabe (*sprachlich*) *überfordert* würden, d. h. die Möglichkeiten der Studierenden falsch eingeschätzt würden; ob die *Aufgabenstellung* nicht deutlich erklärt werde. Das Problem könnte sowohl am *Thema* per se als auch an der *Heterogenität der Gruppe* bezüglich ihrer Studienfächer liegen (ebd.: Z. 445 ff.).

Die Überlegungen führen zu Veränderungen im Kurskonzept, ähnlich wie bei den FSL B, C und D. Der FSU ist immer unbeständig, dynamisch, ihn beeinflussen viele Faktoren auf unterschiedlichen Ebenen. Die Reihe der Fragen, die die FSL L oben aufwirft, bezieht sich in erster Linie auf die methodisch-didaktische Dimension sowie fachliche und sprachliche Dimensionen.

Wenn die Studenten folgen könnten, wenn sie aktiv seien, ohne aufgefordert zu werden („im sinne dass sie dann selbst eben sagen JA↓HIER↓DAS↓“)[201], wenn der Kurs Dynamik besitze und wenn die Studierenden mitarbeiteten, dann sind für die FSL L Indikatoren des Erfolgs gegeben (ebd.: Z. 466 ff.).

Das Vertrauen der Studenten zur FSL L hängt von ihren Kompetenzen ab. Sie ist auf der sprachlichen Ebene kompetent und die Studierenden bauen darauf: Hier könnten sie qualifizierte Hilfe bekommen (ebd.: Z. 476 f.). Durch den *offenen Diskurs* und das Eingestehen eigener Fehler, durch die Diskussionen und die gemeinsame Arbeit gewinnt die FSL L die Akzeptanz der Studierenden (ebd.: Z. 490 ff.).

4.6.4.6 Lehrwerk im FSU

Die erste Reaktion auf die Frage, ob die FSL L ein Lehrwerk für den FSU vermisse, ist eine Pause, die zehn Sekunden dauert, danach folgt ein sicheres „ja“

[201] ebd.: Z. 468 f.

(ebd.: Z. 515), das mehrmals wiederholt wird („ja↓schon↓ja↓ja↓doch↓das das ja↓als unterstützung auf jeden fall↓") (ebd.).

Hierfür nennt sie vor allem zwei Gründe, das Lehrwerk liefere Hinweise und es stelle andere Konzepte dar, die Impulse für das eigene Experimentieren geben könnten (ebd.: Z. 516 f.). Ihre Überlegungen zu diesem Problem führen zu einem weiteren Aspekt, dem *Mangel an Austausch* unter den FSL, es fänden keine Treffen unter ihnen statt. Wenn es *mehr Austausch* unter den Fachdozenten gäbe, wäre das Lehrwerk vielleicht nicht so begehrt (ebd.: Z. 518 ff.). Hierbei äußert die FSL L die Befürchtung, dass das Lehrwerk den Unterricht fest mache, ihn erstarren lasse, es verleite zum schematischen Arbeiten (ebd.: Z. 529 ff.). Sie überlegt leise weiter nach einer Pause von sechs Sekunden: „ich weiss gar nicht da ich hab mich so sehr an an also an die ENTWICKLUNG von materialien gewöhnt↓" (ebd.: Z. 534 f.).

Jeder FSL befinde sich in einer Abhängigkeit von der Thematik und jeder Kurs habe eine eigene Thematik. Aber in Bezug auf das Hörverstehen müsse es ein Lehrwerk geben, reflektiert die FSL L, in dem Vorlesungen kommentiert werden, mit Mitschriften, Darstellungen, Tafelbildern, Unterrichtsplänen etc. (ebd.: Z. 536 ff.).

Der Wortschatz bzw. die Fachlexik werde direkt oder indirekt vermittelt, darin bestehe jedoch nicht der Schwerpunkt des FSU der FSL L (ebd.: Z. 551 ff.). Die Autonomie der Studierenden und die Handlungsstrategien für die selbstständige Aneignung des Fachwortschatzes stehen im Fokus ihrer Aufmerksamkeit (ebd.: Z. 558 ff.).

Die FSL L neigt zu Reflexionen und Fragestellungen an sich selbst, deshalb wählt sie möglicherweise auch die Methoden der Selbstbefragung und der Selbstevaluierung für die Studierenden. Sie verfolgt ihren eigenen Entwicklungsprozess und lässt auch die Studierenden ihren Lernprozess verfolgen und analysieren, z. B. indem ein Lerntagebuch geführt wird. Sie hebt hervor: „eigentlich jeder kurs ist so eine unterstüzung aber viel passiert vor dem unterricht↓ während des unterrichts↓ und dann nach dem unterricht↓" (ebd.: Z. 588 ff.). Die Lerntagebücher werden von der FSL L gelesen und im Plenum diskutiert.

4.6.4.7 Zum Einfluss der strukturellen Rahmenbedingungen auf den FSU

Die Rahmenbedingungen des FSU prägen notwendigerweise die Lebensbedingungen des FSL, die FSL L ist jedoch überzeugt, dass der Honorarvertrag nichts beeinflusse, was den FSU und ihr Konzept betreffe. Sie wolle ihre Arbeit gut machen, denn sie spüre die „abhängigkeit“ (ebd.: Z. 629) zwischen ihr und den Studenten. Diese Antwort stimmt mit den Reaktionen der FSL B, C und D überein. Die FSL L bewege vor allem die Verantwortung für die Studierenden und der Wunsch, den eigenen Unterricht gut zu machen und Erfolg damit zu haben, und nicht die Bedingungen des Vertrags. Interessant sind auch folgende Überlegungen der FSL L zum *Motiv des Broterwerbs*:

> wenn jetzt ich einen honorarvertrag HÄTTE↑und noch viele andere verträge↑ honorarverträge↑da würde ich wahrscheinlich aus zeitgründen das auch nicht schaffen können↓also das ordentlich zu machen↓*weil eben weil man sein brot verdienen müsste↓ aber hm** ich denke also ich würde genau die arbeit machen↓also ich denke mit dem gleichen anspruch hm*vorbereiten um das zu vermitteln↓ (ebd.: Z. 633 ff.)

Am Ende dieser Reflexionsphase kommt sie jedoch zu der Schlussfolgerung, dass der Honorarvertrag keine Rolle für ihren FSU per se spielt. Hierin erkennen wir die Motive der *Verantwortung für den Lernprozess* und das reine *Gewissen des Lehrers* („ich will meine arbeit gut machen“) (ebd.: Z. 629).

Am Ende des Interviews problematisiert die FSL L zwei Variablen: *Austausch unter den Kollegen* bzw. *regelmäßige Treffen* zum Phänomen der Fachsprache und *Vernetzung* zwischen den Universitäten und Fachsprachenzentren (ebd.: Z. 642 ff.). Es sei eine optimale Lösung, wenn der Austausch unter den Kollegen im Bereich Deutsch und Englisch sowie mit den Fachleuten stattfinde (ebd.: Z. 666).

Die FSL L arbeitet mit einem Fachassistenten zusammen, der sprachlich sensibilisiert ist. Der Kontakt zu ihm entstand, weil er im Sprachenzentrum arbeitete (ebd.: Z. 685 ff.). (Dieses Beispiel erinnert an die These des FSL C, der wie oben ausgeführt über die Zusammenarbeit mit studentischen Hilfsfkräften berichtet und überzeugt ist, eine solche Strategie trage zum guten FSU bei).

Die FSL L thematisiert ein neues Motiv, nämlich: *gegenseitige Sensibilisierung in der technischen Fachkommunikation*. Für das gemeinsame Verständnis zwischen Fachleuten und Sprachdidaktikern solle eine „gleiche ebene" (ebd.: Z. 692) geschaffen werden – jede Seite bringt eigene Kompetenzen mit. Sie reflektiert wie folgt:

> ich denke wenn jemand sich mit der sprachebene gar nicht befasst↑ und nur das fach sieht↑ich denke da muss eine gegenseitige ja↓ich denke↓ dass da eine sensibilisierung auch der fachkräfte stattfinden soll↓ also nicht nur das ach wir sind vom sprachenzentrum und wir brauchen etwas von euch↑sondern wir ergänzen uns↓das müsste auch also diese gleiche ebene geschaffen werden↓ (ebd.: Z. 689 ff.)

Der Austausch solle obligatorisch sein, so würde sich dem Phänomen FS von beiden Seiten genähert. Die Diskurse zwischen den Fachleuten und FSL würden einen Beitrag leisten, die Asymmetrie der Kompetenzen auszugleichen und alle Akteure zu bereichern.

Schließlich werde der Status der Wissenschaftssprache Deutsch im Technikbereich laut der FSL L von den Studierenden beachtet, was zur Motivation verhelfe, da die Anerkennung dieser Sprache direkten Bezug auf die Motivation der Studierenden habe (ebd.: Z. 707 ff.).

4.6.4.8 Resümee

Die Hauptstrategie bei der Bewältigung der fachlichen Ebene im Rahmen des Konzepts der FSL L, die zehn Jahre FSU-Erfahrung und 18 Jahre DaF-Erfahrung hat, ist die *Zusammenarbeit mit den Fachkoordinatoren*. Die enge Kooperation der Fakultäten bzw. Fachbereiche bringt nicht nur Antworten auf die Fragen, die fachlich relevant sind, sondern auch die *methodisch-didaktische Unterstützung* sowie das emotionale *Sicherheitsgefühl*. Für die Erstellung des Konzepts brauchte die FSL L die langjährige Erfahrung in der Vermittlung der technischen Fachkommunikation, die sie als „*Entwicklungsprozess*" und „*Reifung*" bezeichnet. Das Problembewusstsein der FSL L ist auf sehr hohem Niveau. Sie konzentriert sich absichtlich auf die „Sprache in dem jeweiligen Fach" und vermittelt kein Fachwissen und keinen Fachwortschatz. Die FSL L grenzt für sich das Auditorium aus und arbeitet an den Problemen, deren Lösung für die Studenten wichtig ist, die eine wissenschaftliche Arbeit verfassen. Die Schwerpunkte ihres FSU sind die Analyse der Textstruktur und die Zerlegung der sprachlichen Mittel aus der Perspektive der *Fachwissenschaftssprache*, dabei vermittelt die FSL L die methodischen Strategien, die für den Umgang mit dem Text eine zentrale Rolle spielen. Der Fachinhalt wird in der Phase der Auslegung absichtlich nicht beachtet, wesentlich ist der *sprachliche Hintergrund* des Textes. Die Inhalte des FSU werden aus den fachlichen Informationen, die ihr die Fachkoordinatoren liefern, der eigenen Einschätzung sowie den Wünschen der Studierenden zusammengesetzt. Die klare Linie in der *Rollenverteilung* und deren Manifestierung derart, dass sie die *Expertin für die Sprache* und die *Studierenden die Experten für das Fach* sind, wie auch die *Zusammenarbeit mit den Fachvertretern* ermöglichen der FSL L ein sicheres Auftreten und ein positives *Selbstbild.* Sie vertritt die Meinung, dass das Lehrwerk im FSU den Vermittlungsprozess unterstützen könnte. Wenn aber der Erfahrungsaustausch zwischen den FSL im Deutschen und Englischen einerseits und regelmäßige Treffen und Diskussionen zwischen den Fachlehrern und FSL andererseits stattfinden könnten, dann wäre das Lehrwerk nicht so relevant. Auf die Frage nach den erforderlichen Kompetenzen des FSL verweist die FSL L auf die Unentbehrlichkeit der fachlichen Qualifikationen des Lehrers – zumindest sei es aber notwendig, sich einen Überblick über die Abläufe im Fach zu verschaffen, das *Verstehen des Faches* zu erstreben und mit Fachleuten zusammenzuarbeiten.

Die strukturellen Rahmenbedingungen beeinflussen ihrer Meinung nach das Leben des FSL, aber kaum den FSU; wenn sie keinen festen Vertrag hätte, dann hätte sich nichts an ihrem Unterricht verändert.

4.6.5 Zwischenbetrachtung

Die aufgeführten Fälle, die zum Typ des Klassischen FSL gehören, lassen sich in zwei Gruppen unterteilen: die FSL mit Erfahrung (FSL F und L) und FSL mit wenig Erfahrung (FSL G, H, I, J und K).

Am Beispiel der FSL L wurde ein bestimmtes, die Reife der FSL manifestierendes Koordinatensystem dargestellt, in dem die x-Achse der Zeitachse entspricht und y-Achse – dem Entwicklungsprozess (siehe Abbildung 24). In diesem Reifeprozess zeigt sich die Erfahrung als zentrale Variable sowohl für die adäquate Wahrnehmung der eigenen Kompetenzen, aufgrund derer das FSU-Konzept erstellt wird, als auch für die Etablierung der eigenen Identität (was bei den FSL mit fachlichem Hintergrund evident nicht problematisiert wird). Das berufliche Selbstverständnis ist eine Crux für die FSL ohne fachlichen Hintergrund und ohne Erfahrung (die FSL G und H verdrängen diese Frage und der FSL K verweist bei der Frage nach dem gelungenen FSU auf den Aspekt der Akzeptanz seiner Person außerhalb des FSU, d. h., er sucht nach seiner Anerkennung als FSL auch auf dem Campus). Die erfahrenen FSL sprechen nicht über den Wohlfühlfaktor wie die FSL mit fachlichem Hintergrund, sondern über die Ruhe, sie seien mit der Zeit gelassener geworden, während die FSL ohne Erfahrung oft Verzweiflung und Hilflosigkeit empfinden. Sie nehmen sowohl sich als auch den Unterrichtsprozess kaum ernst (wie die FSL G den FSU als unwirklichen Unterricht bezeichnet). Trotzdem glauben sie an einen potenziellen Erfolg, für sie sei der FSU mit einem FSL ohne fachlichen Hintergrund möglich.

Gleichzeitig ergeben sich aus der Analyse der Interviews mit den FSL mit und ohne Erfahrung folgende Reminiszenzen:

- Ausbildung und Erfahrung der FSL prägen das FSU-Konzept.
- Die FSL des Klassischen Falls vermissen die fachliche Kompetenz bzw. den Denkstil der Ingenieure, daraus wird die Gleichung abgelesen: Je mehr Erfahrung die FSL ohne fachlichen Hintergrund haben, desto weniger entbehren sie die fachliche Kompetenz.
- Tendenziell vermissen die FSL ein Lehrwerk für den FSU einerseits, aber andererseits bringt die Erstellung der eigenen Unterrichtsmaterialien ihnen mehr Sicherheit und Stütze, auf diese Weise bewältigen sie die fehlende Fachkompetenz.
- Das Ziel der FSL des Klassischen Falls besteht in der Studierfähigkeit der Studierenden, deshalb versuchen sie den FSU bedarfsorientiert zu gestalten. Aber im Endeffekt unterrichten[202] sie schwerpunktmäßig das, was sie

[202] Ausnahme ist FSL F, sie *unterrichte* nicht.

selbst verstehen und können[203] (Fachwissenschaftssprache, Wissenschaftssprache, Präsentationstechniken etc.).

- Die FSL bauen gezielt eine gute Atmosphäre im FSU auf, weil sie als relevanter Faktor für den Unterrichtsprozess gilt.
- Mit dem Prinzip der offenen Kommunikation gewinnen sie das Vertrauen und Verständnis der Studierenden, durch das Interagieren möchten sie die Studierenden aktivieren und motivieren.

Die Unterschiede zwischen den ausgeführten Fällen (FSL F, G, H, I, J, K und L) lassen sich in der Motivation und im sprachlichen Niveau der Studierenden bei den FSL ohne fachlichen Hintergrund festhalten, was einer weiteren empirischen Untersuchung bedarf. Die Frage nach der Motivation der Studierenden bei den FSL ohne fachlichen Hintergrund konnte durch diese Arbeit nicht geklärt werden. Es gibt nur einige Hinweise aus der Perspektive der Lehrenden, die die Wechselwirkung zwischen der Motivation der FSL und der Studierenden indizieren.

Es wäre wünschenswert, eine Vergleichsstudie zu den FSU-Konzepten von erfahrenen FSL durchzuführen.

4.7 Zu den Ergebnissen: Kodierparadigma mit der Kernkategorie

> *„Der Sinn von Theorie liegt aber nicht darin zu unterhalten, sondern eine Basis für das Handeln bereitzustellen. Die theoretische Basis ist auf Konzepten errichtet, die aus den Daten abgeleitet sind. Diese Daten stammen von Personen, die die beforschten Situationen erleben und mit/in ihnen leben." (Cisneros-Puebla 2011: 87)* [204]

Die vorliegende empirische Untersuchung konnte folgende Aspekte verdeutlichen:

203 „wo man sich weniger damit blamiert" (siehe Kapitel 4.6.3).

204 Juliet M. Corbin im Gespräch mit Cesar A. Cisneros-Puebla.

Die erste Frage nach dem *biografischen Bezug* und nach den Gründen, die technische Fachkommunikation zu unterrichten, zeigt den Zusammenhang zwischen der Methodik und Didaktik der Fachsprachenlehrer und deren biografischen Meilensteinen (*Ausbildung* und *Erfahrung*), sie spiegeln sich in den FSU-Konzepten der FSL oder in deren Handlungsstrategien wider. Beispielsweise hebt der FSL A seine praktische *Erfahrung* hervor und behauptet, die Konfrontation der Studenten mit dem Ingenieur sei zentral in der technischen Fachkommunikation. Die FSL B machte mit 50 Jahren ihr Diplom und bezeichnet *Fleiß* als Haupteigenschaft der FSL, verlangt ihn darüber hinaus von den Studierenden. Der FSL C studierte die Fächer Mathematik, Philosophie, Germanistik und Ingenieurwissenschaften und integriert Aspekte all dieser Disziplinen in sein unikales FSU-Konzept. Die FSL D kam als Diplomgermanistin aus Russland nach Deutschland, studierte zusätzlich aus Zweifeln Architektur und versucht im Rahmen ihres FSU-Konzepts die *Ängste* der Studierenden vor der Fremdsprache *abzubauen* sowie den FSL den Mut zu geben, die Herausforderungen der technischen Fachkommunikation anzunehmen. Der FSL E studierte Maschinenbau in Zeiten, die für Ingenieure nicht so günstig waren, ist von seinem fachlichen Hintergrund überzeugt und stellt sich selbst den FSL ohne fachlichen Hintergrund gegenüber, dabei plädiert er für eine finanziell abgesicherte Existenzform für die FSL.

Der FSL C postuliert in diesem Zusammenhang: Das *Unterrichtskonzept und die Ansprüche bedingen die Ausbildung*, diese These wird anhand mehrerer Beispiele aus vorliegender Studie bestätigt. Darüber hinaus werden auch die Variablen der *Verantwortung* und des *Fleißes* ergänzt, dies sind individuelle Größen, die ausschließlich von der Persönlichkeit abhängen und das eigene Konzept und dessen Strategien beeinflussen.

Die zweite Frage im Fragenkatalog zielt darauf ab, was die FSL unter dem FSU verstehen und welche Ziele sie darin verfolgen. Die dritte Frage versucht zu ermitteln, worin das Konzept der FSL besteht, d. h., wie die Realität im FSU aussieht. Die Ergebnisse der Studie zeigen, dass die FSL bei einer analogen Definition des FSU sowie gleichen Zielen (*Studierfähigkeit der Studierenden*) *unterschiedliche Konzepte* in der Praxis verfolgen. Dabei lässt sich bei den FSL ohne fachlichen Hintergrund tendenziell eine gewisse Kluft zwischen Theorie und Praxis beobachten – in der Theorie sind ihre Konzepte fachlich und methodisch, in der Praxis eher lexisch oder wissenschaftssprachlich orientiert. Die Schwerpunkte in den Konzepten der FSL sind divers. Die Gründe dafür liegen einerseits in der jeweiligen Ausbildung und Erfahrung sowie im **Kann-Potenzial** jedes einzelnen FSL. Die These des FSL A ist hier erneut hervorzuheben: „*man unterrichtet schwerpunktmäßig das, wo man sich am wohlsten fühlt*". Die FSL konzipieren ihren FSU aufgrund des eigenen Potenzials, es bildet das Prisma, durch das alle Aspekte des FSU gefiltert werden, und dient als indirekter Referenzrahmen für die technische Fachkommunikation. In diesem selbst bestimmten Rahmen fühlen sich die FSL einerseits wohl, weil sie im Unterricht das vermitteln, was sie können, und andererseits auch sicher, denn sie erklären das, was sie selber verstehen. Das *Kann-Potenzial* erfüllt die Funktion der Selbsterhaltung des Lehrers im Unterricht, was deutliche Übereinstimmungen mit der Theorie des Könnens von Spinoza aufweist (vgl. Bartuschat 1992: X).

Die folgende Abbildung (25) zeigt die Faktoren, die zum Phänomen *Kann-Potenzial des FSL als Referenzrahmen in der technischen Fachkommunikation* führen. Die Tabelle zeigt den Kontext, in dem sich das Phänomen entwickelt, seine Ursachen, welche Faktoren die Kernkategorie und die Handlungsstrategien bedingen und deren Konsequenzen. An dieser Stelle soll betont werden, dass es sich hierbei um einen dynamischen Prozess handelt (das Konzept des FSL befindet sich im ständigen Wandel), der die technische Fachkommunikation charakterisiert. Die Beziehungen zwischen den Kategorien sind dabei eng, aber flexibel.

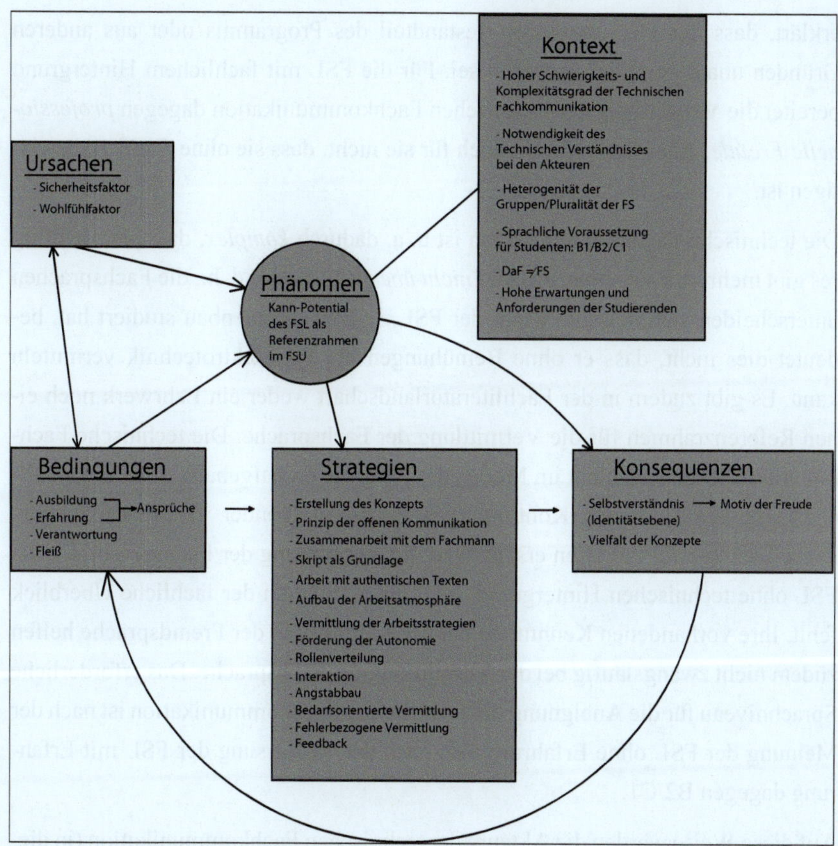

Abb. 25: Kodierparadigma mit der Kernkategorie mit Anlehnung an Strübing (Strübing 2008: 28)

Der Kontext sieht in den dargestellten Berichten der FSL ähnlich aus (nur die Situation der FSL G, H, I und J ist anders, sie unterrichten die FS Mechatronik in heterogenen Gruppen ab A1- bis B1-Niveau): Der Bedarf an Fachsprachenkursen und an FSL ist sehr groß, dabei ist die technische Fachkommunikation *hochkomplex*. Sie fällt sowohl den FSL mit fachlichem Hintergrund als auch denen ohne fachlichen Hintergrund wie auch den Studenten auf allen sprachlichen Stufen schwer. Keiner der FSL ohne fachlichen Hintergrund sagt, „ich möchte etwas Neues lernen, ausprobieren, ich finde es interessant“ etc., keiner nimmt den FSU mit Enthusiasmus an. Die Tatsache, dass er oder sie als FSL arbeitet, wird dadurch erklärt, dass der FSU entweder Bestandteil des Programms oder aus anderen Gründen unausweichlich gewesen sei. Für die FSL mit fachlichem Hintergrund bereitet die Vermittlung der technischen Fachkommunikation dagegen *professionelle Freude*. Aber das bedeutet auch für sie nicht, dass sie ohne *Fleiß* zu bewältigen ist.

Die technische Fachkommunikation ist u. a. dadurch *komplex*, dass sie vielfältig (es gibt mehrere Fachsprachen) und *nicht übergreifend* ist, d. h., die Fachsprachen unterscheiden sich massiv. Wenn der FSL z. B. Maschinenbau studiert hat, bedeutet dies nicht, dass er ohne Bemühungen die FS Elektrotechnik vermitteln kann. Es gibt zudem in der Fachliteraturlandschaft weder ein Lehrwerk noch einen Referenzrahmen für die Vermittlung der Fachsprache. Die technische Fachkommunikation wird nicht im Modus der Progression aufgebaut, d. h., die fachlichen Themen sind kein Kontinuum aufeinanderfolgender Problemstellungen. Diese letzten zwei Faktoren erschweren die Vermittlung der Fachsprache für die FSL ohne technischen Hintergrund, weil ihnen dadurch der fachliche Überblick fehlt. Ihre vorhandenen Kenntnisse bei der Vermittlung der Fremdsprache helfen zudem nicht zwangsläufig bei der Vermittlung der Fachsprache. Das erforderliche Sprachniveau für die Aneignung der technischen Fachkommunikation ist nach der Meinung der FSL ohne Erfahrung B1, nach der Auffassung der FSL mit Erfahrung dagegen B2/C1.

Auf diese Weise werden die Akteure der technischen Fachkommunikation (in diesem Fall die FSL und die Studierenden) mit Problemen auf allen Ebenen (siehe Modell von Baumann) konfrontiert, besondere Schwierigkeiten bereiten die *fachliche* Ebene und die des *Fachdenkens*. Das *technische Verständnis* (die Denkweise der Ingenieure) ist zentral und unabdingbar für den FSL im FSU, wobei die fachliche Ebene durch verschiedene Strategien entwickelt werden kann. Die Arbeit im Tandem mit einem sprachlich sensibilisierten Fachassistenten oder Studierenden aus dem Fachbereich (siehe Kapitel FSL C) führt z. B. sowohl zur fachlich orientierten Programmgestaltung als auch zum sicheren Auftreten des FSL, zur Entwicklung eines positiven Selbstbildes (siehe Kapitel FSL L).

Zum Kontext gehören auch die Akteure, und zwar die FSL mit unterschiedlichen Qualifikationen und Erfahrungen wie auch die Bachelor- und Masterstudenten sowie Doktoranden. In den meisten Fällen kommen sie aus ihren Heimatländern, um das Masterstudium oder die Promotion an deutschen Universitäten zu absolvieren (Ausnahme: die Situation in der Türkei). Die FSL charakterisieren sie als erwachsene Menschen, die sehr fordernd und zielstrebig seien, ihre essenzielle Eigenschaft bestehe darin, dass sie *hoch motiviert* seien (wiederum bildet die Situation in der Türkei hier eine Ausnahme). Die Frage der *Motivation* ist nicht das Thema der vorliegenden Studie, zu diesem Problem sollte eine andere Forschung durchgeführt werden. Doch die erhobenen Daten legen vieles offen: Die Situation an den deutschen Universitäten sieht so aus, dass die Motivation der Studierenden durchaus vorhanden ist (die FSL in Deutschland werden mit anderen Problemen konfrontiert, mit dem Problem der fachlichen Ebene und des Fachdenkens), während die Motivation der Studenten in der Türkei nicht selbstverständlich gegeben ist, sie muss angestoßen und entwickelt werden. Die FSU-Konzepte in der Türkei zeigen, dass die fehlende Motivation der Studierenden die der FSL beeinflusst, hier ist ein direkt proportionaler Prozess sichtbar (diese These muss in einer anderen Forschung überprüft werden). Dennoch konnte aufgezeigt werden, dass es bestimmte hochgradig komplexe Wechselwirkungen zwischen den folgenden Faktoren gibt: fachlicher Hintergrund des FSL, seine Erfahrung im FSU, Zeitfaktor, gemeinsame Muttersprache von Studierenden und FSL, Enthusiasmus der FSL, Bezug zur Realität der behandelten Themen im FSU, Selbstbild des FSL, Lerntraditionen (interkulturelle Ebene), Interaktion etc. Welcher dieser Faktoren in welchem Ausmaß Einfluss auf die Motivation ausübt, wurde nicht untersucht. Es wurde bestätigt, dass die Motivationslage bei den FSL in der Vermittlung der technischen Fachkommunikation in Deutschland relativ stabil ist, d. h., die Studenten bringen eigene Motivation mit.

Für alle FSL ist es wichtig, die *soziale* Ebene zu pflegen. Sie empfinden die Variable der *Atmosphäre* als hoch relevant. Sie sorgen für eine gute Arbeitsatmosphäre, indem sie den Studenten *Mut machen* und versuchen ihre *Berührungsängste abzubauen*. Die FSL verbinden das soziale Klima im FSU mit der *Rollenverteilung* und der *fachlichen Ebene* bzw. mit den erfüllten Erwartungen der Studierenden. Das *Feedback* in den unterschiedlichen Formen bleibt bei den meisten FSL ein unentbehrlicher Bestandteil des Programms. Das Prinzip der *offenen Kommunikation* führt zum Aufbau der sozialen Ebene, zu Vertrauen (aber nicht unbedingt zur Motivation, siehe FSL G, H, I und J, es schafft Verständnis, aber die fehlende fachliche Kompetenz bleibt eine Lücke, die beide Seiten sehen).

Die FSL *erstellen eigene Unterrichtsmaterialien*, oft anhand authentischer Materialien und Skripte (einige anhand populärwissenschaftlicher Texte), die den Bezug zur Realität bzw. zum Studium gewährleisten, was eine Bestätigung dafür ist, dass die FSL das vermitteln, was sie können, wo sie sich sicher fühlen.

Die FSL ohne fachlichen Hintergrund stoßen an dieser Stelle an ihre Grenzen, d. h., ihr Spielraum wird geringer und in der Wahrnehmung dieser Grenzen liegt der erste Schritt zum Problembewusstsein. Zur Strategie der *Zusammenarbeit mit einem Fachmann* gelangen die FSL ohne fachlichen Hintergrund im Laufe ihres Entwicklungsprozesses im FSU, offensichtlich müssen sie hierfür einen gewissen Erfahrungsgrad besitzen und gezielt nach solchen Strategien suchen. Am Anfang haben sie kaum Fragen an die Fachleute und erstellen ihre Konzepte selbst. An dieser Stelle soll noch einmal betont werden: Die FSL arbeiten an ihren Konzepten *permanent*, sie sind kein fertiges Produkt, das als feste Grundlage betrachtet wird.

Die FSL orientieren sich oft an den *Fehlern* der Studierenden und fördern ihre *Autonomie*. Dabei ist festzuhalten, dass die FSL mit fachlichem Hintergrund sowohl die fachlichen als auch die sprachlichen Fehler analysieren, während die FSL ohne fachlichen Hintergrund ausschließlich die sprachlichen Fehler antizipieren und meist davon überzeugt sind, dass die Studierenden fachlich korrekte Inhalte referieren. Die Arbeit an der Sprache besteht in der ständigen Wiederholung, aber die Ingenieure bzw. Fachleute und die FSL mit fachlichem Hintergrund geben den Studenten Werkzeuge: Der FSL C beispielsweise gibt den Studenten Tools und Handhabungen, wenn er mit ihnen zusammen rechnet und Fachdiskurse führt, aber dadurch, dass er jeden Schritt versprachlichen lässt, bewegt er sich vor allem auf der fach*sprachlichen* Ebene. Die FSL mit beiden Qualifikationen verbinden zwei Ebenen, den fachlichen Denkstil mit der sprachlichen Dimension, die FSL ohne fachlichen Hintergrund können den Studenten keine Tools für die fachliche Verlinkung anbieten. Der fachliche Denkstil bleibt in der technischen Fachkommunikation zentral, er findet seine Entsprechung auf der sprachlichen Ebene. Er fehlt unter anderem der FSL F, aber sie bestätigt, mit der Zeit entwickele er sich autodidaktisch (siehe Kapitel FSL F). Das lässt vermuten, dass, wenn der FSL längerfristig mit Ingenieuren arbeitet, er Fachdenken aneignen kann. Diese Hypothese sollte jedoch empirisch weiter überprüft werden.

Der letzte Punkt, der hervorgehoben werden soll, betrifft das desillusionierte Selbstbild der FSL ohne fachlichen Hintergrund. Die Erkenntnisse der Studie legen nahe, dass das Selbstverständnis von der Erfahrung des FSL abhängt. Mit der Erstellung des Konzepts und der Entwicklung der Strategie der *Rollenverteilung* findet der FSL seine Identität.

5 Fazit

Mit der vorliegenden qualitativen Interviewstudie wurde das Ziel verfolgt, neues theoretisches Wissen und handlungsmotivierende Einsichten im Bereich der Fachsprachendidaktik der technischen Fachkommunikation zu generieren und damit eine Lücke in der praxisnahen Fachfremdsprachendidaktik zu schließen. Im Rahmen der empirischen Studie wurden FSL der technischen Fachkommunikation mit ihren subjektiven Sichtweisen in Bezug auf die Effektivität und Geeignetheit eigener Fachsprachenunterrichtskonzepte sowie ihre didaktisch-methodischen Strategien untersucht und dargestellt. Die Studie beschränkt sich ausschließlich auf die Perspektive der Fachsprachenlehrenden ohne vorherige Ausbildung in der betreffenden Fachdisziplin, auf ihre Bewältigung der fachkommunikativen Ebene im Fremdsprachenunterricht sowie die subjektive Beurteilung ihrer Kompetenzen und die Einschätzung der Qualität ihrer Lehre. Es wurden von den FSL Kriterien herausgearbeitet, an denen der Erfolg des eigenen Unterrichts bemessen wird, wobei die Perspektive der Lernenden ausgeblendet wurde. Darüber hinaus konnten auch Aspekte des beruflichen Selbstverständnisses der FSL einbezogen sowie einige grundlegende strukturelle Rahmenbedingungen des FSU aufgezeigt werden. Abschließend gilt es nun die gewonnenen theoretischen, forschungsmethodologischen und didaktischen Konsequenzen auszuführen.

5.1 Theoretische Konsequenzen

Die konkrete Forschungsfrage lautete: Mit welchen (didaktisch-methodischen) Strategien bewältigen die FSL die Vermittlung der technischen Fachkommunikation? Das Erkenntnisinteresse richtete sich demnach insbesondere darauf, wie die FSL ihren FSU grundsätzlich erteilen, wenn sie über keine entsprechenden fachlich-kognitiven Elemente sowie Denkstrukturen verfügen, und mit welchen didaktischen und methodischen Kenntnissen sie diese Lücke letztlich auszufüllen versuchen.

Im Fokus der Untersuchung standen Fachsprachenlehrende ohne fachlichen Hintergrund. Der Grounded Theory folgend wurden unterschiedliche Typen ausgewählt und interviewt, um größere Kontrastdimensionen zwischen den disparaten

Überzeugungen, Einstellungen, Haltungen sowie Konzepten der FSL zu ermöglichen. Die FSL lassen sich demnach in drei Typen unterscheiden:

1. *Klassischer Fall* (Fremdsprachenlehrende ohne fachlichen Hintergrund)
2. *Seltener Fall* (Quereinsteiger mit einer ingenieurwissenschaftlichen Ausbildung)
3. *Idealfall* (FSL mit sowohl sprachlichem als auch fachlichem Hintergrund) (siehe Kapitel 4.2).

Die dargestellten Ergebnisse (Kapitel 4.7) rechtfertigen die Aussage, die mit Rekurs auf Hammrichs These ‚*Den* Fachsprachenunterricht gebe es nicht' (Hammrich 2014: 64, siehe Kapitel 2.1.1) formuliert wurde, dass es auch *den* Fachsprachenlehrenden nicht gibt.

Das Kann-Potenzial der FSL, das sich im Analyseprozess als Hauptkategorie herauskristallisiert hat, bestätigt diese These. Anknüpfend an diese Kernkategorie und deren weitere empirischen bzw. konzeptuellen Beziehungen zu den im Forschungsprozess entwickelten Kategorien wurde folgende Hypothese gebildet, die als Hauptbeitrag der vorliegenden Studie für die Fachsprachendidaktik gilt: **Das Kann-Potenzial der FSL dient als Referenzrahmen in ihrem FSU**. Das heißt, entlang einer linearen Zeitachse entwickeln die FSL auf der Grundlage ihres eigenen Kann-Potenzials, ihrer eigenen Ausbildung und Erfahrung sowie individueller Eigenschaften, die bestimmte professionelle Ansprüche und Erwartungen implizieren, ihre eigenen FSU-Konzepte. Diese schließen in sich ein gewisses Repertoire an didaktisch-methodischen Haltungen und Strategien (wie z. B. *Rollenverteilung*, *Interaktion*, *Förderung der Autonomie* etc.) ein. Dabei soll betont werden, dass das FSU-Konzept eines jeden FSL immer im Wandel ist – es ist ein nie abgeschlossener Prozess. Im Unterricht verfolgen die FSL das Ziel, die Studierfähigkeit ihrer Kursteilnehmenden im Fachstudium zu gewährleisten und versuchen deshalb den Lehr-Lernprozess *adressatenorientiert* zu gestalten (vgl. hierzu Gladitz et al. 2014; Hammrich 2014; Buhlmann; Fearns 2000; Steinmetz 2000; Fluck 1992 etc.). Die FSL gehen dabei aber stets von ihrem eigenen *Kann-Potenzial* aus, d. h. vereinfacht ausgedrückt: sie leisten im Unterricht *nur* das, was sie aufgrund ihrer eigenen Erfahrungen und Kenntnisse wissen bzw. können, und mit diesem Grundprinzip bewältigen sie die Herausforderung der fremdsprachlichen Vermittlung von technischer Fachkommunikation.

Anhand der dargelegten Ergebnisse der Untersuchung wird deutlich: Besonders prekär sieht die Situation der FSL ohne fachlichen Hintergrund und ohne *Erfahrung* in einem hochkomplexen Bereich der technischen Fachkommunikation aus. Die Studie zeigt eine Akkumulation respektive Verknüpfungen der den FSU beeinflussenden Variablen auf. Als einer der zentralen Faktoren tritt dabei die Erfahrung aus der individuellen Dimension hervor, die neben der Ausbildung gewissermaßen das Fachsprachenunterrichtskonzept der FSL konstituiert. Die FSL ohne Fachkompetenz und ohne Erfahrung können im FSU weder eine eigene Identität feststellen noch ihren eigenen fachlichen Bereich im Lehr-/Lernprozess eruieren. Sie fühlen sich daher in einer Zwickmühle zwischen der Vermittlung von fachlichen Inhalten, ihrer Rolle als Deutsch- und damit Fremdsprachenlehrende und ihrem eigenem Kann-Potenzial, sind verunsichert und besorgt oder sogar mit einer gewissen Angst behaftet, während die Lehrenden ohne fachlichen Hintergrund, aber mit langjähriger Erfahrung einen Kurs mit relativ geringer Reichweite aufgrund ihrer eigenen Kompetenzen konzipieren und sich dabei ruhiger und klarer erleben.

Aufgrund ihrer Erfahrung erwerben die Lehrenden somit spezifische Bewältigungsstrategien wie die der *Zusammenarbeit mit den Fachkoordinatoren* und die *Notwendigkeit einer festen Rollenverteilung*, indem sie eine klare Vorstellung von sich selbst, den Erwartungen und Ansprüchen im Unterricht sowie von den Kursteilnehmenden entwickeln. Das hat einerseits zur Folge, dass sich die Panik vor den Fragen der Studierenden in Bezug auf das Fachliche vermeiden lässt und sie den Studierenden souverän ihre eigene Rolle wie folgt zu kommunizieren in der Lage sind: „Diese Frage kann ich Ihnen leider nicht beantworten, da ich Experte im Bereich der Sprache bin, aber Sie können sie mit einem Experten aus Ihrem Fach klären“. Andererseits entwickeln sie konkrete Fragen und auch bestimmte Erwartungen an die eigene Zusammenarbeit mit den entsprechenden Fachpersonen.

Die Strategie der Rollenverteilung ist insbesondere substanziell im FSU der FSL ohne fachlichen Hintergrund. Die Lernenden sollten hier das Fachliche übernehmen – insofern sie bereits über entsprechende Kenntnisse verfügen – und die Lehrenden vermitteln ihnen zusätzlich das Methodische und das Sprachliche, wobei der Fokus von unerfahrenen Lehrkräften oft auf letzterem zu finden ist. Im FSU von erfahrenen FSL ohne fachlichen Hintergrund dominiert die *Vermittlung der methodischen Arbeitstechniken und -algorithmen* und weniger die pure lexikalische und grammatikalische Ebene. Allerdings ist an dieser Stelle darauf hinzuweisen, dass die meisten der in der vorliegenden Studie interviewten FSL mit Studierenden auf einem hohen sprachlichen Niveau (ab B1 bis C1) arbeiten, ausgenommen die FSL G, H, I und J, welche die einzige Möglichkeit darin sehen, den Studierenden mit dem sprachlichen Niveau A1/2 und A2 und ohne fachliche Kenntnisse lediglich die Lexik und Grammatik anzubieten. Dabei wird teilweise deren *Muttersprache*, das Türkische, in den Lehr-/Lernprozess integriert und auch als Bewältigungsstrategie von den FSL H und I eingesetzt. Hier empfiehlt sich eine weitere Untersuchung, die sich den konkreten Rahmenbedingungen des FSU, den Arbeitsbedingungen der FSL G, H, I und J sowie dem Einfluss von Bilingualität in einer homogenen Fachsprachenunterrichtssituation widmet. Zudem sollte generell in Frage gestellt und in weiteren Studien *empirisch* untersucht werden, inwieweit technische Fachkommunikation vermittelt werden kann, wenn sowohl die FSL als auch die Studierenden keine fachlichen Kenntnisse besitzen.

Im Anschluss an die Strategien der Rollenverteilung und die Zusammenarbeit mit den Fachleuten sowie anhand der hier gewonnenen Ergebnisse zeichnet sich der Bedarf an einer Langzeitstudie ab, und zwar in Bezug auf FSL K und der von ihm entwickelten Theorie eines Netzes (siehe Kapitel 4.6.3.6). Hier wäre es wünschenswert, eine Untersuchung durchzuführen, welche die Konstellation der Aktanten und ihre Wechselwirkungen aufeinander empirisch belegt.

Darüber hinaus liegt der Bewältigung der fachlichen Ebene einerseits und der Entwicklung der Arbeitsmethoden andererseits eine *Strategie der Autonomieförderung* bei den Kursteilnehmenden zugrunde. Damit gewinnt u. a. der Lernprozess im FSU konstruktivistische Grundzüge, wobei nicht die Frage „Was wird vermittelt?“ im Mittelpunkt steht, sondern „Wie wird der Lernprozess gestaltet?“ (siehe Kapitel 4.6.1 und 4.6.4).

Zur Gestaltung des Lehr-/Lernprozesses gehören des Weiteren der *Aufbau der Arbeitsatmosphäre* und der *sozialen Ebene*, wobei auch diese eine Strategie darstellen, mit der versucht wird, das fachliche Element im FSU zu bewältigen (siehe Kapitel 4.6).

Im Hinblick auf die strukturellen Rahmenbedingungen verweisen die Untersuchungsergebnisse auf Folgendes: Die Fremdsprachenlehrenden ohne fachliche Kompetenz wären freiwillig nicht bereit, die technische Fachkommunikation zu unterrichten (vgl. Kapitel 4.6, FSL F; FSL H; J; K; L). Hier sind sowohl affektive (z. B. Angst) als auch kognitive (z. B. fehlende Fachkenntnisse) sowie individuelle Faktoren (z. B. nicht vorhandenes Interesse an technischen Inhalten) beteiligt. In den meisten Fällen lassen sie sich dennoch darauf ein, um einen Vertrag an der Universität zu bekommen, oder es bestehen andere zwingende Gründe, die sie zum Unterrichten der FS Technisches Deutsch verpflichten. Die Auswertung der Ergebnisse belegt weiterhin, dass die strukturellen Rahmenbedingungen sich als ein Kontinuum mit zwei grundsätzlichen Gegenpolen beschreiben lassen: der finanziellen Absicherung (höheres Honorar, unbefristeter Vertrag, fester Arbeitsplatz etc.) steht der Idealismus der Lehrenden („wir wollen erfolg haben↓“[205]) sowie deren (Eigen-)Verantwortung und Fleiß bzw. Engagement in der Sache gegenüber. Die Studie zeigt dabei, dass es keine Rolle spielt, welches Honorar den Lehrkräften bezahlt wird und nach welchem Vertrag sie arbeiten; sie werden im Wesentlichen dennoch so viel Zeit und Energie wie nötig und möglich investieren, um den Unterricht gut vorzubereiten und ihn möglichst erfolgreich durchzuführen. Daraus folgt, dass der Faktor der lehrpersonalgebundenen, strukturellen Rahmenbedingungen keinen erheblich erkennbaren Einfluss auf den FSU hat.

Zuletzt soll die Metaebene der Studie verdeutlicht werden: Die vorliegende empirische Untersuchung setzte sich mit der Frage auseinander, ob sich der Fachsprachenunterricht vom regulären Fremdsprachenunterricht in der Unterrichtspraxis der FSL unterscheidet oder nicht. Dabei lässt sich zunächst festhalten, dass die Vermittlung der technischen Fachkommunikation per se dem Konzept von Fremdsprachenunterricht folgt, der FFSU allerdings eine eigene Spezifik aufweist

[205] FSL B im Interview mit der FSL D (FSL D: Z. 202).

und damit als Erweiterung des Fremdsprachenunterrichts in Bezug auf das Fachliche definiert werden kann (vgl. Hammrich 2014; Buhlmann; Fearns 2000; Baumann 2000; Fluck 1992). Hieraus wiederum ergibt sich die keinesfalls neue Frage, inwiefern die FSL für die Ausübung ihrer Lehrtätigkeit im *fachspezifischen* Fremdsprachenunterricht eine *spezifische* respektive *fachliche* Kompetenz benötigen. Dahinter steckt die Gretchenfrage, ob und inwiefern FSU mit FSL ohne fachlichen Hintergrund überhaupt möglich und effektiv bzw. erfolgreich ist?

Eine abschließende Antwort auf diese Frage(n) kann auch mit der vorliegenden Arbeit nicht gegeben werden. Die Ergebnisse der Studie lassen mit aller Vorsicht den Schluss zu, dass FSU mit FSL ohne Fachkompetenz grundsätzlich möglich ist, wenn – wie es zum größten Teil gerade geschieht – *Fremdsprachen*lehrende zur Vermittlung der technischen Fachkommunikation eingesetzt werden. Diese Erkenntnis wird von sieben Fallbeispielen (FSL F, G, H, I, J, K und L) gestützt, in denen die FSL diese These bestätigen (Kapitel 4.6). Allerdings verweist die empirische Untersuchung auf einen Widerspruch, der darin besteht, dass die Fremdsprachenlehrenden auf die Frage nach den notwendigen Kompetenzen von FSL in erster Linie die spezifische (hier technikrelevante) Fachkompetenz nennen und nun paradoxerweise zwar auf die Frage nach ihrem beruflichen Selbstverständnis sich selber in ihrer Rolle als FSL nicht ausreichend ernst nehmen können, d. h. sich selbst nicht als kompetente FSL identifizieren können (wie z. B. die FSL F, die für sich explizit den Begriff des Fachsprachenlehrenden negiert; vgl. Kapitel 4.6, FSL G, FSL H, FSL I, FSL J, FSL K), aber zugleich an ihren imaginären Unterrichtserfolg glauben und die Frage nach der Möglichkeit von FSU mit FSL ohne Fachkompetenz durchaus positiv beantworten. Die Studie liefert jedoch Belege dafür, dass die *richtige* technische Fachkommunikation von den FSL ohne Fachkompetenz nicht ausreichend vermittelt wird, d. h., dass sie nicht nur objektiv außer Stande sind, sondern sie sich auch selbst dazu nicht bereit fühlen (FSL F, FSL L). Offen bleibt dabei erneut die Definition der Vermittlung ‚richtiger' Fachkommunikation bzw. Fachsprache (vgl. Kapitel 2.1.2). Dazu dürfen die Einwände der FSL mit fachlichem Hintergrund nicht unberücksichtigt bleiben, denn sie legen überzeugt dar, warum FSU mit FSL ohne fachlichen Hintergrund den Bedürfnissen der Lernenden nicht gerecht wird (vgl. Kapitel 4.4.3; 4.4.4; Kapitel 4.4.5) – mit den metaphorischen Worten der FSL B ausgedrückt: Es sei wie Chinesisch zu unterrichten, ohne Chinesisch zu sprechen (Kapitel 4.4.4.4).

Es sind also üblicherweise Fremdsprachenlehrende, die die technische Fachkommunikation unterrichten. Die Studie befasste sich mit der Frage nach dem „Wie?“. Die Frage nach der Effektivität eines solchen Unterrichts konnte lediglich durch die vorliegende Arbeit nicht geklärt werden. Sie bedarf einer weiteren empirischen Untersuchung, in der nicht nur die Perspektive der Lehrenden, sondern auch die der Lernenden und Experten aus dem jeweiligen Fach im Fokus stehen sollte. Wenn die Effizienz des FSU mit FSL ohne Fachkompetenz bewiesen werden kann, vermag auch die angeführte Gretchenfrage zu beantworten sein.

5.2 Forschungsmethodologische Konsequenzen

In dieser Studie wurde der Frage nachgegangen, wie die FSL im FSU die fachliche Ebene bewältigen. Demzufolge stehen nicht die aufgebaute Hypothese und nicht der Gedanke, was die FSL in ihrem Unterricht machen können oder müssen, im Mittelpunkt, sondern der Blick in die Realität des FSU aus Sicht der FSL. Dieses ‚unbeackerte‘ Feld ist exploriert und untersucht worden. Folgende forschungsmethodologischen Reflexionen der Ergebnisse lassen sich ableiten.

Zur Grounded Theory-Methodologie

Für die aufgezeigte Fragestellung erweist sich das ausgewählte qualitative Paradigma mit der Anlehnung an den Forschungsstil der Grounded Theory und der methodischen Form des halboffenen Leitfadeninterviews sowie (nach dem Wunsch der Akteure) eines Gruppeninterviews als sehr fruchtbar und durchaus geeignet. Eines der charakteristischen Prinzipien für die qualitative Forschung ist die Flexibilität des gesamten Untersuchungsprozesses, d. h. eine Anpassung u. a. des methodischen Instrumentariums an die Forschungsfrage und den Untersuchungsgegenstand. So heben auch Truschkat, Kaiser und Reinartz (2005) hervor, dass es in der [qualitativen] Forschungspraxis häufig zur Notwendigkeit gehöre, „die Methode anzupassen und von der vorgegebenen Systematik stückweise abzurücken“ (Truschkat; Kaiser; Reinartz 2005). Die vorliegende Untersuchung ist demnach zwar an die GTM von Strauss; Corbin (1996) sowie Strübing (2004; 2008; 2014) angelehnt, folgt ihr aber nicht konsequent (siehe Kapitel 3).

Zur Datenerhebung

Das Sampling-Verfahren, das der Grounded Theory-Methodologie widersprechend nach dem apriorischen Prinzip durchgeführt wurde, konnte trotzdem tiefgründige Ergebnisse dadurch bringen, dass drei Typen der FSL, die sich am häufigsten im Unterrichtsalltag finden, untersucht wurden. Die Auswahl des ersten zu untersuchenden FSL (FSL A), die aufgrund meiner persönlichen Berufserfahrung und der von mir gelesenen, gegenstandsbezogenen Fachliteratur bzw. theoretischen Sensibilität erfolgte, gab ausschlaggebende Orientierung für die weitere Datenerhebung sowie Herausbildung der ersten Konzepte und Kategorien. So bekam die später generierte These durch die Analyse dieses Leitfadeninterviews erste grundlegende Konturen.

Die GT postuliert, dass die Theorie aus den Daten emergiere, woraus folgt, dass das, was in den Daten nicht vorkommt, für die zu generierende Theorie unwesentlich sei. Aus diesem Grund können folgende Variablen als unerheblich im Zusammenhang mit der ausgeführten Kann-Hypothese bezeichnet werden: Die Variablen ‚FSL Männer – FSL Frauen' sowie ‚Neue Bundesländer vs. Alte Bundesländer', die bei der Datenerhebung als Kriterien apriorisch eingeführt wurden, finden keine Bestätigung in der Studie. Aufgrund dessen, dass sie von den Interviewpartnern weder problematisiert noch in den Kontext der Vermittlung der technischen Fachsprache miteinbezogen wurden, gelten sie als irrelevant.

Zu den Gütekriterien

Bei der Datenanalyse der vorliegenden Studie sowie generell im gesamten Forschungsprozess wurden intersubjektive Nachvollziehbarkeit sowie Transparenz als zentrale Kriterien verankert. Die Vorgehensweise in allen Etappen der Untersuchung, Probleme, Entscheidungen, Nachrichten der Gesprächspartner etc. wurden sorgfältig dokumentiert und kommentiert. Besonderer Wert wurde auf die nachvollziehbare und transparente Abhandlung der Interpretationen gelegt. Es war immens wichtig, zuerst die Einzelfälle darzulegen respektive zu rekonstruieren und zu beschreiben. Dies liegt in der Bedeutung der Entwicklungsgeschichte der untersuchten FSL begründet, d. h., die spezifisch biografische Erfahrung einzelner FSL prägt die Erstellung des Gesamtkonzepts.

Die Kernkategorie wurde z. T. kommunikativ validiert, indem sie im Austausch mit anderen Promovierenden sowie Hochschullehrenden im Kolloquium[206] und im Forschungsseminar[207] diskutiert wurde.

Die Evaluationskriterien bzw. Fragen[208] von Strauss und Corbin (1996: 218 ff.) wurden berücksichtigt, kontinuierlich aufgegriffen[209] und abgehandelt und können abschließend positiv beantwortet werden. Somit ist festzuhalten, dass die auf dem dreistufigen komparativen Analyseverfahren basierende Kann-Hypothese trotz der Abweichungen im Sinne der GT generiert werden konnte.

Wie ersichtlich ist, gewährt die vorliegende Studie einen Einblick in den FSU-Prozess aus der Perspektive der Lehrenden. Wie schon oben festgehalten wurde (siehe Kapitel 5.1), sollte in einem weiteren Schritt möglichst im Rahmen einer Langzeitstudie der FSU beobachtet sowie die Perspektive der Lernenden untersucht werden, um die durch die vorliegenden Ergebnisse aufgeworfene Frage nach der Effizienz der FSL-Konzepte zu beantworten. In diesem Zusammenhang steht auch die Validierung des Arguments der FSL mit fachlichem Hintergrund aus, die in einem FSU mit FSL ohne entsprechende Fachkompetenz kein hinreichend angemessenes Lehrangebot sehen.

Darüber hinaus wäre es vorstellbar, biografisch-narrative Interviews mit den FSL durchzuführen, da gerade der biografische Bezug hinsichtlich der Professionalisierung von hoher Relevanz ist, um weitere theoretische Einblicke zu eröffnen.

An dieser Stelle empfiehlt sich außerdem eine Vergleichsstudie der FSL der technischen Fachkommunikation im Deutschen und im Englischen, die durchaus brauchbare Erkenntnisse sowohl für die Fachsprachendidaktik als auch für die konkrete fremdsprachliche Unterrichtspraxis liefern könnte.

---

206 Fakultät für Linguistik und Literaturwissenschaft (DaF/DaZ) an der Universität Bielefeld.

207 Institut für Angewandte Linguistik und Translatologie an der Universität Leipzig.

208 Kapitel 3.7.

209 Kapitel 3.5; 3.6; 3.7; 4.1; 4.2; 4.3.

5.3 Didaktische Konsequenzen

Die vorliegende Untersuchung zielte in erster Linie auf die Generierung praxisrelevanten Wissens, das zugleich aus dem Unterrichtsalltag abgeleitet wird, weswegen die Studie als didaktisches Elaborat betrachtet werden kann. Dennoch sollen hier einige methodisch-didaktische Implikationen explizit hervorgehoben werden, die im Weiteren thesenhaft zusammengefasst werden.

- Die Studie belegt, dass im FSU-Prozess neben dem technischen Verständnis (Kapitel 4.7) und der sprachlichen Kompetenz die pädagogische Kompetenz der FSL unentbehrlich ist.
- Die technische Fachkommunikation ist ein hochkomplexer Bereich, dessen Vermittlung einen längeren Atem bei den Akteuren verlangt, d. h., die Erfolgserlebnisse sind nicht wie im regulären Fremdsprachenunterricht sofort zu erwarten bzw. spürbar.
- Der größere Lerneffekt der Studierenden ergibt sich, wenn sie sich zuerst der schriftlichen Ausarbeitung der Sachverhalte und dann der mündlichen Sprachproduktion widmen.
- Es hat sich als realistische Methode bewährt, wenn der FSL ohne oder mit geringer Fachkompetenz zusammen mit ausgewählten *Studierenden* (d. h. nicht unbedingt einem wissenschaftlichen Mitarbeiter oder Professor) aus dem Fachbereich den Unterrichtsprozess gestaltet und durchführt, weil diese besser für die fachsprachlichen Aspekte zu sensibilisieren vermögen.
- Es mangelt an Fortbildungen und Erfahrungsaustausch unter den FSL, obwohl der Faktor Meinungsaustausch für die FSL ohne Fachkompetenz sogar wichtiger als das Lehrwerk erscheinen kann, wie die Studie belegt (Kapitel 4.6.4).

Der letzte Punkt muss besonders exponiert werden, weil es um ein hochkomplexes Phänomen bei der Vermittlung der technischen Fachkommunikation geht. Das durchgeführte Gruppeninterview mit den FSL G, H, I, J führte zu einem intensiven Meinungsaustausch unter den Kolleginnen, was die offenkundigen Entwicklungsprozesse in den persönlichen Einstellungen der FSL manifestierte.

Abschließend lässt sich sagen, dass das fachsprachendidaktische Thema „FSL und ihre Bewältigungsstrategien“, das durch das Prisma von vier Dimensionen, der kognitiven, affektiven, sozialen und individuellen, untersucht wurde, durch neue problemrelevante Dimensionen erweitert und erschlossen werden sollte, aber auch, dass jede neue Dimension vertieft empirisch erforscht werden soll.

6 Literaturverzeichnis

Adamzik, Kirsten; Niederhauser, Jürg (1999): „Fach-/Wissenschaftssprache versus Gemeinsprache im Laiendiskurs und im linguistischen Fachdiskurs". Niederhauser, Jürg; Adamzik, Kirsten (Hrsg.): *Wissenschaftssprache und Umgangssprache im Kontakt*. Frankfurt am Main: Peter Lang. 15-37.

Aguado, Karin (2013): „*Chunks*, Imitation und Ko-Konstruktion: Wie nichtkindliche Fremdsprachenlernende ihre L2-Identität(en) entwickeln können". Burwitz-Melzer, Eva; Königs, Frank G.; Riemer, Claudia (Hrsg.): *Identität und Fremdsprachenlernen. Anmerkungen zu einer komplexen Beziehung*. Arbeitspapiere der 33. Frühjahrskonferenz zur Erforschung des Fremdsprachenunterrichts. Gießener Beiträge zur Fremdsprachendidaktik. Tübingen: Narr. 9-18.

Appel, Joachim (2001): „Erfahrungswissen von Fremdsprachenlehrer/innen – Interpretative Ansätze zu seiner Erforschung". Müller-Hartmann, Andreas; Schocker-v. Ditfurth, Marita (Hrsg.): *Qualitative Forschung im Bereich Fremdsprachen lehren und lernen*. Gießener Beiträge zur Fremdsprachendidaktik. Tübingen: Narr. 187-205.

Arntz, Reiner (2004): „Der Vergleich von Fachsprachen". Baumann, Klaus-Dieter; Kalverkämper, Hartwig (Hrsg.): *Pluralität in der Fachsprachenforschung*. Forum für Fachsprachen-Forschung, Bd. 67, Tübingen: Narr. 285-312.

Bartuschat, Wolfgang (1992): *Spinozas Theorie des Menschen*. Hamburg: Felix Meiner Verlag.

Baumann, Klaus-Dieter (1987): „Ein Versuch der ganzheitlichen Betrachtung von Fachtexten". Hoffmann, Lothar (Hrsg.): *Fachsprachen. Instrument und Objekt*, Linguistische Studien. Leipzig: VEB Verlag Enzyklopädie. 10-22.

Baumann, Klaus-Dieter (1992): *Integrative Fachtextlinguistik*. Forum für Fachsprachen-Forschung, Bd. 18, Tübingen: Narr.

Baumann, Klaus-Dieter (1998): „Textuelle Eigenschaften von Fachsprachen". Hoffmann, Lothar; Kalverkämper, Hartwig; Wiegand, Herbert Ernst (Hrsg.): *Fachsprachen: Ein internationales Handbuch zur Fachsprachenforschung und Terminologiewissenschaft*. Handbücher zur Sprach- und

Kommunikationswissenschaft, Bd. 14, Halbbd.1, Berlin; New York: de Gruyter. 408-416.

Baumann, Klaus-Dieter (2000): „Die Entwicklung eines integrativen Fachsprachenunterrichts – eine aktuelle Herausforderung der Angewandten Linguistik“. Baumann, Klaus-Dieter; Kalverkämper, Hartwig; Steinberg-Rahal, Kerstin (Hrsg.): *Sprachen im Beruf. Stand – Probleme – Perspektiven.* Forum für Fachsprachen-Forschung, Bd. 38, Tübingen: Narr. 149-173.

Baumann, Klaus-Dieter (2004): „Emotionen in der Fachkommunikation – ein kommunikativ-kognitiver Untersuchungsansatz“. Baumann, Klaus-Dieter; Kalverkämper, Hartwig (Hrsg.): *Pluralität in der Fachsprachenforschung.* Forum für Fachsprachen-Forschung, Bd. 6, Tübingen: Narr. 83-120.

Baumann, Klaus-Dieter (2008): „Fachstile als Reflex des Fachdenkens“. Krings, P. Hans; Mayer, Felix (Hrsg.): *Sprachenvielfalt im Kontext von Fachkommunikation, Übersetzung und Fremdsprachenunterricht.* Forum für Fachsprachen-Forschung, Bd. 83, Berlin: Frank & Timme. 185-196.

Baumann, Klaus-Dieter (2009): „Fachdenkstrategien als translatologisches Phänomen. Erste Näherungen“. Kalverkämper, Hartwig; Schippel, Larisa (Hrsg.): *Translation zwischen Text und Welt – Translationswissenschaft als historische Disziplin zwischen Moderne und Zukunft.* TRANSÜD, Bd. 20, Berlin: Frank & Timme. 169-194.

Baumert, Andreas; Verhein-Jarren, Anette (2012): *Texten für die Technik. Leitfaden für Praxis und Studium.* Berlin; Heidelberg: Springer.

Bausch, Karl-Richard (2000): „Ein Interaktionsbegriff für das Lehren und Lernen fremder Sprachen: notwendig oder entbehrlich?“ Bausch, Karl-Richard; Christ, Herbert; Königs, Frank G.; Krumm, Hans-Jürgen (Hrsg.): *Interaktion im Kontext des Lehrers und Lerners fremder Sprachen.* Arbeitspapiere der 20. Frühjahrskonferenz zur Erforschung des Fremdsprachenunterrichts. Gießener Beiträge zur Fremdsprachendidaktik, Tübingen: Narr. 28-32.

Bartsch, Anne; Hübner, Susanne (2004): *Emotionale Kommunikation – ein integratives Modell.* Dissertation. http://sundoc.bibliothek.uni-halle.de/diss-online/04/07H050/prom.pdf (25.02.2015).

Behnke, Joachim (2013): *Entscheidungs- und Spieltheorie.* Baden-Baden: Nomos Verlagsgesellschaft, UTB.

Benedikter, Roland (2001): „Das Verhältnis zwischen Geistes-, Natur- und Sozialwissenschaften“. Hug, Theo (Hrsg.): *Wie kommt Wissenschaft zu Wissen? Einführung in die Wissenschaftstheorie und Wissenschaftsforschung*. Bd. 4, Baltmannsweiler: Schneider Verlag Hohengehren. 137-159.

Berg, Charles; Milmeister, Marianne (2011): „Im Dialog mit den Daten das eigene Erzählen der Geschichte finden: Über die Kodierverfahren der Grounded-Theory-Methodologie“. Mey, Günter; Mruck, Katja (Hrsg.): *Grounded Theory Reader*. Zweite Auflage. Wiesbaden: Verlag für Sozialwissenschaften. 303-332.

Berner, Hans (2011): „Lehrerinnen und Lehrer zwischen Theorie und Praxis - und zwischen Idealität und Realität“. Berner, Hans; Isler, Rudolf (Hrsg.): *Lehrer-Identität, Lehrer-Rolle, Lehrer-Handeln.. Professionswissen für Lehrerrinnen und Lehrer*. Grunder, Hans-Ulrich; Kansteiner-Schänzlin, Katja; Moser, Heinz (Hrsg.), Bd. 8, Baltmannsweiler: Schneider Verlag Hohengehren. 81-104.

Berschin, Helmut (1989): „Wie beschreibt man eine Fachsprache? Am Beispiel des Wirtschaftsfranzösischen“. Dahmen, Wolfgang; Holtus, Günter; Kramer, Johannes; Metzeltin, Michael (Hrgs.): *Technische Sprache und Technolekte in der Romania*. Romanistisches Kolloquium II. Tübinger Beiträge zur Linguistik, Bd. 326, Tübingen: Narr. 52-64.

Bimmel, Peter; Rampillon, Ute (2000): *Lernerautonomie und Lernstrategien*. Fernstudieneinheit 23. Fernstudienprojekt zur Fort- und Weiterbildung im Bereich Germanistik und Deutsch als Fremdsprache. Teilbereich Deutsch als Fremdsprache. Kassel – München – Tübingen. Goethe- Institut München, Berlin, Wien, Zürich, New York: Langenscheidt.

Blei, Dagmar (2002): „Aufgaben zur Entwicklung einer fachkommunikativen Kompetenz“. *Info DaF* 29, 4 (2002). 289-305.

Bleyhl, Werner (2000): „Interaktion, die soziale Komponente im bio-psycho-sozialen Geschehen des Spracherwerbs“. Bausch, Karl-Richard; Christ, Herbert; Königs, Frank G.; Krumm, Hans-Jürgen (Hrsg.): *Interaktion im Kontext des Lehrers und Lerners fremder Sprachen*. Arbeitspapiere der 20. Frühjahrskonferenz zur Erforschung des Fremdsprachenunterrichts. Gießener Beiträge zur Fremdsprachendidaktik, Tübingen: Narr. 33-44.

Börner, Wolfgang (2000): „Interaktion in Lernaufgaben“. Bausch, Karl-Richard; Christ, Herbert; Königs, Frank G.; Krumm, Hans-Jürgen (Hrsg.): *Interaktion im Kontext des Lehrers und Lerners fremder Sprachen.* Arbeitspapiere der 20. Frühjahrskonferenz zur Erforschung des Fremdsprachenunterrichts. Gießener Beiträge zur Fremdsprachendidaktik, Tübingen: Narr. 45-50.

Bourmer, Monika (2012): *Berufliche Identität in der Sozialen Arbeit. Bildungstheoretische Interpretationen autobiographischer Quellen.* Bad Heilbrunn: Klinkhardt.

Budin, Gerhard (1996): *Wissensorganisation und Terminologie. Die Komplexität und Dynamik wissenschaftlicher Informations- und Kommunikationsprozesse.* Forum für Fachsprachenforschung, Bd. 28, Tübingen: Narr.

Buhlmann, Rosemarie (1983): „Sprachliche Handlungsfähigkeit im Fach als Ziel der Fachsprachendidaktik“. Kelz, Heinrich P. (Hrsg.): *Fachsprache 1: Sprachanalyse und Vermittlungsmethoden.* Tagungsbericht. Otto-Benecke-Stiftung, Bonn: Dümmler. 62-89.

Buhlmann, Rosemarie; Fearns, Anneliese (1987): *Handbuch des Fachsprachenunterrichts.* Berlin [u. a.]: Langenscheidt.

Buhlmann, Rosemarie; Fearns, Anneliese (2000): *Handbuch des Fachsprachenunterrichts. Unter besonderer Berücksichtigung naturwissenschaftlich-technischer Fachsprachen.* Tübingen: Narr.

Bungarten, Theo (1983): „Fachsprachen und Kommunikationskonflikte in der heutigen Zeit“. Kelz, Heinrich P. (Hrsg.): *Fachsprache 1: Sprachanalyse und Vermittlungsmethoden.* Tagungsbericht. Otto-Benecke-Stiftung, Bonn: Dümmler. 130-142.

Burneva, Nikolina; Merdzhanov, Ivan (2009): „Fachsprache(n) Deutsch in der fremdsprachlichen Unterrichts- und Berufspraxis in Bulgarien“. Casper-Hehne, Hiltraud; Middeke, Annegret (Hrsg.): *Sprachpraxis der DaF- und Germanistikstudiengänge im europäischen Hochschulraum.* Göttingen: Universitätsverlag. 79-96.

Braunert, Jörg (1999): „Allgemeinsprache, Berufssprache und Fachsprache – ein Beitrag zur begrifflichen Entwirrung“. *Zielsprache Deutsch,* 3-1999, 30. Jahrgang. 98-105.

Breuer, Franz (2009): *Reflexive Grounded Theory. Eine Einführung für die Forschungspraxis*. Wiesbaden: Verlag für Sozialwissenschaften.

Caspari, Daniela (2001): „Vom Interview zum Strukturbild und darüber hinaus – Zur Erforschung des beruflichen Selbstbildnisses von Fremdsprachenlehrer/innen". Müller-Hartmann, Andreas; Schocker-v. Ditfurth, Marita (Hrsg.): *Qualitative Forschung im Bereich Fremdsprachen lehren und lernen*. Gießener Beiträge zur Fremdsprachendidaktik. Tübingen: Narr. 238-257.

Caspari, Daniela (2003): *Fremdsprachenlehrerinnen und Fremdsprachenlehrer. Studien zu ihrem beruflichen Selbstverständnis*. Bredella, Lothar; Christ, Herbert; Legutke, Michael K.; Meißner, Franz-Josef; Rösler, Dietmar (Hrsg.). Gießener Beiträge zur Fremdsprachendidaktik. Tübingen: Narr.

Cavagnoli, Stefania (2000): „Vom Paradigma zur Umsetzung. Das Bozner Modell." http://www3.germanistik.uni-halle.de/antos/transferwissenschaft/kolloquium2000/Reader/Reader_01_10_00.pdf (10.01.2015).

Charmaz, Kathy C. (2011): „Den Standpunkt verändern: Methoden der konstruktivistischen Grounded Theory". Mey, Günter; Mruck, Katja (Hrsg.): *Grounded Theory Reader*. Zweite Auflage. Wiesbaden: Verlag für Sozialwissenschaften. 181-205.

Christophel, Eva (2014): *Lehrerfeedback im individualisierten Unterricht. Spannungsfeld zwischen Instruktion und Autonomie*. Wiesbaden: Springer.

Ciompi, Luc (1988): *Außenwelt - Innenwelt. Die Entstehung von Zeit, Raum und psychischen Strukturen*. Göttingen: Vandenhoeck & Ruprecht.

Ciompi, Luc (1997): *Die emotionalen Grundlagen des Denkens. Entwurf einer fraktalen Affektlogik*. Göttingen: Vandenhoeck & Ruprecht.

Ciompi, Luc (2003): „Affektlogik, affektive Kommunikation und Pädagogik. Eine wissenschaftliche Neuorientierung". *REPORT. Literatur- und Forschungsreport Weiterbildung. Wissenschaftliche Zeitschrift mit Dokumentation der Jahrestagungen der Sektion Erwachsenenbildung der DGfE*, 26. Jahrgang, Heft 3. http://www.die-bonn.de/esprid/dokumente/doc-2003/nuissl03_07.pdf (04.03.2015). 62-70.

Ciompi, Luc (2007): Das Sonnenblumengleichnis – oder: Denkt „es" oder denke „ich"? http://www.ciompi.com/pdf/Sonnenblumengleichnis.pdf (03.03.2015).

Ciompi, Luc; Endert, Elke (2011): *Gefühle machen Geschichte. Die Wirkung kollektiver Gefühle von Hitler bis Obama*. Göttingen: Vandenhoeck & Ruprecht.

Cisneros-Puebla, César A. (2011): Corbin, Juliet M. im Gespräch mit Cisneros-Puebla, César A. „Lernen konzeptuell zu denken". Mey, Günter; Mruck, Katja (Hrsg.): *Grounded Theory Reader*. Zweite Auflage. Wiesbaden: Verlag für Sozialwissenschaften. 79-88.

Corbin, Juliet M. (2011): „Eine analytische Reise unternehmen". Mey, Günter; Mruck, Katja (Hrsg.): *Grounded Theory Reader*. Zweite Auflage. Wiesbaden: Verlag für Sozialwissenschaften. 163-180.

Csíkszentmihalyi, Mihaly (1995): „Das *flow*-Erlebnis und seine Bedeutung für die Psychologie des Menschen". Csíkszentmihalyi, Mihaly; Csíkszentmihalyi, Isabella S. (Hrsg.): *Die außergewöhnliche Erfahrung im Alltag. Die Psychologie des flow-Erlebnisses*. Stuttgart: Klett-Cotta. 28-49.

Csíkszentmihályi, Mihaly (2008): *Flow. Das Geheimnis des Glücks*. 14. Auflage, aus dem Amerikanischen von Annette Charpentier. Stuttgart: Klett-Cotta.

De Florio-Hansen, Ines (1998): „Zur Einführung in den Themenschwerpunkt oder: Subjektive Theorien von Fremdsprachenlehrern – wozu?". Henrici, Gert; Zöfgen, Ekkehard (Hrsg.): *Fremdsprachen Lehren und Lernen*, Tübingen: Narr. 3-11.

Demirkaya, Sevilen (2014): „Analyse qualitativer Daten". Settinieri, Julia; Demirkaya, Sevilen; Feldmeier, Alexis; Gültekin-Karakoç, Nazan; Riemer, Claudia (Hrsg.): *Empirische Forschungsmethoden für Deutsch als Fremd- und Zweitsprache. Eine Einführung*. Paderborn: Schöningh. 213-227.

Deutscher Volkshochschulverband (DVV)/Goethe-Institut (1995): *Das Zertifikat Deutsch für den Beruf*. http://ru.scribd.com/doc/92509725/Das-ZDfdB-Zertifikat-Deutsch-fuer-den-Beruf-Wortschatz#scribd (15.03.2015).

Dörr, Jan-Eric (2014): „Grundlagen des Fachsprachenbegriffs". Baumann, Klaus-Dieter/Dörr, Jan-Eric/Klammer, Katja (Hrsg.): *Fachstile. Systematische Ortung einer interdisziplinären Kategorie*. Forum für Fachsprachen-Forschung, Bd. 120, Berlin: Frank & Timme. 27-45.

EXMARaLDA: https://www.audiotranskription.de/transkription/weitere-transkriptionssoftware/exmaralda/exmeralda.html (18.05.2015).

Fearns, Anneliese (2007): „Fachsprachenunterricht“. Bausch, Karl-Richard; Christ, Herbert; Krumm, Hans-Jürgen (Hrsg.): *Handbuch Fremdsprachenunterricht*, 5. Aufl., Tübingen; Basel: Francke. 169-174.

Feith, Alexandra Maria (2014): *Zur Fachkommunikation interdisziplinärer Teams in der Produktentwicklung*. Dissertation. http://tuprints.ulb.tu-darmstadt.de/3918/1/Feith_Alexandra.pdf (09.03.2015).

Felten, Regula von (2011): „Lehrerrinnen und Lehrer zwischen Routine und Reflexion“. Berner, Hans; Isler, Rudolf (Hrsg.): *Lehrer-Identität, Lehrer-Rolle, Lehrer-Handeln. Professionswissen für Lehrerrinnen und Lehrer*. Grunder, Hans-Ulrich; Kansteiner-Schänzlin, Katja; Moser, Heinz (Hrsg.), Bd. 8, Baltmannsweiler: Schneider Verlag Hohengehren. 125-142.

Fiß, Sabine (1994): „Fachkommunikative Propädeutik in Aus- und Fortbildung auf dem Gebiet DaF“. Spillner, Bernd (Hrsg.): *Fachkommunikation*. Kongreßbeiträge zur 24. Jahrestagung der Gesellschaft für Angewandte Linguistik GAL e.V., Forum Angewandte Linguistik, Bd. 27, Frankfurt a. M.: Peter Lang. 134-139.

Fix, Ulla (2008): „Text und Textlinguistik“. Janich, Nina (Hrsg.): *Textlinguistik. 15 Einführungen*. Tübingen: Narr. 15-34.

Fleck, Ludwik (1980): *Entstehung und Entwicklung einer wissenschaftlichen Tatsache. Einführung in die Lehre vom Denkstil und Denkkollektiv*. 1. Auflage, Frankfurt am Main: Suhrkamp-Taschenbuch Wissenschaft.

Fleck, Ludwik (1983a): „Schauen, sehen, wissen“. Fleck, Ludwik: *Erfahrung und Tatsache. Gesammelte Aufsätze*. Mit einer Einleitung herausgegeben von Lothar Schäfer und Thomas Schnelle. Frankfurt am Main: Suhrkamp-Taschenbuch Wissenschaft. 147-174.

Fleck, Ludwik (1983b): „Über die wissenschaftliche Beobachtung und die Wahrnehmung im allgemeinen“. Fleck, Ludwik: *Erfahrung und Tatsache. Gesammelte Aufsätze*. Mit einer Einleitung herausgegeben von Lothar Schäfer und Thomas Schnelle. Frankfurt am Main: Suhrkamp-Taschenbuch Wissenschaft. 59-83.

Fleck, Ludwik (1983c): „Zur Krise der ‘Wirklichkeit’“. Fleck, Ludwik: *Erfahrung und Tatsache. Gesammelte Aufsätze*. Mit einer Einleitung herausgegeben von Lothar Schäfer und Thomas Schnelle. Frankfurt am Main: Suhrkamp-Taschenbuch Wissenschaft. 46-58.

Fleck, Ludwik (1993): *Entstehung und Entwicklung einer wissenschaftlichen Tatsache. Einführung in die Lehre vom Denkstil und Denkkollektiv*. Schäfer, Lothar; Schnelle, Thomas (Hrsg.), 2. Auflage, Frankfurt am Main: Suhrkamp-Taschenbuch Wissenschaft.

Fleck, Ludwik (2011a): „Zur Krise der 'Wirklichkeit'". Werner, Sylwia; Zittel, Claus (Hrsg.): *Denkstile und Tatsachen. Gesammelte Schriften und Zeugnisse*. 1. Auflage, Berlin: Suhrkamp-Taschenbuch Wissenschaft. 52-69.

Fleck, Ludwik (2011b): „Das Problem einer Theorie des Erkennens". Werner, Sylwia; Zittel, Claus (Hrsg.): *Denkstile und Tatsachen. Gesammelte Schriften und Zeugnisse*. 1. Auflage, Berlin: Suhrkamp-Taschenbuch Wissenschaft. 260-309.

Fleck, Ludwik (2011c): „Krise in der Wissenschaft. Zu einer freien und menschlicheren Wissenschaft". Werner, Sylwia; Zittel, Claus (Hrsg.): *Denkstile und Tatsachen. Gesammelte Schriften und Zeugnisse*. 1. Auflage, Berlin: Suhrkamp-Taschenbuch Wissenschaft. 466-474.

Fleck, Ludwik (2011d): „Wissenschaftstheoretische Probleme". Werner, Sylwia; Zittel, Claus (Hrsg.): *Denkstile und Tatsachen. Gesammelte Schriften und Zeugnisse*. 1. Auflage, Berlin: Suhrkamp-Taschenbuch Wissenschaft. 369-389.

Fleck, Ludwik (2011e): „Wie entstand die Bordet-Wassermann-Reaktion und wie entsteht eine wissenschaftliche Entdeckung im allgemeinen?" Werner, Sylwia; Zittel, Claus (Hrsg.): *Denkstile und Tatsachen. Gesammelte Schriften und Zeugnisse.* 1. Auflage, Berlin: Suhrkamp-Taschenbuch Wissenschaft. 181-210.

Fleck, Ludwik (2011f): „Über die wissenschaftliche Beobachtung und die Wahrnehmung im allgemeinen". Werner, Sylwia; Zittel, Claus (Hrsg.): *Denkstile und Tatsachen. Gesammelte Schriften und Zeugnisse*. 1. Auflage, Berlin: Suhrkamp-Taschenbuch Wissenschaft. 211-238.

Flick, Uwe (2010): *Qualitative Sozialforschung. Eine Einführung*. Reinbek: Rowohlt.

Fluck, Hans-Rüdiger (1991): *Fachsprachen*. 4. unveränderte Auflage. Tübingen: Francke.

Fluck, Hans-Rüdiger (1992): *Didaktik der Fachsprachen*. Kalverkämper, Hartwig (Hrsg.), Forum für Fachsprachen-Forschung, Bd. 16, Tübingen: Narr.

Fluck, Hans-Rüdiger (1997): *Fachdeutsch in Naturwissenschaft und Technik.* Einführung in die Fachsprachen und die Didaktik/Methodik des fachorientierten Fremdsprachenunterrichts (Deutsch als Fremdsprache). 2., neu bearbeitete Auflage. Heidelberg: Julius Groos Verlag.

Fluck, Hans-Rüdiger (1998): „Bedarf, Ziele und Gegenstände der fachlichen Ausbildung“. Hoffmann, Lothar; Kalverkämper, Hartwig; Wiegand, Herbert Ernst (Hrsg.): *Fachsprachen: Ein internationales Handbuch zur Fachsprachenforschung und Terminologiewissenschaft.* Handbücher zur Sprach- und Kommunikationswissenschaft, Bd. 14, Halbbd.1, Berlin; New York: de Gruyter. 944-954.

Fries, Norbert (2004): „Gefühle, Emotionen, Angst, Furcht, Wut und Zorn“. Börner, Wolfgang; Vogel, Klaus (Hrsg.): *Emotion und Kognition im Fremdsprachenunterricht*. Tübinger Beiträge zur Linguistik, Bd. 476, Tübingen: Narr. 3-24.

Frisch, Max (1987): Homo Faber: ein Bericht. Frankfurt am Main: Suhrkamp.

Frisch, Max (1968): Mein Name sei Gantenbein. Frankfurt am Main und Hamburg: Fischer Bücherei.

Gebhard, Juergen (1987): „Fachsprachlicher Begleitunterricht im Intensivsprachkurs“. Kelz, Heinrich P. (Hrsg.): *Fachsprache 2: Studienvorbereitung und Didaktik der Fachsprachen,* Bonn: Dümmler. 23-34.

Gladitz, Anne; Hunstiger, Agnieszka; Gültekin-Karakoç, Nazan; Zalipyatskikh, Natalya (2014): „Alles unter DaF und Fach? Bestandsaufnahme, Handlungsbedarf und Vermittlungsansätze für Fachsprachenunterricht im internationalen Hochschulkontext“. Ferraresi, Gisela; Liebner, Sarah (Hrsg.): *SprachBrückenBauen. 40. Jahrestagung des Fachverbandes Deutsch als Fremd- und Zweitsprache an der Universität Bamberg 2013*. Materialien Deutsch als Fremdsprache, Bd. 92, Göttingen: Universitätsverlag.149-170.

Glaser, Barney G.; Strauss, Anselm L. (2010): *Grounded Theory. Strategien qualitativer Forschung*. 3. Auflage, Bern: Huber.

Glaser, Barney G. (2011): „Der Umbau der Grounded-Theory-Methodologie“, unter Mitarbeit von Holton, Judith. Mey, Günter; Mruck, Katja (Hrsg.): *Grounded Theory Reader.* Zweite Auflage. Wiesbaden: Verlag für Sozialwissenschaften. 137-161.

Gnutzmann, Claus (1980): „Fachsprachen und Jargon". Gnutzmann, Claus; Turner, John (Hrsg.): *Fachsprachen und ihre Anwendung*. Tübinger Beiträge zur Linguistik, Bd. 144, Tübingen: Narr. 49-59.

Gnutzmann, Claus (1996): „Fremdsprachen und Fremdsprachenunterricht in der Praxis: Nicht ohne Politik! Aber ohne Fremdsprachendidaktik?" Bausch, Karl-Richard; Christ, Herbert; Königs, Frank G.; Krumm, Hans-Jürgen (Hrsg.): *Erforschung des Lehrens und Lernens fremder Sprachen. Zwischenbilanz und Perspektiven*. Arbeitspapiere der 16. Frühjahrskonferenz zur Erforschung des Fremdsprachenunterrichts. Gießener Beiträge zur Fremdsprachendidaktik. Tübingen: Narr. 60-67.

Gnutzmann, Claus (2013): „Identität und soziale Identitätskonstruktion durch Sprachenlernen und Sprachgebrauch". Burwitz-Melzer, Eva; Königs, Frank G.; Riemer, Claudia (Hrsg.): *Identität und Fremdsprachenlernen. Anmerkungen zu einer komplexen Beziehung*. Arbeitspapiere der 33. Frühjahrskonferenz zur Erforschung des Fremdsprachenunterrichts. Gießener Beiträge zur Fremdsprachendidaktik. Tübingen: Narr. 50-57.

Gnutzmann, Claus; Königs, Frank G.; Küster, Lutz (2014): Gnutzmann, Claus; Königs, Frank G.; Küster, Lutz (Hrsg.). *Fremdsprachen Lehren und Lernen.* Themenschwerpunkt: Der Fremdsprachenlehrer im Fokus, koordiniert von Frank G. Königs. 43. Jahrgang, Heft 1. Tübingen: Narr.

Göpferich, Susanne (1995): *Textsorten in Naturwissenschaften und Technik. Pragmatische Typologie – Kontrastierung – Translation*. Forum für Fachsprachen-Forschung, Bd. 27, Tübingen: Narr.

Groeben, Norbert; Scheele, Brigitte (1977): *Argumente für eine Psychologie des reflexiven Subjekts. Paradigmenwechsel vom behavioralen zum epistemologischen Menschenbild*. Darmstadt: Steinkopff.

Groeben, Norbert (1988): „Explikation des Konstrukts 'Subjektive Theorien'". Groeben, Norbert; Wahl, Diethelm; Schlee, Jörg; Scheele, Brigitte (Hrsg.): *Das Forschungsprogramm Subjektive Theorien. Eine Einführung in die Psychologie des reflexiven Subjekts*. Tübingen: Francke.17-24.

Grotjahn, Rüdiger (1998): „Subjektive Theorien in der Fremdsprachenforschung: Methodologische Grundlagen und Perspektiven". Henrici, Gert; Zöfgen, Ekkehard (Hrsg.): *Fremdsprachen Lehren und Lernen*, 27. Jahrgang. Tübingen: Narr. 33-59.

Gresse, Cristopher (2007): „Kooperation bei branchenübergreifenden Innovationen“. https://www.tatup-journal.de/downloads/2007/tatup071_gres07a.pdf. (06.03.2015).

Gruen, Arno (1986): *Der Verrat am Selbst. Die Angst vor Autonomie bei Mann und Frau.* 3. Auflage, München: DTV.

Hahn, Walther von (1981): Einführung. Hahn, Walther von (Hrsg.): Fachsprachen. Wege der Forschung, Bd. 498, Darmstadt: Wissenschaftliche Buchgesellschaft.1-14.

Hammrich, Tim (2014): *Fachsprache Umwelt. Ein didaktisches Modell für den DaF-Unterricht. Unter besonderer Berücksichtigung des fachsprachlichen Fremdsprachenunterrichts in China*. Berlin: epubli.

Hänze, Martin (1998): *Denken und Gefühl. Wechselwirkung von Emotion und Kognition im Unterricht*. Neuwied, Kriftel, Berlin: Luchterhand.

Hartinger, Andreas (2006): Interesse durch Öffnung des Unterrichts – wodurch? *Unterrichtswissenschaft. Zeitschrift für Lernforschung*, 34, Heft 3. file:///C:/Users/Sony/Downloads/UnterWiss_2006_3_Hartinger_Interesse_D_A%20(1).pdf (2.04.2015). 272-888.

Hascher, Tina /Krapp, Andreas (2014): „Forschung zu Emotionen von Lehrerinnen und Lehrern“. Terhart, Ewald; Bennewitz, Hedda; Rothland, Martin (Hrsg.): *Handbuch der Forschung zum Lehrerberuf*. 2. Überarb. und erw. Auflage, Münster; New York: Waxmann. 679-697.

Hattie, John (2013): *Lernen sichtbar machen*. Überarbeitete deutschsprachige Ausgabe von Visible Learning, besorgt von Wolfgang Beywl und Klaus Zierer. Baltmannsweiler: Schneider Verlag Hohengehren.

Hattie, John (2014): *Lernen sichtbar machen für Lehrpersonen*. Überarbeitete deutschsprachige Ausgabe von „Visible Learning for Teachers“ besorgt von Wolfgang Beywl und Klaus Zierer, Baltmannsweiler: Schneider Verlag Hohengehren.

Heller, Agnes (1980): *Theorie der Gefühle*. Hamburg: VSA-Verlag.

Henrici, Gert (1995): *Spracherwerb durch Interaktion? Eine Einführung in die fremdsprachenerwerbsspezifische Diskursanalyse*. Henrici, Gert; Koreik, Uwe (Hrsg.), Bausteine Deutsch als Fremdsprache, Bd. 5, Baltmannsweiler: Schneider Verlag Hohengehren.

Henrici, Gert (2000): „Wer (Fremd)sprachenerwerb sagt, muss auch Interaktion sagen. Anmerkungen zu einer zentralen Kategorie bei der Erforschung des Fremdsprachenerwerbs". Bausch, Karl-Richard; Christ, Herbert; Königs, Frank G.; Krumm, Hans-Jürgen (Hrsg.): *Interaktion im Kontext des Lehrers und Lerners fremder Sprachen.* Arbeitspapiere der 20. Frühjahrskonferenz zur Erforschung des Fremdsprachenunterrichts. Gießener Beiträge zur Fremdsprachendidaktik. Tübingen: Narr. 104-110.

Herzog, Walter; Herzog, Silvio; Brunner, Andreas; Müller, Hans Peter (2007): *Einmal Lehrer, immer Lehrer? Eine vergleichende Untersuchung der Berufskarrieren von (ehemaligen) Primarlehrpersonen.* Prisma – Beiträge zur Erziehungswissenschaft aus historischer, psychologischer und soziologischer Perspektive, Bd. 5. Bern: Haupt.

Hesse, Hans Albrecht (1998): *Experte, Laie, Dilettant. Über Nutzen und Grenzen von Fachwissen.* Opladen: Westdeutscher Verlag.

Hildebrand, Bruno (2007): „Anselm Strauss". Flick, Uwe; Kardorff, Ernst von; Steinke, Ines (Hrsg.): *Qualitative Forschung. Ein Handbuch.* 5. Auflage. Reinbek: Rowohlt. 32-42.

Hoffmann, Eveline (2000): „Von Rollen und Typen – oder Der Lehrer als Lerner und der Lerner als Lehrer". Baumann, Klaus-Dieter; Kalverkämper, Hartwig; Steinberg-Rahal, Kerstin (Hrsg.): *Sprachen im Beruf: Stand – Probleme – Perspektiven.* Forum für Fachsprachen-Forschung, Bd. 38. Tübingen: Narr. 205-216.

Hoffmann, Lothar (1976): *Kommunikationsmittel Fachsprache. Eine Einführung.* 44. Berlin: Akademie-Verlag.

Hoffmann, Lothar (1984): *Kommunikationsmittel Fachsprache. Eine Einführung.* 2. überarbeitete Auflage. 44. Berlin: Akademie-Verlag.

Hoffmann, Lothar (1987): *Fachsprachen. Instrument und Objekt*, Linguistische Studien. Leipzig: VEB Verlag Enzyklopädie.

Hoffmann, Lothar; Kalverkämper, Hartwig (1998a): „Fachsprachen und Gemeinsprache". Hoffmann, Lothar; Kalverkämper, Hartwig; Wiegand, Herbert Ernst (Hrsg.): *Fachsprachen: Ein internationales Handbuch zur Fachsprachenforschung und Terminologiewissenschaft.* Handbücher zur Sprach- und Kommunikationswissenschaft, Bd. 14, Halbbd.1, Berlin; New York: de Gruyter. 157-168.

Hoffmann, Lothar; Kalverkämper, Hartwig (1998b): „Forschungsdesiderate und aktuelle Entwicklungstendenzen". Hoffmann, Lothar; Kalverkämper, Hartwig; Wiegand, Herbert Ernst (Hrsg.): *Fachsprachen: Ein internationales Handbuch zur Fachsprachenforschung und Terminologiewissenschaft.* Handbücher zur Sprach- und Kommunikationswissenschaft, Bd. 14, Halbbd.1, Berlin; New York: de Gruyter. 355-372.

Hoffmann, Lothar (1998): „Syntaktisch-morphologische Selektion und Funktionswandel". Hoffmann, Lothar; Kalverkämper, Hartwig; Wiegand, Herbert Ernst (Hrsg.): *Fachsprachen: Ein internationales Handbuch zur Fachsprachenforschung und Terminologiewissenschaft.* Handbücher zur Sprach- und Kommunikationswissenschaft, Bd. 14, Halbbd.1, Berlin; New York: de Gruyter. 416-427.

Hoffmann, Lothar (2001): „Fachsprachen". Helbig, Gerhard (Hrsg.): *Deutsch als Fremdsprache: ein internationales Handbuch*. Handbücher zur Sprach- und Kommunikationswissenschaft; Bd. 19; Halbbd.1, Berlin; New York: de Gruyter. 533-544.

Hoffmann, Sabine (2014): *Mündliche Kompetenz und Bewusstsein beim unterrichtlichen Fremdsprachenlernen*. Gießener Beiträge zur Fremdsprachendidaktik. Tübingen: Narr.

Hornung, Wolfgang (1983): „Zu den Fachsprachen der Mathematik und der Physik: Beschreibungen von Parallelitäten und Unterschieden im Hinblick auf einen fertigkeitsorientierten Fachsprachenunterricht". Kelz, Heinrich P. (Hrsg.): *Fachsprache 1: Sprachanalyse und Vermittlungsmethoden*. Tagungsbericht. Otto-Benecke-Stiftung, Bonn: Dümmler. 192-224.

Ickler, Theodor (1981): „Fachsprache und öffentliches Leben". *Die Sprache des Rechts und Verwaltung*, bearbeitet von Radtke, Ingulf. Der öffentliche Sprachgebrauch/Deutsche Akademie für Sprache und Dichtung. Bd. 2, Stuttgart: Klett-Cotta. 58-69.

Ickler, Theodor (1983): „Zur Semantik der Fachsprachen". Kelz, Heinrich P. (Hrsg.): *Fachsprache 1: Sprachanalyse und Vermittlungsmethoden*. Tagungsbericht. Otto-Benecke-Stiftung, Bonn: Dümmler. 143-153.

Ihle-Schmidt, Liselotte (1983): *Studien zur französischen Wirtschaftsfachsprache*. Europäische Hochschulschriften, Reihe 13, Französische Sprache und Literatur, Bd. 83, Frankfurt am Main: Peter Lang.

Illouz, Eva (2009): *Die Errettung der modernen Seele. Therapien, Gefühle und die Kultur der Selbsthilfe*. Frankfurt am Main: Suhrkamp.

Ischreyt, Heinz (1965): *Studien zum Verhältnis von Sprache und Technik.* Institutionelle Sprachlenkung in der Terminologie der Technik. Weisgerber, Leo (Hrsg.): Sprache und Gemeinschaft, Band IV, Düsseldorf: Pädagogischer Verlag Schwann.

Isler, Rudolf (2011): „Verborgene Wurzeln aktueller Lehrer-Bilder". Berner, Hans/Isler, Rudolf (Hrsg.): *Lehrer-Identität, Lehrer-Rolle, Lehrer-Handeln.* Professionswissen für Lehrerrinnen und Lehrer, Grunder, Hans-Ulrich; Kansteiner-Schänzlin, Katja; Moser, Heinz (Hrsg.), Bd. 8, Baltmannsweiler: Schneider Verlag Hohengehren. 15-48.

Jahr, Silke (1996): *Das Verstehen von Fachtexten. Rezeption – Kognition – Applikation.* Kalverkämper, Hartwig (Hrsg.): Forum für Fachsprachen-Forschung, Bd. 34, Tübingen: Narr.

Jahr, Silke (2000): *Emotionen und Emotionsstrukturen in Sachtexten. Ein interdisziplinärer Ansatz zur qualitativen und quantitativen Beschreibung der Emotionalität von Texten.* Sonderegger, Stefan; Reichmann, Oskar (Hrsg.). Berlin; New York: de Gruyter.

Jahr, Silke (2009): „Strukturelle Unterschiede des Wissens zwischen Naturwissenschaften und Geisteswissenschaften und deren Konsequenzen für den Wissenstransfer". Weber, Tilo; Antos, Gerd (Hrsg.): *Typen von Wissen. Begriffliche Unterscheidung und Ausprägungen in der Praxis des Wissenstransfers.* Transferwissenschaften, Antos, Gerd; Wichter, Sigurd (Hrsg.), Bd. 7, Frankfurt am Main: Peter Lang. 76-98.

Kallenbach, Christiane (1995): „Das Konzept der subjektiven Theorien aus fremdsprachendidaktischer Sicht". Bredella, Lothar; Christ, Herbert (Hrsg.): *Didaktik des Fremdverstehens.* Gießener Beiträge zur Fremdsprachendidaktik. Tübingen: Narr. 81-96.

Kalverkämper, Hartwig (1996a): „Die Kultur des literarischen wissenschaftlichen Dialogs – aufgezeigt an einem Beispiel aus der italienischen Renaissance (Galilei) und der französischen Aufklärung (Fontenelle)". Kalverkämper, Hartwig; Baumann, Klaus-Dieter (Hrsg.): *Fachliche Textsorten. Komponenten. Relationen. Strategien.* Forum für Fachsprachen-Forschung, Bd. 25, Tübingen: Narr. 683-745.

Kalverkämper, Hartwig (1996b): „Im Zentrum der Interessen: Fachkommunikation als Leitgröße“. *Hermes, Journal of Linguistics*, 16-1996. http://download2.hermes.asb.dk/archive/download/H16_07.pdf (10.10.2014). 117-176.

Kalverkämper, Hartwig (2000): „Fachliche Körpersprache“. Baumann, Klaus-Dieter; Kalverkämper, Hartwig; Steinberg-Rahal, Kerstin (Hrsg.): *Sprachen im Beruf. Stand – Probleme – Perspektiven*. Forum für Fachsprachen-Forschung, Bd. 38, Tübingen: Narr. 45-82.

Kalverkämper, Hartwig (2004): „Die Fachkommunikationsforschung auf dem Weg der Pluralität. Zur Einführung in den Band. Mit einer Aktualisierung des Schriftenverzeichnisses von Lothar Hoffmann anläßlich seines 75. Geburtstags am 23. Oktober 2003“. Baumann, Klaus-Dieter; Kalverkämper, Hartwig (Hrsg.): *Pluralität in der Fachsprachenforschung*. Forum für Fachsprachen-Forschung, Bd. 67, Tübingen: Narr. 11-51.

Katschnig, Tamara (2002): „Lehrerbefindlichkeit, Lehrerängste“. http://www.oebv.at/sixcms/media.php/504/katschnig.pdf (16.03.2015).

Kaznelson, Solomon D. (1974): *Sprachtypologie und Sprachdenken*. Ins Deutsche übertragen und herausgegeben von Hans Zikmund. Akademie der Wissenschaften der DDR, Zentralinstitut für Sprachwissenschaft. Sprache und Gesellschaft, Bd. 5, Berlin: Akademie Verlag.

Kelle, Udo; Kluge, Susann (2010): *Vom Einzelfall zum Typus. Fallvergleich und Fallkontrastierung in der qualitativen Sozialforschung*. Qualitative Sozialforschung, 2., überarbeitete Auflage, Bd. 15, Wiesbaden: Verlag für Sozialwissenschaften.

Kelle, Udo (2011): „’Emergence’ oder ‘Forcing’? Einige methodologische Überlegungen zu einem zentralen Problem der Grounded Theory“. Mey, Günter; Mruck, Katja (Hrsg.): *Grounded Theory Reader*. Zweite Auflage. Wiesbaden: Verlag für Sozialwissenschaften. 235-260.

Keller, Reiner (2014): „Zukünfte der qualitativen Sozialforschung“. Mey, Günter; Mruck, Katja (Hrsg.): *Qualitative Forschung. Analysen und Diskussionen – 10 Jahre Berliner Methoden Treffen*. Wiesbaden: Springer. 167-180.

Kelz, Heinrich P. (1987): „Fachsprachenunterricht: Ein Weg zur Studienbewältigung“. Kelz, Heinrich P. (Hrsg.): *Fachsprache 2: Studienvorbereitung und Didaktik der Fachsprachen*, Bonn: Dümmler. 9-13.

Kelz, Heinrich P. (1996): „Fachsprachenunterricht“. Goebl, Hans (Hrsg.): Kontaktlinguistik. Ein internationales zeitgenössischer Forschung. Handbücher zur Sprach- und Kommunikationswissenschaft, Steger, Hugo; Wiegand, Herbert Ernst (Hrsg.), Bd. 12, Halbbd. 1, Berlin; New York: de Gruyter. 507-514.

Klammer, Katja (2014): „Denkstil in der Fachkommunikation“. Baumann, Klaus-Dieter; Dörr, Jan-Eric; Klammer, Katja (Hrsg.): *Fachstile. Systematische Ortung einer interdisziplinären Kategorie*, Forum für Fachsprachen-Forschung, Kalverkämper, Hartwig (Hg.), Bd. 120, Berlin: Frank & Timme. 113-134.

Klein, Eberhard (1988): „Wenn Lehrer und Lerner ihre Rolle tauschen: motivationsfördernde Aspekte der Interaktion im fachbezogenen Fremdsprachenunterricht“. Gnutzmann, Claus (Hrsg.): *Fachbezogener Fremdsprachenunterricht*. Forum für Fachsprachen-Forschung Kalverkämper, Hartwig (Hrsg.), Bd. 6, Tübingen: Narr. 189-205.

Knorr Cetina, Karin (2002): *Wissenskulturen. Ein Vergleich naturwissenschaftlicher Wissensformen*. Frankfurt am Main: Suhrkamp.

Königs, Frank G. (2014): „Zur Einführung in den Themenschwerpunkt“. Gnutzmann, Claus; Königs, Frank G.; Küster, Lutz (Hrsg.). *Fremdsprachen Lehren und Lernen.* Themenschwerpunkt: Der Fremdsprachenlehrer im Fokus, koordiniert von Frank G. Königs. 43. Jahrgang, Heft 1, Tübingen: Narr. 3-6.

Kretzenbacher, Heinz L. (1998): „Fachsprache als Wissenschaftssprache“. Hoffmann, Lothar; Kalverkämper, Hartwig; Wiegand, Herbert Ernst (Hrsg.): *Fachsprachen: Ein internationales Handbuch zur Fachsprachenforschung und Terminologiewissenschaft.* Handbücher zur Sprach- und Kommunikationswissenschaft, Bd. 14, Halbbd.1, Berlin; New York: de Gruyter. 133-142.

Kunze, Ingrid (2004): *Konzepte von Deutschunterricht. Eine Studie zu individuellen didaktischen Theorien von Lehrerinnen und Lehrern.* Wiesbaden: Verlag für Sozialwissenschaften.

Kurtz, Jürgen (2001): *Improvisierendes Sprechen im Fremdsprachenunterricht. Eine Untersuchung zur Entwicklung spontansprachlicher Handlungskompetenz in der Zielsprache.* Gießener Beiträge zur Fremdsprachendidaktik, Tübingen: Narr.

Laurén, Christer; Nordmann, Marianne (2004): „Idiolekte zweier schwedischer Soziologen". Baumann, Klaus-Dieter; Kalverkämper, Hartwig (Hrsg.): *Pluralität der Fachsprachenforschung.* Forum für Fachsprachen-Forschung, Bd. 67, Tübingen: Narr. 55-82.

Leavis, Frank R. (1987): „Zwei Kulturen? Die 'Bedeutung' von C. P. Snow". Kreuzer, Helmut (Hrsg.): *Die zwei Kulturen. Literarische und naturwissenschaftliche Intelligenz. C. P. Snows These in der Diskussion.* München: dtv/ Klett-Cotta, 105-118.

Legewie, Heiner; Schervier-Legewie, Barbara (2011): „Forschung ist harte Arbeit, es ist immer ein Stück Leiden damit verbunden. Deshalb muss es auf der anderen Seite Spaß machen". Anselm L. Strauss im Gespräch mit Heiner Legewie und Barbara Schervier-Legewie. Mey, Günter; Mruck, Katja (Hrsg.): *Grounded Theory Reader.* Zweite Auflage. Wiesbaden: Verlag für Sozialwissenschaften. 69-78.

Lewicki, Roman (1987): „Lehrstrategien im fachbezogenen Unterricht". Kelz, Heinrich P. (Hrsg.): *Fachsprache 2: Studienvorbereitung und Didaktik der Fachsprachen,* Bonn: Dümmler. 163-170.

Liimatainen, Annikki (2008): *Untersuchungen zur Fachsprache der Ökologie und des Umweltschutzes im Deutschen und Finnischen.* Hyvärinen, Irma; Korhonen, Jarmo (Hrsg.), Finnische Beiträge zur Germanistik, Bd. 22, Frankfurt am Main: Lang.

Lüders, Manfred (2011): „Forschung zur Lehrer-Schüler Interaktion/ Unterrichtskommunikation". Terhart, Ewald; Bennewitz, Hedda; Rothland, Martin (Hrsg.): *Handbuch der Forschung zum Lehrerberuf.* Münster et. al.: Waxmann. 644-666.

Mandl, Heinz; Huber, Günter L. (1982): *Subjektive Theorien von Lehrern.* Forschungsbericht 18. Deutsches Institut für Fernstudien an der Universität Tübingen.

Mayring, Philipp (2002): *Einführung in die Qualitative Sozialforschung.* Weinheim und Basel: Beltz.

Menzel, Wolfgang Walter (1996): *Vernakuläre Wissenschaft. Christian Wolffs Bedeutung für die Herausbildung und Durchsetzung des Deutschen als Wissenschaftssprache*. Reihe Germanistische Linguistik, Bd. 166, Tübingen: Niemeyer.

Mey, Günter; Mruck, Katja (Hrsg.) (2011a): *Grounded Theory Reader*. Zweite Auflage. Wiesbaden: Verlag für Sozialwissenschaften. 9-10.

Mey, Günter; Mruck, Katja (2011b): „Grounded-Theory-Methodologie: Entwicklung, Stand, Perspektiven". Mey, Günter; Mruck, Katja (Hrsg.): *Grounded Theory Reader*. Zweite Auflage. Wiesbaden: Verlag für Sozialwissenschaften. 11-48.

Mey, Günter; Mruck, Katja (Hrsg.) (2011c): *Grounded Theory Reader*. Zweite Auflage. Wiesbaden: Verlag für Sozialwissenschaften. 135-136.

Mey, Günter; Mruck, Katja (Hrsg.) (2011d): *Grounded Theory Reader*. Zweite Auflage. Wiesbaden: Verlag für Sozialwissenschaften. 301-302.

Mey, Günter; Vock, Rubina; Ruppel, Paul Sebastian: *Gütekriterien qualitativer Forschung*. https://studi-lektor.de/tipps/qualitative-forschung/guetekriterien-qualitativer-forschung.html (12.08.2014).

Muckel, Petra (2011): „Die Entwicklung von Kategorien mit der Methode der Grounded Theory". Mey, Günter; Mruck, Katja (Hrsg.): *Grounded Theory Reader*. Zweite Auflage. Wiesbaden: Verlag für Sozialwissenschaften. 333-352.

Müller-Hartmann, Andreas; Schocker-v. Ditfurth, Marita (2001): „Einleitung. Qualitative Forschung im Bereich ‚Fremdsprachen lehren und lernen'". Müller-Hartmann, Andreas; Schocker-v. Ditfurth, Marita (Hrsg.): *Qualitative Forschung im Bereich Fremdsprachen lehren und lernen*. Gießener Beiträge zur Fremdsprachendidaktik. Tübingen: Narr. 2-10.

Möhn, Dieter; Pelka, Roland (1984): *Fachsprachen. Eine Einführung*. Werner, Otmar; Hundsnurscher, Franz (Hrsg.), Germanistische Arbeitshefte, 30, Tübingen: Niemeyer.

Monteiro, Maria (1990): *Deutsche Fachsprachen für Studenten im Ausland am Beispiel Brasiliens*. Heidelberg: Julius Groos Verlag.

Munsberg, Klaus (1994): *Mündliche Fachkommunikation. Das Beispiel Chemie.* Kalverkämper, Hartwig (Hrsg.), Forum für Fachsprachen-Forschung, Bd. 21, Tübingen: Narr.

Oerter, Rolf (2007): „Zur Psychologie des Spiels" http://www.edu.lmu.de/~oerter/index.php?option=com_docman&task=doc_view&gid=42 (10.03.2015).

Oksaar, Els (1983): „Fachsprachen, interaktionale Kompetenz und Kulturkontakt". Kelz, Heinrich P. (Hrsg.): *Fachsprache 1: Sprachanalyse und Vermittlungsmethoden*. Tagungsbericht. Otto-Benecke-Stiftung, Bonn: Dümmler. 30-45.

Oksaar, Els (1988): *Fachsprachliche Dimensionen*. Kalverkämper, Hartwig (Hrsg.) Forum für Fachsprachen-Forschung, Bd. 4, Tübingen: Narr.

Online Latein-Wörterbuch: http://www.latein.me/mixed/enge+ (04.06.2015).

Otto, Walter (1981): „Die Paradoxie einer Fachsprache". *Die Sprache des Rechts und Verwaltung*, bearbeitet von Radtke, Ingulf. Der öffentliche Sprachgebrauch/Deutsche Akademie für Sprache und Dichtung. Bd. 2, Stuttgart: Klett-Cotta. 44-57.

Peter, Max (1987): „Die Vermittlung von Fachsprache im Englischunterricht für Deutschsprache". Kelz, Heinrich P. (Hrsg.): *Fachsprache 2: Studienvorbereitung und Didaktik der Fachsprachen*, Bonn: Dümmler. 151-162.

Poetzelberger, Hans A. (1983): „Fachbezogene und tätigkeitsspezifische Sprachkompetenz". Kelz, Heinrich P. (Hrsg.): *Fachsprache 1: Sprachanalyse und Vermittlungsmethoden*. Tagungsbericht. Otto-Benecke-Stiftung, Bonn: Dümmler. 90-99.

Porzig, Walter (1993): *Das Wunder der Sprache. Probleme, Methode und Ergebnisse der Sprachwissenschaft*. Neunte Auflage, Jecklin, Andreas und Rupp, Heinz (Hrsg.). Tübingen und Basel: Francke.

Prediger, Susanne (2001): „Mathematik als kulturelles Produkt menschlicher Denktätigkeit und ihr Bezug zum Individuum". http://www.math.uni-bremen.de/didaktik/prediger/veroeff/01-sammelband-denktaetigkeit.pdf (05.03.2015).

Puddephatt, Antony J. (2011): „Grounded Theory konstruieren". Charmaz, Kathy C. im Gespräch mit Antony J. Puddephatt. Mey, Günter; Mruck, Katja

(Hrsg.): *Grounded Theory Reader*. Zweite Auflage. Wiesbaden: Verlag für Sozialwissenschaften. 89-107.

Reichertz, Jo (2011): „Abduktion: Die Logik der Entdeckung der Grounded Theory“. Mey, Günter; Mruck, Katja (Hrsg.): *Grounded Theory Reader*. Zweite Auflage. Wiesbaden: Verlag für Sozialwissenschaften. 279-297.

Reichertz, Jo (2014): „Die Konjunktur der qualitativen Sozialforschung und Konjunkturen innerhalb der qualitativen Sozialforschung“. Mey, Günter; Mruck, Katja (Hrsg.): *Qualitative Forschung. Analysen und Diskussionen – 10 Jahre Berliner Methoden Treffen*. Wiesbaden, Springer. 87-102.

Reinhard, Petra; Ballstaedt, Steffen-Peter; Rentschler, Michael; Rottländer, Elke; Wagner, Gerlinde (1997): „Noch Fragen? Interdisziplinäres Textverstehen“. ftp://ftp.rz.uni-kiel.de/pub/ipn/zfdn/1997/Heft2/S.23-41_Reinhard_Ballstaedt_etal._97_H2.pdf (11.03.2016).

Reuter, Ewald (1997): *Mündliche Kommunikation im Fachfremdsprachenunterricht. Zur Empirisierung und Reflexivierung mündlicher Kommunikationstrainings*. Müller, Bernd-Dietrich (Hrsg.). Studium Deutsch als Fremdsprache – Sprachdidaktik, Bd. 12, München: Iudicium.

Riedl, Alfred (2004): *Grundlagen der Didaktik*. Stuttgart: Franz Steiner Verlag.

Riemer, Claudia (1997): *Individuelle Unterschiede im Fremdsprachenerwerb. Eine Longitudinalstudie über die Wechselwirksamkeit ausgewählter Einflußfaktoren*. Henrici, Gerd; Koreik, Uwe (Hrsg.). Perspektiven Deutsch als Fremdsprache, Bd. 8, Baltmannsweiler: Schneider Verlag Hohengehren.

Rippen, Gilda (1998): „Subjektive Lehrtheorien über Fachkompetenz als Voraussetzung für fachsprachlichen Englischunterricht an Hochschulen und Fachhochschulen“. Henrici, Gert; Zöfgen, Ekkehard (Hrsg.): *Fremdsprachen Lehren und Lernen*, 27. Jahrgang. Tübingen: Narr. 163-179.

Roelcke, Thorsten (2010): *Fachsprachen*. Lubkoll, Christine; Schmitz, Ulrich; Wagner-Egelhaaf, Martina; Wegera, Klaus-Peter (Hrsg.). Grundlagen der Germanistik, Bd. 37, 3. akt. Auflage. Berlin: Erich Schmidt Verlag.

Ropohl, Günter (1999): „Der Paradigmenwechsel in den Technikwissenschaften“. Duddeck, Heinz; Mittelstraß (Hrsg.): *Die Sprachlosigkeit der Ingenieure*. Ladenburger Diskurs. Opladen: Leske + Budrich. 19-32.

Rosemann, Hermann (1974): *Motivation. Motivationstheorien, Motivationsarten: Lern- und Leistungsmotivation, Aggression, Angst, Frustration, Konflikt und Widerspruch, Motivierung im Unterricht*. Arbeitshefte für Psychologie, Bd. 6, Berlin: Polerz.

Rüschoff, Bernd; Wolff, Dieter (1999): *Fremdsprachenlernen in der Wissensgesellschaft: zum Einsatz der Neuen Technologien in Schule und Unterricht*. Ismaning: Hueber.

Schart, Michael (2014): „Die Lehrerrolle in der fremdsprachendidaktischen Forschung: Konzeptionen, Ergebnisse, Konsequenzen". Gnutzmann, Claus; Königs, Frank G.; Küster, Lutz (Hrsg.): *Fremdsprachen Lehren und Lernen*. Themenschwerpunkt: Der Fremdsprachenlehrer im Fokus, koordiniert von Frank G. Königs. 43. Jahrgang, Heft 1, Tübingen: Narr. 36-50.

Scheele, Brigitte; Groeben, Norbert (1998): „Das Forschungsprogramm Subjektive Theorien. Theoretische und methodologische Grundzüge in ihrer Relevanz für den Fremdsprachenunterricht". Henrici, Gert; Zöfgen, Ekkehard (Hrsg.): *Fremdsprachen Lehren und Lernen*. 27. Jahrgang, Tübingen: Narr. 12-32.

Scheele, Brigitte; Groeben, Norbert (1988): *Dialog-Konsens-Methoden zur Rekonstruktion Subjektiver Theorien. Die Heidelberger Struktur-Lege-Technik (SLT), konsensuale Ziel-Mittel-Argumentation und kommunikative Flussdiagramm-Beschreibung von Handlungen*. Tübingen: Francke.

Scheele, Brigitte (1988): „Rekonstruktionsadäquanz: Dialog-Hermeneutik". Groeben, Norbert; Wahl, Diethelm; Schlee, Jörg; Scheele, Brigitte: *Das Forschungsprogramm Subjektive Theorien. Eine Einführung in die Psychologie des reflexiven Subjekts*. Tübingen: Francke. 126-179.

Schewe, Wolfgang H. U.; Spiegel, Heinz-Rudi (1980): „Der Beitrag des DIN und des VDI zur Terminologiearbeit und Fachsprachenforschung". Gnutzmann, Claus; Turner, John (Hrsg.): *Fachsprachen und ihre Anwendung*. Tübinger Beiträge zur Linguistik, Bd. 144, Tübingen: Narr. 11-25.

Schnitzer, Johannes (2008): *Vertikale Variation im Fachwortschatz. Am Beispiel der argentinischen Börsenberichterstattung*. Wodak, Ruth; Stegu, Martin (Hrsg.). Sprache im Kontext, Bd. 30, Frankfurt am Main: Lang.

Scholz, Ulrike (2002): *Fachsprachliche Wortbildung des Spanischen, dargestellt am Beispiel des ökologischen Fachwortschatzes*. Berlin: Rhombos.

Schrader, Friedrich-Wilhelm (2011): „Lehrer als Diagnostiker“. Terhart, Ewald; Bennewitz, Hedda; Rothland, Martin (Hrsg.): *Handbuch der Forschung zum Lehrerberuf.* Münster et. al.: Waxmann. 683-698.

Schröder, Hartmut (1988): *Aspekte einer Didaktik/Methodik des fachbezogenen Fremdsprachenunterrichts (Deutsch als Fremdsprache). Unter besonderer Berücksichtigung sozialwissenschaftlicher Fachtexte.* Ehnert, Rolf; Schröder, Hartmut; Hosaka, Muneshige (Hrsg.): Werkstattreihe Deutsch als Fremdsprache, Bd. 20, Frankfurt am Main: Lang.

Schröder, Jörg (2004): *Interkulturalität als Grundlage moderner Fremdsprachenmethodik und –didaktik, Konzepte und Übungsformen für den Unterricht Deutsch als Fremdsprache am Beispiel Wirtschaftsdeutsch in China.* Dissertation. http://ubt.opus.hbz-nrw.de/volltexte/2005/273/pdf/Schroeder-JoergDiss.pdf (1.10.2014).

Schweizer, Harro (1979): *Sprache und Systemtheorie. Zur modelltheoretischen Anwendung der kybernetischen Systemtheorie in der Linguistik.* Tübinger Beiträge zur Linguistik, Bd. 121, Tübingen: Narr.

Siebert, Horst (2002): *Der Konstruktivismus als pädagogische Weltanschauung. Entwurf einer konstruktivistischen Didaktik.* Wissenschaft in gesellschaftlicher Verantwortung, Bd. 44, Frankfurt am Main: VAS.

Sichler, Ralph (2006): *Autonomie in der Arbeitswelt.* Göttingen: Vandenhoeck & Ruprecht.

Sing, Christine S.; Peters, Elisabeth; Stegu, Martin (2014): „Fachsprachenunterricht heute: Bedarf – (Fach)Wissen – Kontext“. *Fachsprache. International Journal of Specialized Communication*, Vol. XXXVI 1-2/2014. 2-10.

Sippel, Vera Alexandra (2003): *Ganzheitliches Lernen im Rahmen der Simulation globale. Grundlagen – Erfahrungen – Anregungen.* Bredella, Lothar; Christ, Herbert; Legutke, Michael K.; Meißner, Franz-Josef; Rösler, Dietmar (Hrsg.). Gießener Beiträge zur Fremdsprachendidaktik. Tübingen: Narr.

Snow, Sir Charles (1987a): „Die zwei Kulturen. Rede Lecture (1959)“. Kreuzer, Helmut (Hrsg.): *Die zwei Kulturen. Literarische und naturwissenschaftliche Intelligenz. C. P. Snows These in der Diskussion.* München: dtv/Klett-Cotta. 19-58.

Snow, Sir Charles (1987b): „Ein Nachtrag (1963)“. Kreuzer, Helmut (Hrsg.): *Die zwei Kulturen. Literarische und naturwissenschaftliche Intelligenz. C. P. Snows These in der Diskussion*. München: dtv/Klett-Cotta. 59-97.

Soeffner, Hans-Georg (2014): „Interpretative Sozialwissenschaft“. Mey, Günter; Mruck, Katja (Hrsg.): *Qualitative Forschung. Analysen und Diskussionen – 10 Jahre Berliner Methoden Treffen*. Wiesbaden: Springer. 35-54.

Spillner, Bernd (1983): „Methodische Aufgaben der Fachsprachenforschung und ihre Konsequenzen für den Fachsprachenunterricht“. Kelz, Heinrich P. (Hrsg.): *Fachsprache 1: Sprachanalyse und Vermittlungsmethoden*. Tagungsbericht. Otto-Benecke-Stiftung, Bonn: Dümmler. 16-29.

Spillner, Bernd (1989): „Stilelemente im fachsprachlichen Diskurs“. Dahmen, Wolfgang; Holtus, Günter; Kramer, Johannes; Metzeltin, Michael (Hrgs.): *Technische Sprache und Technolekte in der Romania*. Romanistisches Kolloquium II. Tübinger Beiträge zur Linguistik, Bd. 326. Tübingen: Narr. 2-19.

Steinbuch, Karl (1987): „'Zwei Kulturen': Ein engagierter Beitrag“. Kreuzer, Helmut (Hrsg.): *Die zwei Kulturen. Literarische und naturwissenschaftliche Intelligenz. C. P. Snows These in der Diskussion*. München: dtv/Klett-Cotta. 217-228.

Steinke, Ines (1999): *Kriterien qualitativer Forschung: Ansätze zur Bewertung qualitativ-empirischer Sozialforschung*. Weinheim: Juventa.

Steinke, Ines (2007): Gütekriterien qualitativer Forschung. Flick, Uwe; Kardorff, Ernst von; Steinke, Ines (Hrsg.): *Qualitative Forschung. Ein Handbuch*. 5. Auflage. Reinbek: Rowohlt. 319-331.

Steinmetz, Maria (2000): *Fachkommunikation und DaF-Unterricht. Vernetzung von Fachwissen und Sprachausbildung am Beispiel eines Modellstudiengangs in China*. München: Iudicium.

Steinmetz, Maria; Dintera, Heiner (2014): *Deutsch für Ingenieure. Ein DaF-Lehrwerk für Studierende ingenieurwissenschaftlicher Fächer*. Wiesbaden: Springer Vieweg.

Stenschke, Oliver (2009): „*Emotionales Wissen*“. Weber, Tilo; Antos, Gerd (Hrsg.): *Typen von Wissen. Begriffliche Unterscheidung und Ausprägungen in der Praxis des Wissenstransfers*. Transferwissenschaften, Antos, Gerd; Wichter, Sigurd (Hrsg.), Bd. 7, Frankfurt am Main: Peter Lang.101-111.

Stöber, Joachim; Schwarzer, Ralf (2000): „Angst“. https://kar.kent.ac.uk/33612/1/St%C3%B6ber%20Schwarzer%20(2000)%20Angst.pdf (14.03.2015).

Strauss, Anselm L. (1968): *Spiegel und Masken. Die Suche nach Identität.* Frankfurt am Main: Suhrkamp.

Strauss, Anselm; Corbin, Juliet (1996): *Grounded Theory: Grundlagen Qualitativer Sozialforschung*, Weinheim: Beltz/Psychologie Verlagsunion.

Strauss, Anselm L. (1998): *Grundlagen qualitativer Sozialforschung*, 2. Auflage. München: Wilhelm Fink.

Strübing, Jörg (2004): *Grounded Theory. Zur soziotheoretischen und epistemologischen Fundierung des Verfahrens der empirisch begründeten Theoriebildung*. Qualitative Sozialforschung, Bd. 15, Wiesbaden: Verlag für Sozialwissenschaften.

Strübing, Jörg (2008): *Grounded Theory. Zur soziotheoretischen und epistemologischen Fundierung des Verfahrens der empirisch begründeten Theoriebildung*. Qualitative Sozialforschung, Bd. 15, 2. überarbeitete und erweiterte Auflage. Wiesbaden: Verlag für Sozialwissenschaften.

Strübing, Jörg (2011): „Zwei Varianten von Grounded Theory? Zu den methodologischen und methodischen Differenzen zwischen Barney Glaser und Anselm Strauss“. Mey, Günter; Mruck, Katja (Hrsg.): *Grounded Theory Reader*. Zweite Auflage. Wiesbaden: Verlag für Sozialwissenschaften. 261- 277.

Strübing, Jörg (2014): *Grounded Theory. Zur sozialtheoretischen und epistemologischen Fundierung eines pragmatischen Forschungsstils*. Qualitative Sozialforschung, Bd. 15, 3. überarbeitete und erweiterte Auflage. Wiesbaden: Verlag für Sozialwissenschaften.

Szénich, Alexandra (2012): „Lernerautonomie und Fachsprachenunterrich oder Wie viel Lernerautomisierung brauchen Studenten?“. http://www.bgf.hu/kvik/FOLYOIRATAINK/NYELVVILAG/KOTETEK/XIII.szam.pdf (03.04.2015). 5-13.

Tarozzi, Massimiliano (2011): „Vierzig Jahre nach ‘The Discovery’: Grounded Theory weltweit“. Barney G. Glaser im Gespräch mit Massimiliano Tarozzi. Mey, Günter; Mruck, Katja (Hrsg.): *Grounded Theory Reader*. Zweite Auflage. Wiesbaden: Verlag für Sozialwissenschaften. 53-67.

Triebel, Ulrike (2008): *Konstruktivismus und Pädagogik. Anregungen des Konstruktivismus für pädagogisches Handeln*. Magisterarbeit. Hamburg: Diplomica Verlag.

Trilling, Lionel (1987): „Naturwissenschaft, Literatur und Kultur – Eine Stellungnahme zur Leavis-Snow-Kontroverse". Kreuzer, Helmut (Hrsg.): *Die zwei Kulturen. Literarische und naturwissenschaftliche Intelligenz. C. P. Snows These in der Diskussion*. München: dtv/Klett-Cotta. 119-136.

Trumpp, Eva Cassandra (1998): *Fachtextsorten kontrastiv. Englisch-Deutsch-Französisch.* Forum für Fachsprachen-Forschung, Bd. 51, Tübingen: Narr.

Truschkat, Inga; Kaiser, Manuela; Reinartz, Vera (2005): „Forschen nach Rezept? Anregungen zum praktischen Umgang mit der Grounded Theory in Qualifikationsarbeiten". http://www.qualitative-research.net/index.php/fqs/article/view/470/1006 (16.07.2015).

Truschkat, Inga; Kaiser-Belz, Manuela; Volkmann, Vera (2011): „Theoretisches Sampling in Qualifikationsarbeiten: Die Grounded-Theory-Methodologie zwischen Programmatik und Forschungspraxis". Mey, Günter; Mruck, Katja (Hrsg.): *Grounded Theory Reader*. Zweite Auflage. Wiesbaden: Verlag für Sozialwissenschaften. 353-379.

Vogt, Karin (2013): „Fremdsprachenlernen und Identität". Burwitz-Melzer, Eva; Königs, Frank G.; Riemer, Claudia (Hrsg.): *Identität und Fremdsprachenlernen. Anmerkungen zu einer komplexen Beziehung*. Arbeitspapiere der 33. Frühjahrskonferenz zur Erforschung des Fremdsprachenunterrichts. Gießener Beiträge zur Fremdsprachendidaktik. Tübingen: Narr. 292-300.

Walter, Beate (2000): „Denkstil – Lernstil – Fremdsprachenerwerb. Möglichkeiten und Grenzen fachbezogener Sprachausbildung an der Universität". Baumann, Klaus-Dieter; Kalverkämper, Hartwig; Steinberg-Rahal, Kerstin (Hrsg.): *Sprachen im Beruf. Stand – Probleme – Perspektiven.* Forum für Fachsprachen-Forschung, Bd. 38, Tübingen: Narr. 175-194.

Weiß, Hans Peter (1987): „Fachsprachen- und Allgemeinsprachunterricht? Grenzen und Möglichkeiten". Kelz, Heinrich P. (Hrsg.): *Fachsprache 2: Studienvorbereitung und Didaktik der Fachsprachen*, Bonn: Dümmler.15-22.

Winter, Rainer (2014): „Ein Plädoyer für kritische Perspektiven in der qualitativen Forschung“. Mey, Günter; Mruck, Katja (Hrsg.): *Qualitative Forschung. Analysen und Diskussionen – 10 Jahre Berliner Methoden Treffen.* Wiesbaden: Springer. 117-132.

Yudkin, Michael (1987): „Die ‘Rede Lecture‘ von Sir Charles Snow“. Kreuzer, Helmut (Hrsg.): *Die zwei Kulturen. Literarische und naturwissenschaftliche Intelligenz. C. P. Snows These in der Diskussion.* München: dtv/Klett-Cotta. 97-104.

Zalipyatskikh, Natalia (2014): „Didaktik der Technischen Fachkommunikation. Überlegungen zur Fachsprachendidaktik-/methodik mit Anlehnung an die Spieltheorie“. Baumann, Klaus-Dieter; Dörr, Jan-Eric; Klammer, Katja (Hrsg.): *Fachstile. Systematische Ortung einer interdisziplinären Kategorie.* Forum für Fachsprachen-Forschung, Bd. 120, Berlin: Frank & Timme. 151-176.

Zalipyatskikh, Natalia (2016): „Das berufliche Selbstverständnis von Fachsprachenlehrenden der technischen Fachkommunikation ohne fachlichen Hintergrund – erste empirische Ergebnisse“. Kalverkämper, Hartwig (Hrsg.): *Fachkommunikation im Fokus – Paradigmen, Positionen, Perspektiven.* Forum für Fachsprachen-Forschung, Bd. 100, Berlin: Frank & Timme. 359-388.

Zalipyatskikh, Natalia (i. D.): „Überlegungen zu den Unterrichtsdefinitionen und -zielen der Fachsprachenlehrenden der technischen Fachkommunikation“. Forum für Fachsprachen-Forschung, Berlin: Frank & Timme.

Zhao, Jin (2002): *Wirtschaftsdeutsch als Fremdsprache: ein didaktisches Modell – dargestellt am Beispiel der chinesischen Germanistik-Studiengänge.* Forum für Fachsprachen-Forschung, Bd. 59, Tübingen: Narr.

TRANSÜD. Arbeiten zur Theorie und Praxis des Übersetzens und Dolmetschens

Die Bände 1 bis 5 sind bei der Peter Lang GmbH erschienen und dort zu beziehen.

Bd. 6 Przemysław Chojnowski: Zur Strategie und Poetik des Übersetzens. Eine Untersuchung der Anthologien zur polnischen Lyrik von Karl Dedecius. 300 Seiten. ISBN 978-3-86596-013-9

Bd. 7 Belén Santana López: Wie wird *das Komische* übersetzt? *Das Komische* als Kulturspezifikum bei der Übersetzung spanischer Gegenwartsliteratur. 456 Seiten. ISBN 978-3-86596-006-1

Bd. 8 Larisa Schippel (Hg.): Übersetzungsqualität: Kritik – Kriterien – Bewertungshandeln. 194 Seiten. ISBN 978-3-86596-075-7

Bd. 9 Anne-Kathrin D. Ende: Dolmetschen im Kommunikationsmarkt. Gezeigt am Beispiel Sachsen. 228 Seiten. ISBN 978-3-86596-073-3

Bd. 10 Sigrun Döring: Kulturspezifika im Film: Probleme ihrer Translation. 156 Seiten. ISBN 978-3-86596-100-6

Bd. 11 Hartwig Kalverkämper: „Textqualität". Die Evaluation von Kommunikationsprozessen seit der antiken Rhetorik bis zur Translationswissenschaft. ISBN 978-3-86596-110-5

Bd. 12 Yvonne Griesel: Die Inszenierung als Translat. Möglichkeiten und Grenzen der Theaterübertitelung. 362 Seiten. ISBN 978-3-86596-119-8

Bd. 13 Hans J. Vermeer: Ausgewählte Vorträge zur Translation und anderen Themen. Selected Papers on Translation and other Subjects. 286 Seiten. ISBN 978-3-86596-145-7

Bd. 14 Erich Prunč: Entwicklungslinien der Translationswissenschaft. Von den Asymmetrien der Sprachen zu den Asymmetrien der Macht. 442 Seiten. ISBN 978-3-86596-146-4 (vergriffen, siehe Band 43 der Reihe)

Bd. 15 Valentyna Ostapenko: Vernetzung von Fachtextsorten. Textsorten der Normung in der technischen Harmonisierung. 128 Seiten. ISBN 978-3-86596-155-6

Bd. 16 Larisa Schippel (Hg.): TRANSLATIONSKULTUR – ein innovatives und produktives Konzept. 340 Seiten. ISBN 978-3-86596-158-7

Bd. 17 Hartwig Kalverkämper/Larisa Schippel (Hg.): Simultandolmetschen in Erstbewährung: Der Nürnberger Prozess 1945. Mit einer orientierenden Einführung von Klaus Kastner und einer kommentierten fotografischen Dokumentation von Theodoros Radisoglou sowie mit einer dolmetsch-wissenschaftlichen Analyse von Katrin Rumprecht. 344 Seiten. ISBN 978-3-86596-161-7

TransÜD. Arbeiten zur Theorie und Praxis des Übersetzens und Dolmetschens

Bd. 18 Regina Bouchehri: Filmtitel im interkulturellen Transfer. 174 Seiten. ISBN 978-3-86596-180-8

Bd. 19 Michael Krenz/Markus Ramlow: Maschinelle Übersetzung und XML im Übersetzungsprozess. Prozesse der Translation und Lokalisierung im Wandel. Zwei Beiträge, hg. von Uta Seewald-Heeg. 368 Seiten. ISBN 978-3-86596-184-6

Bd. 20 Hartwig Kalverkämper/Larisa Schippel (Hg.): Translation zwischen Text und Welt – Translationswissenschaft als historische Disziplin zwischen Moderne und Zukunft. 700 Seiten. ISBN 978-3-86596-202-7

Bd. 21 Nadja Grbić/Sonja Pöllabauer: Kommunaldolmetschen/Community Interpreting. Probleme – Perspektiven – Potenziale. Forschungsbeiträge aus Österreich. 380 Seiten. ISBN 978-3-86596-194-5

Bd. 22 Agnès Welu: Neuübersetzungen ins Französische – eine kulturhistorische Übersetzungskritik. Eichendorffs *Aus dem Leben eines Taugenichts*. 506 Seiten. ISBN 978-3-86596-193-8

Bd. 23 Martin Slawek: Interkulturell kompetente Geschäftskorrespondenz als Garant für den Geschäftserfolg. Linguistische Analysen und fachkommunikative Ratschläge für die Geschäftsbeziehungen nach Lateinamerika (Kolumbien). 206 Seiten. ISBN 978-3-86596-206-5

Bd. 24 Julia Richter: Kohärenz und Übersetzungskritik. Lucian Boias Analyse des rumänischen Geschichtsdiskurses in deutscher Übersetzung. 142 Seiten. ISBN 978-3-86596-221-8

Bd. 25 Anna Kucharska: Simultandolmetschen in defizitären Situationen. Strategien der translatorischen Optimierung. 170 Seiten. ISBN 978-3-86596-244-7

Bd. 26 Katarzyna Lukas: Das Weltbild und die literarische Konvention als Übersetzungsdeterminanten. Adam Mickiewicz in deutschsprachigen Übertragungen. 402 Seiten. ISBN 978-3-86596-238-6

Bd. 27 Markus Ramlow: Die maschinelle Simulierbarkeit des Humanübersetzens. Evaluation von Mensch-Maschine-Interaktion und der Translatqualität der Technik. 364 Seiten. ISBN 978-3-86596-260-7

Bd. 28 Ruth Levin: Der Beitrag des Prager Strukturalismus zur Translationswissenschaft. Linguistik und Semiotik der literarischen Übersetzung. 154 Seiten. ISBN 978-3-86596-262-1

Bd. 29 Iris Holl: Textología contrastiva, derecho comparado y traducción jurídica. Las sentencias de divorcio alemanas y españolas. 526 Seiten. ISBN 978-3-86596-324-6

TRANSÜD. Arbeiten zur Theorie und Praxis des Übersetzens und Dolmetschens

Bd. 30 Christina Korak: Remote Interpreting via Skype. Anwendungsmöglichkeiten von VoIP-Software im Bereich Community Interpreting – Communicate everywhere? 202 Seiten. ISBN 978-3-86596-318-5

Bd. 31 Gemma Andújar/Jenny Brumme (eds.): Construir, deconstruir y reconstruir. Mímesis y traducción de la oralidad y la afectividad. 224 Seiten. ISBN 978-3-86596-234-8

Bd. 32 Christiane Nord: Funktionsgerechtigkeit und Loyalität. Theorie, Methode und Didaktik des funktionalen Übersetzens. 338 Seiten. ISBN 978-3-86596-330-7

Bd. 33 Christiane Nord: Funktionsgerechtigkeit und Loyalität. Die Übersetzung literarischer und religiöser Texte aus funktionaler Sicht. 304 Seiten. ISBN 978-3-86596-331-4

Bd. 34 Małgorzata Stanek: Dolmetschen bei der Polizei. Zur Problematik des Einsatzes unqualifizierter Dolmetscher. 262 Seiten. ISBN 978-3-86596-332-1

Bd. 35 Dorota Karolina Bereza: Die Neuübersetzung. Eine Hinführung zur Dynamik literarischer Translationskultur. 108 Seiten. ISBN 978-3-86596-255-3

Bd. 36 Montserrat Cunillera/Hildegard Resinger (eds.): Implicación emocional y oralidad en la traducción literaria. 230 Seiten. ISBN 978-3-86596-339-0

Bd. 37 Ewa Krauss: Roman Ingardens „Schematisierte Ansichten" und das Problem der Übersetzung. 226 Seiten. ISBN 978-3-86596-315-4

Bd. 38 Miriam Leibbrand: Grundlagen einer hermeneutischen Dolmetschforschung. 324 Seiten. ISBN 978-3-86596-343-7

Bd. 39 Pekka Kujamäki/Leena Kolehmainen/Esa Penttilä/Hannu Kemppanen (eds.): Beyond Borders – Translations Moving Languages, Literatures and Cultures. 272 Seiten. ISBN 978-3-86596-356-7

Bd. 40 Gisela Thome: Übersetzen als interlinguales und interkulturelles Sprachhandeln. Theorien – Methodologie – Ausbildung. 622 Seiten. ISBN 978-3-86596-352-9

Bd. 41 Radegundis Stolze: The Translator's Approach – Introduction to Translational Hermeneutics. Theory and Examples from Practice. 304 Seiten. ISBN 978-3-86596-373-4

Bd. 42 Silvia Roiss/Carlos Fortea Gil/María Ángeles Recio Ariza/Belén Santana López/Petra Zimmermann González/Iris Holl (eds.): En las vertientes de la traducción e interpretación del/al alemán. 582 Seiten. ISBN 978-3-86596-326-0

TRANSÜD. Arbeiten zur Theorie und Praxis des Übersetzens und Dolmetschens

Bd. 43 Erich Prunč: Entwicklungslinien der Translationswissenschaft. 3., erweiterte und verbesserte Auflage (1. Aufl. 2007. ISBN 978-3-86596-146-4). 528 Seiten. ISBN 978-3-86596-422-9

Bd. 44 Mehmet Tahir Öncü: Die Rechtsübersetzung im Spannungsfeld von Rechtsvergleich und Rechtssprachvergleich. Zur deutschen und türkischen Strafgesetzgebung. 380 Seiten. ISBN 978-3-86596-424-3

Bd. 45 Hartwig Kalverkämper/Larisa Schippel (Hg.): „Vom Altern der Texte". Bausteine für eine Geschichte des interkulturellen Wissenstransfers. 456 Seiten. ISBN 978-3-86596-251-5

Bd. 46 Hannu Kemppanen/Marja Jänis/Alexandra Belikova (eds.): Domestication and Foreignization in Translation Studies. 240 Seiten. 978-3-86596-470-0

Bd. 47 Sergey Tyulenev: Translation and the Westernization of Eighteenth-Century Russia. A Social-Systemic Perspective. 272 Seiten. ISBN 978-3-86596-472-4

Bd. 48 Martin B. Fischer/Maria Wirf Naro (eds.): Translating Fictional Dialogue for Children and Young People. 422 Seiten. ISBN 978-3-86596-467-0

Bd. 49 Martina Behr: Evaluation und Stimmung. Ein neuer Blick auf Qualität im (Simultan-)Dolmetschen. 356 Seiten. ISBN 978-3-86596-485-4

Bd. 50 Anna Gopenko: Traduire le sublime. Les débats de l'Église orthodoxe russe sur la langue liturgique. 228 Seiten. ISBN 978-3-86596-486-1

Bd. 51 Lavinia Heller: Translationswissenschaftliche Begriffsbildung und das Problem der performativen Unauffälligkeit von Translation. 332 Seiten. ISBN 978-3-86596-470-0

Bd. 52 Claudia Dathe/Renata Makarska/Schamma Schahadat (Hg.): Zwischentexte. Literarisches Übersetzen in Theorie und Praxis. 300 Seiten. ISBN 978-3-86596-442-7

Bd. 53 Regina Bouchehri: Translation von Medien-Titeln. Der interkulturelle Transfer von Titeln in Literatur, Theater, Film und Bildender Kunst. 334 Seiten. ISBN 978-3-86596-400-7

Bd. 54 Nilgin Tanış Polat: Raum im (Hör-)Film. Zur Wahrnehmung und Repräsentation von räumlichen Informationen in deutschen und türkischen Audiodeskriptionstexten. 138 Seiten. ISBN 978-3-86596-508-0

Bd. 55 Eva Parra Membrives/Ángeles García Calderón (eds.): Traducción, mediación, adaptación. Reflexiones en torno al proceso de comunicación entre culturas. 336 Seiten. ISBN 978-3-86596-499-1

TRANSÜD. Arbeiten zur Theorie und Praxis des Übersetzens und Dolmetschens

Bd. 56 Yvonne Sanz López: Videospiele übersetzen – Probleme und Optimierung. 126 Seiten. ISBN 978-3-86596-541-7

Bd. 57 Irina Bondas: Theaterdolmetschen – Phänomen, Funktionen, Perspektiven. 240 Seiten. ISBN 978-3-86596-540-0

Bd. 58 Dinah Krenzler-Behm: Authentische Aufträge in der Übersetzerausbildung. Ein Leitfaden für die Translationsdidaktik. 480 Seiten. ISBN 978-3-86596-498-4

Bd. 59 Anne-Kathrin Ende/Susann Herold/Annette Weilandt (Hg.): Alles hängt mit allem zusammen. Translatologische Interdependenzen. Festschrift für Peter A. Schmitt. 544 Seiten. ISBN 978-3-86596-504-2

Bd. 60 Saskia Weber: Kurz- und Kosenamen in russischen Romanen und ihre deutschen Übersetzungen. 256 Seiten. ISBN 978-3-7329-0002-2

Bd. 61 Silke Jansen/Martina Schrader-Kniffki (eds.): La traducción a través de los tiempos, espacios y disciplinas. 366 Seiten. ISBN 978-3-86596-524-0

Bd. 62 Annika Schmidt-Glenewinkel: Kinder als Dolmetscher in der Arzt-Patienten-Interaktion. 130 Seiten. ISBN 978-3-7329-0010-7

Bd. 63 Klaus-Dieter Baumann/Hartwig Kalverkämper (Hg.): Theorie und Praxis des Dolmetschens und Übersetzens in fachlichen Kontexten. 756 Seiten. ISBN 978-3-7329-0016-9

Bd. 64 Silvia Ruzzenenti: «Präzise, doch ungenau» – Tradurre il saggio. Un approccio olistico al *poetischer Essay* di Durs Grünbein. 406 Seiten. ISBN 978-3-7329-0026-8

Bd. 65 Margarita Zoe Giannoutsou: Kirchendolmetschen – Interpretieren oder Transformieren? 498 Seiten. ISBN 978-3-7329-0067-1

Bd. 66 Andreas F. Kelletat/Aleksey Tashinskiy (Hg.): Übersetzer als Entdecker. Ihr Leben und Werk als Gegenstand translationswissenschaftlicher und literaturgeschichtlicher Forschung. 376 Seiten. ISBN 978-3-7329-0060-2

Bd. 67 Ulrike Spieler: Übersetzer zwischen Identität, Professionalität und Kulturalität: Heinrich Enrique Beck. 340 Seiten. ISBN 978-3-7329-0107-4

Bd. 68 Carmen Klaus: Translationsqualität und Crowdsourced Translation. Untertitelung und ihre Bewertung – am Beispiel des audiovisuellen Mediums *TEDTalk*. 180 Seiten. ISBN 979-3-7329-0031-1

Bd. 69 Susanne J. Jekat/Heike Elisabeth Jüngst/Klaus Schubert/Claudia Villiger (Hg.): Sprache barrierefrei gestalten. Perspektiven aus der Angewandten Linguistik. 276 Seiten. ISBN 978-3-7329-0023-7

F Frank & Timme

TRANSÜD. Arbeiten zur Theorie und Praxis des Übersetzens und Dolmetschens

Bd. 70 Radegundis Stolze: Hermeneutische Übersetzungskompetenz. Grundlagen und Didaktik. 402 Seiten. ISBN 978-3-7329-0122-7

Bd. 71 María Teresa Sánchez Nieto (ed.): Corpus-based Translation and Interpreting Studies: From description to application / Estudios traductológicos basados en corpus: de la descripción a la aplicación. 268 Seiten. ISBN 978-3-7329-0084-8

Bd. 72 Karin Maksymski/Silke Gutermuth/Silvia Hansen-Schirra (eds.): Translation and Comprehensibility. 296 Seiten. ISBN 978-3-7329-0022-0

Bd. 73 Hildegard Spraul: Landeskunde Russland für Übersetzer. Sprache und Werte im Wandel. Ein Studienbuch. 360 Seiten. ISBN 978-3-7329-0109-8

Bd. 74 Ralph Krüger: The Interface between Scientific and Technical Translation Studies and Cognitive Linguistics. With Particular Emphasis on Explicitation and Implicitation as Indicators of Translational Text-Context Interaction. 482 Seiten. ISBN 978-3-7329-0136-4

Bd. 75 Erin Boggs: Interpreting U.S. Public Diplomacy Speeches. 154 Seiten. ISBN 978-3-7329-0150-0

Bd. 76 Nathalie Mälzer (Hg.): Comics – Übersetzungen und Adaptionen. 404 Seiten. ISBN 978-3-7329-0131-9

Bd. 77 Sophie Beese: Das (zweite) andere Geschlecht – der Diskurs „Frau" im Wandel. Simone de Beauvoirs *Le deuxième sexe* in deutscher Erst- und Neuübersetzung. 264 Seiten. ISBN 978-3-7329-0141-8

Bd. 78 Xenia Wenzel: Die Übersetzbarkeit philosophischer Diskurse. Eine Übersetzungskritik an den beiden englischen Übersetzungen von Heideggers *Sein und Zeit*. 162 Seiten. ISBN 978-3-7329-0199-9

Bd. 79 María-José Varela Salinas/Bernd Meyer (eds.): Translating and Interpreting Healthcare Discourses/Traducir e interpretar en el ámbito sanitario. 266 Seiten. ISBN 978-3-86596-367-3

Bd. 80 Susanne Hagemann: Einführung in das translationswissenschaftliche Arbeiten. Ein Lehr- und Übungsbuch. 360 Seiten. ISBN 978-3-7329-0125-8

Bd. 81 Anja Maibaum: Spielfilm-Synchronisation. Eine translationskritische Analyse am Beispiel amerikanischer Historienfilme über den Zweiten Weltkrieg. 144 Seiten. ISBN 978-3-7329-0220-0

Bd. 82 Sybille Schellheimer: La función evocadora de la fraseología en la oralidad ficcional y su traducción. 356 Seiten. ISBN 978-3-7329-0232-3

Frank & Timme

TRANSÜD. Arbeiten zur Theorie und Praxis des Übersetzens und Dolmetschens

Bd. 83 Franziska Heidrich: Kommunikationsoptimierung im Fachübersetzungsprozess. 276 Seiten. ISBN 978-3-7329-0262-0

Bd. 84 Cristina Plaza Lara: Integración de la competencia instrumental-profesional en el aula de traducción. 222 Seiten. ISBN 978-3-7329-0309-2

Bd. 85 Andreas F. Kelletat/Aleksey Tashinskiy/Julija Boguna (Hg.): Übersetzerforschung. Neue Beiträge zur Literatur- und Kulturgeschichte des Übersetzens. 366 Seiten. ISBN 978-3-7329-0234-7

Bd. 86 Heidrun Witte: Blickwechsel. Interkulturelle Wahrnehmung im translatorischen Handeln. 274 Seiten. ISBN 978-3-7329-0333-7

Bd. 87 Susanne Hagemann/Julia Neu/Stephan Walter (Hg.): Translationslehre und Bologna-Prozess: Unterwegs zwischen Einheit und Vielfalt / Translation/Interpreting Teaching and the Bologna Process: Pathways between Unity and Diversity. 434 Seiten. ISBN 978-3-7329-0311-5

Bd. 88 Ursula Wienen/Laura Sergo/Tinka Reichmann/Ivonne Gutiérrez Aristizábal (Hg.): Translation und Ökonomie. 274 Seiten. ISBN 978-3-7329-0203-3

Bd. 89 Daniela Eichmeyer: Luftqualität in Dolmetschkabinen als Einflussfaktor auf die Dolmetschqualität. Interdisziplinäre Erkenntnisse und translationspraktische Konsequenzen. 144 Seiten. ISBN 978-3-7329-0362-7

Bd. 90 Alexander Künzli: Die Untertitelung – von der Produktion zur Rezeption. 264 Seiten. ISBN 978-3-7329-0393-1

Bd. 91 Christiane Nord: Traducir, una actividad con propósito. Introducción a los enfoques funcionalistas. 228 Seiten. ISBN 978-3-7329-0410-5

Bd. 92 Fabjan Hafner/Wolfgang Pöckl (Hg.): „... übersetzt von Peter Handke" – Philologische und translationswissenschaftliche Analysen. 294 Seiten. ISBN 978-3-7329-0443-3

Bd. 93 Elisabeth Gibbels: Lexikon der deutschen Übersetzerinnen 1200–1850. 216 Seiten. ISBN 978-3-7329-0422-8

Bd. 94 Encarnación Postigo Pinazo: Optimización de las competencias del traductor e intérprete. Nuevas tecnologías – procesos cognitivos – estrategias. 194 Seiten. ISBN 978-3-7329-0392-4

Bd. 95 Marta Estévez Grossi: Lingüística Migratoria e Interpretación en los Servicios Públicos. La comunidad gallega en Alemania. 574 Seiten. ISBN 978-3-7329-0411-2

Frank & Timme

TransÜD. Arbeiten zur Theorie und Praxis des Übersetzens und Dolmetschens

Bd. 96 Ivana Havelka: Videodolmetschen im Gesundheitswesen. Dolmetschwissenschaftliche Untersuchung eines österreichischen Pilotprojektes. 346 Seiten. ISBN 978-3-7329-0490-7

Bd. 97 Maria Mushchinina (Hg.): Formate der Translation. 340 Seiten. ISBN 978-3-7329-0506-5

Bd. 98 Zehra Gülmüş: Übersetzungsverfahren beim literarischen Übersetzen. Ahmet Hamdi Tanpınars Roman „Das Uhrenstellinstitut". 196 Seiten. ISBN 978-3-7329-0498-3

Bd. 99 Peter Sandrini: Translationspolitik für Regional- oder Minderheitensprachen. Unter besonderer Berücksichtigung einer Strategie der Offenheit. 524 Seiten. ISBN 978-3-7329-0513-3

Bd. 100 Aleksey Tashinskiy/Julija Boguna (Hg.): Das WIE des Übersetzens. Beiträge zur historischen Übersetzerforschung. 248 Seiten. ISBN 978-3-7329-0536-2

Bd. 101 Heike Elisabeth Jüngst/Lisa Link/Klaus Schubert/Christiane Zehrer (eds.): Challenging Boundaries. New Approaches to Specialized Communication. 228 Seiten. ISBN 978-3-7329-0524-9

Bd. 102 Chuan Ding: „Peterchens Mondfahrt" in chinesischer Übersetzung. Eine Kritik. 124 Seiten. ISBN 978-3-7329-0528-7

Bd. 103 Changgun Kim: Übersetzen von Videospieltexten. Nekrotexte lesen und übersetzen. 164 Seiten. ISBN 978-3-7329-0379-5

Bd. 104 Guntars Dreijers/Agnese Dubova/Jānis Veckrācis (eds.): Bridging Languages and Cultures. Linguistics, Translation Studies and Intercultural Communication. 338 Seiten. ISBN 978-3-7329-0429-7

Bd. 105 Madeleine Schnierer: Qualitätssicherung. Die Praxis der Übersetzungsrevision im Zusammenhang mit EN 15038 und ISO 17100. 286 Seiten. ISBN 978-3-7329-0539-3

Bd. 106 Lavinia Heller/Tomasz Rozmysłowicz (Hg.): Translation und Interkulturelle Kommunikation / Translation and Intercultural Communication. Beiträge zur Theorie, Empirie und Praxis kultureller Austauschprozesse / Theoretical, Empirical and Practical Perspectives on Cultural Exchanges. 178 Seiten. ISBN 978-3-7329-0351-1

Bd. 107 Brita Dorer: Advance Translation as a Means of Improving Source Questionnaire Translatability? Findings from a Think-Aloud Study for French and German. 554 Seiten. ISBN 978-3-7329-0594-2

Bd. 108 Annegret Sturm: Theory of Mind in Translation. 334 Seiten. ISBN 978-3-7329-0492-1